广州双键贸易有限公司

GUANGZHOU SHUANGJIAN TRADING CO.,LTD.

广州双键是一家有25年以上历史，致力于涂料、油墨、粘合剂行业所用的高效表面活性剂(乳化剂、分散剂、润湿渗透剂等)、内增塑单体(马来酸、富马酸、衣康酸等的系列单双酯）和特殊功能性单体（β－CEA、多种生物基类单体）的销售公司。在其基础上生长起来的南雄市汉科化工科技有限公司，是该类表面活性剂和单体的研发与生产企业，诸多产品已经深入人心，为民族工业的发展创造了坚实的条件。特色产品介绍：

一，通用表面活性剂，主要是琥珀酸酯类磺化物，如润湿渗透功能的OT系列，强乳化与低色泽遮盖性的DNS-268、DNS-628等，增加各种填料在树脂中分散与悬浮性的DNS-45等；

二，反应型表面活性剂有乙烯基类、烯丙氧基类产品，如HANERCHEM®RAEO$_{10}$系列，其中商品RAEO$_{10}$-P1分子结构式如下：

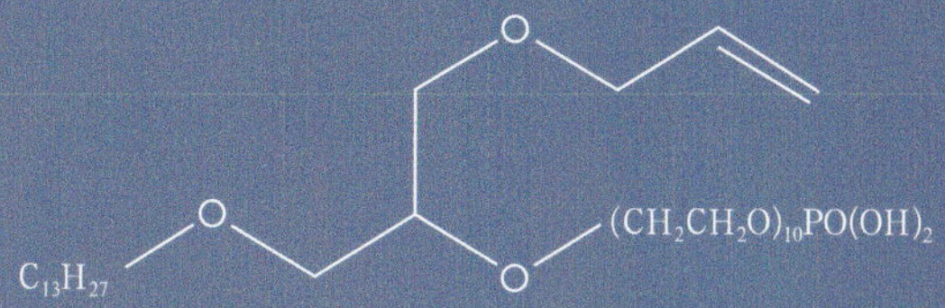

三，内增塑单体有通用型、生物基型两种类型可选。值得推荐的是，含有烷基酚成分的HANERCHEM®ACP，是防腐、抗刮痕、柔韧性、低粘性、高附着力、对填料分散性和色料展色性树脂合成不可多得的环保型材料，其分子结构如下：

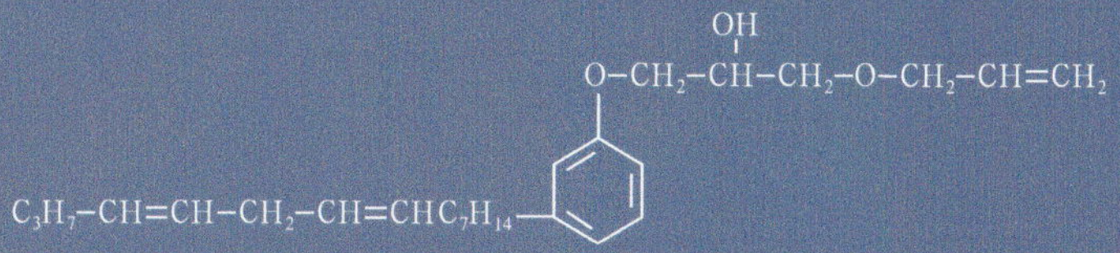

更多、更具特点的产品，烦请咨询：

地址：广东省广州市黄埔区黄埔东路骏雅北街3号
金碧领秀国际中心618房

电话：020-82488509/82488510

网址：www.gzshuangjian.com　www.hanerchem.com

双键化学

漢科科化®

HANERCHEM®

漢科 HANERCHEM 科化

U0887841

肇庆千江高新材料科技股份公司

Zhaoqing Qianjiang Advanced Materials Technology Co., Ltd.

易小均简介

拥有丰富的化工企业经营管理经验。

2015 年出资收购中山市通富兴业物流有限公司，注册资本 350 万元，持股比例 90%。

2017 年出资收购中山泳汉工业助剂有限公司，注册资本 393.22 万元，股比例 90%，出任公司总经理。

2018 年创立珠海市正东化工有限公司，注册资本 5000 万元，持股比例 90%，该公司集工、贸和科研于一体，在化工领域占据着重要的一席之地，在市场中拥有较高的知名度和美誉度，年营业额数十亿。

2022 年控股肇庆千江高新材料科技股份公司，出任公司法定代表人及公司董事长。公司注册资本 6770 万元，致力成为世界领先的工业涂料涂装服务商，专注于环境友好型的粉末涂料和水性涂料两大板块。

无论是在化工原料、物流、工业涂料生产销售领域，都能游刃有余地发挥自己的领导才能、资源整合能力和影响力，为企业的发展注入强大动力，使所领导的企业在激烈的市场竞争中稳步发展，不断开拓创新。

共绘蓝图 打开新篇章
湘西族兴——为民族工业的振兴而努力奋斗！

主要产品

浮型镜面银、硅包覆型铝颜料、树脂包覆型铝颜料、双包型铝颜料、易分散铝颜料、钝化型铝颜料、超耐候性铝颜料、彩色铝颜料、锌颜料

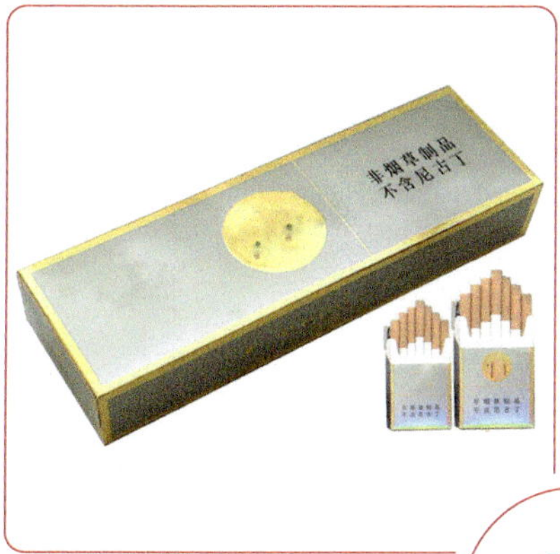

产品应用

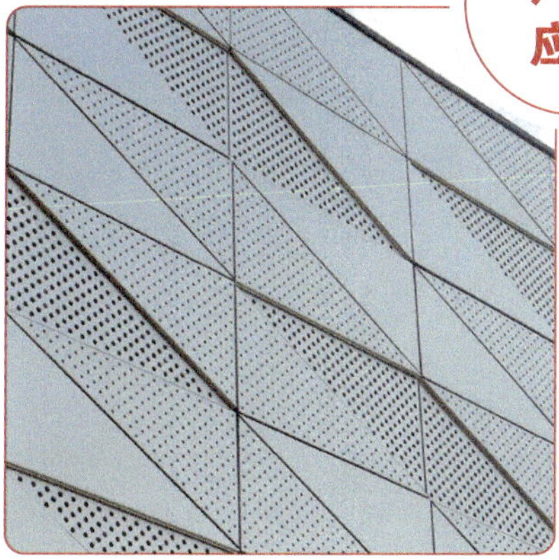

族兴 ZUXING®

地址：湖南省湘西州泸溪县武溪镇高新技术产业园区

电话：0743-4225286

网址：www.xxzuxing.com

邮箱：xxzx@xxzuxing.com

天问新材产品介绍

1. 球形 PE：

① F0062Q，在扫描电镜的微观视角下，犹如一颗一颗的月球般悬挂在银河系中。在实际的应用中，为了避免其球形外观被破坏，通常将其应用于自干以及 UV 光固化体系当中，其圆润的外观形貌导致其在漆膜中能够奇妙地呈现出丝滑的鹅卵石效应。这种效应赋予了漆膜极为出色的耐划伤性能，使得漆膜犹如一道坚固的防护壁垒；同时也提升了漆膜的耐磨性能，使得漆膜即便历经岁月的磨砺与考验，依旧能够保持着品质，绽放出持久的光彩。

2.PTFE：

① F1011P，一款性能超细蜡微粉，平均粒径 仅为 1 － 2μm，微小却能量巨大，且完全不含 PFAS，环保安全并能符合欧盟的 REACH 标准。在薄层卷材涂料里大显身手，它是漆膜的美化师，赋予其优于其他蜡微粉的迷人光泽；又是漆膜坚韧的守护者，极大地增强耐划伤与耐磨性能，让漆膜似身披坚甲的勇士，不惧外界磨砺，牢牢坚守自身的耐用，为薄层卷材涂料的性能提升立下汗马功劳，堪称材料领域的一颗璀璨明珠。

② F1018 ，作为超细蜡微粉，相对于其他 PTFE 蜡微粉以其手感爽滑、分散性优异著称。于印铁涂料、卷材涂料领域以及工业漆中，能赋予出色透明度，令涂层清晰光亮；可提升手感，使触摸体验更为顺滑；可有效增强耐磨性能，让漆面经久耐用。它恰似多面能手，在不同涂料体系中精准发力，为涂料品质的全方位提升提供坚实保障，成为涂料工业中不可或缺的关键成分。

3. 混合蜡：

（1）溶剂型：

① F6054P，改性蜡微粉，应用于印铁涂料、门窗防护涂料中，尤其在聚酯体系、环氧酚醛体系等高温烤漆体系中崭露头角。

② F6057A ，改性蜡微粉，经纳米功能材料改性、特点无氟，成为路博润 1780 产品的理想无氟改性替代者。

③ F6057D ，改性蜡微粉，以零氟含量彰显环保特质。

（2）水性：

① F5052 ，巴西棕榈蜡微粉，具有极为广泛的适用性，无论是各类水性涂料、塑胶、油墨，还是化妆品领域，都有它的用武之地。

② F8052 ，改性蜡微粉，堪称三叶 232N1 的绝佳替代者。

③ F0062QO，球形氧化聚乙烯蜡微粉，能够替代明凌 4715。

④ F6041W ，水性 PTFE 改性蜡微粉，是三叶 731 的有力替代者。

PTFE 微粉

涂料

油墨

橡胶

电线绝缘

润滑油

滑轮和齿轮

PE 微粉

涂料

油墨

塑料

PVC

功能母粒

橡胶

色母粒

热熔胶

Tianwen®

地址：江苏省常州市新北区龙虎塘街道潘杨路 28 号 30 幢 2 号

电话：0519-85480965

传真：0519-85788271

涂料界面原理与应用

Principles and Applications of Coating Interfaces

刘引烽　编著

第二版

化学工业出版社
·北京·

内容简介

本书首先介绍了界面的基本概念及其与涂料工业的关系，然后详细介绍了涂料的动力学稳定性与应用、涂料的电稳定性与应用、液体的界面现象及在涂料中的应用、固体的界面现象及在涂料中的应用、表面活性剂、泡沫与乳液等内容。各章相对独立，又彼此呼应，除介绍基本原理外，还选取了一些与涂料涂装有关的典型实例加以分析和说明。为加深读者学习和理解，在每章后附有实践思考例题，可为读者在实际工作中研发涂料新品种和改进涂料性能提供思路和理论支持。

本书可供从事涂料研发、生产、管理和施工应用的工程技术人员以及涂料相关专业师生学习参考。

图书在版编目（CIP）数据

涂料界面原理与应用 / 刘引烽编著. -- 2版.
北京：化学工业出版社，2025. 9. -- ISBN 978-7-122-48677-6

Ⅰ. TQ630.1

中国国家版本馆 CIP 数据核字第 20259QP484 号

责任编辑：高 宁　　加工编辑：王文莉
责任校对：刘曦阳　　装帧设计：刘丽华

出版发行：化学工业出版社
(北京市东城区青年湖南街 13 号　邮政编码 100011)
印　　装：涿州市般润文化传播有限公司
710mm×1000mm　1/16　印张 21¼　字数 411 千字
2026 年 2 月北京第 2 版第 1 次印刷

购书咨询：010-64518888　　售后服务：010-64518899
网　　址：http://www.cip.com.cn
凡购买本书，如有缺损质量问题，本社销售中心负责调换。

定　　价：108.00 元　

前言

涂料是一个非常复杂的多分散体系，在其制造、贮存、运输及施工应用等过程中涉及多方面的界面问题，需要利用界面化学理论去分析问题、设计配方和改善工艺，去解决一些实际问题。如果没有界面化学的理论来指导，要在涂料工业上有所进步、有所提高是困难的。原上海科技大学（1994 年组建为上海大学）自 1982 年起举办涂料技术培训班，为涂料行业培养了大量的技术人才，其组织编撰的讲义《涂料界面原理与应用》也于 2007 年正式出版。该书系统梳理了涂料体系中的界面化学原理，旨在为涂料的制造、贮存、运输和施工提供界面化学方面的理论指导，受到了学员们和其他读者的欢迎。

界面化学作为一门研究不同相之间界面现象和性质的学科，在过去几十年中取得了显著进展，这些进展也深刻影响了涂料行业的发展。随着实验技术的不断创新，如扫描隧道显微镜（STM）、原子力显微镜（AFM）和表面等离子体共振（SPR）等先进技术的应用，科学家们能够深入研究界面的微观结构和动态过程。而理论计算方法的发展，如分子动力学模拟和量子化学计算，为理解界面现象也提供了更深入的理论支持。这些进展极大丰富了界面化学的知识体系，也为其在涂料领域的应用提供了更为坚实的基础。

在涂料行业中，界面化学的新应用不断涌现。在涂料配方设计方面，通过精确控制颜料与树脂之间的界面相互作用，可以显著提高颜料的分散稳定性，从而改善涂料的颜色鲜艳度、遮盖力和耐久性。一些新型颜料表面处理技术，如纳米包覆和表面接枝，能够有效调节颜料的表面性质，增强其与树脂的相容性，减少颜料团聚现象，提高涂料的整体性能。而原先以有机溶剂为主的涂料体系也已逐步向水性体系发展，需要解决水性涂料在生产、存贮、运输和施工过程中出现的新问题。但从本质上讲，水性体系中所存在的界面现象和界面问题与溶剂型体系是一样的。例如对于体系的稳定性而言，仍需要通过改变分散粒子所带的电荷数量与分布、粒子与分散介质间界面相互作用、界面层厚度以及调节体系的黏度等手段来得以实现。在涂料的施工过程中，界面化学的原理也发挥着重要作用。例如，通过优化涂料与基材之间的界面润湿性，利用表面张力匹配法则、减少表面张力梯度等界面原理来提高涂料的附着力，减少缩孔、流挂等涂层表面缺陷问题。一些特殊的界面活性剂和添加剂的应用，可以有效调节涂料的表面张力和流变性能，使涂料在施工过程中能够更好地铺展和流平，从而获得更均匀、光滑的涂层表面。

随着科技的发展，一些新兴的涂料技术也离不开界面化学的支持。例如纳米粒子由于其独特的尺寸效应和表面效应，能够显著改善涂料的性能。将纳米二氧化钛添加到涂料中，可以提高涂料的耐候性、抗菌性和自清洁性能；纳米氧化锌则可以增强涂料的抗紫外线性能和导电性。在纳米复合涂料中，纳米粒子与基体之间的界面相互作用对涂料的性能起着关键作用，如何优化这种界面相互作用，充分发挥纳米粒子的优势，是当前研究的重点之一。还有一些新兴技术在纳米尺寸测定与界面微观动态过程的研究中发挥着重要的作用。自清洁涂料、温致变色涂料、光致变色涂料、电致变色涂料等具有环境响应性的智能涂料，其功能的实现往往依赖于界面处的化学反应或物理过程。通过精确设计和控制界面结构，可以实现涂料的智能化响应。模拟鱼类黏液中负电荷物质的作用，引入带有负电荷的表面微观结构和化学组成所制备的仿生防污涂层，可有效抑制细菌等微生物的黏附，减少生物污损，从而延长涂层使用寿命。这些新兴的功能涂料也都离不开界面化学理论的应用。

尽管第一版使用之初，在发现书中的一些错误之后，便常有修订之心，无奈多年来一直有心无力，众多羁绊之下，苟且至本书售罄也未能如愿。转眼退休，身心皆轻，方有精力与时间来对第一版进行修订，了此心结。适化学工业出版社编辑为此奔走推进，促进了本书的修订进程，惟有衷心感谢！此次再版，我们初心不变，致力于为涂料领域专业人员提供界面化学理论与实践应用的参考，因此原书的基本框架没有改变，只是对原书中的疏漏进行了修订和补充；同时我们也希望能帮助读者了解界面化学理论与技术在涂料领域中的新动态，增加了界面化学理论有关进展及其在涂料中的应用。在理论方面，本书主要补充了表面活性剂的胶束化机理、乳化作用学说及决定乳液类型的因素等知识；在新技术应用方面补充了纳米颗粒的测量方法、固体表面吸附活化能测定原理与方法，以及比表面积测定新技术等；在实际应用领域，着重补充了电泳涂料的新发展、超疏水涂料的润湿性理论与应用，增补了常用的防腐涂料和海洋防污涂料等相关内容。此外，我们也补充了一些例题和习题，在书末还附上了对各章实践思考题的详细参考解答。这些修订，期望能与涂料的发展相适应，以更好地帮助读者理解和应用相关知识，力求使本书更加实用和具有指导性。

感谢广大读者对本书第一版的支持与厚爱，希望此次再版能够满足大家对涂料界面化学领域基础理论与新知识的需求，为推动涂料行业的技术进步贡献一份力量。由于界面化学领域发展迅速，涂料体系又十分复杂，受编者学识与眼界所限，书中难免存在不足之处，恳请读者批评指正。

编著者

2025 年 7 月

于上海大学

第一版前言

《涂料科学技术基础丛书》包括三个分册，分别是《涂料树脂化学》、《涂料树脂物理》和《涂料界面原理与应用》，是专为涂料行业技术开发人员培训进修而编写的教材，也适于高分子专业的科技人员参考。本书是该丛书中的一本，主要介绍在涂料体系中的界面化学原理和应用。

涂料是以有机高分子作为成膜物质的混合体系，可以是溶液，也可以是多分散体系，还可以是混合物粉末。经涂布后，它在物体表面形成一层附着牢固、有一定防护与装饰作用的涂膜。由于存在着多种物系，因此涂料的制造涉及多种物料的分散与融合，其贮存过程则涉及体系的分散稳定性和化学稳定性，在涂布的过程中涉及物料的流动特性、基材的表面特性、涂料与基材间的相互作用关系和界面特性、黏合特性，在电泳涂料中还涉及涂料分散体系的电化学和电动特性等。这些现象和相关的特性均涉及胶体与界面化学的基本原理，因此，胶体与界面化学是涂料制备、贮存和施工的基础理论之一。同时，界面现象也是自然界中普遍存在的现象，因此，胶体与界面化学的原理不仅在涂料行业，在其他生产实际和日常生活中也有极为广泛的应用。

书中首先介绍了界面的基本概念及其与涂料工业的关系，然后详细介绍了涂料的动力学稳定性和流动性质；涂料电稳定性原理及应用（包括电泳涂料和自泳涂料）；涂料的表面张力与流平（包括液体与溶液、高分子树脂的表面特性、液液界面现象、涂膜流平及其缺陷等）；颜料分散及涂料粘接（包括固体表面张力、颜料的表面特性、固体的湿润和分散性、涂料的附着与粘接以及腐蚀与防护等）；表面活性剂（包括表面活性剂的结构与分类、临界胶束浓度 CMC 和 HLB 值，以及表面活性剂的各种应用等）；泡沫与乳液（包括发泡与消泡、乳化与破乳等）。鉴于高分子物理学已有独立的课程，本教材没有涉及有关大分子溶液理论和应用的有关内容。各章相对独立，又彼此呼应，每章除介绍基本原理外，还选取了一些与涂料涂装有关的典型事例加以分析和说明，以加深对原理的理解，了解其实际应用，引导读者理论联系实际，为生产和科研服务。希望读者通过学习，在各种生产实际过程中，开阔思路，结合高分子化学、高分子物理等有关的原理和方法，综合运用多种知识和手段，分析和解决实际问题。

在 20 多年的涂料培训历程中，学员们对知识的渴望和勤奋刻苦的学习精神让我们深受感动，也让我们深感教材编写工作的责任重大。然而，限于编者的水平，书中疏漏和取材不当之处在所难免，在如何帮助学员们理论联系实际方面还很不够，我们特别希望得到涂料行业专家的不吝赐教和批评指正。

本书在编写过程中参考了国内外很多图书和文献，本书择要列在了书末；在试讲时得到了上海大学化学系刘美娟老师、全国涂料技术培训班学员们（94届以来每年两期）的大力支持和帮助，他们提出了很多宝贵的意见，并提供了很好的实际素材；在最后的整理过程中，还得到了李煜光、邹婷、毛金浩、王立平等博士生和硕士生的帮助；化学工业出版社责任编辑的不懈努力也促成了本书的付梓，在此向上述作者和同志表示衷心的感谢。

编者

2007年2月

于上海大学高分子材料系

目录

第一章

绪　　论

第一节　涂料与界面化学

什么是涂料？在不同的场合下，有不同的定义。对于用户而言，通常把涂覆在被保护或被装饰的物体表面并能与被涂物形成牢固附着的连续薄膜定义为涂料，这是涂料的最终形态。而对于施工者而言，将能涂布于物体表面，在一定的条件下可以形成薄膜而起保护、装饰或其他特殊功能的一类液体或固体材料定义为涂料，它说的是涂料的起始状态。本书在讲解涂料不同的性质或影响的时候，将有不同的定义指向。

在很多时候，人们也会听到油漆这个名称。这主要源自早期涂料的制造方法。早期的涂料大多以植物油或漆树的浆液为主要原料，前者简称为油，后者简称为漆，二者都是在物体表面形成薄膜起保护或装饰等作用的，故合称为油漆。橡胶也有类似的用途。比如美洲人早期把橡胶涂在衣服的表面起到防雨功能的Mackintosh也可以看成是油漆或涂料。在我国古代文学作品中，斗笠和蓑衣其实也是需要用油或大漆进行处理的。北宋政治家、文学家、军事家和教育家范仲淹曾写过《苏幕遮·怀旧》，相信很多人对其都很熟悉："碧云天，黄叶地，秋色连波，波上寒烟翠。山映斜阳天接水，芳草无情，更在斜阳外。黯乡魂，追旅思。夜夜除非，好梦留人睡。明月楼高休独倚，酒入愁肠，化作相思泪。"可是，你知道这个词牌的来历和含义吗？"苏幕遮"源自古龟兹国，是波斯语的译音，原义是一种涂过油的防水帽子或披在肩上的头巾，在"泼寒胡节"（后来演变成"泼水节"）期间用来防水。在唐朝传到中原，"泼寒胡节"表演的歌舞戏叫"龟兹乐"，其曲调传到中原后也译为"苏幕遮"，并演变成了词牌。可见苏幕遮原义其实也是与斗笠、油纸伞类似的防雨物品。

自从高分子科学创立之后，合成高分子飞速发展，品种日益增多，因其具有卓越性能，迅速取代了大部分植物油和天然大漆，成为涂料的主要树脂来源，与油和漆不再有那么多的瓜葛，因此，现代更多地称之为涂料。

涂料与国民经济和人们生活密切相关。其具有保护（如防锈、防腐、防氧化、防分解、防污、防损等)、装饰（如使物体表面光亮、润滑、色彩斑斓）等作用。还有很多涂料则附加一些特殊的作用，如漆包线涂料有绝缘作用；吸波涂料能吸收电磁波，起雷达隐身或电磁波屏蔽作用；示温涂料有记录体系所处温度状态的作用；标志涂料可用于在交通立面进行标记或给过往车辆和行人指明方向起警示作用；防水涂料防止水分渗透和保护建筑物；防火涂料对物体起阻燃和防火作用；以及防霉杀菌涂料、耐烧蚀涂料、隔热涂料等，不一而足。

涂料是一个非常复杂的多分散体系，它一般由成膜物质、挥发分、颜料和助剂四种组分构成。成膜物质是涂料的主体成分，又称基料，它既可以是无机的，如电镀铜、电镀铬、搪瓷、釉等；也可以是有机的，如大多数有机高分子材料。其中，有机高分子涂料是涂料的主要品种。挥发分作为涂料中其他成分的分散介质，主要是各种溶剂，包括有机溶剂和水。它使成膜物质溶解或分散成为具有适当黏度的液体，以便于涂料的施工。当然也可以不需要挥发分，如固体粉末涂料。颜料通常是不溶于介质的微细固体粉末，分为着色颜料和体质颜料，也有无机和有机两大类型，主要用于着色，提供保护、装饰以及降低成本等作用。助剂是涂料的重要组成部分，其用量虽然很少，但有着非常重要的作用，主要用来改善涂料的某些性能，如润湿剂、分散剂、乳化剂、消泡剂等可以改善涂料生产过程中的性能；防沉剂、增稠剂、防结皮剂等用来改善涂料的贮存稳定性等；流平剂、触变剂、防流挂剂、成膜剂、固化剂、催干剂等用来改善涂料的施工性和成膜性，防止出现气孔等；防霉剂、杀菌剂、UV 吸收剂、阻燃剂、抗静电剂等用来改善涂料使用过程中的某些特殊性能等。

对于有机溶剂型涂料而言，涂料中的溶剂对成膜物质起稀释作用，相当于分散介质，而其他的组分则构成分散相。在以往很多涂料品种中，溶剂通常能够溶解成膜物质，因而在体系中存在着成膜物质的溶液。成膜物质又往往由多种高分子化合物组成，而且每一种高分子化合物，其分子量大小、端基种类、支化形式、键接结构等都各不相同，因此，这种溶液本身就具有多分散的性质。颜料在溶剂中溶解度极小，通常呈悬浮状态，其粒径范围可以覆盖从纳米数量级一直到微米数量级，因而颜料在溶剂中所形成的则是一种多分散性胶体和粗分散体系相混合的复杂体系。对于水分散型涂料，其构成也大体相仿，只是高分子成膜物质不一定在水中溶解，不溶于水的高分子化合物通过少量有机溶剂溶解后再乳化而形成乳胶分散体系。对于无溶剂体系如粉末涂料等，虽然没有液体作为分散介质，但颜料在高分子基料中所形成的，则是一种以固体为分散介质的多分散的复杂体系。因此，对于涂料这样一种复杂的多分散性体系而言，在涂料制造、贮存、运输及施工应用等过程中，由于存在着很多界面现象，涉及多方面的界面问题，故需要利用界面化学的理论去分析问题、设计配方和改善工艺，进而解决一些实际问题。如果没有界面化学的理论来指导，要在涂料工业上有所进步、有所提高是很困难的。

第二节　界面与界面化学

物质的聚集可形成气、液、固三种物相，气、液、固三相的纵横交错构成了复杂的界面形态。所谓“界面”就是两相间的接触面。

对于物质的三种状态，一般存在以下几种界面，即气-液界面、气-固界面、液-液界面、液-固界面和固-固界面。例如，液态涂料涂装时的溶剂挥发、洗衣时出现泡沫、天空中弥漫云雾等均是气-液问题；涂层表面的稳定性、铝材表面的氧化、航天器穿越大气层时表面的耐热特性以及各种气固反应、烟尘、升华现象等涉及气-固界面性质；乳胶漆制造、乳液聚合、水面上覆盖鲸蜡醇单分子膜以防止水分的快速蒸发、高分子熔体混炼等属于液-液界面问题；颜料粒子在涂料体系中的分散、液态涂料在固体基材表面的涂装、液体对高分子材料的增塑、粘接和润滑等，属于液-固界面问题；而涂层与基体材料间的相互作用、高分子与填料间所形成的高级结构，以及高分子合金中不同高分子间的堆砌、自组装以及摩擦与焊接等，则与固-固界面有关。界面的存在至少要有一个相是液体或固体，两相都是气体时一般是不存在界面的，这是因为所有的气体都能以分子形式相互混合。只有在某种气体形成气浪时，如爆炸产生的冲击波，才会在气体间产生界面。多组分的溶液也是这样，由于体系中各组分间均达到分子程度的分散，是一种非常均匀的稳定的混合形式，因而在溶液体系中也没有界面。但是受分子热运动及各种扰动的影响，溶液中不同位置的浓度也会随时间变化而有波动，细究下来，也是存在着界面的。

我们平常总会说到“表面”这个词，如“物体的表面”“表面涂装”“表面上看来”等，这里的表面既有具体的实物，又有抽象的概念，但反映的都是外在的部分。就物理化学原理而言，所谓的“表面”应该是物体外在与大气相接触的面。习惯上，把气-液界面称为液体的表面，把气-固界面称为固体的表面。就是说，表面实际上是物相与气相接触的面。而当一个物体与其他物相（如液相的水或固相的高分子等）相接触时，物体外在的那个面就成了“界面”。所以表面只不过是两相中有一相为气相时的界面，是界面的一种特殊形式。在我们的日常工作和生活中，经常遇到界面问题，如涂装、粘接、润湿、润滑、洗涤，水的表面挥发，水乳交融的界面稳定性，荷叶上滚动的水珠、空中飘舞的肥皂泡，曙光、晚霞、蓝天、碧海等，都与界面特性有关。

界面化学就是以多相物系为对象，研究发生在界面上的各种物理化学过程。分散度越大，体系所具有的界面面积就越大，其界面特性也就越突出。作为一门科学，界面化学是 20 世纪初才形成和发展起来的。现在，它已发展成为一门涉及物理、化学、生物、医药、材料等多学科的边缘科学。其理论与实践被广泛地应用于工业、农业、生物医药、海洋、气象、水利、材料科学及环境科学等多个领域。在涂料行业，界面化学也已深入到研究、开发、生产工艺、涂装过程及使用保养的各个环节，对涂料质量的提高有着关键的指导意义。随着研究的深入，界面化学原理也逐渐丰富，并且将更好地为涂料行业的发展服务。

第三节　界面的特性

界面并不像我们在纸上所画的那样是一个二维平面，它实际上有一个厚度，是两相间的过渡区。如图 1-1 所示，把金属 A 和金属 B 叠合在一起，过一段时间后，把它们分开，就可以在金属 A 的表面检测到 B 的成分，而在金属 B 的表面又会测出 A 的成分。这个过渡区域的厚度约为几纳米或十几个分子高度。在不同的相接触时，这个过渡区的形式和厚度也有所不同。在绝大多数情况下，可以把界面视为一个二维的平面而忽略其厚度，但是，这并不意味着可以忽略第三维界面过渡层对性能的影响。

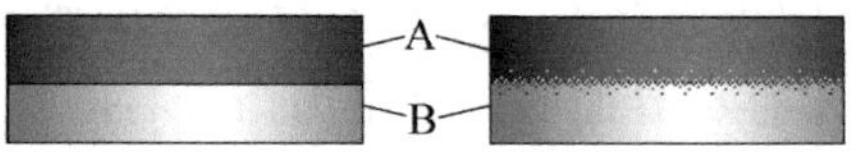

图 1-1　金属间接触时的相互扩散

物质表面层的分子与内部分子相比，其周围环境不同。内部分子所受的四周邻近相同分子的作用力是对称的，各个方向的力彼此抵消；但是表面层分子一方面受到本相内分子的作用，另一方面又受到性质不同的另一相中物质分子的作用，因此，界面层与内部受力情况不同，从而具有特殊的性质。用肉眼很难看出表面的化学组成或结构方面的特殊性，可通过电子显微镜来观察其特殊的形貌，利用光电子能谱就可以分析出其表面与本体相的组成与结构上的差别。当然，我们借助很多实际性能上的一些现象，也能体会到表面或者界面性质的特殊性。例如，铝是一种很活泼的金属，很容易与大气中的氧气发生氧化反应而被腐蚀，但在实际生产和生活中，我们仍在使用铝制品，如铝制容器、铝型材等，并未觉得它不稳定。这是因为在铝制品的表面，即与大气相接触的那个界面上已发生了化学变化，表面层的铝已经变成了氧化铝，其性质十分稳定，而它所形成的这个致密层可以阻止内层铝的进一步氧化，对铝制品反而起了很好的保护作用。铁制品就没有这么幸运，铁与大气中的氧气和水汽发生反应生成的铁锈是一种结构疏松的物质，它无法抵抗氧气和水汽的进一步侵蚀，因此，生锈后的铁制品还会进一步锈蚀下去。利用钝化技术和施布涂料等防腐措施，才能在一定程度上防止铁制品的锈蚀。

对于单组分体系，界面层所表现的特性主要取决于同一物质在不同相中的密度差；而对于多组分体系，这种特性主要来自界面层和任一相间组成及结构上的差异。这种密度差或者结构与组成上的差异使界面的性质发生重要变化，如产生应力集中或应力分散，导致界面附近的传质过程等。通过对界面的热力学和动力学的研究，可以深入了解其能量状态以及界面过程的本质，进而找出普遍规律；这些规律又可以反过来应用于实践，从而改善材料的性能，扩大材料的应用范围，并为开发新材料提供新的方法和途径。而这也正是界面化学的任务。

第四节　粒子尺寸对性能的影响

就单个物体而言，物体尺寸越大，其表面积越大。但对于体系中某一物质的整体来说，就不同了。物质的总表面积与它的分散状态直接有关，物质被分割得越细，即其分散程度越大，它所具有的总的表面积就越大。例如，边长为 1×10^{-2}m 的正方体，其表面积是 6×10^{-4}m^2；如果把它分割成边长为 1×10^{-8}m 的小正方体，则其总表面积可达 6×10^{2}m^2，相当于一个篮球场那么大，是原来的 100 万倍。

粒子的分散程度通常用比表面积 σ 来表示，其定义为：

$$\sigma_V=\frac{A}{V}\quad \text{或} \quad \sigma_W=\frac{A}{W} \tag{1-1}$$

式中，A 代表体积为 V、质量为 W 的物质所具有的表面积；σ_V 和 σ_W 分别是体积比表面积和质量比表面积，就是单位体积或单位质量的物质所具有的表面积。比表面积的数值随着分散粒子的变小而迅速增加，因而，σ 又称为分散度。分散粒子尺寸越小，分散度越大。从表 1-1 中的数据可以看出，当体系分散程度增加时，固体粒子的表面积也随之增加。因此，对于高度分散的体系来说，其表面积是相当大的。

表 1-1　1cm^3 立方体分割前后总表面积与体积比表面积对比

边长/m	立方体数	总表面积/m^2	体积比表面积/m^{-1}
1×10^{-2}	1	6×10^{-4}	6×10^{2}
1×10^{-4}	1×10^{6}	6×10^{-2}	6×10^{4}
1×10^{-6}	1×10^{12}	6×10^{0}	6×10^{6}
1×10^{-8}	1×10^{18}	6×10^{2}	6×10^{8}

质量比表面积 σ_W 可以通过物质的密度 ρ 转换求得。对于边长为 a 的立方体形粒子，其体积比表面积和质量比表面积为：

$$\sigma_V=\frac{6}{a}，\quad \sigma_W=\frac{6}{\rho a} \tag{1-2}$$

对于粒径为 a 的球形粒子，其体积比表面积和质量比表面积计算式也满足式(1-2)。

如酞菁蓝颜料密度为1.5g/cm³、粒径为0.08μm时，其比表面积为50m²/g。一般无机颜料的密度为1.8～8.8g/cm³，有机颜料的密度为1.0～2.0g/cm³，炭黑的密度为1.8g/cm³。根据各种颜料的粒径不同，无机颜料粒子的比表面积为5.0～50m²/g，有机颜料大约是10～100m²/g，炭黑则是20～1000m²/g。

不同的颜料粒子，其形状差异很大，有球形、椭球形、片状、针状及各种不规则形状，这种形状的复杂性给预测诸如粒子的堆积方式等带来了很大的困难。为了描述非球形颜料粒子的尺寸，可以采用"球度值"来表征其形状偏离球形的程度。球度值 S 定义为和非球形粒子体积相等的球体表面积 A_s 与非球形粒子表面积 A_r 之比：

$$S=\frac{A_s}{A_r} \tag{1-3}$$

高度分散的体系具有一系列物理化学特性。例如，不同密度的物质都会受到地球引力的作用，在分散介质中下沉或上浮。粒子越小，其运动能力越强，则抵抗地球引力的能力越强，越不容易下沉或上浮，这就是灰尘容易被大风扬起的原因；再如，固体表面会产生吸附现象，随着粒子分散程度的增加，表面积增大，吸附现象会更加明显，这就是比表面积很大的活性炭（达1000m²/g）可用作脱色剂、吸附剂或催化剂载体的原因；晶体的溶解度、液体的饱和蒸气压也会随分散度的增加而增大，体系也就变得越来越不稳定等。比如使用一些细粒的药物（<5μm）来扩大吸收面以增加疗效，利用小液滴蒸发速率快来设计出各种喷雾干燥工艺，利用小晶粒中的电子隧道效应制备各种纳米电子材料等，就是这个机制。但是，高度分散的体系有时也会造成很大的危害，如烟尘分散在大气中形成气溶胶会污染环境，病毒的气溶胶仍具有传染能力，粉尘飞扬的车间有可能会因一点点火花而引起火灾或爆炸等。

在涂料分散体系中，颜料是非常重要的组分之一。其粒子的大小、形状及表面特性等均影响颜料在涂料体系中的分散特性，并最终影响涂膜的性能。研究表明，对于给定的颜料与介质体系，光散射强度与粒径间的关系为先增加后降低；不同折射率的颜料，对给定的光波，都存在着临界粒度范围，在此范围内理论光散射最强。而颜料的遮盖力、着色力、亮度等都与颜料粒径有关，如图1-2、图1-3所示。遮盖力是颜料对光线产生散射和吸收的结果，以散射为主，白色颜料尤其如此。颜料的遮盖力与颜料粒子尺寸的关系随颜料折射率不同而不同，高折射率颜料与颜料粒子尺寸的关系比较大，低折射率颜料随颜料尺寸的变化比较小，但都存在着最佳粒径范围。对大多数颜料而言，最有效的粒子尺寸为可见光波长的一半。着色力是某一种颜料与其他物质混合后，对混合物产生颜色深浅的能力。其测定方法通常与标准样品相比较，用其比值的百分数来表示，称为相对着色力。它随粒度的减小而增加，如图1-3(a)所示。

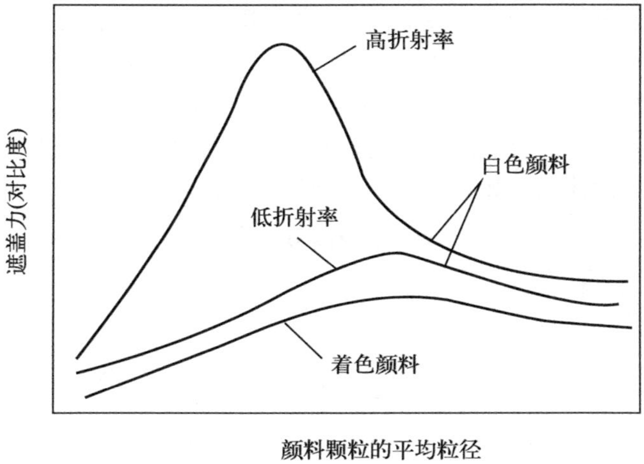

图 1-2　颜料的平均粒径和遮盖力的关系示意图

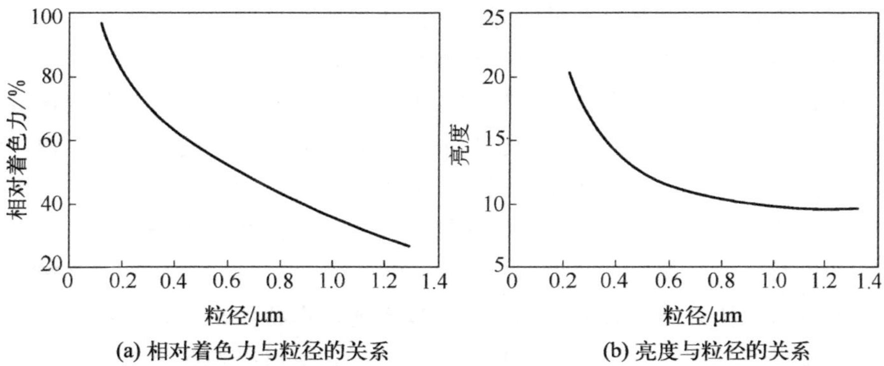

图 1-3　钼铬红的相对着色力和亮度与粒径的关系

粒度分布与粒子的形状也影响颜料的光学性能，粒径分布越窄的体系，亮度越高，针状粒子比非针状粒子具有更强的着色力。

颜料的耐候性也与颗粒的大小有关。实验表明，粒径较大的钛白粉在不同的漆料中都有较好的耐候性，而粒径较小的钛白粉则耐候性较差。这是粒径较小的颜料比表面积大、光活性也较高的缘故。对粒径较小的颜料可进行表面改性以提高其耐候性。出于自洁性能的要求，目前，人们正在研究具有光催化功能的纳米颜料，如锐钛型钛白粉等，添加于外墙涂料体系中，其原理在于纳米尺寸的半导体催化剂具有较高的表面活性，激发电子的能量较高，因此具有较强的电子转移能力，从而实现对污物的催化氧化和分解，达到清洁的目的。当然，实际应用时，颜料的粒径应视具体条件而定，需要综合考虑各方面的影响。

将一种或几种物质分散在另一种物质中而形成的混合体称为分散体系。我们把分散体系中被分散的物质叫作分散相（不连续相），而把另一种用于分散别的物质的基体叫作分散介质（连续相）。分散相质点的大小常被用作区分分散体系的标准（表 1-2）。当分散相质点半径小于 10^{-9}m 时，体系为分子分散或离子分散体系，如真溶液、混合气体等；当质点半径处于 $10^{-9}\sim10^{-7}$m 之间时，体系为胶体分散体系，如高分子溶液、金溶胶、纳米材料等；当质点半径大于 10^{-7}m 时，体系为粗分散体系，如悬浮液、乳液（又称乳状液）等。

表 1-2　分散体系分类

分散相质点半径/m	类型
$<10^{-9}$	分子分散、离子分散体系
$10^{-9}\sim10^{-7}$	胶体分散体系
$>10^{-7}$	粗分散体系

对于分子或离子分散体系，由于分散相均匀分布于基体中是溶液状态，因而不涉及界面，是热力学稳定的分散体系。而胶体分散体系中粒子是分子的聚集体，它与分散介质间存在着大量的界面，因此其界面现象尤其突出。对于大颗粒的粗分散体系，如乳液、悬浮液，甚至泡沫、乳浊液和悬浊液等，也具有庞大的界面面积，会表现出较强烈的表面效应，因此，其界面行为也具有与胶体分散体系相似的特征，通常将它们的行为也列入界面化学的讨论范畴。可见，由于高度分散的体系内存在着大量的界面，因此，其界面行为特别明显，在研究界面化学时，就离不开这些研究对象。反之，在研究胶体分散体系和粗分散体系时，当然也离不开界面化学的理论。

本书下面拟从胶体分散体系和粗分散体系的基本特性出发，介绍这类体系的动力学和流变学特性，对其光、电特性加以分析，探讨影响此类多分散体系稳定性的因素，对动电现象及其在电泳涂料中的应用、稳定性理论及其在自泳涂料中的应用等进行阐述；然后对液体表面、固体表面等涉及涂料体系中各种界面关系的界面理论进行介绍，联系涂膜表面缺陷产生的原因及其对策、涂膜粘接过程的表面化学原理及增强粘接力的方法、电化学防腐等问题进行分析，并介绍表面活性剂的结构与类型及其在涂料工业和其他领域中的应用，最后对泡沫和乳液体系进行重点介绍。通过一些典型事例的分析，来加深读者对涂料行业中有关界面原理及其应用的理解。

实践思考

1. 界面主要有哪几种类型？为什么一般不存在气-气界面？
2. 试分析涂料体系中可能存在的界面类型。简要说明学习界面化学对于涂料工业发展的意义。

3. 边长为 0.01m 的立方体，其表面积为多少？其球度值 S 为多少？由它所组成的分散相分散程度（比表面积）又是多少？

4. 近似计算 1kg 平均粒径为 0.30μm、密度为 $4.16g/cm^3$ 的金红石型 TiO_2 颜料粒子的表面积。

5. 已知某种色素炉黑颜料密度为 $1.80g/cm^3$，若其比表面积 σ 为 $190m^2/g$，试计算其平均粒径。

第二章

涂料的动力学稳定性与应用

第一节　涂料与多分散体系

将研细的颜料固体粉末在非溶剂中分散，大颗粒的颜料粒子很快下沉，细小的粒子在重力的作用下也逐渐沉降于底部，由于这些颜料在非溶剂中仍有极小的溶解度，因而在体系中还存在着真溶液。混杂在真溶液中还有一些极为细小的粒子，它们既不下沉也不溶解，其粒径在1nm～0.1μm之间，肉眼看不到，在显微镜下也观察不到，只有在超显微镜或电子显微镜下才能观察到，这种粒子就称为胶体颗粒。含有胶体颗粒的体系就称为胶体分散体系。所谓胶体化学，狭义地说，就是研究尺寸在胶体尺寸范围内的颗粒所形成的分散体系即胶体分散体系的各种物理化学性质的科学，包括质点的大小和形状、表面及界面性质、质点间及质点与溶剂间的相互作用等对体系的力学、光学、电学、化学等特性的影响；广义地看，则是研究包括胶体分散体系和悬浮体系在内的多分散体系的物理化学特性的科学。

涂料体系中含有的主要成膜物质是高分子，也称树脂，当其溶解于溶剂中时，其质点大小正处于胶体尺寸范围，其他的成膜物质如颜料和助剂等，其尺寸通常处于50nm～10μm之间，跨越了胶体颗粒至悬浮颗粒的尺寸范围。纳米涂料技术的兴起，使得涂料中高分子复合微粒（如核壳结构树脂）的尺寸、颜料和填料的尺寸范围进一步向胶体尺寸范围靠拢。可见，涂料分散体系是典型的多分散体系，它是由多种胶体分散体系、粗分散体系和溶液混合构成的复杂体系。因此，涂料界面化学就是胶体化学原理在涂料体系中实际应用的科学。

一、多分散体系的分类

根据分散相质点的形状，可以将多分散体系分为粒状（包括刚性球粒、立方体颗粒或其他形貌的刚性粒子，以及松散而柔性的无规线团等）、片状（层状）、线状或网状等种类。

质点的形状对分散体系的性质有重要的影响。例如，悬浮聚合或者乳液聚合的聚苯乙烯体系，其悬浮颗粒或乳胶粒子为球形，在体积浓度高达20%～40%

时，体系黏度也增加不多，仍有极好的流动性［图 2-1(a)］；而若将聚苯乙烯在苯中溶解，形成高分子溶液，此时，聚苯乙烯在溶液中呈无规线团状，体系的黏度就会大大增加［图 2-1(c)］；聚丙烯酸钠溶液中由于高分子主链上带有相同电性的电荷，使得链受到同性电荷的排斥而尽量取伸展状态，这种伸直的线型链使溶液具有更高的黏度，可以用作增稠剂［图 2-1(e)］；当体系中质点间具有较强的相互作用时，如鱼汤中蛋白质间强烈的氢键作用，质点间相互联结形成一个整体，体系就会成为胶状而失去流动性［图 2-1(f)］。可见，形状是表征分散体系的一个重要的结构参数。

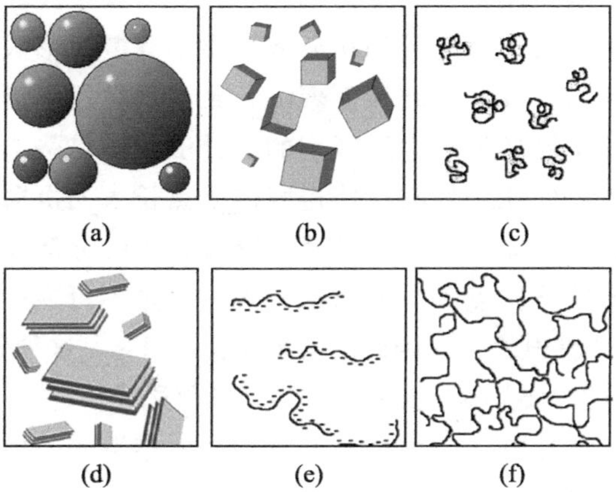

图 2-1　各种分散质点形状

(a) 球形；(b) 立方体；(c) 无规线团；(d) 层状；(e) 线型伸展；(f) 网状

根据分散体系中质点的聚集状态或其生成方法，可将多分散体系分为缔合分散体系、分子分散体系和憎液分散体系三种。当质点尺寸在胶体范围时，上述三种体系则分别称为缔合胶体、分子胶体和分散胶体。

在表面活性剂溶液中，由于表面活性剂分子存在极化作用，容易缔合形成胶束质点，胶束的尺寸往往处于胶体尺寸范围内，因此，这样所形成的分散体系称为缔合胶体。如水包油体系的肥皂水、乳液中的胶束、生物体中的细胞膜等，以及油包水体系的润肤霜、钻井液中的胶束都是缔合胶体。即使胶束直径超出胶体范围，我们仍以缔合胶体来称之。一些共聚物能够在分散介质中自组装形成球形、纺锤形、哑铃形等多种有规则的几何形体的原因也往往是体系中存在缔合作用。

分子胶体是由天然或合成高分子在介质中溶解而形成分子分散的大分子溶液。由于其分散相质点以分子形式存在，因此，实际上它是一种溶液，即高分子溶液。但由于其分子量很大，分子尺寸已达到胶体质点的大小，因此在许多性质上与胶体体系相似，尤其是在粒子尺寸、动力学性质、光学性质和流变性质等方面，具有类似于胶体的特性和研究方法。因此，高分子溶液在历史上，特别是在高分子科学建立之前，一直被纳入胶体化学进行讨论，称为分子胶体。由质点与介质的亲和性来看，高分子与溶剂分子间具有较强的相互作用，溶剂可以将高分子本体解散形成分子分散状态。因此，高分子与溶剂间是亲和的，所以这种体系又称为亲液胶体。例如，聚乙烯醇水溶液、环氧树脂的丁酮溶液等都是分子胶体。但是，从热力学观点看，高分子溶液是热力学稳定的体系，也就是说，当温度、压力等外在条件改变使得溶质析出而产生沉淀时，一旦温度、压力等外在条件重新返回到原来状态，析出的大分子溶质仍然可以重新溶解，该过程是可逆的。尽管高分子溶液的依数性与小分子溶液有所不同，会偏离小分子溶液尤其是理想溶液的热力学规律，但与胶体分散体系是有本质区别的。因此，本书还是采用高分子溶液来表示这种体系，而不再用分子胶体、亲液胶体等名称。

分散胶体是由难溶物作为分散相在分散介质中分散而形成的胶体体系，这种体系具有很大的相界面，极易被破坏而聚沉，聚沉后往往不能恢复原态，因而与分子胶体也就是高分子溶液是有本质区别的。分散胶体是热力学不稳定的不可逆体系。当温度、压力等外在条件改变使得胶体质点长大而沉降时，一旦温度、压力等外在条件重新返回到原来状态，已经沉降或长大的分散质点则无法自动解析并重新分散成原先的胶体质点和分散状态，该过程是不可逆的。正因为质点与介质间没有良好的亲和力使其稳定，因此，与亲液胶体相对，这种分散胶体又称为憎液胶体。我们所要讨论的主要是这一类胶体。以下凡仅称胶体者，均指此类分散胶体。

泡沫和乳液是两种特殊的分散体系，分别是由难溶的气体和难溶的液体在液相中构成的多分散体系，其性质，特别是界面性质，与胶体分散体系有密切关系，但又具有一些独特的行为特性，所以我们单列一章加以讨论。

根据分散相和分散介质的聚集状态，又可以将胶体分为八种分散体系（表 2-1）。习惯上，把分散介质为气体的称为气溶胶，分散介质为固体的称为固溶胶，分散介质为液体的称为液溶胶。若液体介质为水，则称为水溶胶。

胶体分散体系的特点在于体系中质点的比表面积很大，分散相与分散介质之间有明显的界面，体系是两相或多相的不均匀体系，因而胶体的许多性质都与界面性质有关。

表 2-1　胶体分散体系

分散相	分散介质	名称	实例
气 液 固	气	气溶胶	— 雾、云 烟、尘
气 液 固	液	液溶胶	泡沫 乳液 金溶胶、墨汁、牙膏、涂料
气 液 固	固	固溶胶	泡沫塑料、浮石 水凝胶、珍珠 红宝石、有色塑料、合金

传统的涂料以有机溶剂为主要分散介质，它们首先将成膜物质（树脂和颜料等添加剂）溶解或分散成满足特定要求的溶液或分散体系，通过改变溶剂的组成和含量，调节产品的黏度和流变特性，以满足涂料制备、贮存或施工等过程的工艺要求。但有机溶剂易挥发、易燃易爆、有毒有味有害，会造成环境污染，同时施工条件恶劣，会对人体造成伤害，且价格高，施工中不易回收，容易造成浪费。自 1966 年美国洛杉矶地区颁布首个限制挥发性有机物（VOC）排放的“66 法规”后，各国政府相继出台环保法规，我国也不断加大环境保护政策与制度建设的力度，限制有机溶剂的大量使用，如 2020 年我国印发了 GB/T 38597—2020《低挥发性有机化合物含量涂料产品技术要求》，以及 GB 18581—2020、GB 18582—2020、GB 24409—2020、GB 30981.2—2025 等标准，对木器涂料、建筑用墙面涂料、车辆涂料和工业防护涂料中有害物质进行限量，今后还将不断提升环保性能指标。为适应环保法规的要求，以水为分散介质的水性涂料体系得到了迅速的发展。

水性涂料也叫水基涂料，主要包括水溶性、水乳胶和水分散涂料体系三大类。一般成膜物质的粒子尺寸在 1nm 以下的称为水溶性涂料；粒子尺寸在 0.1μm 以上的称为水乳胶涂料；粒子尺寸介于二者之间（1nm～0.1μm）的称为水分散涂料，也简称水分散体或微乳胶，相当于分散胶体。这些体系虽然更换了分散介质，但都要解决涂料生产、贮存、运输和施工过程中的各种问题，水性体系中所存在的界面现象和界面问题本质上与溶剂型体系是一样的。都要通过改变分散粒子所带的电荷数量与分布、粒子与分散介质间界面相互作用、界面层厚度以及调节体系的黏度等手段来加以解决。

当分散质点超出胶粒尺寸范围时，则为悬浊体系、乳浊体系等粗分散体系。这种体系非常不稳定，受重力的影响，在沉降的过程中，会因某些粒子尺寸偏大而挟带其他小尺寸粒子一起下沉，导致体系分散度迅速下降。但即使是粗分散体系，其动力学、流变学、光学与电学行为仍遵循与胶体同样的原理，因此，在以后的讨论中，不必严格区分胶体分散体系和粗分散体系。但需要指出的是，由于胶体分散体系存在着显著的量子效应，对半导体、导体等本身具有独特光电性能的物质将产生重要的影响，从而带来新的光学与电学效应（如吸收光谱的蓝移、导体与半导体甚至绝缘体间的相互转化）以及独特的巨磁效应等，这些已不在本书讨论范围，有兴趣的读者可参考有关纳米材料的文献和书籍。

二、多分散体系的制备

制备多分散体系不难，难的是获得较为稳定的体系。一般来说，分散质点尺寸越小，体系的稳定性越高。因此，多分散体系的制备问题可以化解为胶体的制备问题。制备胶体分散体系的一般条件是：①分散相在介质中的溶解度极小；②必须有稳定剂存在。

第一个条件说明溶解度大的物质不容易形成胶体等多分散体系，而易形成真溶液；第二个条件说明胶体等多分散体系是不稳定的。当然，由于一般分散粒子都是带电的，粒子间有相互排斥的作用，减少了相互碰撞而沉淀的概率，因此这类分散体系通常也具有一定的稳定性。但总的说来，多分散体系是热力学不稳定体系，分散相粒子的比表面积很大，体系的表面能极高，粒子间有凝聚长大而减少体系能量的趋势，因此，欲制得稳定的体系必须加入稳定剂。对于胶体分散体系而言，稳定剂通常可以在胶粒外形成保护层来增加其稳定性。以 TiO_2 在碱性水体系中形成的溶胶为例，若稳定剂是 KOH，则其结构如图 2-2 所示。

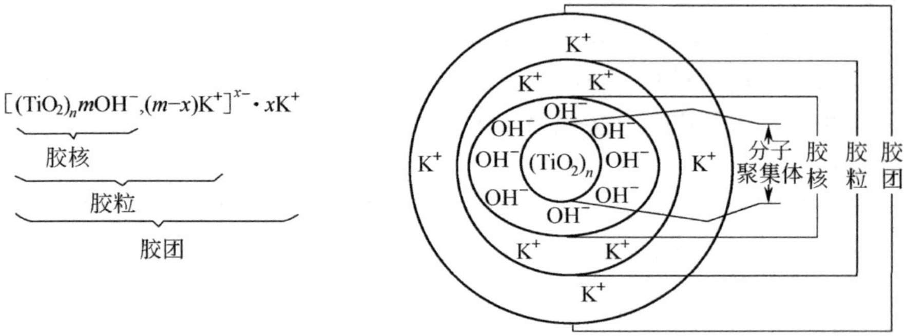

图 2-2　胶核、胶粒、胶团示意图

此处，TiO_2 形成胶核，n 表示胶核中所含 TiO_2 的分子数，通常 n 可达 10^3 以上。在碱性条件下，TiO_2 胶核的表面易吸附 OH^- 形成 $HTiO_3^-$，因此胶核带负电，m 表示胶核所吸附的 OH^- 数目。溶液中的 K^+ 又可以部分吸附在其周围，$(m-x)$ 为吸附层中的反离子数。x 是扩散层中的反离子数。通常所说的溶胶带正电或负电是指包括吸附层中反离子在内的胶粒。胶粒连同周围介质中的反离子一起构成胶团，因此，整个胶团总是电中性的。胶核带电的规律将在第三章第一节中介绍，一般的情况是，胶核优先吸附溶液中含有相同元素的离子，例如，AgI 胶体，若溶液中存在 KI，则 I^- 优先在胶核表面上吸附；而若稳定剂是 $AgNO_3$，则胶粒优先吸附 Ag^+。再如，在碱性溶液中用 HCHO 还原 $HAuCl_4$ 来制备金溶胶时，以 $Na^+AuO_2^-$ 为稳定剂时，Au 优先吸附的离子是 AuO_2^-。

分散胶体既可以由大块物质经研细分散而成，也可以由分子或离子凝聚而成，前者称为分散法，后者称为凝聚法。用分散法时体系伴有比表面积的增加，而用凝聚法时在溶液中会有新相生成。

1. 分散法

分散法是把大块物质细化分散成胶体颗粒的方法。它包括研磨法、超声分散法、胶溶法、电分散法等方法。

研磨法是将大块物体粉碎分散的常用方法，如在砚台中磨墨、在磨盘中磨面、在石臼中舂米、在粉碎机中碾芝麻糊等都属于研磨法。因物质的刚韧性不同，对其粉碎的方式也分撞击式和碾磨式（抹研式）两种。实际应用的研磨机既有撞击式的，如高速撞击研磨机；也有碾磨式的，如三辊机、石磨机、胶体磨等；当然最多的还是二者结合型的，如球磨机、盘磨机、砂磨机等研磨设备。将固体粉碎研磨到 1～500nm 大小后分散于介质中便可以获得胶体。但直接研磨固体，最多只能获得微米级的粒子，达不到胶体分散程度。比较有效的方法是助以表面活性剂的湿磨，或将被分散的物质（例如硫）与另一种不相干的但能溶于分散介质的固体物质（例如蔗糖）共研，最后将研磨物分散于水中即可制得溶胶，溶胶中所含的另一种物质可用渗析法除去。这里简单介绍一下胶体磨（图 2-3）。胶体磨是超微粉碎机械，其基本工作原理是，高速旋转时，在惯性力的作用下，流体或半流体物料被强制通过定子与转子间的空隙，由于定子与转子间呈高速相对运动，物料在此间受到强大的剪切力、摩擦力、高速搅拌和高频振动等物理作用，有效地把细碎的粉料继续磨碎，达到物料超细粉碎和乳化的目的，目前广泛应用于涂料、制药和食品行业。

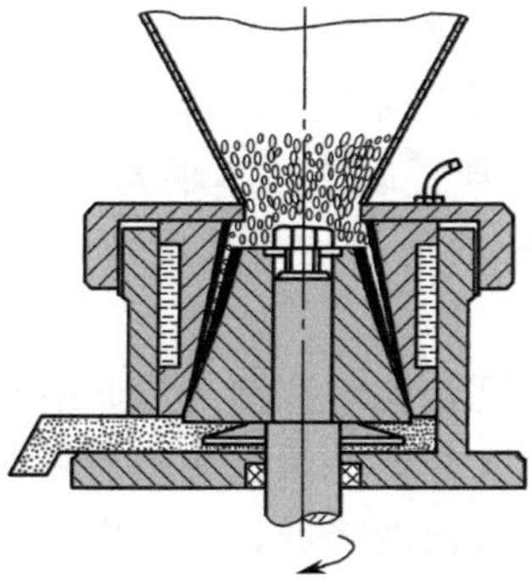

图 2-3　胶体磨示意图

超声分散法是实验室内制备胶体的常用方法。当声波频率高于 16000Hz 时，即为超声波，一般可达 1MHz。高频率的超声波传入介质，对介质中的分散相产生相同频率的疏密交替的撕碎力，从而使分散相均匀分散。它在乳液制备、胶体制备以及实验室中应用较广。

胶溶法是一种使暂时凝集起来（沉淀）的分散相又重新分散的方法。它是使不溶性的沉淀通过少量可溶性物质或洗去体系中过多的电解质，而将其转变成胶体的方法。把新生成的沉淀洗涤后，加入电解质溶液做稳定剂，经过搅拌，沉淀就重新分散。而所加的可溶性物质称为胶溶剂。胶溶作用一般只对新鲜的比较疏松的沉淀有效，一旦沉淀放置过久，小颗粒已长成大颗粒，就难以利用胶溶作用来达到重新分散的目的了。例如，在新鲜的 $Fe(OH)_3$ 沉淀中加入 $FeCl_3$、在新鲜的 AgCl 沉淀中加入 $AgNO_3$ 等电解质，就可以迅速将沉淀转化为胶体。

电分散法主要用于制备金属水溶胶，它是将金属作电极插入溶液中，然后在两极间通以高压电流，使两极间放电形成电弧，释放的热能使金属受热蒸发，又被溶液冷却而制得金属溶胶。这种方法开始是分散过程，然后是凝聚过程。在水中加入少量碱可得稳定溶胶。有时为了避免副产物（电解产物）产生，改用高频电流来代替直流电。

2. 凝聚法

用物理或化学方法使分子或离子聚集成胶体粒子，即为凝聚法。

物理法包括气体冷凝法、相转移法、雾化法等。如将硫黄的乙醇溶液逐滴加入水中，便可以获得硫黄水溶胶，这是利用硫黄在水中溶解度较小的原理来制备的，这种方法又称为更换溶剂法；气体冷凝法是应用真空蒸发、激光、加热、高频感应等方法使物质气化或形成等离子体，然后骤冷使之凝结成纳米粒子。利用此法可制备出纯度高、颗粒分散性好、粒径小而分布窄的纳米粒子。

化学法则包括化学气相沉积、化学共沉淀、水热法等。如将可溶性的反应物经化学反应生成溶解度较小的所需物质，使之形成胶体。如利用还原法将 Au^{3+}、Ag^{+} 等离子还原成金属来制备各种金属溶胶，用氧化法将硫化氢氧化生成硫制备硫溶胶，用水解法制备金属氢氧化物溶胶等。

在凝聚过程中，决定粒子大小的因素有以下几种。

① 溶解度　溶解度越小，粒子成核速率越大，越容易获得胶体。

② 浓度　粒子成核与生长的速率均与浓度成正比。如果生长速率大于成核速率，则粒子长大而产生沉淀。因此在低浓度下，对于成核已有足够的过饱和度而对粒子生长尚没有足够的浓度，此时有利于形成溶胶；而在浓度较高时，粒子生长速率相对较大，则易产生大粒结晶状沉淀；当浓度特别高时，由于初始生成的晶核极多，紧接着过饱和度大幅度降低，粒子生长速率减慢，易形成小粒子胶体，但由于粒子间距离太近，故易于形成半固体状凝胶（图 2-4）。所以，溶胶只能在适当的浓度范围内制成。

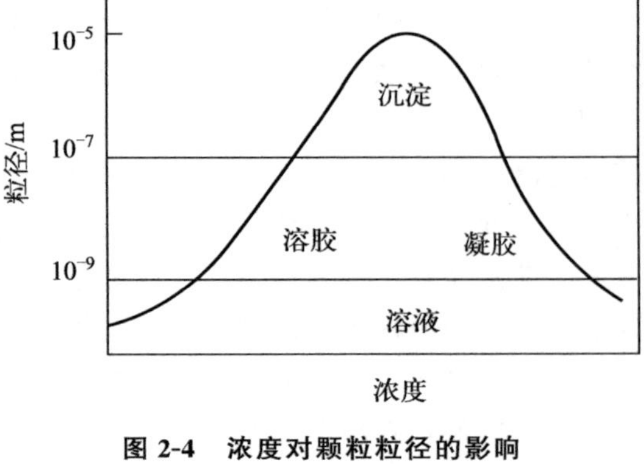

图 2-4　浓度对颗粒粒径的影响

形成沉淀时，由于凝结速率和定向速率的大小不同而有无定形沉淀和结晶状沉淀之别。前者主要取决于过饱和度，后者则取决于物质的极性大小。

无论是用分散法还是用凝聚法制得的溶胶都是多分散性的，粒子有大有小，其中有一些可能会超出胶体颗粒的范围；并且用化学法制得的溶胶通常还含有较多的电解质，虽然适量的电解质可以作为溶胶的稳定剂，但过多的电解质又会降低溶胶的稳定性，因此必须将制得的溶胶加以净化。溶胶中的粗粒子可以通过过滤、超过滤、沉降或离心的办法除去，而过多的电解质则可以用渗析和电渗析的办法除去。

电解质的去除不能用一般过滤方法，因为滤纸的最小孔径约为 1μm，溶胶粒子也能顺利通过。用孔径更小的半透膜，才能将溶胶与电解质离子进行分离。这种用半透膜来提纯溶胶的方法叫渗析。半透膜有动物肠衣、火棉胶膜、赛璐玢等天然及其改性薄膜，也有聚砜、聚酰胺、聚碳酸酯等合成高分子膜。人工制备的半透膜，其孔径可根据要求进行调节。渗析时将溶胶装在用半透膜制成的袋内，将整个膜袋浸于水中。由于膜内外电解质浓度不同，产生渗透压，膜内离子或其他能透过的小分子就向膜外迁移。在渗析过程中，应不断换水，并不断搅拌。为提高透析效率，可以稍稍加热。电渗析比一般渗析效率更高，其装置见图 2-5。中间部分盛放要提纯的溶胶，用半透膜与蒸馏水隔开，两边用惰性金属作电极，阳极为铂网，阴极可以是铜网。当通直流电时，离子向电荷相反方向迁移，穿过半透膜进入两侧，此时应不断换水，以提高渗透效率。另一种重要的净化方法是超过滤，用凝胶状物质制成极小孔径的多孔膜。超过滤的装置如图 2-6 所示。在布氏漏斗底部，铺上一层半透膜，漏斗内装满胶体溶液，瓶内进行抽滤。如果在过滤膜两侧配上电极，通以直流电，使电渗析与超过滤结合起来，则可以获得更好的效果。超过滤的效率高低取决于膜片孔径、膜的性质以及膜与胶体粒子间的相互作用等，胶粒在孔径中被吸附则会起阻塞作用。电透析法不仅可以提纯溶胶、水溶性高分子化合物、蛋白质、酶等物质，在工业上还广泛用于污水处理、海水淡化、纯化水等。

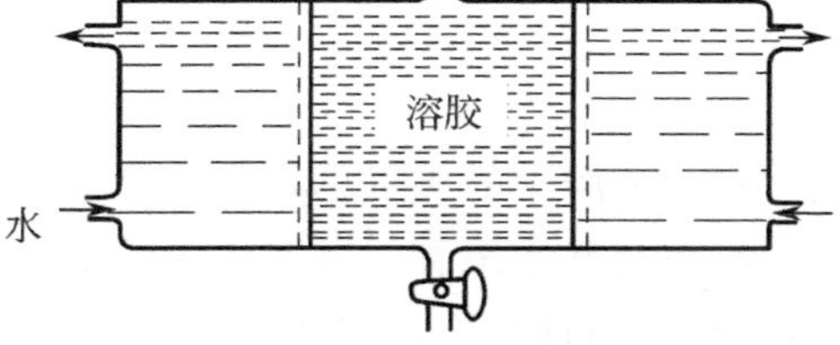

图 2-5　电渗析装置示意图

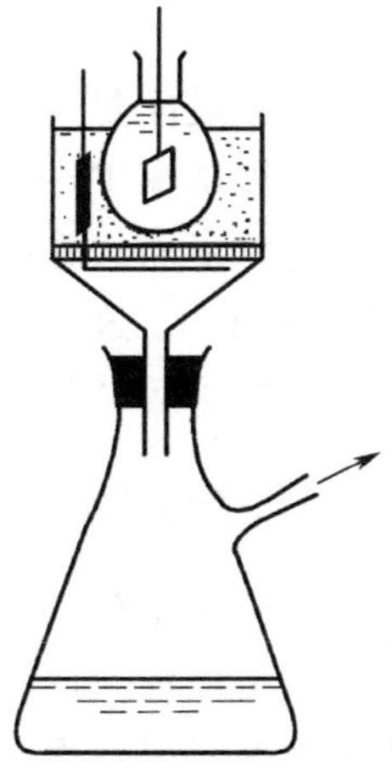

图 2-6　超过滤装置示意图

第二节　动力学稳定性

分散体系中的粒子和溶液中的分子一样，总是处于不停的无秩序的运动之中。从分子运动的角度看，微粒的运动和分子运动并无本质区别，都符合分子运动理论，只是分散体系中的微粒一般比分子大得多，运动强度较小。

一、布朗运动

1827 年，英国植物学家布朗（Brown）在显微镜下观察到花粉在水介质中处于不停的无规则运动之中，悬浮的花粉颗粒不但可以做平移运动，而且还能转动。他最初认为这种无序运动是生命运动的象征，可是不久便发现，所有足够小的粒子都有这种运动，而且运动与温度成正比，与粒子质量成反比，并与固体粒子的化学组成无关。这种连续不停的无规则的随机运动即称为布朗运动。

布朗运动起因于液体分子对固体粒子的撞击。固体粒子处在液体分子包围之中，而液体分子一直处于不停的、无序的热运动状态，撞击着固体粒子。如果粒子较小，那么在某一瞬间，粒子各个方向所受力不能相互抵消，就会向某一方向移动。在另一瞬间可能又受另一方向的合力而向另一方向移动。这样就造成粒子的无规则运动。当粒子直径大于 5μm 时，布朗运动就非常弱了。因为粒子在各瞬间所受的撞击次数随粒子的增大而增加，粒子越大，在周围受到的撞击相互抵消的可能性也越大；粒子越小，则其受力的不平衡性越大。所以大粒子没有布朗运动，而胶体粒子的布朗运动显著。

爱因斯坦（Einstein）从理论上证明，半径为 r 的粒子在黏度为 η 的介质中无规运动时，在 t 时刻其在任意给定轴方向上的平均位移 $\overline{X}$ 为：

$$\overline{X}=\left(\frac{RT}{N_0}\times\frac{t}{3\pi\eta r}\right)^{1/2} \tag{2-1}$$

式中，R 是摩尔气体常数；T 是热力学温度；N_0 是阿伏伽德罗常数。

法国物理学家 Perrin 及其他科学家从实验方面证实了 Einstein 的理论公式，他们采用各种不同的悬浮体在超显微镜中观察，并根据平均位移的测定，计算出 N_0 约为 6×10^{23}。这一结果与近代所测值 6.022×10^{23} 极为吻合。这从侧面说明了 Einstein 粒子运动理论的正确性。

二、扩散现象

和真溶液中小分子一样，当存在浓度差时，溶胶中的质点也具有从高浓度区向低浓度区扩散的作用，最终使浓度均匀。从微观现象来看，真溶液中的扩散是分子热运动的结果，而溶胶的胶粒扩散，是粒子的布朗运动引起的。

就单个质点而言，它们向各个方向运动的概率相等。而从整个体系来看，由于分散体系中质点浓度并不一定是均匀分布的，存在着局部浓度涨落或局部浓度的梯度。由于质点分布不完全均匀，各处质点数目不均，浓度高的区域中质点被撞出的概率高于质点被撞进的概率；而在低浓度区，则进入多于输出，宏观表现便是扩散现象。扩散的结果就是使体系中各处的质点分布和浓度趋于均匀。

考虑图 2-7 中的 AB 平面，它的左边浓度比右边浓度高，只考虑 x 方向的扩散，若胶粒大小相同，则在 x 方向上的扩散速率应与浓度梯度成正比。设 m 为扩散量，则通过 AB 平面的扩散速率 $\mathrm{d}m/\mathrm{d}t$ 与该处的浓度梯度 $\mathrm{d}c/\mathrm{d}x$ 及 AB 的截面积 A 成正比：

$$\frac{\mathrm{d}m}{\mathrm{d}t}=-D\,\frac{\mathrm{d}c}{\mathrm{d}x}\times A \tag{2-2}$$

式中，$\mathrm{d}m/\mathrm{d}t$ 表示单位时间通过截面 AB 扩散的物质数量；式中的负号是因为扩散方向与浓度梯度方向相反；D 为扩散系数，其物理意义是：在单位浓度梯度下，单位时间内通过单位面积的质量，D 越大，质点的扩散能力越强。此即 Fick（菲克）第一定律。

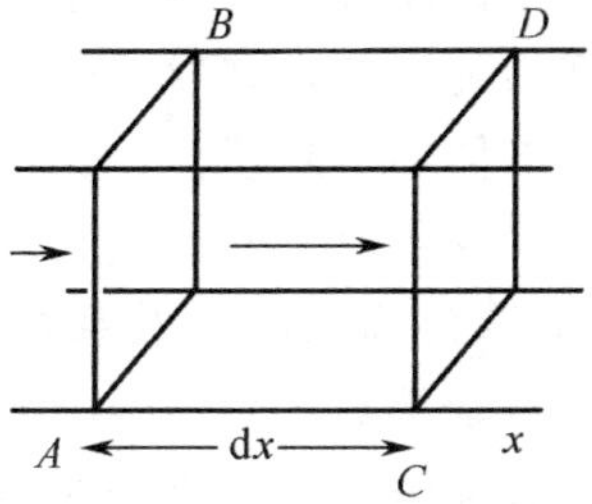

图 2-7　扩散模型示意图

根据 Einstein 溶液扩散方程，扩散系数与介质黏度 η、质点半径 r 间有如下关系：

$$D=\frac{RT}{N_0}\times\frac{1}{6\pi\eta r} \tag{2-3}$$

根据此式，可求出扩散系数 D，单位为 $\mathrm{m^2/s}$。

Fick 第一定律只适用于浓度梯度恒定情况，实际上在扩散过程中，浓度梯度是变化的，若进入 AB 平面的扩散量为 $-DA\left(\frac{\partial c}{\partial x}\right)$，离开 CD 平面的扩散量为 $-DA\left[\frac{\partial c}{\partial x}+\frac{\partial}{\partial x}\left(\frac{\partial c}{\partial x}\right)\mathrm{d}x\right]$，在此小体积元内，粒子增长速率为：

$$-DA\left(\frac{\partial c}{\partial x}\right)+DA\left[\frac{\partial c}{\partial x}+\frac{\partial}{\partial x}\left(\frac{\partial c}{\partial x}\right)\mathrm{d}x\right]=DA\left[\frac{\partial}{\partial x}\left(\frac{\partial c}{\partial x}\right)\mathrm{d}x\right] \tag{2-4}$$

所以，随时间变化，单位体积内浓度的变化为：

$$\frac{\mathrm{d}c}{\mathrm{d}t}=\frac{DA\left[\frac{\partial}{\partial x}\left(\frac{\partial c}{\partial x}\right)\mathrm{d}x\right]}{A\,\mathrm{d}x}=D\left(\frac{\partial^2 c}{\partial x^2}\right) \tag{2-5}$$

式(2-5）是 Fick 第二定律，这是扩散的普遍公式。在这里假设 D 不随浓度而改变，实际上对于多数体系，特别是线型高分子溶液，D 是浓度的函数，所以式(2-5）仅仅是理想公式，实际上应表示为：

$$\frac{\partial c}{\partial t}=\frac{\partial}{\partial x}\left(D\,\frac{\partial c}{\partial x}\right) \tag{2-6}$$

通过扩散实验，并运用 Fick 扩散公式，可求得溶胶粒子的扩散系数 D，从而就可求得粒子大小和形状。这是扩散现象的最基本用途。

研究扩散现象的实验方法有两种。一种是自由界面法，该方法首先须使溶液与溶剂形成一个非常明显的交界面，如图 2-8 所示，先在 A 池内装入溶液，在 B 池内注入溶剂，待温度达到平衡后平推上池，直到上下池对齐，这时在上下池两液体接触处出现很清晰的界面。然后测定扩散过程中浓度的改变，或浓度梯度的变化，利用式(2-2）和式(2-5)，即可计算 D 值。自由界面法的关键是实验开始时的交界面必须非常分明，实验过程中要防止对流和外界干扰，恒温误差应控制在±0.001℃以内，严格避免任何震动。

另一种是多孔塞法，两种液体用烧结玻璃粉隔膜分开，如图 2-9 所示，在隔膜上部盛放溶液或溶胶，下部为纯溶剂，玻璃隔膜的孔径为 5～15μm，液体在隔膜孔径中可以自由移动，下部液体要不断搅拌，保持其浓度均匀。这种搅动不会影响扩散作用，因为穿透性隔膜仅供溶质分子或胶粒透过。每隔一段时间测定浓度变化，然后运用 Fick 扩散定律公式求解扩散系数 D。本法的优点是简单，不怕震动，分析方法不受限制，特别是对于生物学中的酶、病毒等，非常适用；缺点是多孔性的玻璃对扩散物质有吸附，玻璃小孔内会贮存气泡，使仪器常数不稳定，用低分子量物质校正得到的仪器常数对高分子或溶胶未必适用。

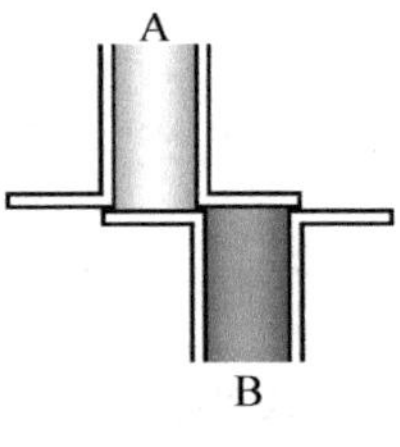

图 2-8　自由界面获得示意图

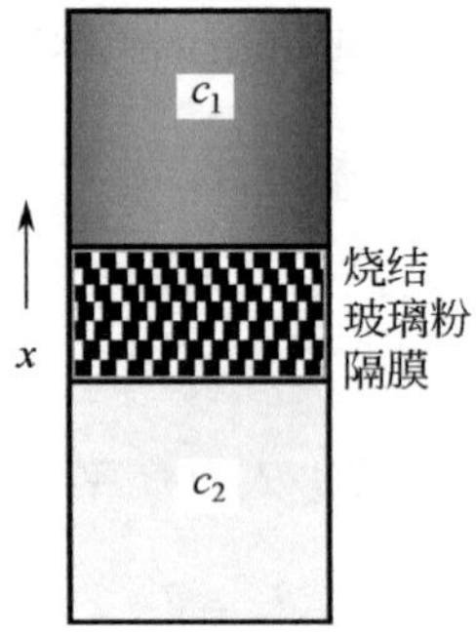

图 2-9　多孔塞法示意图

而若用半透膜将浓度不同的溶胶隔开，低浓度一方的溶剂便会透过半透膜进入高浓度的一方，从而在两种溶胶间产生压力差，该压差的大小反映了溶胶渗透压间的差异。一种溶胶的渗透压 Π 可以借用稀溶液的公式来计算，即：

$$\Pi=\frac{nRT}{V} \tag{2-7}$$

式中，n 是体积为 V 的溶液中溶质的物质的量，mol。对于可电离的溶质，n 代表的是体积为 V 的溶液中粒子的总数目。例如，1mol/L 的 NaCl 溶液，可以产生 1mol/L 的 Na^+ 和 1mol/L 的 Cl^-，因此，$n/V=2$mol/L。对于羧酸、氨基等弱电解质，其电离出的粒子总数与其电离度 α 有关。由于一般溶胶的粒子数目与真溶液小分子相比相差很远，粒子浓度很稀，所以渗透压也很小。

例：某涂料体系中含有 TiO_2 溶胶体系的浓度为 5.85g/L，溶胶粒子的半径为 10nm，相对密度为 2.8，试计算其在 27℃时的渗透压。若体系是 5.85g/L 的 NaCl 溶液，27℃下其产生的渗透压为多少？

解：由单个 TiO_2 溶胶粒子的尺寸及密度可以获得一个粒子的质量，再由粒子的质量浓度求得 TiO_2 溶胶粒子的物质的量浓度，由此可得出其渗透压的计算式为

$$\Pi=\frac{n}{V}RT=\frac{5.85\times10^{3}}{2.8\times\frac{4\pi\times(10\times10^{-7})^{3}}{3}\times6.022\times10^{23}}\times8.314\times300=2.066(\mathrm{Pa})$$

若体系是 5.85g/L 的 NaCl 溶液，由于 NaCl 可以电离产生 Na^+ 和 Cl^-，所以 27℃下其产生的渗透压为：

$$\Pi=\frac{n}{V}RT=\frac{5.85\times10^{3}}{58.5}\times2\times8.314\times300=4.988\times10^{5}(\mathrm{Pa})$$

三、沉降

1. 沉降平衡

溶胶中粒子的相对密度一般大于液体，在重力场的作用下，胶体粒子会沉降。沉降的结果使得溶胶下部的浓度增加，上部浓度降低，破坏了它的均匀性。这样又引起了扩散作用，下部较浓的粒子将向上迁移，使体系浓度趋于均匀。重力的作用与扩散作用正好相反，可以看作是矛盾的两个方面：重力使微粒下沉即沉降，是溶胶动力学上不稳定性的主要表现；扩散则促进体系中粒子浓度趋于均匀，构成了体系的动力学稳定因素。当这两种作用相互抵消时，就达到平衡状态，谓之“沉降平衡”。平衡时，各水平面内粒子浓度保持不变，但从容器底部向上会形成浓度梯度。

因为胶体粒子的布朗运动与气体分子的热运动实质上相同，因此，胶粒随高度变化的分布规律也可借用大气分布公式来描述：

$$n_h=n_0\exp\left[-\frac{\widetilde{V}gh(\rho-\rho_0)}{RT}\right] \tag{2-8}$$

式中，n_0 为底层胶粒浓度；n_h 表示高度为 h 的水平面上的胶粒浓度；$\widetilde{V}$ 为胶粒的摩尔体积，即 $\widetilde{V}=\frac{4}{3}\pi r^3N_0$；$r$ 为质点半径；ρ 为胶粒密度；ρ_0 为介质密度；

N_0 为阿伏伽德罗常数。

例：25℃时，某粒子半径为 3.00×10^{-8}m 的金溶胶，在地心引力场的作用下达到沉降平衡后，在高度相距 0.1mm 的某指定体积内粒子数分别为 277 和 166。已知金的密度为 19.3g/cm³，分散介质的密度为 1.0g/cm³。试计算阿伏伽德罗常数 N_0。

解：根据沉降平衡公式(2-8)，可以得到：

$$\ln\frac{n_0}{n_h}=\frac{\widetilde{V}gh\Delta\rho}{RT}$$

所以，$$\widetilde{V}=\frac{RT\ln(n_0/n_h)}{gh\Delta\rho}=\frac{8.314\times298\times\ln(277/166)}{9.8\times(0.1\times10^{-3})\times(19.3-1)\times10^3}=70.7(\text{m}^3)$$

则 $$N_0=\widetilde{V}/v=\frac{\widetilde{V}}{\frac{4\pi r^3}{3}}=\frac{3\times70.7}{4\times3.14\times(3.00\times10^{-8})^3}=6.25\times10^{23}$$

可见，计算结果与其实际值非常接近。

因此，胶粒浓度随高度而改变，浓度变化的大小与粒子半径及密度差有关。粒子半径越大，浓度变化越明显。表 2-2 为几种分散体系中粒子浓度随高度变化的情形。

表 2-2　粒子浓度随高度的变化

体系	粒子直径/nm	粒子浓度降低一半时的高度/cm
氧气	0.27	5×10^5
高度分散的金溶胶	1.86	215
粗分散金溶胶	186	2.15×10^{-4}
藤黄悬浮体	230	2×10^{-3}

对于粒度为 186nm 的粗分散情况，在沉降平衡时，只要高度上升 2.15×10^{-4}cm，浓度就减小一半，这说明溶胶已完全沉降，也说明体系布朗运动极为微弱。随着粒子的尺寸减小到胶体范围，扩散能力显著增加，当达到沉降平衡时，浓度分布要均匀得多。例如，粒子直径为 1.86nm 的金溶胶，实际上已看不出明显的沉降。

2. 沉降速率

即使是大粒子，实际上仍能在一定的时间内保持稳定而不沉降，这是因为达到沉降平衡需要一定的时间，粒子越小，所需时间越长。

若分散粒子为球形，半径为 r，相对密度为 ρ，分散介质的相对密度为 ρ_0，则其所受的下沉力 F_w 为重力与浮力之差

$$F_w = \frac{4}{3}\pi r^3(\rho - \rho_0)g \tag{2-9}$$

式中，g 为重力加速度。当 F_w 为正值时，粒子下沉；而若 F_w 为负值，则粒子上浮，这两种情况都被称为沉降。当粒子以速率 v 沉降时，其所受的阻力 F_v 为：

$$F_v = 6\pi\eta vr \tag{2-10}$$

当 $F_w = F_v$ 时，胶粒匀速运动，其运动速率 v 为：

$$v = \frac{2r^2(\rho - \rho_0)g}{9\eta} \tag{2-11}$$

由式(2-11) 可以看出，沉降速率 v 与粒子半径的平方 r^2 成正比。所以粒子的大小对沉降速率影响很大。r 越小，沉降越慢，介质黏度越大，分散的粒子也越稳定。根据此式可以计算出各种大小不同粒子上升（或下降）1cm 所需的时间。以 TiO_2 和苯在水中形成的分散体系为例，结果列于表 2-3 中。

表 2-3　悬浮在水中的粒子上升或下降 1cm 所需的时间

粒子半径/nm	100000	10000	1000	100	10	1.5
TiO_2(ρ=4.16g/cm^3)	0.14s	14s	24min	40h	168d	20a
苯(ρ=0.8685g/cm^3)	3.5s	5.8min	9.7h	40d	11a	492a

注：a 为年；d 为天。

从表 2-3 可以看出，大于 100nm 的粒子，放置一段时间以后，似乎都会下沉到容器的底部。但由于式(2-11) 是假定体系处在静止、孤立的平衡状态下进行计算的，而实际上还有外界条件的影响，如温度的变化、机械振动等都会阻止沉降，特别是粒子小于 100nm 时，还应考虑与沉降作用相对抗的扩散作用，因此实际沉降过程与理论计算会有出入。

在离心力作用下，沉降速率与离心加速度成正比：

$$v = \frac{2r^2(\rho - \rho_0)\omega^2 x}{9\eta} \tag{2-12}$$

式中，ω 为离心机的角速度；x 为旋转轴至粒子的距离。普通离心机的转速为 3000r/min，其距轴 20cm 处的离心加速度比重力加速度大约 2000 倍。超速离心机的转速可达（10～16）×10^4r/min，其离心力约为重力的 100 万倍，在这样大的离心力场中，胶粒或高分子物质都可以较快地沉降。

3. 沉降方式

单个球形粒子在重力的作用下，在牛顿流体中的沉降过程可以用式(2-11) 来表示。它表明，随着粒径的增加，沉降速率也大大加快。在实际体系中，必须考虑数百万以上的粒子，粒子存在着一个粒径范围，每种粒子沉降到容器底部所需的时间是不同的，它可以由式(2-11) 计算出来。可以把各种大小的粒子分别进行计算，然后进行累计叠加，就可以描述多分散体系的沉降模式。

然而，在真实体系中，粒子沉降过程是很复杂的。除了粒径大小不同外，粒子的形状、密度也多有差别，与均一球形偏离很远；漆料的黏度、密度也常常随沉降速率和沉降时间而发生变化；粒子与介质的相互作用、添加剂、沉降时的外界扰动、大粒子沉降时对小粒子的挟带等都对沉降有很大的影响，使沉降过程变得非常复杂。一般可以把粒子在介质中的沉降方式分为三种类型（图 2-10）：

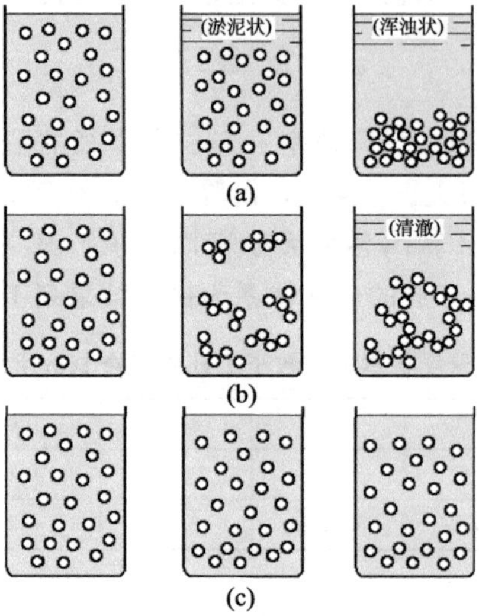

图 2-10　三种沉降方式比较

(a) 分散粒子的沉降（自由沉降）；

(b) 絮凝粒子的沉降（受阻沉降）；(c) 胶体结构中粒子的沉降（稳定悬浮）

① 分散粒子的自由沉降　在这种沉降方式中，粒子分散程度好，因而沉降过程缓慢；沉降时粒子相互间影响较小，没有位阻和挟带，在容器的底部大大小小的粒子可形成密实的沉降物，这种沉积越来越致密，最终变得坚硬，很难再加以分散。而在容器的上部，一些小的粒子沉降很慢，仍停留在介质中，形成浑浊的液体。显然这种自由沉降是不希望发生的。

② 絮凝粒子的沉降　由于粒子没有完全被分散开，絮凝的粒子质量与体积比单个粒子大得多，因而非常容易沉降，沉降速率很快。在此过程中，一些已分散的小粒子被挟带下沉，使容器的上部变得清澈；而沉降到底部的粒子，由于絮凝结构的存在使沉积物变得软而松散，因而很容易再被分散。然而，这种絮凝结构非常脆弱，在轻微的扰动下便可能被破坏，例如，运输时的颠簸就可能使粒子沉降为密实的状态。而且絮凝结构会导致涂料成膜后颜料的遮盖力、耐久力下降。

③ 胶体结构中粒子的沉降　将粒子分散后，使体系具有一定的黏度，形成溶胶，例如，在有机溶剂中加入触变剂，在水性体系中加入增稠剂等，就可以使粒子保持其良好的分散状态，沉降变得非常缓慢，接近于理想的分散悬浮体。这

种方式显然是最理想的，目前已广泛地用于涂料工业。

由以上讨论可知，多分散体系存在着布朗运动、扩散现象和沉降现象等动力学过程，这些过程均与体系中微粒尺寸大小有关。粒子尺寸越大，布朗运动越弱，单位时间内位移越小，扩散越慢，而沉降越快，当达到沉降平衡时，单位粒子浓度变化的距离越短，体系越不稳定；反之，粒子尺寸越小，布朗运动就越强，单位时间内粒子位移越大，扩散速率越快，而沉降过程变慢，当达到沉降平衡时，单位粒子浓度变化的距离越长，体系越稳定。这就是多分散体系的动力学稳定性原理，即体系中粒子尺寸越小，体系越稳定。

第三节　多分散体系的流变性质

流变学是研究物质形变和流动的科学。不同的物质可以表现出不同的流变行为。一个极端是虎克弹性固体，其形变是瞬时发生的，形变量与受力成正比，与受力时间无关，形变具有可逆性，一旦外力撤除，形变即可回零；另一个极端是牛顿型黏性流体，其形变速率与受力成正比，形变量随时间而增加，形变不可逆，一旦外力撤除，形变量保持且不再改变。大多数物质，特别是胶体和高分子材料，在受力时，不仅具有可逆的弹性形变，而且具有不可逆的黏性形变或者其可逆的弹性形变具有时间依赖性，呈现黏性行为的动力学特征。通常把这种特别的力学行为称为黏弹性。通过流变性质的研究，可以掌握分散体系流动和形变发生的规律、流动和形变的行为特征及其影响因素，尤其是分散质点大小、形状及浓度以及分散体系中各种相互作用对流变性能的影响，从而有助于分析和解决材料加工与应用中出现的实际问题。

就涂料体系而言，在其制备、贮存和施工的过程中，流动性是一个重要的指标。例如，在涂料树脂的制备过程中，常用黏度来相对表征树脂的分子量，通过黏度的实时跟踪测定，可以对反应进程进行大致的判断，了解反应程度，并对分子量进行控制；而贮存和施工过程对涂料的流动性要求是不同的，为了防止涂料中颜料的沉降，需要增加涂料体系的黏度，以减少其沉降；在施工时，为了方便喷涂、刷涂等，既需要降低涂料的黏度，提高其流动性和流平性，以自动消除刷痕，但又不希望其流动性大到涂料还未干时就从物件上流淌下来；在使用过程中，涂层在环境条件下的力学特性包括形变特性成为关注的重点。流变研究在医学上也很有用，例如，人体内的正常血液循环要求血液黏度保持在某一合适的范围内，一些血栓起因于血液黏度异常，因而导致微循环和组织的新陈代谢出现障碍。血液黏度的测量有助于病情的诊断，以便及时采取治疗措施。关于涂层的形变性质，在高分子物理或树脂物理的相关书籍中都有较为详细的讨论，这里只涉及涂料的流动特性。

一、黏度

1. 黏度的定义

与纯液体相比，胶体、悬浮液的流动情况比较复杂，因为体系中除了液体之外还有分散的固体颗粒，在液体之间和液体与固体之间、固体和固体之间存在着不同的相互作用。因此，分散体系的黏度不仅受分散介质本身性质的影响，还受粒子性质包括其几何形状、大小、分散性、溶剂化程度等影响。为此，我们先从纯液体的黏度入手。

流体分子间做相对运动时，有不同的内摩擦阻力存在。反映流体流动时内摩擦力大小的这种物理性质称为黏性。黏度是表征物质黏性或者说黏稠程度的物理量，它反映了物质在流动时内摩擦力的大小。

如图 2-11 所示，在两块面积很大而相距很近的平板中间充满某种液体。固定底板，以一恒力 F 推动顶上平板以速率 v 沿 y 方向运动。此时两板间液体也分成无数薄层运动，形成一个速率梯度，至下层速率为 0。作用力与受力面平行，称为剪应力，单位面积上的剪应力称剪应力强度，简称剪切应力，用 σ 表示。当两个平行的液体平面之间发生稳定的相对运动时，剪切力 σ 与平面间的速率梯度 $\mathrm{d}v/\mathrm{d}x$ 成正比，即：

$$\sigma = \eta \frac{\mathrm{d}v}{\mathrm{d}x} \tag{2-13}$$

其比例系数就是黏度 η。上式就是著名的牛顿公式。式中，速率梯度又称为剪切速率，用 $\dot{\gamma}$ 表示，单位为 s^{-1}。所以，式(2-13) 又可写为：

$$\sigma = \eta\dot{\gamma} \tag{2-14}$$

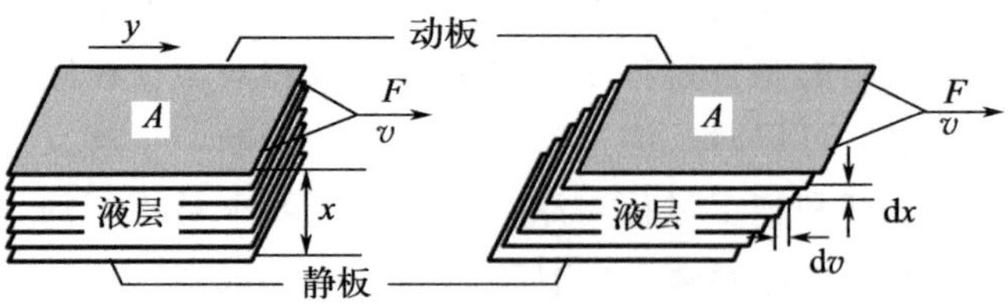

图 2-11　流体流动时形成的速率梯度

在一定温度和压力下，如果流体的黏度为常数，不随剪切应力和速率梯度的变化而改变，那么这种流体就叫作牛顿流体。

在国际单位制（SI）中，剪切应力 σ 的单位取 $\mathrm{N/m^2}$，剪切速率 $\dot{\gamma}$ 的单位取 s^{-1}，则黏度的单位为 Pa・s，量纲为 kg/(m・s)。厘米克秒制（cgs）中，剪切应力 σ 的单位取 $\mathrm{dyn/cm^2}$($1\mathrm{dyn/cm^2}=0.1\mathrm{Pa}$)，剪切速率 $\dot{\gamma}$ 的单位取 s^{-1}，则黏度的单位为 p（泊），量纲为 g/(cm・s)。两种单位间的关系为 1Pa・s=10p。

例：用 10cm 宽的刷子将黏度为 2.0p(0.20Pa·s) 的涂料刷在平板上得到 80μm 厚的湿膜，刷子在平板上压扁的宽度是 3.0cm，刷涂速率为 120cm/s，试计算涂布时的剪切速率及刷子的阻力。

解：

由于施工时涂料在刷子和平板之间大约以等量分开，因此其平均间隙大约是湿膜的 2 倍。所以，流层厚度约为 160μm。则剪切速率 $\dot{\gamma}$ 为：

$$\dot{\gamma}=\frac{\mathrm{d}v}{\mathrm{d}x}\approx\frac{v}{x}=\frac{120}{160\times10^{-4}}=7.5\times10^{3}(\mathrm{s}^{-1})$$

刷子所受阻力 F 应与剪切应力相平衡，因此

$$F=\sigma A=\eta\dot{\gamma}A=2.0\times(7.5\times10^{3})\times(10\times3)=4.5\times10^{5}(\mathrm{dyn})=4.5(\mathrm{N})$$

了解了刷涂时所受的力就便于设计自动化刷涂操作的机械装置，实现涂装的自动化。而根据人体工学的特点，也可以对涂料的黏度进行调节以更方便涂装施工。

2. 黏度的估算与测定

20℃时，水的黏度约为 0.01p(0.001Pa·s)，亚麻仁油的黏度约为 0.50p (0.05Pa·s)，蓖麻子油的黏度约为 10p (1.0Pa·s)。这三种液体常用作目测黏度的参比液。一般液体涂料刷涂时的黏度通常为 1～3p (0.1～0.3Pa·s)、触干涂膜的黏度约为 10^4p (10^3Pa·s)，实干涂膜的黏度可达 10^9p (10^8Pa·s) 数量级，玻璃态聚合物的黏度则达 10^{12}p (10^{11}Pa·s) 数量级。精确测定黏度的方法有毛细管法、转动法及落球法等，各种方法比较列于表 2-4 中。

表 2-4　黏度测定法比较

方法	实验示意	适用条件	方程
毛细管法	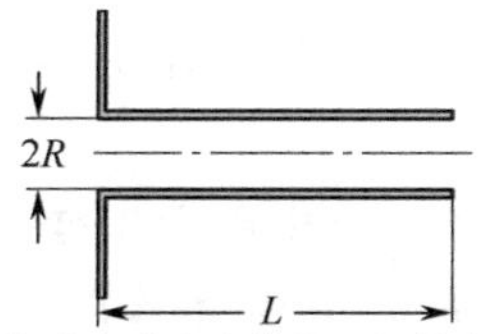 毛细管黏度计中液体从毛细管中流出	$\dot{\gamma}$：10^{-1}～$10^{10}\mathrm{s}^{-1}$	$\eta=\frac{\pi R^4\Delta p}{8Q_vL}$　(2-15) 式中　R——毛细管半径； Δp——毛细管两端压力降； Q_v——体积流速； L——毛细管长。
转动法	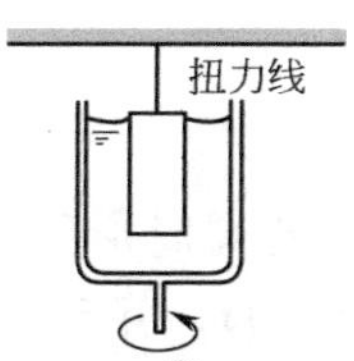 液体充满两筒间隙	$\dot{\gamma}$：10^{-3}～$10^{3}\mathrm{s}^{-1}$ 黏性和高黏性物质	$\eta=K\frac{M}{\omega}$　(2-16) 式中　K——仪器常数； M——转动力矩； ω——转动角速率。

续表

方法	实验示意	适用条件	方程
落球法	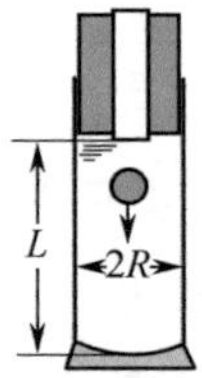 液体装于黏度管内	$\dot{\gamma}$：$<10^{-2}\text{s}^{-1}$（很小）	$$\eta=\frac{2r^2(\rho_s-\rho_l)g}{9v} \quad (2\text{-}17)$$ 式中 ρ_s——小球密度； ρ_l——胶体密度； r——小球半径； v——球运动最终速率； g——重力加速度。

在涂料设计和运输时，采用运动黏度比上述绝对黏度更为简便实用。运动黏度用 ν 表示，它是液体绝对黏度 η 与液体的密度 ρ 之比，如公式(2-18)，单位为 St（斯托克斯），$1\text{St}=10^{-4}\text{m}^2/\text{s}$。

$$\nu=\frac{\eta}{\rho} \tag{2-18}$$

运动黏度的测定方法有锐孔法或气泡法，其原理均靠重力沉降。

（1）毛细管黏度计

属于这类的黏度计有很多，如赛波特（Saybolt）黏度计［图 2-12(a)］、坎农-芬斯克（Cannon-Fenske）黏度计［图 2-12(b)］、乌氏（Ubbelohde）黏度计［图 2-12(c)］等具有较小流体静压力的类型，还有对流体施以较高压力的毛细管流变仪，如 Instron 毛细管流变仪、CEAST 毛细管流变仪等。

例如，用赛波特黏度计对液体的黏度进行测定。其方法是，将液体装满圆筒杯，然后测定从黏度计底部毛细管中流出 60mL 液体所需的时间 t，由此可以推算出其运动黏度或绝对黏度。我们以此为例来说明计算黏度的方法。这里仅考虑高黏度液体的情况，因流速较低，无需动能校正，可直接运用表 2-4 中的公式(2-15)。

由图 2-12(a) 赛波特黏度计的尺寸，可以记录如下数据：60mL 液体表面流经的第一条刻度线高度 $h_0=8.64+3.25+0.61=12.5\text{cm}$，第二条刻度线高度 $h_1=3.25+0.61=3.86\text{cm}$，毛细管长度 $L=1.225\text{cm}$，毛细管半径 $R=0.0883\text{cm}$，液体流出体积 $V=60\text{cm}^3$ 所需时间为 t。

由于毛细管中液体所受的流体静压力随液体从杯中流出而发生变化，液面高度从开始时的 h_0 到流出体积为 V 的液体后的高度 h_1，其流体静压力也从 $\rho g h_0$ 变为 $\rho g h_1$。因此，需要采用平均有效静压力 Δp_e 或有效高度 h_e 进行计算。体积流速 $Q_v=\text{d}v/\text{d}t$，则方程式(2-15) 可写成微分形式：

$$\frac{\text{d}V}{\text{d}t}=\frac{\pi\Delta p R^4}{8\eta L} \tag{2-19}$$

式中，V 为 t 时刻流经毛细管的液体体积。可见，若圆筒形黏度杯的截面积为 A，则 $\text{d}V=A\text{d}h$；流体静压力 $\Delta p=\rho g h$，代入式(2-19)，并移项调整得：

$$\frac{\text{d}h}{h}=\frac{\pi\rho g R^4}{8\eta L A}\text{d}t \tag{2-20}$$

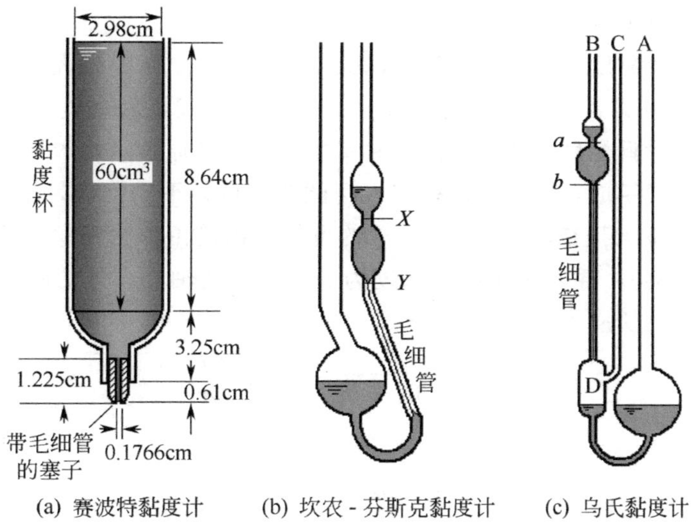

图 2-12　几种毛细管黏度计示意图

解此微分方程，并运用边界条件 $t=0$，$h=h_0$，得：

$$\ln\frac{h_0}{h_1}=\frac{\pi\rho g R^4}{8\eta L A}t \tag{2-21}$$

令 h_e 为有效高度，结合 $Q=Vt=A\ (h_0-h_1)\ t$，则由方程式(2-15) 可得：

$$\frac{A(h_0-h_1)}{t}=\frac{\pi\rho g h_e R^4}{8\eta L} \tag{2-22}$$

联立式(2-21) 和式(2-22)，可得黏度计有效高度的计算式为：

$$h_e=\frac{h_0-h_1}{\ln(h_0/h_1)} \tag{2-23}$$

于是，赛波特黏度计的有效高度为：

$$h_e=\frac{12.50-3.86}{\ln(12.50/3.86)}=7.35\text{cm}$$

其黏度的关系为：

$$\eta=\frac{\pi R^4\Delta p}{8Q_v L}=\frac{\pi\rho g h_e R^4}{8VL}t=\frac{3.14\times\rho\times 980\times 7.35\times 0.0883^4}{8\times 60\times 1.225}t$$

$$=0.00234\rho t\,(\text{p})=2.34\times 10^{-4}\rho t\,(\text{Pa}\cdot\text{s})$$

运动黏度为：

$$\nu=\frac{\eta}{\rho}=2.34\times 10^{-3}t\ (\text{cm}^2/\text{s})$$

这样，从赛波特黏度计毛细管中流出 60mL 液体的时间就可以换算成黏度，所测的时间称为赛波特通用秒。若将毛细管的孔径增大，使流速增大 10 倍，则流出时间称为赛波特 Furol 秒。

（2）旋转黏度计

采用毛细管黏度计测定分散体系的黏度有时会与实际有较大的误差。旋转黏度计则在一定程度上可以克服这一缺点。同轴圆筒式旋转黏度计又称 Epprecht 黏度计，是测量低黏度流体黏度的一种基本仪器。其原理示意图见图 2-13，仪器由一对同轴圆筒组成，待测液体被装入两圆筒间的环形空间内，半径为 R_2 的外筒以角速度为 ω 匀速旋转，半径为 R_1 的可转动内筒由弹簧钢丝悬挂（或装有测定转矩的传感器），插入液体部分深度为 L。这时离轴心 r 处的圆柱面上的牛顿液体所受到的剪切应力为：

$$\sigma = \eta \frac{\mathrm{d}v}{\mathrm{d}r} = \eta r \frac{\mathrm{d}\omega}{\mathrm{d}r} = \eta r \frac{\mathrm{d}\omega}{\mathrm{d}r} \tag{2-24}$$

转矩为：

$$M = \sigma(2\pi r L)r = 2\pi r^3 L\eta \frac{\mathrm{d}\omega}{\mathrm{d}r} \tag{2-25}$$

即：

$$\mathrm{d}\omega = \frac{M}{2\pi L\eta} \times \frac{\mathrm{d}r}{r^3} \tag{2-26}$$

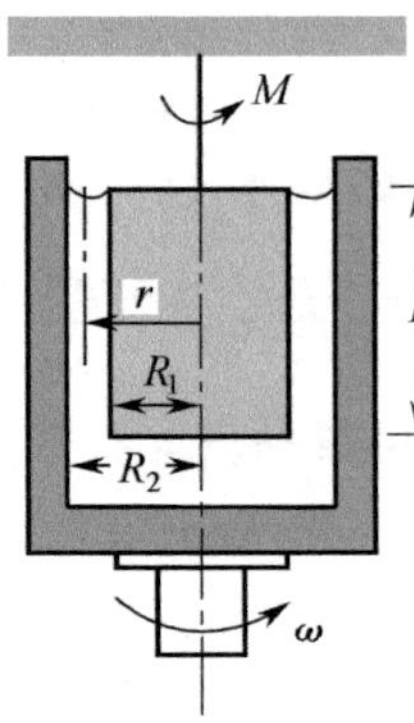

图 2-13　同轴圆筒式旋转黏度计示意图

解此微分方程，并运用边界条件：在无管壁滑移情况下，外筒的内壁 $r=R_2$ 处，角速度为 ω_1；内筒外壁 $r=R_1$ 处，角速度为 0，可得：

$$\eta = \frac{M}{4\pi L\omega}\left(\frac{1}{R_1^2} - \frac{1}{R_2^2}\right) = \frac{M}{4\pi L\omega}\left(\frac{R_2^2 - R_1^2}{R_1^2 R_2^2}\right) = K\frac{M}{\omega} \tag{2-27}$$

式中，K 为仪器常数。

于是，可求得剪切应力 σ 和剪切速率 $\dot{\gamma}$。将式(2-26) 代入式(2-24)，可得：

$$\sigma = \frac{M}{2\pi r^2 L} \tag{2-28}$$

再将式(2-28) 和式(2-27) 代入式(2-14)，得：

$$\dot{\gamma} = \frac{\mathrm{d}v}{\mathrm{d}r} = \frac{\sigma}{\eta} = \frac{M}{2\pi r^2 L} \times \frac{\omega}{KM} = \frac{2\omega}{r^2} \times \frac{R_1^2 R_2^2}{R_2^2 - R_1^2} \tag{2-29}$$

考虑内筒末端流体对圆筒旋转产生的附加转矩，则校正后的黏度方程应为：

$$\eta = \frac{M}{4\pi\omega(L + L_0)}\left(\frac{1}{R_1^2} - \frac{1}{R_2^2}\right) \tag{2-30}$$

式中，L_0 为改正长度，可由改变内筒浸没长度的测量结果外推至浸没长度为零的方法估算。

更为简便的方法是用一个已知黏度的液体来标定黏度计的仪器常数 K，然后由式(2-16) 计算黏度。

锥板黏度计也属于旋转式黏度计，是用于测定黏性分散体系黏度的常用仪器。其结构如图 2-14 所示，由一块直径为 R 的圆形平板和一个线性同心锥体组成。平板和锥体间充满被测液体，平板以角速度 ω 匀速旋转，检测锥体所受到的转矩为 M。在距离轴心 r 处流体的线速度为 $r\omega$，而剪切面间的距离（即试样的厚度）$h = r\tan\alpha$，当锥板夹角 α 很小时（通常 $\alpha < 4°$），$h = r\alpha$，剪切速率为：

$$\dot{\gamma} = \frac{\mathrm{d}v}{\mathrm{d}h} = \frac{v}{h} = \frac{r\omega}{r\alpha} = \frac{\omega}{\alpha} \tag{2-31}$$

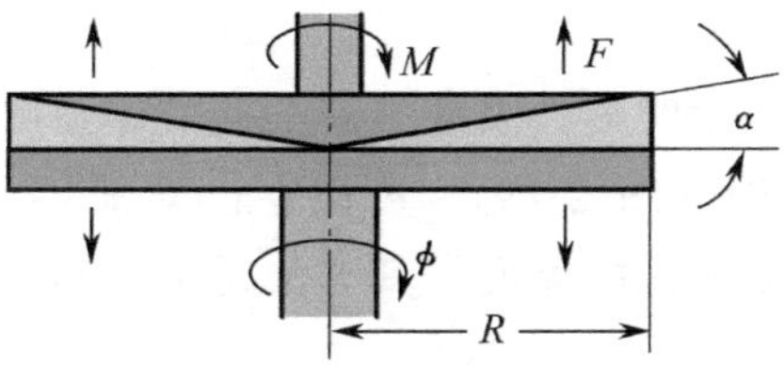

图 2-14　锥板黏度计示意图

所得 $\dot{\gamma}$ 与 r 无关，即锥板间的剪切速率近似均一。由转矩可求得剪切应力为：

$$\sigma = \frac{3M}{2\pi R^3} \tag{2-32}$$

因而被测液体的黏度为：

$$\eta = \frac{\sigma}{\dot{\gamma}} = \frac{3\alpha M}{2\pi\omega R^3} = \frac{M}{b\omega} \tag{2-33}$$

式中，$b = 2\pi R^3/(3\alpha)$，为仪器常数。锥板黏度计的主要优点是剪切速率均一，试样用量少，装填、清理方便，可用于较黏试样的测定，数据处理简单；缺点是当转速较高时，试样有溢出和被破坏的倾向，得不到正确数据。

（3）落球黏度计

落球黏度计是最简便的黏度计。只需要测量已知尺寸和质量的圆球在被测液体中自由下落的速率（示意图见表 2-4），便可计算黏度。假定液体无限延伸，半径为 r、密度为 ρ_2 的圆球在黏度为 η、密度为 ρ_1 的被测液体中下落时，其下落的推动力 F_w 为重力与浮力之差：

$$F_w = \frac{4}{3}\pi r^3(\rho_2 - \rho_1)g$$

其所受到的阻力 F_v 为：

$$F_v = 6\pi\eta v r$$

根据牛顿第二运动定律，落球的运动方程为：

$$\frac{4}{3}\pi r^3(\rho_2 - \rho_1)g - 6\pi\eta v r = \frac{4}{3}\pi r^3 \rho_2 \frac{dv}{dt} \tag{2-34}$$

当达到稳态时，圆球下落速率不变，$dv/dt = 0$，则被测液体的黏度为：

$$\eta = \frac{2(\rho_2 - \rho_1)gr^2}{9v}$$

落球黏度计的优点是仪器简单，操作方便，不需要特殊的设备和技术；缺点是不能得到剪切应力和剪切速率等基本流变参数，而且剪切速率不均一，不能用来研究流体的黏度与剪切速率间的依赖性。

工业上使用的测定液体黏度的仪器还有 Ford 杯、Hoppler 黏度计、Cochius 管等。

以上介绍的各种黏度计都有各自的特点和不足之处，因而适用于不同的对象和目的，作为相互补充的方法而存在。

3. 温度对黏度的影响

黏度随温度的变化非常明显，温度升高会使液体黏度大大降低。这与气体相反。利用黏度-温度列线图（图 2-15），可以在已知某一个温度下的液体黏度时，求出另一个所需温度下该液体的黏度。其方法是把已知的黏度和温度值在列线图

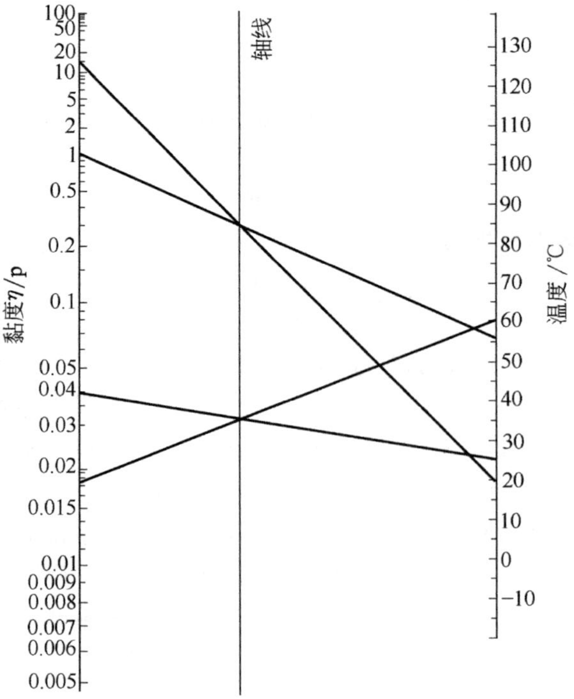

图 2-15　黏度-温度列线图

上找出相应的位置，然后用直线相连，与中间轴线相交；再由第二个温度通过该交点画第二条直线，与黏度标尺的交点即为所求黏度值。用这种经验方法可以迅速、简便地求得不同温度下的近似黏度值。

例：已知某液体在 25℃下的黏度为 0.038p(0.0038Pa·s)，试估计该液体在60℃下的黏度。

解：找到温度坐标中的 25℃点，将其与黏度坐标中的 0.038p(0.0038Pa·s)点连接，与中轴线相交于一点。过该点与 60℃点相连，并引其延长线与黏度坐标相交，交点为 0.0172p(0.00172Pa·s)。因此，该液体在 60℃下的黏度约为0.0172p(0.00172Pa·s)。

4. 复合液体的黏度估算

对于混合流体，其黏度 η 可根据各组分纯态黏度值及混合物组成，通过经验公式来计算。式(2-35) 是计算混合液体黏度的常用公式之一。

$$\lg\eta=\sum x_i \lg\eta_i \tag{2-35}$$

式中，x_i 是第 i 组分的摩尔分数；η_i 是第 i 组分的黏度。

对于聚合物溶液，在整个浓度范围内，聚合物浓度对黏度的影响可用下式表示：

$$\lg\eta_r=\frac{c}{K_a-K_b c} \tag{2-36}$$

式中，η_r 为相对黏度（溶液黏度与溶剂黏度之比）；c 为聚合物质量浓度；K_a、K_b 为常数，可由计算或图解法求得。

5. 不同场合对黏度的要求

在涂料的贮存、施工和应用等场合，对黏度的要求是不同的。例如，沉降过程的剪切力较小，要求黏度高些，可以防止沉降；对涂料的上刷性能而言，则要求黏度适中，太低则不易上刷，太高则难以施工；容易刷涂性则要求黏度低些，抗流挂则要求黏度高些；防止溅落则要求涂料有较高的黏度，流平性则要求黏度低些等。在这些要求中，一些是相互抵触的，照顾了一方的性能就会损害另一方的性能，只有通过控制涂料的流变性能，才能较好地解决问题。

二、稀胶体溶液的黏度

1. 常用的几种黏度定义

当液体中存在分散的粒子时，液体的流动必然受到粒子的干扰，需要消耗额外的能量来克服粒子所产生的内摩擦力，所以分散体系的黏度比纯液体的要高。为便于讨论，先介绍几个常用名词，定义如下：

（1）相对黏度 η_r　即分散体或溶液的黏度 η 与纯溶剂黏度 η_0 之比，表示为：

$$\eta_r = \eta / \eta_0 \tag{2-37}$$

（2）增比黏度 η_{sp}　即黏度增量，代表分散质点对黏度的贡献。

$$\eta_{sp} = \eta_r - 1 \tag{2-38}$$

（3）比浓黏度　又称约化黏度或黏数，是单位浓度的分散质点对黏度的贡献，用 η_{sp}/c 表示，其中 c 为质量浓度。

（4）比浓对数黏度　是相对黏度的自然对数与浓度的比值，用 $\ln\eta_r/c$ 表示。

（5）特性黏数 $[\eta]$　将比浓黏度（黏数）或比浓对数黏度外推至浓度为零时的数值，即：

$$[\eta] = \lim_{c \to 0} \frac{\eta_{sp}}{c} = \lim_{c \to 0} \frac{\ln\eta_r}{c} \tag{2-39}$$

2. 分散质点大小与黏度的关系

对于刚性的球形粒子形成的分散体系，如果没有相互作用，Einstein 用流体动力学方法推导出如下关系：

$$\eta = \eta_0 (1 + 2.5\phi) \quad \text{或} \quad \eta_{sp} = 2.5\phi \tag{2-40}$$

式中，ϕ 为分散相所占的体积分数。可见，粒子对分散体系黏度的贡献只取决于它们所占总体积，而与它们的尺寸无关。

实验证明，浓度在 3%以下的球形质点如玻璃珠、某些孢子和真菌、聚苯乙烯质点等形成的稀悬浮液都符合 Einstein 方程。倘若浓度较大，质点间相互干扰，黏度将剧烈增加，体积分数前的系数则大于 2.5；对于非刚性的球形质点构成的分散体系如乳液，有一部分流线可以穿过悬浮的质点，则使黏度下降，体积分数前的系数就小于 2.5。

人们早就注意到，像 V_2O_5 溶胶、硝化纤维素溶液等体系即使浓度很稀，黏度也比 Einstein 方程所预期的高得多，这些体系的共同特点是质点形状不对称。质点若是不对称的，则液体经过时，不仅流线受到干扰，还使质点转动；同时，质点之间可以发生相互干扰，结果使黏度大大增加。对于刚性长椭球体或棒状质点，Simha 导出下面的公式：

$$\frac{\eta_{sp}}{\phi} = \frac{14}{15} + \frac{J^2}{15[\ln 2J - \lambda]} + \frac{J^2}{5[\ln 2J - \lambda + 1]} \tag{2-41}$$

式中，J 为分子长短轴之比；λ 为分子形状参数，椭球体 $\lambda = 1.5$，棒为 1.8。更简洁的关系式为：

$$\eta_{sp} = 2.5\phi + (J^2/16)\phi^2 \tag{2-42}$$

溶剂化效应会使质点流体力学体积增加，此时，质点的体积应包括纯质点的体积加上与质点结合的溶剂体积，ϕ 值因此增大，黏度增加。

3. 电黏效应

若粒子带电，则体系在流动时，还需要克服粒子与周围反离子之间的相互作用，因而溶液的黏度增大。这种效应称为电黏效应，此时粒子尺寸、电荷等特性将直接影响溶液的黏度。在稀溶液时，电黏效应尤为明显，加入足量的中性电解质可以减弱这种效应。

4. 降阻效应

高分子化合物溶液还有一种效应，它虽然可以使溶液黏度高于其溶剂黏度，但在高速流动时流动阻力却比纯溶剂还低，这种现象叫作降阻效应，又称为Toms效应。一些凝胶、悬浮体内都有这种现象，它具有重要的实际应用价值。如在长距离管道输送原油时，在管道里加入极少量的降阻剂，可以提高泵的输送效率，实现常温输送；在喷火器、鱼雷以及快艇、潜艇的外壁上喷涂一层降阻剂可以使其行进速率大大提高。

降阻剂可以分为三类：

① 高分子化合物类　水溶性的有胍胶、田菁粉、聚氧乙烯、聚丙烯酰胺、羧甲基纤维素钠盐等；油溶性的有聚异丁烯、聚甲基丙烯酸辛酯、聚丙烯、聚苯乙烯共聚物等。一般用量仅需百万分之几到百分之几，效率较高。

② 皂类　大多为多元金属皂类，通常用于油溶性液体，所用浓度为3%～5%。

③ 固体悬浮体　粒子尺寸在一定大小范围内的固体悬浮体，如黏土、砂子等，常应用于钻井泥浆。

5. 黏度与分子量

实验表明，分散体系的分子量与体系的特性黏数有关。Mark-Houwink方程指出：

$$[\eta]=KM^{a} \tag{2-43}$$

式中，M 为黏均分子量；K、a 为体系的特征参数，随质点形状、溶剂种类和温度不同而不同。对于球形分子，$a=0$，即黏度与分子量无关；刚性棒状分子的 $a=2$；线型柔性大分子的 a 随条件而变，在 θ 状态下，$a=0.5$，而在良溶剂中，大分子链充分舒展，a 值在0.8左右。一般 a 取值在0.5～1.0之间。一些高分子溶液体系的 K、a 值可从相关手册（如 Polymer Handbook）中查找。表2-5列出了部分体系的 K、a 值。

表 2-5　一些高聚物-溶剂体系的 K、a 值

聚合物	溶剂	温度/℃	$K/(dm^3/kg)$	a
聚苯乙烯	苯	25	9.5×10^{-3}	0.74
聚苯乙烯	环己烷	34	81×10^{-3}	0.50
乙酸纤维素	丙酮	25	9.0×10^{-3}	0.90
聚氯乙烯	环己酮	25	1.1×10^{-3}	1.00

为了求得高分子的黏均分子量，必须测定体系的特性黏数 $[\eta]$。对于线型高分子溶液，Huggins提出下列公式：

$$\frac{\eta_{sp}}{c}=[\eta]+\kappa[\eta]^2c \tag{2-44}$$

这是一个线性方程，大多数聚合物在较稀的浓度范围内都符合上式。作 η_{sp}/c-c 图，可得一条直线，其截距即为 $[\eta]$。

当 $\eta_{sp}\ll 1$ 时，$\ln\eta_r=\ln(1+\eta_{sp})$ 可按泰勒级数展开。将式(2-44) 代入级数展开式同时略去高次项，可得：

$$\frac{\ln\eta_r}{c}=[\eta]+\left(\kappa-\frac{1}{2}\right)[\eta]^2c+\left(\frac{1}{3}-\kappa\right)[\eta]^3c^2 \tag{2-45}$$

设 $\beta=\left(\frac{1}{2}-\kappa\right)$，且令 $\kappa=1/3$，则：

$$\frac{\ln\eta_r}{c}=[\eta]-\beta[\eta]^2c \tag{2-46}$$

此式称为 Kraemer 方程。按式(2-46) 作 $\ln\eta_r/c$-c 图，可得直线，其截距也为 $[\eta]$，其斜率为 $-\beta[\eta]^2$。这样用 $\ln\eta_r/c$ 对 c 的图与用 η_{sp}/c 对 c 作的图外推可得到共同的截距 $[\eta]$，可以减少作图误差（图 2-16）。但若按式(2-46) 作的图偏离直线太多，则仍以式(2-44) 为准。

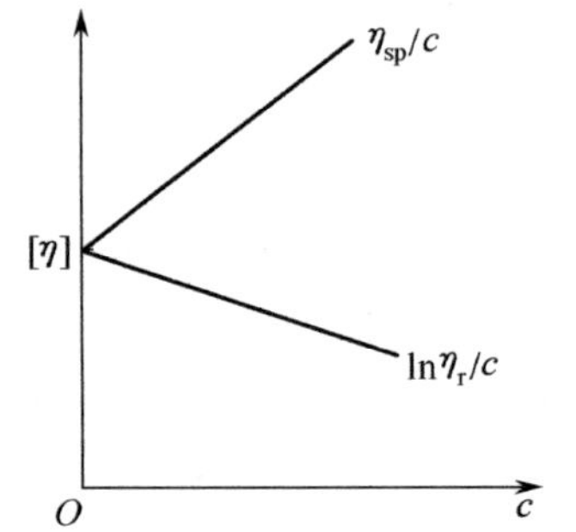

图 2-16 特性黏数的求解

测定时，先配制一定浓度的大分子溶液，在不同的浓度下测定溶液的相对黏度 η_r 和增比黏度 η_{sp}，并计算得到比浓黏度 η_{sp}/c 和比浓对数黏度 $\ln\eta_r/c$。关于溶液浓度的选择，由前所述，当浓度太高时，图的线性不好，外推结果不可靠，而且黏度的理论处理也发生困难；反之，若浓度太稀，溶液的流出时间 t 与溶剂的流出时间 t_0 很接近，η_{sp} 的相对误差比较大，实验精确度很差。因此，恰当的浓度是使 η_r 在 1.2～2.0 之间。应该注意，当试样的分子量较小时，要满足这一条件必须增高浓度。

三、浓分散体系的流变性质

1. 牛顿流体

在一定的温度和压力下，黏度保持不变的流体是牛顿流体，以剪切应力 σ 对

剪切速率 $\dot{\gamma}$ 作图所得的流动曲线是一条通过原点的直线（图 2-17 曲线 a）。

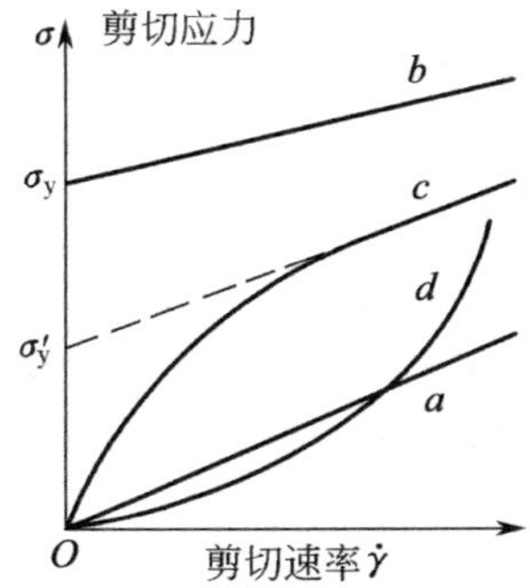

图 2-17　几种基本流型

a 为牛顿流体；b 为塑性流体；c 为假塑性流体；d 为胀流体

大多数纯溶剂、低黏度液体及许多低分子溶液和稀分散体系都近似牛顿流体。

2. 非牛顿流体

实际应用的大多数流体，如高分子熔体、涂料、牙膏、乳液、悬浮液等，其 σ 与 $\dot{\gamma}$ 的关系都不符合上述关系，即剪切应力与剪切速率之比不再是一个常数，流体的黏度随剪切速率的变化而变化。对于这些流体，采用表观黏度 η_a 来表示流体在某一剪切速率（或剪切应力）条件下的黏度值。这些流体统称为非牛顿流体。非牛顿流体分为两大类。一类体系的黏度与时间无关，通常包括以下三种类型：

（1）塑性流体

塑性流体又称宾汉流体，其流动曲线是不经过原点的直线（图 2-17 曲线 b）。当剪切应力小于 σ_y 时，液体不发生流动，此时表观黏度相当于无穷大；只有在剪切应力大于 σ_y 时，才能引发流动，且随着剪切应力或剪切速率的增加，表观黏度逐渐降低。σ_y 称为屈服应力。对于塑性流体，可用下式来描述其特性：

$$\eta_p = \frac{\sigma - \sigma_y}{\dot{\gamma}} \tag{2-47}$$

式中，η_p 为直线的斜率，称为塑性黏度或结构黏度。

对于内部有连续的网状结构的分散体系，较小的剪切应力无法破坏这种结构，因此，通常重力不会引发流动，只有达到一定剪切应力以后才能开始流动。悬浮液浓度达到质点相互接触时就可以形成三维空间结构，便成为塑性流体，网状结构中质点的相互作用大小则反映了这种结构的强弱。

油墨、涂料、牙膏等都是塑性体。对于含有机溶剂的涂料而言，为了使其在贮存时不发生絮凝，在施工后不至于流挂，其屈服值应大于 0.40Pa；而乳胶漆施工前的屈服值应大于 1.0Pa，施工时应立即降至 2.5Pa 以下，而在施工后必须回复到 5.0Pa 以上。

(2) 假塑性流体

假塑性流体的流动曲线如图 2-17 曲线 c 所示。在低剪切速率下其流动曲线似牛顿流体；而在较高剪切速率时，引切线可以与纵轴相交于 σ_y'，则类似于塑性流体，因而称为假塑性体。其表观黏度随剪切速率的增加而逐渐减小。剪切应力与剪切速率间的关系可表示为：

$$\sigma = K\dot{\gamma}^n \quad (0<n<1) \tag{2-48}$$

式中，K、n 是与液体性质有关的经验常数，K 值为稠度，K 值越大，液体越稠；n 值为非牛顿指数，n 值偏离 1 越多，则非牛顿行为越显著。于是表观黏度 η_a 可表示为：

$$\eta_a = \frac{\sigma}{\dot{\gamma}} = K\dot{\gamma}^{n-1} \quad (0<n<1) \tag{2-49}$$

这类流体体系内可能有质点的聚集，在增大剪切速率时可以破坏这种聚集，同时还可以使体系内不对称质点由随机取向变为定向排列，这两种效果都使表观黏度降低。

大部分高分子熔体、高分子溶液和乳液都属于假塑性流体。在剪切力的作用下，高分子熔体、高分子溶液中的高分子链定向排列，减小了链间的缠结，体系黏度随之下降。

(3) 胀流体

与假塑性流体相反，胀流体的表观黏度 η_a 随剪切速率的增加而逐渐增加，其流变曲线如图 2-17 曲线 d 所示，剪切应力与剪切速率间关系也可用式(2-48)和式(2-49) 表示，只是 $n>1$。

胀流体的分散相浓度相当大，并限于一个狭小范围内，为 42%～45%，颗粒质点是分散的，在增大剪切应力时，分散的质点会搅在一起而增大流动阻力，使流体的黏度增大。

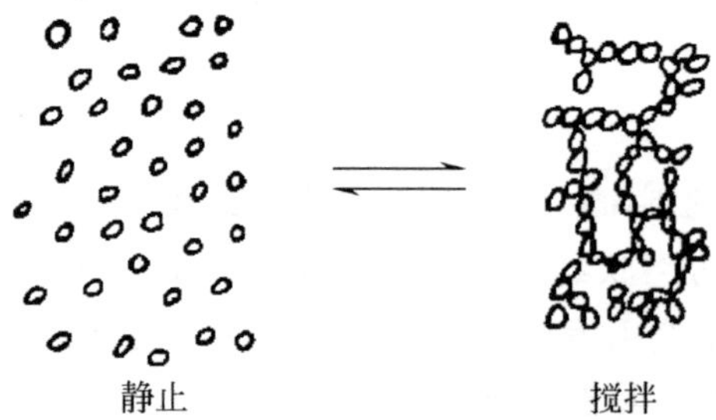

图 2-18 胀流体搅动前后结构的变化

淀粉悬浮液、无机固体粉末在有机溶剂中的悬浮体等都具有胀流体性质，涂料中研磨漆料也多配成胀流体。

胀流体在静止状态时，粒子分散在介质中，相互作用较小。当施以搅动时，粒子间的碰撞概率增大，如果粒子间的相互作用较强，则会引起粒子的重排，形成絮凝结构，将悬浮液中的分散介质包围在内，自由流动的液体减少，阻力增大，从而使表观黏度增大。胀流体搅拌前后结构的变化如图 2-18 所示。

胀流体一般要满足以下两个条件。一是浓度。物系并非在所有浓度范围内都呈膨胀性。例如，淀粉糊在 40%～50%的浓度范围内表现明显的胀流体性质。浓度较低时，为牛顿流体；而浓度较高时，则为塑性流体。因为分散相浓度太小时，粒子距离太远，搅拌时要形成图 2-18 那种结构是困难的；而浓度太大时，粒子间距离太近，以致接触，搅拌时反而把原有的结构拆散，就会呈现出塑性或假塑性流体形式。体系呈现胀流性所需要的最低浓度称为临界浓度，它与粒子的形状、大小以及分散介质的性质等因素有关。粒子形状越不对称，呈现胀流性的临界浓度越低。二是分散性。粒子在体系中必须分散而不能聚结，所以往往需要加入分散剂，而分散剂的性质及数量均影响其临界浓度值。

(4) 依时性体系

除了上述几种常见的流体外，还有一类非牛顿液体是依时性流体。其特点是剪切力作用时间长短对物系流变性质有影响，也即它涉及时间因素，这是前面几种流体所没有的。

根据流变性质与时间的依赖关系不同，可将依时性流体分为触变体和震凝体两种。触变体在一定剪切速率下，剪切应力随时间增大而减少（图 2-19 曲线 a）。具有触变性的物系在搅拌时成为流体，而静置后它慢慢变稠直至胶凝，该过程可以反复可逆进行。震凝体在一定剪切速率下，剪切应力随时间延长而增大（图 2-19 曲线 b）。它与触变体相反，物系在震动或搅拌下会失去流动性而变成凝胶。

依时性流体的流动曲线如图 2-20 所示。其中，触变体的流动曲线与假塑性流体相似，其表观黏度也随剪切速率的增加而下降。不同之处在于假塑性流体在剪切速率恒定时，表观黏度即恒定；而触变体流动时，即使剪切速率恒定，其表观黏度也会逐渐下降，且其流动曲线往往不是从零点开始，也常常存在一个屈服应力，这一点又与宾汉流体相似（图 2-20 曲线 a）。震凝体的流动曲线与胀流体相似，其表观黏度随剪切速率的增加而上升，区别也在于即使剪切速率恒定，其黏度也会迅速增加，而且在剪切应力与剪切应变的关系上，变化速率更快（图 2-20 曲线 b）。

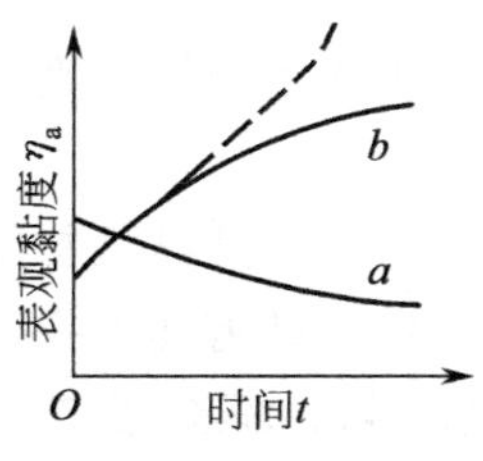

图 2-19 依时性流体黏度与时间的关系

a—触变体；b—震凝体

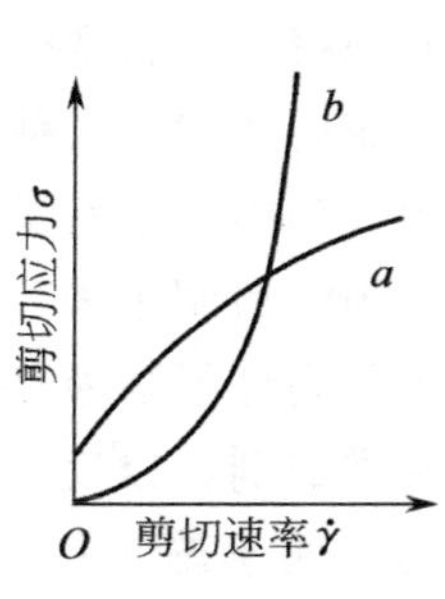

图 2-20 依时性流体的流动曲线

a—触变体；b—震凝体

① 触变体　在一定的剪切速率下，触变体剪切应力随时间延长而减小，体系黏度随时间延长而降低。

触变性的产生是与体系中存在的某种内部结构相关的。在搅动或震动时，质点间的结构可能会遭到破坏。但剪切作用停止，其内部结构又将重新恢复。当然结构的破坏需要一定的能量，只有在外力的作用超过结构破坏能之后才会发生。所以其流动曲线往往不是从原点开始。

触变体系的流变曲线和假塑性流体大致相同，但在流变曲线上出现滞后圈，将剪切速率由低至高增加、再由高逐渐降低时所记录的剪切应力的变化不沿原先的轨迹。由于时间的影响，返回时的剪切应力较小。

物系的触变性可以用转筒黏度计来测定。它包括两种方法。一种是连续增加转筒的转速 ω（相当于增加剪切速率），同时测定扭丝的转矩 M（与剪切应力有关），然后作出上行的流动曲线（图 2-21 中 ABC）。此时由于转速不断提高，粒子结构重新形成的速度始终落后于结构的破坏速度，物系处于非平衡状态。当达到某一极大转速后，再逐渐降低转速，由于已破坏的结构来不及重新形成，剪切应力只用于使物系流动，所以下行线 CA 呈直线下降，从而形成了如图 2-21 曲线 a 所示的 $ABCA$ 滞后圈，这是剪切速率滞后圈。另一种是达到最大转速 C 点后维持恒定的剪切速率，则所需剪切应力将沿 CD 线减少而达到平衡值 D，再降低切变速率可得下行线 DA，这是平衡态所得到的滞后圈 $ABCDA$，亦称时间滞后圈，如图 2-21 曲线 b 所示。

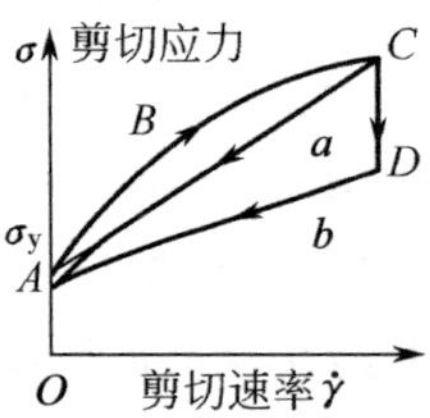

图 2-21　流体流动的时间依赖性——触变流动时流变曲线

滞后圈面积的大小通常用来描述体系的触变性。如果结构恢复的时间很长，则滞后圈的面积很大，触变性就强；如果结构恢复的时间极短，则上行线与下行线趋于吻合，滞后圈就小，体系触变性弱，类纯粹的塑性体。当然，滞后圈的面积与实验时的人为因素也有关系，如剪切速率的变化速率越快，则滞后圈的面积越大。因此，用滞后圈来表示触变性只能做相对的参考。

通常，各种高分子溶液都具有某种程度的触变性，尤其是涂料体系往往还需加入一种触变添加剂，以使之产生触变性结构，这样在高剪切速率下，涂料黏度低而易于流动，便于施工；而在施工前后，黏度增高，不至于产生沉淀或导致流挂。

② 震凝体　与触变体相反，在恒定的剪切速率下，震凝体的黏度随时间逐

渐增大，或趋于一最大值，或趋于无穷大（图 2-19 曲线 b）。

与胀流体不同，震凝体的黏度与时间有关。胀流体黏度会随剪切速率的增加而增加，一旦外力取消，体系的黏度立刻降低而“稀化”；而震凝体在恒定的外力作用下，体系的黏度仍将逐渐增加，外力取消后，体系的黏性也不会立刻降低，而是随时间逐渐降低。

对震凝体所施加的外力，可以是有节奏的震动，如轻轻的敲打、有规则的圆周运动或摆式搅动等，其黏度会大到形成凝胶；若无外界作用就不能形成凝胶。例如，膨润土的悬浮液在静置时，只能慢慢地凝固硬化，但当轻轻搅动时，它将迅速凝固硬化，是典型的震凝体。再如，将交换量高的钠型蒙脱土在蒸馏水中分散，用离心机分级后，取其最细部分。然后将 1.3％的蒙脱土精细粉体所形成的悬浮体放入直径为 1cm 的试管内，加一滴饱和氯化钠或氯化钾溶液，用橡皮棒有节奏地轻轻敲打试管，在 23℃时 15s 内样品就会凝结成凝胶。如果再多加氯化钠溶液，不用震动也会凝结，就不属于震凝体了。震凝体的固含量一般很低，仅 1％～2％，而且粒子是不对称的，因此，形成凝胶完全是粒子定向排列的结果。

实际上震凝体系应用较少，这里就不做详细的讨论了。表 2-6 将假塑性体、触变体、胀流体和震凝体的黏度变化特点分别进行了对比。

表 2-6　非牛顿流体黏度变化的特点

施加的条件	黏度的变化	
	下降	上升
提高剪切速率	假塑性(剪切变稀)	膨胀性(剪切变稠)
增加剪切时间(剪切速率恒定)	触变性	震凝性

3. 不稳定流动

牛顿流动是理想的流动状态，在低剪切速率下牛顿流体可以稳定地流动，各液层间呈有序滑动，构成层流状态。但当剪切速率增大到某一临界点时，流体的流动特性将突然变得混乱，原来有序的层流遭到破坏，代之以混乱的旋涡和涡流，这种流动状态称为湍流。湍流时流动阻力大大增加，此时剪切速率近似正比于剪切应力的算术平方根，黏度也不再是一个恒定值。

对于非牛顿流体，在低剪切速率下，其流动也是稳定的，只是其速率的分布与牛顿流体不同。在增加剪切速率至一定程度后，也会发生不稳定的流动现象。其流动行为更加复杂。尤其是高分子流体，在流动时还受到弹性形变的影响，因而会表现出 Weissenberg 效应即包轴或爬杆效应［图 2-22(a)］、Barus 效应即出口膨胀效应［图 2-22(b)］，以及不稳定流动时的熔体表面粗糙甚至破裂［图 2-22(c)］现象等。

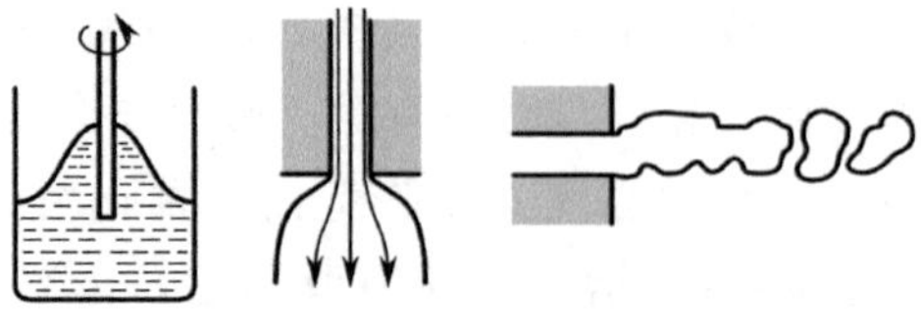

图 2-22 高分子流体流动时的弹性流动效应

(a) Weissenberg 效应；(b) Barus 效应；(c) 熔体破裂现象

四、涂料的流挂现象

涂料施工时的流挂现象与涂料的流动特性密切相关。对流挂现象建立适当的模型进行分析处理，可以获得影响流挂行为的基本参数。

在垂直表面上施涂一层密度为 ρ 的湿涂层，可以把它看成是由许多很薄的薄层组成的。设每层面积为 A，厚度为 dx，对距离湿膜外表面 x 处的一个薄层而言，它与外层间的摩擦力使其支撑着外面各层，与重力作用相抗衡［图 2-23(a)、(b)］。它所受的流挂拉力为：

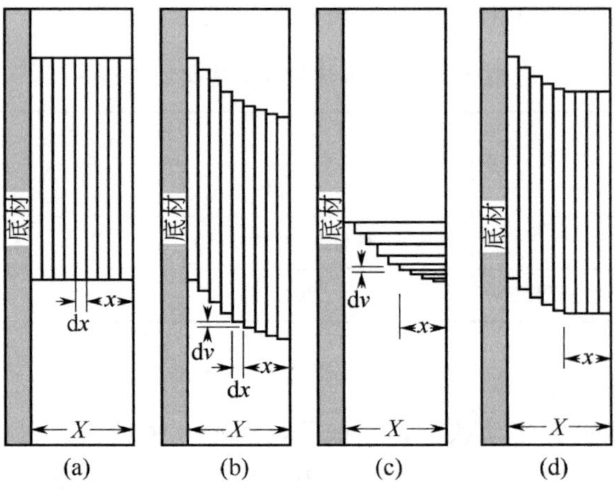

图 2-23 流挂示意图

(a) 初始涂布状态；(b) 流挂之后的形状示意；

(c) 流挂期间流挂的涂料通过任选水平面的体积增量示意；(d) 当涂料屈服值很高时出现滑挂示意

$$\sigma_x = \rho(xA)g/A = \rho x g \tag{2-50}$$

而流动时的速率梯度为：

$$\dot{\gamma} = -\frac{dv}{dx} \tag{2-51}$$

所以，

$$\eta = \frac{\sigma}{\dot{\gamma}} = \frac{\rho x g}{-\dfrac{dv}{dx}} \tag{2-52}$$

则：

$$\mathrm{d}v=-\left(\frac{\rho g}{\eta}\right)x\,\mathrm{d}x \tag{2-53}$$

解得：

$$v=-\frac{\rho g x^2}{2\eta}+K \tag{2-54}$$

利用初始条件，当 $x=X$（即涂膜总厚度）时，薄层受底材限制，不能运动，速率为 0，则：

$$K=\frac{\rho g X^2}{2\eta} \tag{2-55}$$

所以，

$$v_x=\frac{\rho g}{2\eta}(X^2-x^2) \tag{2-56}$$

而最外面一层的速率为：

$$v_0=\frac{\rho g X^2}{2\eta} \tag{2-57}$$

这相当于理想状态下的流挂速率。

在给定的横截面上，经过 t 时刻，流挂的涂料总体积［图 2-23(c)］可用下式求得：

$$V_s=\int_0^X v_x\,\mathrm{d}x Lt \tag{2-58}$$

式中，L 为涂层的宽度。所以，

$$V_s=\int_0^X \frac{\rho g}{2\eta}(X^2-x^2)Lt\,\mathrm{d}x=\frac{\rho g Lt}{2\eta}\left[X^3-\frac{X^3}{3}\right]=\frac{\rho g Lt}{3\eta}X^3 \tag{2-59}$$

由此可见，流挂量随涂层宽度的增加而线性增加；而厚度增加，流挂量将呈 3 次方指数增加。比如，某次施工时，上面某处涂膜厚度是下层某处的两倍，则对下层而言，其自上而下流下的量比自其流走的量要多 8 倍，几乎必然导致流挂。因此，在涂料施工时，一定要仔细涂布成均匀的涂层，而增加涂料黏度也不失为可行的方法。

如果涂层具有明显的屈服值，在垂直表面上施涂的涂膜则不会出现上述流挂现象，而是以厚度为 x 的较厚层作为一个整体来移动，这种现象称为滑挂［图 2-23(d)］。滑挂的厚度为：

$$x=\frac{\sigma_0}{\rho g} \tag{2-60}$$

当屈服应力足够大时，就有可能使 $x=X$，此时，向下移动的速率为 0。

最低程度的流挂和最大限度的流平，这两个目标是相互对立的，如降低黏度，虽然有利于流平，但也助长了流挂。或者，为加速流平而增加涂膜厚度，却会加剧流挂程度。这种相互对立的结果意味着在实践中必须采用某种折中的办法，以达到令人满意的流平性而又不至于过度流挂。通常为了达到适当的流平时间而容许少量的流挂，不会引起严重后果。对于高固体分涂料而言，只有假塑性体系能同时提供流挂控制、流平性和喷涂性。

第四节　分散粒子的尺寸测定

由前面的分析可知，涂料动力学稳定性取决于两方面的因素，一是分散相的尺寸，二是分散体系的黏度。分散相的尺寸是非常重要的。

纳米技术兴起后，分散粒子测试技术发展很快，主要有：①激光粒度测试技术；②图像分析技术；③分散粒子计数器；④电子显微镜；⑤X 射线小角散射法；⑥光子相关技术；⑦在线测试技术；⑧综合性粒度分析仪器等。

粒子测试技术应包括几何形态、物理特性和化学特性测试几个方面。由于物理特性和化学特性测试技术与其他物质形态的物理化学特性测试差别不大，因此分散粒子特性测试往往专指几何形态测试，主要包括粒子的大小及其分布、粒子形貌参数、比表面积、孔及其分布等方面。由于粒子的形态多样性和多分散性，在用粒径表示其尺寸时，实际上已经运用了统计平均的概念和等效粒径的处理手段。用等效粒径表示分散粒子大小的概念已经为大众所接受。当然不同的测试方法因原理的差别而各不相同，有时还会有较大的差异，因此泛泛比较两种不同原理仪器的测试结果是没有意义的。但是，对于同一种分散粒子，用不同原理仪器测试，可以提供粒子的不同信息，对于全面了解粒子的特性是有帮助的。

分散粒子的大小习惯上分为纳米分散粒子（1～100nm）、亚微米分散粒子（0.1～1μm）、微粒（1～100μm）、细粒（100～1000μm）和粗粒（>1mm）。在描述分散粒子粒度分布时应同时注明分布类型（如体积分布、质量分布、个数分布）和测试原理，如激光衍射/散射、沉降法、电阻法、筛分法、图像分析、动态光散射强、透气法等。下面介绍分散粒子尺寸测定的几种主要方法。

一、光散射法

当一束光线射入分散体系时，光线的一部分能自由通过，另一部分则被吸收、散射或反射。对光的吸收作用主要取决于体系的化学组成，而散射和反射的强弱则与质点的大小和形貌有关。低分子真溶液的散射极弱；当质点大小在胶体范围内时，则发生明显的散射；当质点直径远大于入射光波长时，则主要发生反射，体系呈现不透明的浑浊状态。

1. 丁铎尔（Dyndall）效应

许多溶胶外观都是有色透明的。以一束强烈的光线射入溶胶后，在入射光的垂直方向上对着黑暗背景，可以看到一道明亮的光带（图 2-24），这个现象称为丁铎尔效应。而真溶液、悬浊液和乳浊液等体系中此现象不明显。因而丁铎尔效应是溶胶的特征，它是胶粒对光发生散射的结果。

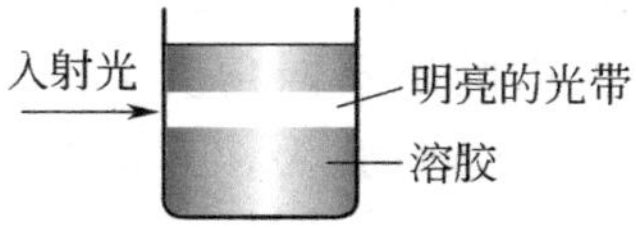

图 2-24 丁铎尔效应

2. 散射光强

光本质上是电磁波，当光波作用到介质中小于光波波长的粒子上时，粒子中的电子被迫振动，成为二次波源，向各个方向发射电磁波，这就是散射光波。其光强随粒子的大小而不同。

（1）小粒子溶胶

所谓小粒子是指尺寸小于光波波长的二十分之一的质点，理论要求质点是各向同性的，并且在分散介质中无规分布。根据 Rayleigh 散射定律，散射光强 I 与入射光强 I_0 之间有如下关系：

$$I=\frac{24\pi^3 NV^2}{\lambda^4}\left(\frac{n_2^2-n_1^2}{n_2^2+n_1^2}\right)^2 I_0 \tag{2-61}$$

式中，N 为单位体积中的质点数；V 为单个粒子的体积；λ 为入射光在分散介质中的波长；n_1 和 n_2 分别为分散介质和分散相的折射率。

由此定律可知：

① 散射光强与入射光波长的 4 次方成反比，即波长越短的光越易被散射，且散射光越强。因此用白光照射溶胶时，由于蓝光波长较短，较易被散射，故在侧面观察时，溶胶呈浅蓝色，而透过光则呈红色。这也是天空呈蓝色，日出日落时，太阳呈红色的原因。这也提醒我们，观察散射光时以短波长为宜，观察透射光则以长波长为宜。如在测定旋光度时，采用的就是 598nm 的黄色 Na 光；汽车前后雾灯分别采用黄光和红光也是因为其穿透力强，不会因雾气而产生漫反射。

② 散射光强与单位体积中的质点数 N 成正比，与粒子体积的平方成正比。粒子过大，大于波长时无散射光；粒子过小，散射光极弱，因此只有在溶胶体系才可以观察到丁铎尔效应。

③ 粒子的折射率与周围分散介质的折射率相差越大，粒子的散射光越强。若 $n_1=n_2$，则无散射现象。但事实上，即使是纯液体或纯气体，分子热运动会引起局部密度涨落，导致折射率发生变化，也会产生光散射，只是胶体分散体系的光散射特别强烈。

式(2-61) 中散射光强是粒子所散射的光的总和，实际上散射光在各个方向上的强度是不同的，各方向的散射光强 i_θ 可由下式表示：

$$i_\theta=\frac{9\pi^2 NV^2}{2\lambda^4 R^2}\left(\frac{n_2^2-n_1^2}{n_2^2+n_1^2}\right)^2 I_0(1+\cos^2\theta) \tag{2-62}$$

式中，i_θ 为 θ 方向的散射光强度；θ 为观察者与入射光方向的夹角；R 为观察者距样品的距离。据此，可以画出不同角度上的散射光强度（图 2-25 中 b），可见在 $\theta=180°$、$0°$方向上散射光强度最大，而在垂直方向上最小，呈对称分布。

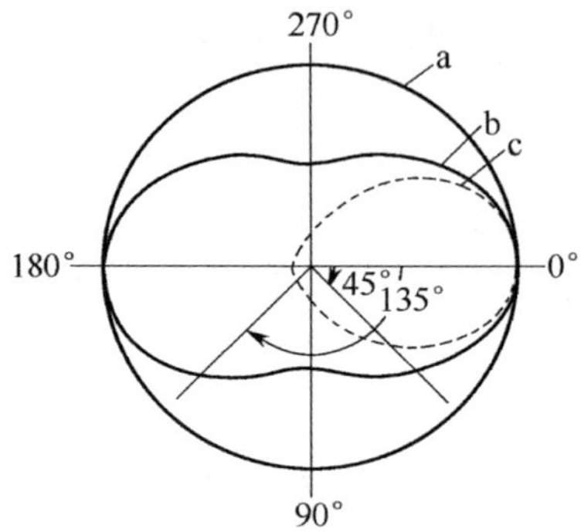

图 2-25　稀溶胶的散射光强与散射角关系示意图

a—垂直偏振入射光；b—非偏振入射光，小粒子；

c—非偏振入射光，大粒子

（2）大粒子溶胶

当质点尺寸大于 $\lambda/20$ 后，散射光强的角分布便不再呈对称分布。因为此时粒子质点不能再视作散射光的点光源，必须考虑同一质点上不同部位发出的散射光之间的内干涉。这种同一质点中的内干涉与两个散射中心所发出的散射光间的光程差有关，在入射光传播方向上，光程差为零，因而不发生干涉；而在背离入射光方向上光程差最大，干涉最强，散射光强减弱程度最大；因此，向前方的散射光强度较强，而向后的散射光强度较弱，呈现不对称分布（图 2-25 中 c）。

3. 溶胶的颜色

有些溶胶是无色透明的，但也有许多溶胶会带有各种不同的颜色，例如，$Fe(OH)_3$ 溶胶是红色的，CdS 溶胶是黄色的，金溶胶因粒子的大小不同可以是红色、紫色或蓝色。溶胶产生各种颜色的主要原因是，溶胶中的质点对可见光产生选择性吸收以及对光的散射。

质点对光的吸收主要取决于其化学结构，各种分子可以吸收特定波长的光而从基态跃迁到较高能态，如果特征吸收波长在可见光范围内，则该物质显色，如 AgCl 几乎不吸收可见光，所以它是白色的，AgBr 只吸收蓝光，所以它们呈黄色。注意，粒子对光的吸收与粒子的尺寸是没有关系的。

质点对光的散射主要与其尺寸有关。一般来说，在胶体尺寸范围内，当粒子较小时，散射较弱，吸收占优势，而长波长的部分又不易被吸收，所以透过光一般趋于长波长的红光部分；当粒子较大时，散射增强，此时散射光趋于向短波方向，故溶胶显蓝色。所以将蓝色的金溶胶在离心机中分离后，由于溶胶是多分散性体系，较大的粒子首先下沉，故溶胶的颜色也逐渐趋向于小粒子分散体系的颜色，其颜色便逐渐由蓝变紫，最后呈深红色。

La Mer 和 Barnes 曾经用白光照射均匀分散的硫溶胶，发现从不同角度可以看到不同的颜色，这种颜色的排列，称为高级丁铎尔效应，通常用“HOTS”表示。在硫溶胶内，红色和绿色光带最明显，随散射角的位置不同成比例出现。例如，对粒子半径为 0.3μm 的均分散硫溶胶，出现红色光带的位置是 60°、100°和 140°；当半径是 0.4μm 时，则红色光带的位置是 42°、66°、105°、132°和 160°。“HOTS”现象必须在均分散体系中才能被观察到，因为多分散体系的溶胶，各种大小粒子都有自己的散射分布图，在各个角度上散射光必然会相互干涉，因此不会呈现“HOTS”现象。为了证明必须是严格的均分散溶胶才有“HOTS”现象，将两种粒子大小不同的溶胶逐步混合，并随时观察丁铎尔现象。实验证明，只要有大约 2%不同大小的粒子，溶胶的“HOTS”现象将立即消失。

对于导电的金属溶胶，例如典型的金溶胶，由于它对光有选择性吸收，所以有鲜艳的颜色。如前所述，显色的主要原因是，溶胶中的质点对可见光产生选择性吸收和对光的散射。前者是真正的选择性吸收，也称为消耗性吸收，这部分光将作为热而消失；后者又称为保存性吸收，这部分光是以散射形式消失的。显然粒子很细的金溶胶显色的消光作用是属于第一类，它是对光的选择性吸收，甚至没有散射现象。第二类由于散射光强度随粒子增大而增强，所以不同粒径的体系，其散射强度和波长是不同的。由此可见，红色的金溶胶是真正的吸收，而尺寸较大显示蓝红色的金溶胶则会有很强的 Tyndall 效应。

Mie 曾计算了金溶胶的吸收系数和散射系数，两者之和就是 Beer 定律中的消光系数。Mie 通过计算发现，在光吸收曲线中，最大吸收峰波长与粒子尺寸关系很小，但是对散射光而言，最大散射峰的波长位置与粒子大小有关。粒子很小时散射现象可以忽略，而较大粒子的散射光强度比吸收光强度大 50%～100%，同时散射光最高峰波长随粒子的增大向长波方向移动。这些与实验所观察到的现象是一致的，因为金溶胶吸收光谱的最高峰波长随粒子尺寸减小而降低，从红经黄到绿，所以其补色将相应地从蓝经紫再变到红。

4. 溶胶粒子大小的测定

根据 Abbe 理论，普通显微镜的分辨率 A 为：

$$A=\frac{\lambda}{2n\sin\alpha} \tag{2-63}$$

式中，λ 为入射光波长；n 为物体和物镜间介质的折射率；α 为被观察物体轴点发出的光与射于接物镜上边缘线间的夹角（常称孔径角），一般按 90° 近似计算。例如，当使用 500nm 的入射光时，若介质为空气，则 $n=1$，可得 $A=250nm$；若介质是水，其 n 为 1.333，则 $A=188nm$；当用 $n=1.575$ 的油作介质时，A 可提高至 159nm；若采用 350nm 的紫外线，分辨率还可继续提高至 110nm。可见，普通显微镜只能观察直径 200nm 以上的粒子，在极端条件下也只能看到 100nm 左右的粒子。而胶态粒子只有 1～100nm，是无法用普通光学显微镜来观察的。

但利用光散射性质设计的超显微镜却可以观察溶胶粒子。它在普通显微镜的基础上，采用特殊的聚光器，使光线不直接进入物镜（如图 2-26 所示）。在黑暗的背景下，可以看到胶粒因光散射而呈现的闪烁光斑，像夜空中的星星一般。尽管光斑的大小并不直接代表实际粒子的大小，但通过对已知液体体积中光斑的计数，并已知在该体积中分散相的总量，则可以计算其粒子的平均大小。若粒子和介质的折射率相差很大，如金溶胶，则散射光强很强，可以观察到的粒子尺寸也可以更小（可小到 2nm）。而若粒子和介质的折射率相差不大，则难以观察到小尺寸粒子。

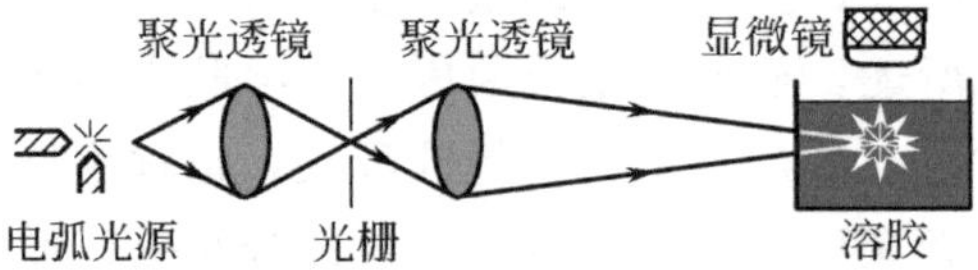

图 2-26　狭缝式超显微镜示意图

超显微镜在胶体化学的发展历史上曾起了很大的作用。尽管在超显微镜下，不能直接看到胶粒的大小和形状，但结合其他数据仍可计算出粒子的平均大小并推断出胶体的形状。例如，在超显微镜下数出视野中粒子的平均个数，然后再换算出每毫升溶胶所含的胶粒数 n。若胶粒的密度为 ρ，每个胶粒的体积为 V，则每毫升溶胶中胶粒的总质量 $m=nV\rho$。若胶粒是球形的，其半径为 r，则：

$$V=\frac{m}{n\rho}=\frac{4}{3}\pi r^3 \quad 或 \quad r=\sqrt[3]{\frac{3m}{4\pi n\rho}} \tag{2-64}$$

求得粒子的尺寸后，则可计算粒子的摩尔质量，$M=V\rho N_0$。

用超显微镜也可以推断粒子的形状。例如，在视野中若看到的“光点”（胶粒的散射光）闪烁不定，时明时暗，则表明此种粒子为不对称的棒状物（如 V_2O_5 等）或片状物（如蓝色的金溶胶等）；如散射光亮度不变，即“光点”不产生闪烁现象，则表明此为对称的球形或立方体胶粒（如 Ag、Pt 等胶粒）。

运用 Mie 光散射理论设计的动态光散射法（dynamic light scattering，DLS），也称光子相关光谱法（photon correlation spectroscopy，PCS），又称准弹性散射（quasi-elastic scattering，QES），采用这种方法可以测定粒径及其分布。其原理是，溶胶中悬浮的微小粒子不停地做无规的布朗运动，所引起的多普勒效应导致散射光波长以入射光波长为中心的展开现象，散射光强也相应发生波动。布朗运动的速度依赖于粒子的大小和分散介质的黏度，粒子越小，分散体系的黏度越小，粒子的布朗运动就越快（图 2-27）。而光通过胶粒产生的光散射，在一定角度下可以被检测到光信号，该信号是多个散射光子叠加后的结果，具有统计意义。在某一时刻的光强与另一时刻的光强相比时，在极短时间内，可以认为两者是相同的，其相关度可看作 1；稍长时间后，光强相似度下降，当时间无穷长时，光强完全与之前的不同，则认为其相关度为 0。由于小粒子运动快而大颗粒运动慢，如果测量大颗粒，那么散射光斑的光强的波动也较缓慢；相反，如果测量的是小粒子，由于它们运动较快，散射光斑也将快速波动。因此，通过对光强波动变化的跟踪和对光强与粒径关系函数的计算就可以得到粒子的粒径及其分布。

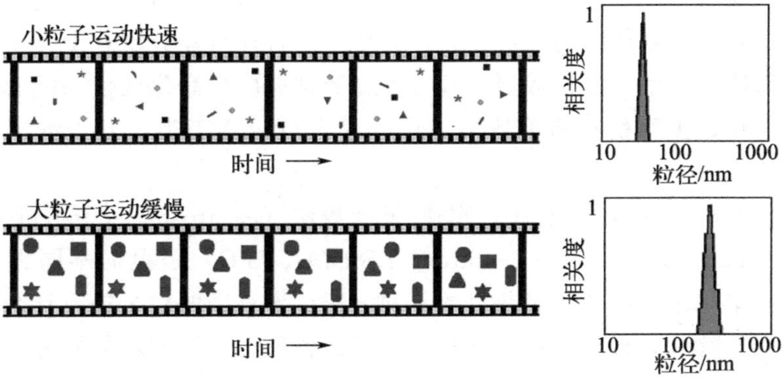

图 2-27　纳米颗粒运动速率与尺寸分布对应示意图

利用动态光散射法进行测定时，样品应较好地分散在介质中，分散而不分离，应尽量避免小分散粒子团聚，大分散粒子沉降，大小分散粒子离析，样品输运过程的损耗，外界杂质的侵入等现象；分散介质一般应透明，对分散粒子的粒径无影响，其折射率和黏度均已知，误差小于 0.5%，且与分散粒子的折射率不同。对于不同样品应选用不同的分散剂和不同的分散操作，这是测试者需要注意的问题。激光粒度分析技术采用了多种激光光源、多镜头、会聚光路、多量程、可移动样品窗等新型设计方法和手段，提高了分辨率，也提高了采样速度，所能测定的粒径下限已突破 1nm，可以对 0.5nm～10μm 范围内的粒子的粒径及其分布进行表征而无需更换透镜。采用动态光散射技术测量粒子粒径，具有准确、快速、可重复性好等优点，已经成为纳米科技中比较常规的一种表征方法。除了可以测量粒径及其分布，动态光散射仪还具有测量粒子的ζ电势、大分子的分子量等能力。

利用光散射原理设计的分散粒子粒度与分散粒子流速探针，可用于物料管道内部检测物料的平均大小和物料的流速，对于在线控制具有指导意义。有报道称使用动态光散射技术可以对高压空气喷嘴中的分散粒子计数。

二、粒子计数法

分散粒子本身是离散的个体，因此对分散粒子分级计数是一种最好的测量方法。

利用光散射原理进行尘埃粒子计数，发展出了粒子计数器，初期主要用于气体尘埃颗粒计数，因此测量的粒子尺寸相对较大。将一定流量的含尘气体通过一束强光，粒子所发射出的散射光经过聚光透镜投射到光电倍增管上，将光脉冲转化为电脉冲，由脉冲数求得粒子数；同时根据粒子散射光的强度与粒径的函数关系得出粒子直径。这样，通过测定散射光的脉冲数和散射光强度就可测得粒子数和粒子的大小。光学计数器在高精度和极低浓度分散粒子测量场合发挥着不可替代的作用。在超出光学计数器的浓度范围时，可使用稀释器进行浓度稀释后取样测量。为了降低计数器间的计数差异，当使用两台计数器分别在上下游取样测定时，一般需使用同型号的计数器。计数器在测试前应自净化或使用配套的空气过滤器进行净化，去除伪计数的影响。该原理也可应用于类似粒子浓度与尺寸的测定。

新发展的电喷雾-差分电迁移率-粒子计数法（electrospray-differential mobility analysis-condensation particle counter，ES-DMA-CPC）是根据不同大小的带电粒子在电场中迁移率不同，对获得的不同电迁移率直径的粒子进行计数。这种方法可用于病毒颗粒分析、蛋白质颗粒的表征、各种带电纳米颗粒研究和生物纳米粒子分析等方面，同时电喷雾（ES）电离过程产生的液滴诱导聚集效应，为诸如蛋白质颗粒、纳米颗粒等粒子的定量提供了新的途径。这些方法具有无需样品预处理、灵敏度高、耗时短、耗样量少、检测范围广等优势。

三、图像分析技术

人眼分辨率约为0.1mm，涂料体系中的粒子尺寸无法通过肉眼分辨，需要通过光学显微镜和电子显微镜拍摄图像加以分析来分辨和测定，因此称为图像分析技术。

光学显微镜的分辨率用瑞利公式表示为

$$d=\frac{0.61\lambda}{n\sin\alpha} \tag{2-65}$$

式中，λ 为波长；n 为折射率；α 为孔径角。在上述公式中，入射波长 λ 是影响光学显微镜分辨率的主要因素。受可见光波长范围（400～760nm）的限制，光学显微镜的极限分辨率约为200nm。要看清200nm以下的细微结构（亚显微结构或超微结构）就必须选择波长更短的光源，以提高显微镜的分辨率。

利用电子在加速电压下运动，其波长可小至可见光波长的十万分之一这一原理，以加速电子充当新光源就构建出了新一代显微技术，即电子显微技术。电子与试样相互作用产生的各种信号如图 2-28 所示。

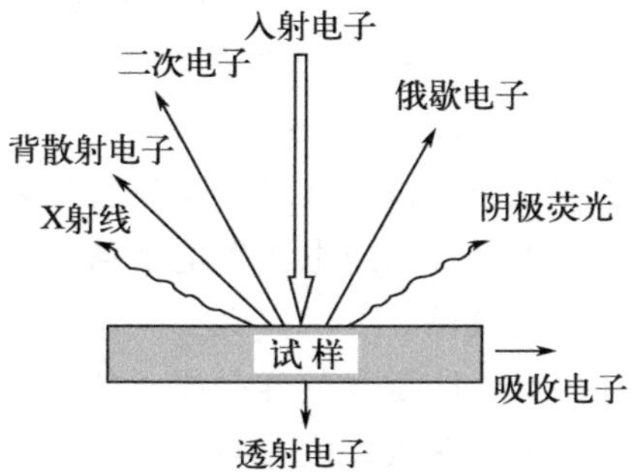

图 2-28　电子与试样相互作用产生的各种信号

1931 年马克斯·克诺尔和恩斯特·鲁斯卡研制发明了透射电子显微镜（transmission electron microscope，TEM）。由于电子束的波长要比可见光和紫外光短得多，并且电子束的波长与发射电子束的电压的算术平方根成反比，因此，加大电压可以降低波长。TEM 的基本原理是把经加速和聚集的高能电子束投射到超薄的样品上，在穿透超薄样品时，电子与样品中的原子碰撞而改变方向，从而产生立体角散射。散射角的大小与样品的密度、厚度相关，因此可以形成明暗不同的影像，影像将在放大、聚焦后在成像器件（如荧光屏、胶片以及感光耦合组件）上显示出来。透射电镜的成像原理可分为三种情况：

① 吸收像　当电子射到质量、密度大的样品上时，主要的成像作用是散射作用。样品上质量、厚度大的地方对电子的散射角大，通过的电子较少，像的亮度较暗。早期的透射电子显微镜都是基于这种原理。

② 衍射像　电子束被样品衍射后，样品不同位置的衍射波振幅分布对应样品中晶体各部分不同的衍射能力，当晶体出现缺陷时，缺陷部分的衍射能力与完整区域不同，从而使衍射波的振幅分布不均匀，反映出晶体缺陷的分布。

③ 相位像　当样品薄至 10nm 以下时，电子可以穿过样品，波的振幅变化可以忽略，成像来自相位的变化。

通过样品的透射和散射电子成像，可以获得样品的高分辨率图像。其电子加速电压通常为 40～400kV，放大倍数可达几万至百万倍，分辨率可达到原子级别，在 0.1～0.5nm 范围内，甚至可以仅仅观察一列原子的结构。在放大倍数较低时，TEM 成像的对比度差异主要是材料不同的厚度和成分对电子的吸收不同造成的。而当放大倍数较高时，复杂的波动作用会造成成像亮度的变化，因此需要专业知识来对所得图像进行分析。

光学显微镜只能在低倍率下使用，TEM 只能在高倍率下使用，而扫描电子显微镜（scanning electron microscope，SEM）则在几倍到几十万倍的范围内连续可调，满足了从光学显微镜到透射电镜观察的一个很大的跨度需求，实现了对样品从宏观到微观的观察和分析。

SEM的工作原理是由电子枪发射出电子束，在加速电压的作用下经过磁透镜系统会聚，聚焦在样品表面上，在第二聚光镜和物镜之间偏转线圈的作用下，电子束在样品上做光栅状扫描，同时同步探测入射电子和研究对象相互作用后从样品表面散射出来的电子和光子，进而获得相应材料的表面形貌和成分信息。从材料表面散射出来的二次电子、背散射电子等电子信号经探测器收集、转换和放大处理后，最终在显示系统上成像。

所谓二次电子就是入射电子所激发的样品原子的外层电子。二次电子能量较低，仅在样品表面附近几个纳米深度以内才有电子从表面逃逸。所以，它对试样表面的状态非常敏感，主要用于扫描电镜下试样表面形貌的观察。入射电子在样品中存在泪滴状弥散范围，而在样品表层还没有明显弥散，使得二次电子像具有较高空间分辨率。背散射电子就是入射电子被样品中的电子散射，然后射出样品表面。可以利用背散射电子对样品表面形貌进行分析。同时，背散射电子产额随样品原子序数的增加而提高，因此利用其衬度的高低，可用来定性分析样品的组成。特征X射线是指入射电子将试样原子内层电子激发后，外层电子向内层电子跃迁时产生的具有特殊能量的电磁辐射。特征X射线的能量为原子两壳层的能量差（$\Delta E = E_K - E_L$），由于元素原子的各个电子能级能量为确定值，因此，特征X射线能分析试样的组成成分。各种电子信号的用途、分析深度以及探测限如表2-7所示。

表2-7 各种电子信号的用途、分析深度及探测限

电子信号	用途	分析深度	探测限
二次电子	表面形貌分析	<10nm	分辨率 3～6nm
背散射电子	表面形貌和成分分析	0.1～1μm	分辨率 50～200nm
特征X射线	元素分析	0.5～5μm	Be～U(质量分数:0.1%～0.5%)

SEM的加速电压为0.5～30kV。普通SEM的分辨率为几纳米，场发射扫描电镜（FESEM）的分辨率可达1nm左右。SEM可以对样品进行旋转、倾斜等操作，能对样品的各个部位进行观察。此外，SEM可以安装不同的检测器（如能谱仪EDS、波谱仪WDS以及电子背散射衍射EBSD等）来接收不同的信号，以便对样品微区的成分和晶体取向等特性进行表征。此外，在SEM中还能配置相应的附件，对样品进行加热、冷却、拉伸等操作，并对该动态过程中发生的变化进行实时观察。利用特征X射线能谱仪进行检测，可以分析从4号元素Be到92号元素U的各种元素。还可以根据样品类型和观测要求选择打开或关闭减速功能，这样既保证分辨率又减少荷电。SEM的景深（depth of field）高，可以达到约50倍的波长，有很好的立体成像感。

扫描隧道显微镜（scanning tunneling microscope，STM）是一种利用量子隧道效应来探测物质表面原子或分子结构的显微技术。当一个尖锐的金属探针

（通常是一个钨丝）靠近一个导电样品表面时，即使两者之间存在一个极小的间隙（大约 1nm），电子仍然有一定概率利用“隧道”穿过这个势垒，从探针流向样品或从样品流向探针，形成一个隧道电流。电流的大小对探针和样品之间的距离非常敏感：当探针靠近样品时，隧道电流增加；当探针远离样品时，隧道电流减少。通过控制探针的高度并记录隧道电流的变化，STM 可以构建出样品表面的三维形貌图。

STM 探针的尖端通常非常尖锐，半径约为 10nm 或更小，以实现高分辨率成像。STM 中使用的隧道电流通常在皮安培（pA）到纳安培（nA）的范围内。在探针和样品之间施加的偏压通常在几毫伏到几伏之间，这取决于样品的电子结构和所需的隧道电流大小。STM 的扫描速度可以从每秒几纳米到几微米不等，取决于所需的成像分辨率和时间。为了减少热振动和空气分子的影响，STM 通常在低温和高真空或惰性气体环境中操作。

STM 的分辨率非常高，理论上可以达到原子级别，大约 0.1nm。但由于受各种因素（如探针尖端的形状、样品表面的清洁度、环境振动等）的影响，实际分辨率可能会略有降低，但通常仍然可以达到原子级别。

电子显微镜的应用非常广泛，在表面科学方面，可研究材料表面的原子结构、表面重构、表面态等；在纳米技术方面，可构建和操纵单个原子或分子，制造纳米尺度的器件和结构；在电子学方面，可以研究和开发纳米电子元件，如量子点、单电子晶体管等；在化学领域，可以研究催化剂表面的反应机制、分子吸附和解吸过程等；在生物学方面，可以观察和分析生物大分子、细胞膜等的表面结构。作为一种强大的表面分析工具，电子显微镜为科学研究和技术开发提供了前所未有的视角和方法。

除了上述电子显微镜外，图像分析技术还有原子力显微镜（AFM）。它是通过探针与样品表面之间的原子间力（如范德华力）探测样品表面的微观结构和尺寸。它不需要真空环境，可以在大气中操作，对样品的破坏性小。其分辨率可以达到原子级别，大约为 0.1nm。其广泛应用于纳米科学、材料科学、生物学等领域，用于研究样品的表面形貌、力学性质等。

由于图像分析技术能覆盖微观至宏观的广泛范围，并可以直接反映粒子的大小、形状和表面结构，因此目前对纳米材料形貌的研究，通常采用图像分析技术。而定量测定分散粒子大小的主要问题，在于要确保结果对于整个样品是有代表性的，以及当分散粒子具有不规则外形时如何求得满意的量度。

为了解决图像分析技术中采样代表性问题，可以使用图像拼接手段或者多幅图像数据累加方法来有效提高分析粒子数量。检测几份样品并测量大量分散粒子是绝对必要的。而所需的样品份数和测量的数目只能根据数据变动性的统计研究来调整。近几年来，动态图像处理技术的出现使传统的粒子图像分析仪备受关注，其核心是采用粒子同步频闪捕捉技术，拍摄运动粒子图像，因此减少了在载玻片上制备样品的烦琐操作，提高了采样的代表性，而且可用于运动分散粒子的在线测量。

四、动力学方法

根据动力学原理设计的胶体粒子尺寸测定方法有：沉降法、扩散法等。

在沉降法中，粒子在重力场（或其他力场）的作用下在介质（通常是水）中运动，当重力正好被黏滞阻力抵消时，粒子匀速沉降，沉降速率见式(2-11)。

由于不同粒径的分散粒子沉降速率不同，由此可测定粒子的尺寸。在不同的时刻，在固定的高度上获取分散粒子浓度的变化，由此换算出该时间段内沉降的分散粒子量及其最大沉降的速率。由最大沉降速率可得最大粒径 d_s。体系中小于 d_s 的粒子百分数由下式给出：

$$P_s=\frac{M_s/V_s}{M_T/V_T}\times 100\% \tag{2-66}$$

式中，M_s 是对应于 d_s 那份液体中固体的质量；液体的体积是 V_s；M_T/V_T 是起始均匀悬浮液中固体的浓度。起始浓度不应超过 1%，以避免受阻沉降。

离心式超细分散粒子测定仪的原理是利用离心力代替重力进行沉降。它可用于测定尺寸在 10nm～30μm 之间的粒子尺寸及分布情况。通过调节离心转速，可以改变沉降速率，从而改变粒径的测定范围。一般沉降液容量 30～40mL，样品量 1mL，悬乳液浓度为 0.5%～1%，重复性误差<5%。

通过扩散系数公式［式(2-3)］，在测得了分散粒子扩散系数的情况下，也可获得粒径值。扩散系数也可以通过光子相关光谱法测定。其原理是粒子在不停地做布朗运动，粒子越大，其位置变化越慢，光散射强度变化也越慢。光子相关光谱法的基础就是测量这些散射光的涨落，根据在一定时间间隔中测量这种涨落可以测得粒子的扩散系数，由此可以测定粒子的尺寸。

五、比表面积法

在第一章，我们给出了球形分散粒子的质量比表面积 σ_W 与粒径间的关系式，见式(1-2)。因此只要通过特定的方法测出分散粒子的比表面积（测定的方法见第五章第一节），利用上述关系即可计算分散粒子的粒径 d。比表面积的测定范围为 0.1～1000m^2/g，则粒子尺寸的测定范围为 1nm～100μm。

六、其他

对于晶体而言，X 射线衍射峰会随晶粒尺寸的减小而发生宽化。因此，利用 X 射线衍射峰宽化程度可以估算晶体的尺寸。衍射线半高强度处的线宽 B（单位为弧度）与晶粒粒径 d 间的关系符合 Scherrer 公式：

$$d=\frac{0.89\lambda}{B\cos\theta} \tag{2-67}$$

式中，λ 为 X 射线的波长；θ 为衍射角。由于晶粒缺陷也会造成衍射峰的宽化，因此采用该公式所得到的尺寸通常偏低。

此外，在涂料行业还广泛采用刮板细度计、粒子细度计、油墨细度板等工具来测定涂料、漆浆、油墨或其他液体及浆状物中颜料及杂质颗粒大小和分散程度。刮板细度计是一个表面有单凹槽或双凹槽的平板，板材有钢、铝等。凹槽的深度由一端的最大值变化至另一端的零值。在平板上标注出一个或多个凹槽深度的标尺，以读出测量颗粒的大小。其测定范围通常为 0～200μm，分 15μm、25μm、50μm、100μm 和 200μm 等多种量程。例如，最大细度在 10μm 时，采用量程为 15μm 的刮板细度计（精度为 1μm）；最大细度在 30μm 时，选用量程在 50μm 的刮板细度计（精度为 2μm）；细度在 30μm 以上的，选用量程为 100μm 的刮板细度计（精度为 5μm）。操作时，将稍多一点的样品倒入凹槽较深的一端，用所提供的刮刀的直边将样品朝凹槽较浅的一端刮拉，观察试样首先出现密集微粒点之处（在横跨斜槽 3mm 宽的范围内包含 5～10 个颗粒点），在密集微粒点出现之处的上方可能会出现分散的点，可以不用理会。如图 2-29 所示，左边刻度为 Hegman，单位 H，范围从 0～8H，对应 0～100μm；右边的刻度单位为 μm。在确定 3mm 位置后，取附近值上限，例如图 2-29 所测微粒的尺寸为 3.2H，60μm。受使用者的操作及评判标准的主观性影响，刮板细度计一般只能用于粗略的测量。为了减少测试者的主观性影响，可以选择自动刮板细度计来进行测量。由于其操作简单、方便、快速，仪器相对便宜，因此刮板细度计在涂料、油墨的颗粒测量中仍起到重要作用。

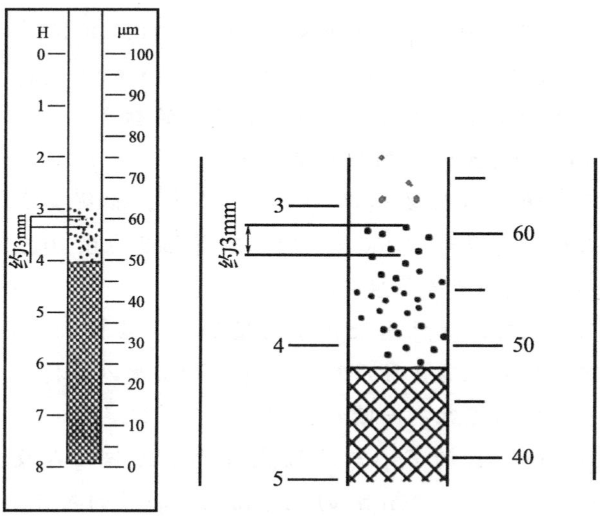

图 2-29　刮板细度计读数示意图

实践思考

1. 胶体分散体系有何特点？

2. 在碱性溶液中用 HCHO 还原 $HAuCl_4$ 以制备金溶胶，反应可表示为：

   $HAuCl_4 + 5NaOH \longrightarrow NaAuO_2 + 4NaCl + 3H_2O$

   $2NaAuO_2 + 3HCHO + NaOH \longrightarrow 2Au + 3HCOONa + 2H_2O$

   其中 $Na^+AuO_2^-$ 是稳定剂，写出胶团结构式。

3. 某溶胶中粒子的平均直径为 4.2nm，设其黏度和纯水相同，$\eta=0.001Pa\cdot s$ (0.01p)。试计算：(1) 25℃时胶体粒子的扩散系数；(2) 在 1s 内由布朗运动而引起的粒子沿 X 轴的平均位移。

4. 25℃下一种悬浮体中，球形粒子和漆料间的密度差为 $2.0g/cm^3$，若以高度相差 1 cm 处某指定体积内粒子数相差 2 倍作为悬浮体开始沉降的标志，忽略布朗运动的影响，试计算临界沉降粒子半径 r^*，并求这种粒子与半径为 20μm 的粒子在黏度为 $0.1Pa\cdot s$(1.0p) 的漆料中沉降 1.0cm 所需的时间。根据所计算的结果讨论布朗运动对涂料体系中颜料粒子悬浮体的影响，以及在小粒子情形下对沉降作用的影响。

5. 在某内径为 2cm 的管中盛油，使直径为 0.1588cm 的钢球从其中落下，下降 15cm 需 16.7s。已知油和钢球的密度分别为 $0.96g/cm^3$ 及 $7.65g/cm^3$，试计算在实验温度下油的黏度。

6. 浓甘油在 20℃下的黏度为 $1.50Pa\cdot s$(15.0p)，必须加热至什么温度，其黏度才降至 $0.10Pa\cdot s$(1.0p)？

7. 一种聚酯树脂溶于苯乙烯 [$\eta_0=8.8\times10^{-4}Pa\cdot s$(0.0088p)] 中，当质量浓度分别为 50%和 80%时，黏度分别为 $0.0531Pa\cdot s$(0.531p) 和 $2.47Pa\cdot s$ (24.7p)，求该树脂在 60%和 100%质量浓度下的黏度值。

8. 非牛顿流体有哪几种类型？举例说明其特点。

9. 某种室外房屋白漆，当切变速率为 800 s^{-1} 时，测得其黏度为 $1.00Pa\cdot s$ (10.0p)，而当切变速率为 10000 s^{-1} 时，测得黏度为 $0.40Pa\cdot s$(4.0p)。试计算这一白漆的屈服值和塑性黏度。

10. 为什么聚丙烯酸钠可以用作水性体系的增稠剂？为什么 TiO_2 等无机氧化物的分散体系常表现为胀流体性质？试从其结构上加以分析。

11. 为什么曙光、晚霞为橙红色而晴空、碧海却呈蓝绿色？

12. 将浓度为 0.0015g/mL 的 Fe_2O_3 溶胶先稀释 1 万倍，再放在超显微镜下观察，在直径和深度各为 0.04mm 的视野内数得粒子的数目平均为 4.1 个，设粒子的密度为 $5.2g/cm^3$，且粒子为球形，试计算其直径。

第三章

涂料的电稳定性与应用

第一节　多分散体系的电学性质

表面带电是胶体分散体系的普遍现象，也是分散质点的重要特性。质点带电后对分散体系的动力学特性、光学性质及流变性质等均有影响，尤其是它涉及胶体分散体系中多相间的相互作用，从而直接影响胶体的稳定性。而且，由于粒子带电而引起的一些电动现象和动电行为在催化反应、吸附、净化、涂料、医药、工业分离、分析等方面都有广泛的应用，因而分散体系的电学特性是多分散体系的一个重要性质。在涂料体系中，分散质点就是成膜物质，包括树脂、颜填料和助剂，这些物质在分散介质中都可以带上一定的电荷。人们不仅利用分散质点的带电性质使涂料体系得以稳定，也利用分散质点的带电性质发明了电沉积涂料，还进一步利用带电质点易于被高价电解质反离子所聚沉的特性发明了自沉积涂料。因此，分散体系的电学性质和规律在涂料的生产、储存和施工中都有重要的意义。

一、胶体带电机理

大多数分散相粒子与极性介质（例如水）接触时，两相界面上都会带上电荷。即使是石蜡，在水溶液通过时，表面也会带有电荷。当分散相表面带电荷时，会使其附近区域的电荷分布发生变化，这对界面乃至整个分散体系性质都有显著的影响。一般认为，分散相粒子带电的机理可能是电离、吸附、溶解或极化等原因造成的。

1. 电离作用

分散相在分散介质中，分散相粒子表面的分子发生电离，小离子进入液体后，分散相粒子便带上了电荷。如增稠剂聚丙烯酸钠，在水溶液中就可以电离产生聚丙烯酸根离子和钠离子，我们通常把钠离子称为小离子或反离子。再如两性的蛋白质分子上所具有的羧基和氨基电离后，能生成—COO^- 和—NH_3^+，其电离程度与溶液的 pH 值有关：当溶液的 pH 值较低时，蛋白质分子中的羧基电离受到抑制而氨基易于质子化，从而带正电；当溶液的 pH 值较高时，蛋白质分子中的氨基电离受到抑制，羧基易于电离而带负电。用阳离子型乳化剂对甲基丙烯酸酯进行乳液聚合所得到的聚合物胶粒带有正电，用阴离子型乳化剂对甲基丙烯酸酯进行乳液聚合所得到的聚合物胶粒就带有负电，这是由乳化剂电离形成的。

2. 离子吸附

分散相表面在电解质溶液中对正负离子的吸附作用不同，吸附某种离子后，分散相表面的净电荷过剩，从而带上相应的电荷。

在水介质中，分散相带负电的可能性更大。因为正离子通常比负离子更容易发生水合作用，从而更容易留在溶液中；而较大的、较难水合的以及较易极化的负离子特别容易被物质表面吸附。此外，实验表明，分散相粒子易吸附与其组成相似的离子，如 CdS 溶胶在 $Cd(NO_3)_2$ 溶液中吸附 Cd^{2+} 而带正电，而在 Na_2S 溶液中吸附 S^{2-} 而带负电。

3. 离子溶解

电解质的正负离子在极性介质中的溶解度不同，因而可以使电解质表面带上电荷。例如，对于 AgI 的不同带电情况，可以认为是 AgI 的正负离子在介质中的溶解度不同造成的。在 AgI 与水形成的悬浮液中，AgI 质点与其饱和溶液建立了溶解-沉淀平衡。在室温下，AgI 的溶度积为 1×10^{-16}，有极微量的溶解，此时溶液中某种离子稍有过量就会抑制 AgI 中该离子的溶解，从而形成带电胶粒。

4. 离子取代

这是一种比较特殊的带电情况，晶格中某种离子被带不同电荷的同性离子所取代从而导致分散相粒子带电。如黏土晶格中 Si^{4+} 被 Al^{3+} 所取代、Mg^{2+} 被 Al^{3+} 所取代的情形。在半导体中这种情况很常见，这也是我们制备 n 型半导体或 p 型半导体常用的手段。

5. 偶极子定向吸附

粒子表面吸附了偶极分子，虽然不能使表面带电，但是它将对界面周围的电荷分布产生重大影响。例如，SiO_2 粒子表面以—OH 基团为主，—OH 基团可以吸附水分子上的 H 原子，使水分子中的氧原子排列在外侧，从而具有负电性特征。

6. 其他

此外，粒子和介质两相对电子的亲和力不同，也会导致电子从介电常数大的一方流向小的一方，仿佛摩擦带电一样，使界面带电。如玻璃（相对介电常数 $D=6$）在与水（相对介电常数 $D=78.5$）接触时，电子从水一侧流向玻璃一侧，玻璃的表面带负电；而玻璃在与苯（相对介电常数 $D=2.3$）接触时，电子则从玻璃流向苯，玻璃的表面带正电。当然玻璃在水中带负电的原因还有电离因素，玻璃表面的硅酸盐如硅酸钠电离产生的钠离子进入水中，使玻璃带负电。

界面带电后会由于电荷分布不均匀而产生电势差，它以层与层的形式出现。因此，很多学者都提出了双电层的概念和模型。利用双电层模型来了解粒子表面带电情况，可以更好地了解粒子的带电性质及其与体系稳定性间的关系。

二、双电层模型

分散相表面带电荷后，它就会对带异号电荷的离子产生吸引作用，对带同号电荷的离子产生排斥作用。带异号电荷的离子受表面电荷的吸引趋向粒子表面，带同号电荷的离子被表面电荷排斥而远离粒子表面，使表面附近极性介质中的正负离子发生了相互分离的趋势；与此同时，热运动又有使正负离子恢复到均匀混合的趋势。在这两种相反趋势的综合作用下，过剩的反离子将以扩散形式分布在带电表面周围的极性介质中，于是在带电表面处形成了双电层。最早提出双电层模型的是 Helmholtz，其后 Gouy 和 Chapman 对它做了修改，提出了扩散双电层模型；之后 Stern 又做了进一步的修正，提出了 Stern 双电层模型。

1. Helmholtz 模型

这一模型如图 3-1(a) 所示。由于粒子尺寸远大于一个离子的尺寸，因此，可以把带电的固体表面视为一个平面，在带电的固体表面周围，反离子平行地排列在固体外围，这时，固体和液体的界面可以看作电容器的双电层，在固体表面与液体之间产生电势差。若固体表面带正电荷，其电势差在固体表面最高，并随离固体表面的距离呈直线下降，如图 3-1(b) 所示。

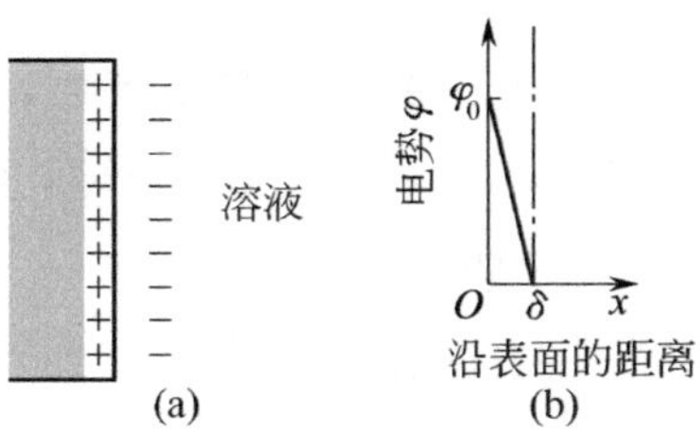

图 3-1 Helmholtz 双电层模型

Helmholtz 认为双电层厚度（即正负电荷之间的距离）很小，大约一个分子大小，以 δ 表示，表面电荷密度为 σ；若电势差为 φ_0，介质的相对介电常数为 D，则由电容器原理可得：

$$\sigma=\frac{D}{4\pi\delta}\varphi_0 \tag{3-1}$$

其电势则可表示为：

$$\varphi=\begin{cases}\dfrac{4\pi\sigma}{D}(\delta-x) & (0\leqslant x\leqslant\delta)\\ 0 & (x>\delta)\end{cases} \tag{3-2}$$

距离固体表面距离增大，溶液中电势成比例下降，到溶液中 δ 以远处 $\varphi=0$。

2. Gouy-Chapman 模型

Helmholtz 双电层模型没有考虑到电荷的热运动，对 φ_0 的本质也无法做出明确的说明。Gouy-Chapman 提出了修正意见，他们认为，界面反电荷并不是紧紧地贴在界面上，它受热运动的影响而向体相中扩散，同时又受固体表面的吸引而被拉近固体表面，其分布取决于引力和热扩散的平衡，在两种作用达到平衡时，靠近固体的反离子密度高，远离固体时密度低，形成如图 3-2(a) 所示的扩散双电层。

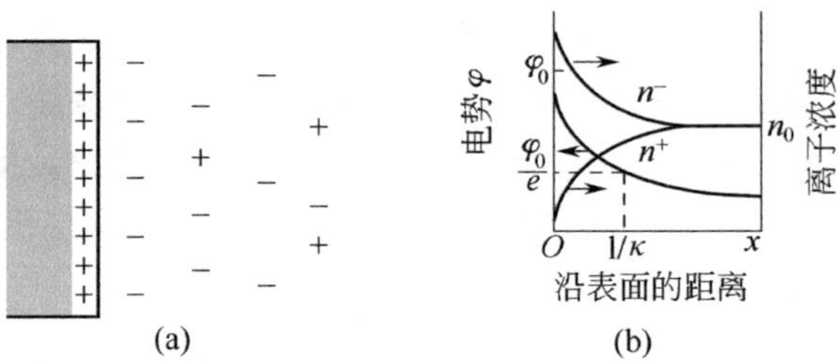

图 3-2 Gouy-Chapman 双电层

为了定量地推导扩散层的电势变化及电荷密度，先做如下假定：

① 固体分散相表面是平的，电荷均匀分布；

② 扩散层内带电离子视为点电荷，符合 Boltzmann 分布；

③ 溶液中介电常数处处相同。

为简便起见，假设溶液中只有一种对称型电解质，正负离子的价数均为 Z，固体表面带有正电荷，电势为 φ_0，扩散层内距表面 x 处的电势为 φ，则根据 Boltzmann 分布定律，该处离子的浓度为：

$$\begin{cases} n^{+}=n_0\exp\left(-\dfrac{Ze\varphi}{kT}\right) \\ n^{-}=n_0\exp\left(\dfrac{Ze\varphi}{kT}\right) \end{cases} \tag{3-3}$$

式中，n^+ 和 n^- 分别为扩散层中距表面 x 处的正负离子浓度；n_0 为离表面很远处（即 $\varphi=0$ 处）的离子浓度；指数中 e 为单位电荷；k 为 Boltzmann 常数。

因为固体表面带正电荷，所以溶液中的正离子与固体表面相斥，而负离子与固体表面相吸，在接近固体表面的地方，溶液中的负离子富集，在数量上超过正离子，因而在该处存在净电荷。但是溶液中净电荷的总数应与固体表面净电荷的总数相等而符号相反，且在离固体表面适当远处应有 $n^+=n^-=n_0$，如图 3-2(b) 所示。

假设在距固体表面 x 处的净电荷密度为 ρ，即单位体积内负电荷超过正电荷的数目，于是：

$$\begin{aligned}\rho &= -Ze(n^- - n^+) \\ &= -Zen_0(e^{\frac{Ze\varphi}{kT}} - e^{-\frac{Ze\varphi}{kT}}) \\ &= -2Zen_0\sinh\left(\frac{Ze\varphi}{kT}\right)\end{aligned} \tag{3-4}$$

根据电磁学理论，平板双电层的 ρ 与 φ 之间的关系可由 Poisson 方程来表示：

$$\nabla^2\varphi = -\frac{4\pi\rho}{D} \tag{3-5}$$

式中，∇^2 为 Laplace 算符 $\left(\frac{\partial^2}{\partial x^2}+\frac{\partial^2}{\partial y^2}+\frac{\partial^2}{\partial z^2}\right)$。假定 φ 仅为距离 x 的函数，在 y 和 z 方向上 $\nabla^2\varphi$ 不变，则可以简化为 $\mathrm{d}^2\varphi/\mathrm{d}x^2$，即：

$$\frac{\mathrm{d}^2\varphi}{\mathrm{d}x^2} = -\frac{4\pi\rho}{D} \tag{3-6}$$

将式(3-4) 代入得：

$$\frac{\mathrm{d}^2\varphi}{\mathrm{d}x^2} = \frac{8\pi n_0 Ze}{D}\sinh\left(\frac{Ze\varphi}{kT}\right) \tag{3-7}$$

令 $y = Ze\varphi/(kT)$ 及 $y_0 = Ze\varphi_0/(kT)$，则有：

$$\begin{aligned}\frac{\mathrm{d}y}{\mathrm{d}x} &= \frac{Ze}{kT}\times\frac{\mathrm{d}\varphi}{\mathrm{d}x} \\ \frac{\mathrm{d}^2y}{\mathrm{d}x^2} &= \frac{Ze}{kT}\times\frac{\mathrm{d}^2\varphi}{\mathrm{d}x^2}\end{aligned} \tag{3-8}$$

将式(3-7) 代入，可以得到：

$$\begin{aligned}\frac{\mathrm{d}^2y}{\mathrm{d}x^2} &= \frac{Ze}{kT}\times\frac{8\pi n_0 Ze}{D}\sinh\left(\frac{Ze\varphi}{kT}\right) \\ &= \kappa^2\sinh y\end{aligned} \tag{3-9}$$

式中，

$$\kappa^2 = \frac{8\pi n_0 Z^2 e^2}{DkT} \tag{3-10}$$

式(3-9) 是一个二阶微分方程。应用边界条件（当 $x=\infty$ 时，$y=0$，$\mathrm{d}y/\mathrm{d}x=0$)，对 x 进行第一次积分，可得双曲正弦函数：

$$\frac{\mathrm{d}y}{\mathrm{d}x} = -2\kappa\sinh\frac{y}{2} \tag{3-11}$$

再应用边界条件（当 $x=0$ 时，$\varphi=\varphi_0$，$y=y_0$)，对 x 进行第二次积分，可得：

$$\kappa x = \ln\frac{(e^{y_0/2}-1)(e^{y/2}+1)}{(e^{y_0/2}+1)(e^{y/2}-1)} \tag{3-12}$$

上式表明了电势 φ 随距离 x 变化的函数关系。

在室温 $T=298\mathrm{K}$ 时，若 $y_0 \ll 1$，则对一价离子应该有 $\varphi_0 \ll 25\mathrm{mV}$，此时，可

将 $e^{y/2}$ 以级数的形式展开，且近似地取前两项，即 $e^{y/2}\approx 1+y/2$，可得简单的 Debye-Huckel 近似式：

$$\varphi=\varphi_0 e^{-\kappa x} \tag{3-13}$$

该式表示，在低电势时，双电层的电势是按离开表面的距离 x 的指数函数而降低的。当距离 $x=1/\kappa$ 时，电势降为固体表面电势 φ_0 的 1/e。通常将 $x=1/\kappa$ 称为扩散双电层的有效厚度。式(3-13) 在固体表面很近处不适用，因为此时电势较高，其电势降低率大于指数函数的降低率。

若 $y_0\gg 1$，当 $x\gg 1/\kappa$ 时，$y\ll 1$，则式(3-13) 可近似为：

$$\varphi=\frac{4kT}{Ze}e^{-\kappa x} \tag{3-14}$$

该式与式(3-13) 具有相似的形式，$4kT/(Ze)$ 通常被称为表观表面电势，它与表面电势的实际值无关。在室温时，对于一价离子，表观表面电势之值约为 100mV。该式表明在 $y_0\gg 1$ 时，在远离固体表面处的电势降受表面电势的影响很小。

现在进一步讨论固体表面电荷密度 σ 和表面电势 φ_0 的关系。当 ρdx 由 $0\to\infty$ 积分时，可以得到单位面积溶液中总的过剩负电荷，其值应该等于表面电荷密度 σ，即：

$$\sigma=-\int_0^{\infty}\rho dx \tag{3-15}$$

此式表明系统中有两个带电层：一个是固体表面带电层，另一个是朝着溶液方向扩散分布的带电层。由式(3-6) 可得：

$$\sigma=-\int_0^{\infty}\rho dx=\int_0^{\infty}\frac{D}{4\pi}\times\frac{d^2\varphi}{dx^2}dx=\frac{D}{4\pi}\left[\left(\frac{d\varphi}{dx}\right)_{x=\infty}-\left(\frac{d\varphi}{dx}\right)_{x=0}\right] \tag{3-16}$$

由式(3-8) 可知：

$$\frac{d\varphi}{dx}=\frac{kT}{Ze}\times\frac{dy}{dx} \tag{3-17}$$

将式(3-11) 代入：

$$\frac{d\varphi}{dx}=\frac{kT}{Ze}\times\left(-2\kappa\sinh\frac{y}{2}\right) \tag{3-18}$$

所以，

$$\begin{aligned}\left(\frac{d\varphi}{dx}\right)_{x=\infty}&=0\\ \left(\frac{d\varphi}{dx}\right)_{x=0}&=-\frac{2\kappa kT}{Ze}\sinh\frac{y_0}{2}\end{aligned} \tag{3-19}$$

将式(3-19) 代入式(3-16)，便可以得到：

$$\sigma=\frac{D\kappa kT}{2\pi Ze}\sinh\frac{y_0}{2} \tag{3-20}$$

当 $y_0/2 \ll 1$ 时，$\sinh(y_0/2) \approx y_0/2 = Ze\varphi_0/(2kT)$，则：

$$\sigma \approx \frac{D\kappa kT}{2\pi Ze} \times \frac{Ze\varphi_0}{2kT} = \frac{D\kappa}{4\pi}\varphi_0 \tag{3-21}$$

此式与 Helmholtz 平板电容器的公式 $\sigma = D\varphi_0/(4\pi\delta)$ 相似，因而当 $y_0 \ll 1$ 时（即固体表面电势很小时），扩散双电层的电容量相当于平板间距 $x = 1/\kappa$ 的平板电容器。所以，一般将 $1/\kappa$ 作为扩散双电层的有效厚度，此时电势降为固体表面电势的 1/e。

在应用上列各式进行计算时，可采用 cgs/esu 单位制，其中 φ 的单位为 Vesu(1Vesu=300V)，$e = 4.8032 \times 10^{-10}$ esu，乘积 $e\varphi$ 为能量，单位为 erg，$k = 1.3805 \times 10^{-16}$ erg/(分子·K)。这样，在正负离子同价的电解质溶液中，25℃下可算得 kT/e 为 25.69mV，则

$$\kappa = 2.90 \times 10^8 Z\sqrt{c/D} \tag{3-22}$$

式中，c 为电解质溶液的物质的量浓度，mol/L；κ 的单位为 cm^{-1}。

例：25℃时在浓度为 0.001mol/L 的 NaCl 水溶液中，某固体微粒的表面电势 $\varphi_0 = 60$mV，试求双电层有效厚度 $1/\kappa$ 及距离固体表面 10nm 处的电势 φ。（水的相对介电常数 $D = 78.5$）

解：根据式(3-12)

$$\kappa x = \ln\frac{(e^{y_0/2} - 1)(e^{y/2} + 1)}{(e^{y_0/2} + 1)(e^{y/2} - 1)}$$

先计算 κ、y_0 值

$$\kappa = 2.90 \times 10^8 Z\sqrt{c/D} = 2.90 \times 10^8 \times 1 \times \sqrt{0.001/78.5} = 1.035 \times 10^6 (cm^{-1})$$

双电层厚度　$1/\kappa = 9.66 \times 10^{-7}$ cm = 9.66nm

$$y_0 = \frac{Ze}{kT}\varphi_0 = 1 \times \frac{1}{25.69} \times 60 = 2.336$$

将以上数据代入式(3-12)，得

$$1.035 \times 10^6 \times (10 \times 10^{-7}) = \ln\frac{(e^{2.336/2} - 1)(e^{y/2} + 1)}{(e^{2.336/2} + 1)(e^{y/2} - 1)}$$

解得：　$y = 0.756$

由 $y = Ze\varphi/(kT)$ 可解出

$$\varphi_{10nm} = kTy/(Ze) = 25.69 \times 0.756 = 19.4(mV)$$

根据以上推导的结果，可以得到电势 φ 变化的特点及固体表面电荷密度随表面电势的变化关系。当离子价数一定时，电解质浓度越大，电势随距离 x 下降得越快；当浓度一定时，离子价数越大，φ 下降得越快（图 3-3）；而 φ 下降得越快，则扩散双电层的有效厚度就越小。固体表面电荷密度 σ 随着表面电势的增加而增加，且浓度越高，离子价数越大，其增加的幅度也越大（图 3-4）。

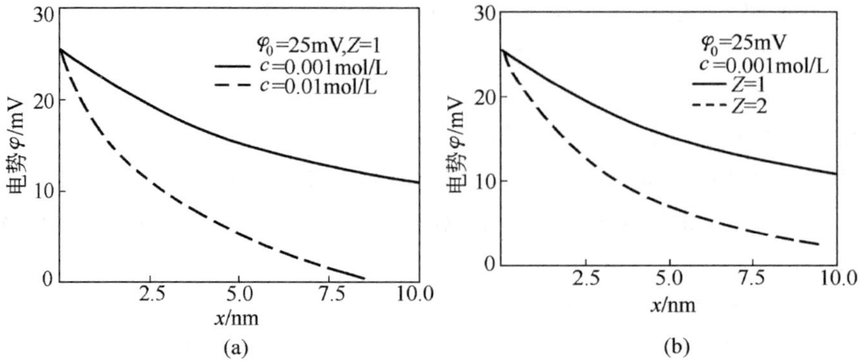

图 3-3 某些电解质溶液中固液界面的电势 φ 随溶液浓度 c 及距离 x 的变化情况

(a) 浓度的影响；(b) 反离子价态的影响

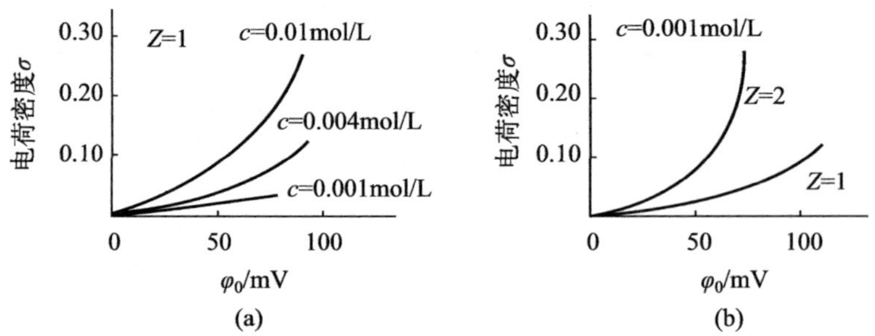

图 3-4 固体表面电荷密度 σ 与表面电势 φ_0 的关系

(a) 浓度的影响；(b) 反离子价态的影响

但是这一模型忽略了离子半径及相应的体积，因此在处理 φ_0 值及 $1/\kappa$ 较大的情形时，会得出很不合理的结果。例如，对于 $c=1\times10^{-3}$mol/L 的一价电解质溶液，当 $\varphi_0=300$mV 时，$y_0=12$，则由式(3-3) 计算出接近固体表面处离子的浓度竟高达 160mol/L，显然这是不可能的。为此，Stern 提出了修正意见。

3. Stern 双电层模型

离子有一定的体积，在溶液中，由于溶剂化的作用，其体积更不可忽视。Stern 认为，离子中心不可能落在固体表面上，而只能以离子半径或溶剂化离子半径的距离落在表面上。同时，他考虑到固体表面上的吸附作用，尤其是离子间较强的静电引力、范德华力等作用力会使离子比较牢固地吸附于固体表面。这样，其双电层模型如图 3-5(a) 所示，它可以分为两层：

① 吸附层。离子紧密吸附于固体表面而成，也叫 Stern 层；

② 扩散层。离子背向固体表面而扩散到介质中而成，也叫 Gouy 层。

在吸附层和扩散层之间的分割平面称为 Stern 平面，它与表面的距离约等于离子半径或水合离子半径，因此，它表示离子接近固体表面的最近程度或表示特

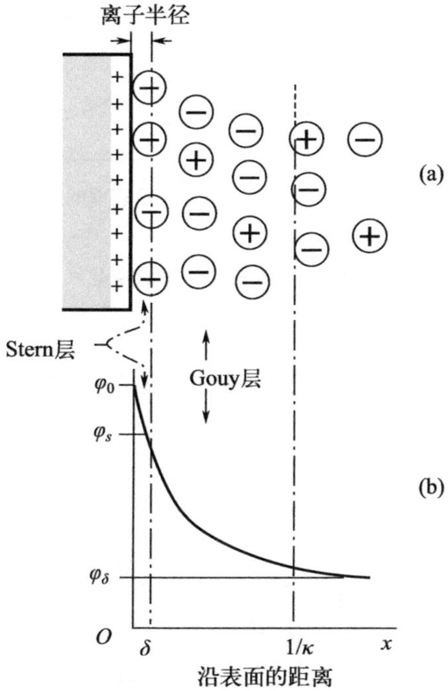

图 3-5　Stern 双电层模型

殊吸附于固体表面上的离子的中心位置。这种特殊吸附不仅仅取决于电荷，而且取决于离子本质的吸附。不过发生特殊吸附的离子一般来说总是脱水的，至少在靠近固体表面那一边没有水合层。

根据汞-水界面上的吸附结果，对于一价负离子吸附能力有以下关系：

$$I^- > SCN^- > Br^- > Cl^- > OH^- > F^-$$

对某些一价正离子有以下次序：

$$N(C_2H_5)_4^+ > N(CH_3)_4^+ > Tl^+ > Cs^+ > Na^+$$

这些规律表明，离子越大则越容易被吸附，水合能力强的离子则不利于吸附，因此外加离子被固体表面吸附后，对 φ_δ 的改变主要取决于离子性质。

在 Stern 层，电势由表面电势 φ_0 降至 φ_δ，与平板电容器模型相类似。在扩散区，电势则由 φ_δ 降低到 0，可以运用 Gouy-Chapman 理论来处理［图 3-5(b)］。

在表面有离子特殊吸附的情况下，如果溶液中含有高价反离子，则表面对这些离子强烈吸附的结果使 Stern 层中所带电荷反号，从而 φ_δ 的电势符号将与 φ_0 符号相反［图 3-6(a)］；同理，若具有表面活性的同号离子被表面吸附，则可能使 Stern 层的电势 φ_δ 高于表面电势 φ_0［图 3-6(b)］。

双电层中的电荷密度可分为三个部分：胶粒表面电荷密度 σ_0、Stern 层表面电荷密度 σ_1 和扩散层表面电荷密度 σ_2，整个双电层是电中性的，所以，

$$\sigma_0 + \sigma_1 + \sigma_2 = 0 \tag{3-23}$$

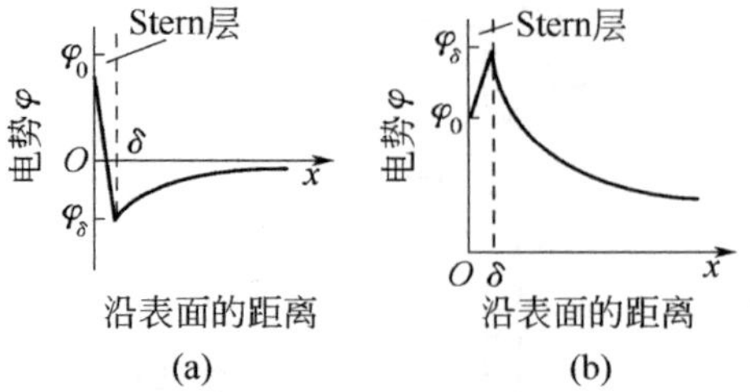

图 3-6　Stern 电势的变化

(a) 吸附高价离子使 φ_δ 反号；(b) 吸附同号离子使 φ_δ 升高

Stern 层可看作是厚度均匀、相对介电常数为 D' 的分子电容器，则：

$$\sigma_0=\frac{D'}{\delta}(\varphi_0-\varphi_\delta) \tag{3-24}$$

假设 Stern 层中反离子的吸附服从 Langmuir 吸附等温式，可推出：

$$\sigma_1=\frac{\sigma_m}{1+\dfrac{N_0}{n_0\widetilde{V}}\exp\left(\dfrac{Ze\varphi_\delta+\varphi_a}{kT}\right)} \tag{3-25}$$

式中，σ_m 是当反离子吸附层达到饱和吸附时的表面电荷密度；$\widetilde{V}$ 是溶剂的摩尔体积；φ_a 是反离子的特性吸附能；N_0 是阿伏伽德罗常数。

扩散层表面电荷密度 σ_2 可以写作：

$$\sigma_2=-(8n_0DkT)^{1/2}\sinh\frac{Ze\varphi_\delta}{2kT} \tag{3-26}$$

当 $Ze\varphi_\delta/(2kT)\ll 1$ 时，上式简化为：

$$\sigma_2=-D\kappa\varphi_\delta \tag{3-27}$$

Stern 模型在定性上能较好地解释电动现象，反映更多的实验事实，但此理论的定量计算尚有困难。如 Stern 层中的相对介电常数 D'、κ 值的估算等都没有很好的测定方法。

目前，还有一种较受重视的理论是 1947 年 Grahame 提出的双电层详细模型。他将 Stern 的双电层概念进一步发展，把溶液中的电层分为内层和扩散层，而内层又分为内 Helmholtz 层（IHP）和外 Helmholtz 层（OHP）。内层平面为专一吸附在固体表面上的未水合离子的中心位置，在内层中既有吸附离子，也包括一层水分子，都紧紧地贴在固体表面，该层水的相对介电常数仅为 6，它相当于 Stern 模型中的 Stern 层；而外 Helmholtz 层表示溶液中水合离子接近固体表面的最近距离，这些离子与固体表面吸附较紧，当固体粒子运动时，可跟着一起运动，此层与溶液间就存在一个滑移面（图 3-7）。Grahame 强调，电荷在粒子表面的分布是不均匀的，是一簇簇地分布的，当离子在 Stern 层中吸附后，周围表面电荷又会重新分布。

双电层理论尚在发展中，种种学说尚不成熟，还有待于进一步发展并完善。

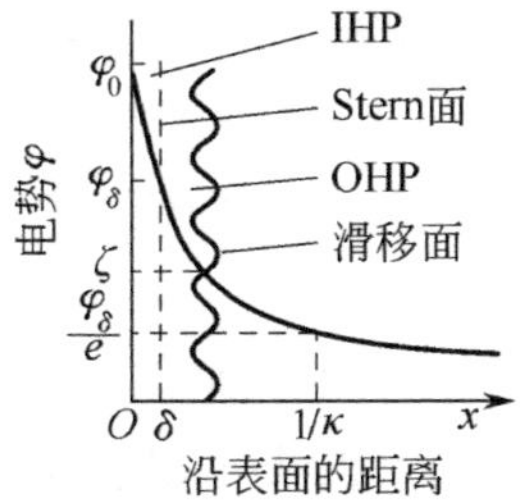

图 3-7　Grahame 双电层模型

三、 ζ电势和动电现象

1. ζ 电势和动电现象

当固体微粒与溶液在力的作用下做相对运动时，双电层中荷电表面与溶液之间也发生相对运动，从而构成了一系列的动电行为。吸附层将随微粒一起移动，而扩散层则做相对移动。相对运动时剪切面上的电势通常被称为ζ电势或界面电势。动电行为取决于这一电势的大小。目前，还没弄清楚剪切面在双电层中的确切位置，它并不恰好在这两层的分界面上，因为在 Stern 层内，除了离子外，可能还有一定量的溶剂附着在带电表面上，它也成为这一运动质点的一个组成部分。ζ电势不是恒定的，其数值取决于剪切面的位置，而这一位置的确定又与测定条件及方法有关。如果固相所固定的液层较厚或者扩散层的 $1/\kappa$ 较小，则ζ电势就较低；反之如果固定的液层较薄或者 $1/\kappa$ 较大，则ζ电势就较高。可见ζ电势不同于 Stern 电势，剪切面也不同于 Stern 面。可以认为剪切面的位置比 Stern 平面离表面稍远些，其电动电势ζ一般比 Stern 电势 φ_δ 稍小（图 3-7）。不过在双电层理论的研究中，通常把ζ电势近似视为 Stern 电势 φ_δ，这样的假定一般误差很小，但在高电势及高浓度的情况下，ζ电势将比 φ_δ 小很多。

由此，双电层模型就说明了带电表面的静电势 φ_0 会很高（可达 300mV）而动电势ζ却很低（仅几毫伏到几十毫伏）的原因。

前面从静态角度讨论了粒子带电情况、双电层结构及其理论，下面从动态角度讨论带电粒子做相对运动时所产生的动电现象。

动电现象是指双电层中带电表面与溶液之间的相对运动而引起的一系列动电行为，其基本特征是带电表面在电场中受力而运动或反过来，荷电表面的相对运动诱导产生一个电场。动电现象有 4 种形式：

① 电泳　在外电场作用下，带电表面及其附着物相对于静止液体运动的现象。

② 电渗　在外电场作用下，液体相对于静止的带电表面运动的现象。如果外加压力能阻止液体的相对运动，这一压力就称为电渗压。

③ 流动电势　液体相对于静止的带电表面流动而产生电场的现象，是电渗的反过程。

④ 沉降电势　带电质点相对于静止的液体运动而产生电场的现象，是电泳的反过程。

严格地说，前两种行为是由于电场作用而产生的固液两相相对运动，应称为电动现象；后两种现象是在外力场的作用下，由于固液两相做相对运动而产生电场的行为，可称为动电现象。但习惯上只采用一种说法。所有各种动电现象都与ζ电势直接有关。动电现象从事实上说明了双电层的存在，而双电层理论又从理论上说明了动电现象。

2. 电泳

在电场作用下溶液里的离子定向迁移现象，与带电固体粒子的电泳现象，从本质上看是一致的，若电场强度为E，胶团粒子所带电荷为q，电场作用于粒子的力为F，则：

$$F=qE \tag{3-28}$$

同时，胶粒运动时受到介质阻力F_v，它与介质黏度η、运动速率v及粒子半径r成正比，具体见式(2-10)。

在匀速运动时，作用力和阻力相等，则有：

$$v=\frac{qE}{6\pi\eta r} \tag{3-29}$$

定义电泳淌度u为单位电场强度下的移动速率，则：

$$u=\frac{v}{E}=\frac{q}{6\pi\eta r} \tag{3-30}$$

为了方便讨论，只考虑球形粒子。在双电层研究中，球形双电层的特点可用κr来表示，它是质点的半径与双电层厚度$1/\kappa$之比，也是无量纲值。

如果双电层很厚，而质点半径很小，即$\kappa r \ll 1$，则可将质点看作对电场没有扰动的点电荷，此时，由双电层模型可导出粒子电泳淌度与ζ电势间的关系为：

$$u=\frac{D\zeta}{6\pi\eta} \tag{3-31}$$

可见电泳淌度与ζ电势成正比，而与介质的黏度成反比。此式为 Hückle 方程，它仅在低电导的非水介质中适用，因为在水介质中，很难满足$\kappa r \ll 1$的条件，如半径为 10nm 的质点在一价电解质水溶液中要达到$\kappa r=0.1$，需要电解质浓度低至1×10^{-5}mol/L。

如果双电层较薄，质点半径很大，使$\kappa r \gg 1$，则可以将质点视为平面，此时，

$$u=\frac{D\zeta}{4\pi\eta} \tag{3-32}$$

此式称为 Helmholtz-Smoluchowski 公式。它说明对于质点表面上各点的κr很大的体系，其电泳淌度只取决于ζ电势及介质的性质，而与质点的大小和形状无关。

若$0.1\leqslant \kappa r \leqslant 100$，Henry 推出：

对于非导电质点：

$$u=\frac{D\zeta}{6\pi\eta}f(\kappa r) \tag{3-33}$$

式中，$f(\kappa r)$ 取值 1.0～1.5。κr 很小时，$f(\kappa r)=1.0$；κr 很大时，$f(\kappa r)=1.5$。

对于导电质点：

$$u=\frac{D\zeta}{6\pi\eta}[1+KF(\kappa r)] \tag{3-34}$$

式中，$F(\kappa r)$ 在 0～1 之间变化；$K=\frac{\lambda_0-\lambda_p}{2\lambda_0+\lambda_p}$，是介质电导率 λ_0 与质点电导率 λ_p 的函数。当 κr 很小时，$F(\kappa r)=0$，与式(3-31) 一致；而当 κr 很大时，K 趋于−1，$F(\kappa r)=1$，则其电泳淌度趋于 0，但实际情况下，这时的导电质点由于被电场极化而转为类非导电质点。

实际上，除了ζ电势、介质性质外，带电粒子的大小、形状对电泳淌度也是有影响的。其他如粒子表面的电荷数目、溶剂中电解质的种类、离子强度、溶液的 pH、温度及所加电压等对电泳均有一定的影响。

利用各种电泳仪可以测定带电质点的电泳速率。例如，应用显微电泳仪直接观测微粒在外加电场中的运动，或采用界面移动的装置来测定微粒的电泳速率。

图 3-8 是电泳速率测定装置图。图中 U 形管由石英制成，带有排出活塞及漏斗形加料管。首先将一种密度比分散体低的适当的电解质溶液加入管中，然后加入分散体，使电解质移动到 U 形管上部，并在两臂中形成鲜明的分界，插入电极，并与电源相接，当分散粒子带负电时，可以观察到在负极一侧液面渐渐降低，而正极一侧液面渐渐升高。由此可以确定电泳的速率，并进而计算出质点的动电电势ζ，可以反映出质点表面带电的情况。一些常见的溶胶和悬浮粒子的ζ电势列于表 3-1 中。

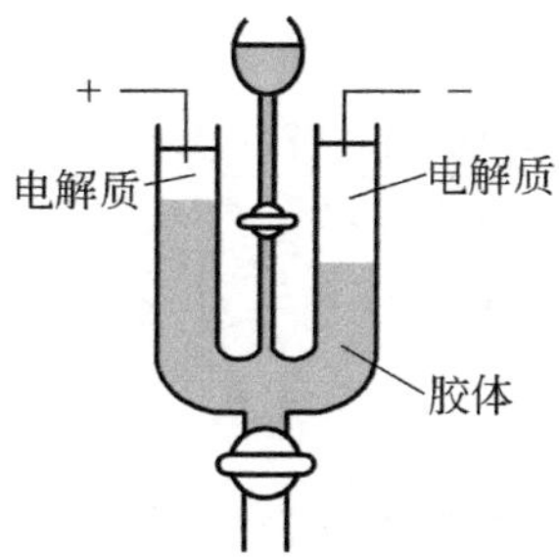

图 3-8　电泳速率测定装置

表 3-1　某些质点在 1V/cm 时的电泳速率和ζ电势

质点	粒径/μm	$v/(10^{-3}$cm/s)	ζ/mV
油滴	2	32	46

续表

质点	粒径/μm	$v/(10^{-3}\text{cm/s})$	ζ/mV
石蜡颗粒	0.72	22.4	57.4
石英颗粒	1	30	44
泥土悬浮液	1	19.9	48.8
金溶胶	<0.1	40	58
氢氧化铁溶胶	<0.1	30	44

研究质点的电泳对于考察典型体系、分析研究与胶体的稳定性有关的实际问题如黏土悬浮液、水的净化、洗涤过程等都有重要意义，同时它也是测定各种胶粒包括生物有机体如细菌、病毒、血细胞等表面特性以及利用其表面特性如淌度进行分离、分析、鉴定的一种技术。例如，在酸性环境中，血清蛋白皆带负电荷，在电场中向阳极泳动，因为血清蛋白质中各组分的等电点不同，ζ电势就不同，且分子量有差别，使其电泳速率不一样，电泳后把血清蛋白分为白蛋白、α_1-球蛋白、α_2-球蛋白、β球蛋白和γ球蛋白几个区带。若γ球蛋白增加而其他蛋白质减少，就提示病人患有肝脏疾病；若α_2-球蛋白增加，则提示病人有肝细胞癌症。

例：20℃下在氢氧化铁溶胶的电泳试验中，两电极间距为30cm，电压为150V，通电20min，溶胶界面在阴极处上升2.4cm，已知水的相对介电常数为78.5，黏度为0.001Pa·s，试计算ζ电势。

解：

由于氢氧化铁胶体基本上为棒状，因此其质点半径很大，可按式（3-32）计算ζ电势。

电场强度　$E=U/d=150/30=5(\text{V/cm})=1.67\times10^{-2}(\text{Vesu/cm})$

电泳速率　$v=2.4/(20\times60)=2.0\times10^{-3}(\text{cm/s})$

根据式(3-32)

$$\zeta=\frac{4\pi\eta v}{DE}=\frac{4\pi\times0.01\times2.0\times10^{-3}}{78.5\times1.67\times10^{-2}}$$

$$=1.92\times10^{-4}(\text{Vesu})=5.76\times10^{-2}(\text{V})=57.6(\text{mV})$$

3. 电渗

在外加电场的作用下，当固体微粒表面相对固定不动，而可以移动的扩散层携带溶液与其一起运动时便产生了电渗现象。

利用电渗速率数据也可以计算ζ电势。假定有一个半径为r的毛细管，管壁具有一定的电荷密度σ和ζ电势，管内扩散层携带的溶液以线速度v流动，溶液的体积流量为Q_v(mL/s)，则：

$$Q_v=\pi r^2 v=\pi r^2 Eu \tag{3-35}$$

因为双电层厚度远比毛细管半径小，故有 $\kappa r \gg 1$，其表面可以视为平面，因此可以直接运用式（3-32），

$$Q_v = \frac{\pi r^2 ED\zeta}{4\pi\eta} = \frac{r^2 ED\zeta}{4\eta} \tag{3-36}$$

因此，只要测定电渗体积流量 Q_v 及电场强度 E，根据已知的 r、D、η 值便可以计算出 ζ 电势。

电渗仪如图 3-9 所示。整个实验在封闭的装置内进行，实验中用多孔塞来代替毛细管，可以有较大的界面，效果更为明显。通过测量下支毛细管内空气泡的移动速率，即可测定电渗的流速。不过，由于下支毛细管内自身的电渗、通过多孔塞漏回的电渗等因素的影响，实验数据需要进行校正。

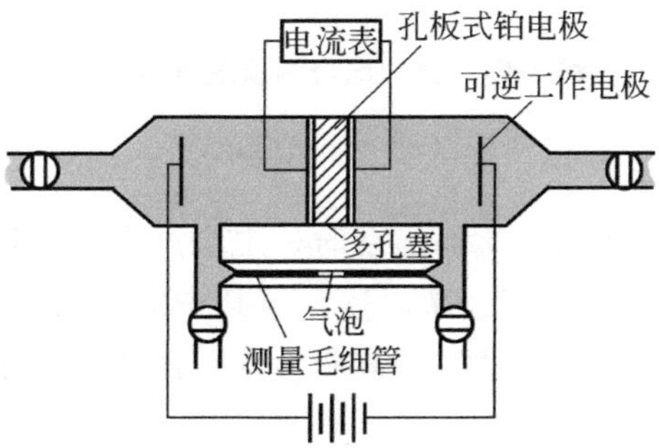

图 3-9　电渗仪装置示意图

利用电渗还可以对一些不适合于过滤的细悬浮液进行脱水。目前许多地方都已采用电渗的方法对泥煤黏土和其他矿物进行脱水。

4. 流动电势

与电渗相反，如果在半径为 r 的毛细管的一边加压，使毛细管内的电解质水溶液沿管流动，在管的两端可以产生一个电势差，称为流动电势。利用双电层模型可以推出流动电势 U 与 ζ 电势间的关系为：

$$U = \frac{D\zeta p}{4\pi\eta\lambda} \tag{3-37}$$

式中，p 为施加的压力；λ 为溶液的电导率。如果进一步考虑到表面电导的影响，则可将该式校正为：

$$U = \frac{D\zeta p}{4\pi\eta}\left(\frac{1}{\lambda + 2\lambda_s/r}\right) \tag{3-38}$$

式中，λ_s 为扩散层中的溶液电导率，它比体相电导率 λ 要大许多。

流动电势可以由实验测得，其装置与电渗仪相似，只是将电源改成电位计，如图 3-10 所示，但测定的重复性较差。

由式(3-37) 可见，对于电导率 λ 很低的液体如烃类，在强压力下流动时会

产生相当大的流动电势而引起电火花。一般它们又极易燃烧，因此易引发事故，这在许多实用设备与工程中必须引起高度重视，并应该采取必要的措施以防止事故的发生。例如在泵送汽油时规定必须接地，而且常需加入油溶性电解质，以增加电导率。

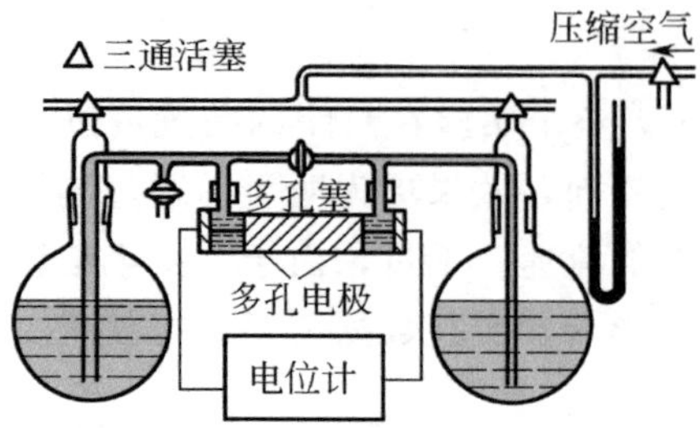

图 3-10　流动电势测量装置示意图

5. 沉降电势

当带电微粒相对于液相介质而运动时，也会产生一个诱导的电势，称为沉降电势。沉降电势可借助式(3-37) 来表达，但其中的压力需改成沉降中的驱动力，如自然沉降时的重力、离心沉降时的离心力等。例如，对于重力沉降的情形，沉降电势 U 与ζ的关系为：

$$U=\frac{r^{3}(\rho-\rho_{0})n_{0}gD\zeta}{3\eta\lambda} \tag{3-39}$$

式中，r 为球形微粒的半径；ρ 为微粒的密度；ρ_0 为液体介质的密度；n_0 为单位体积内的质点数；g 为重力加速度；D 为相对介电常数；η 为介质黏度；λ 为介质电导率。同流动电势一样，水在电导率很低的油中沉降时也会形成很高的沉降电势而有导致事故发生的隐患，常采用的解决办法是加入有机电解质，以增加介质的电导率。

上述四种动电现象均与ζ电势有关，因而对这四种现象进行研究，可以实测出ζ电势。不过由于各种方法所受影响因素不同以及实验条件限制，故所得数值并不完全一致。

第二节　涂料的稳定性

多分散体系，尤其是胶体分散体系的稳定性是一个具有理论意义与应用价值的课题，历来受到人们的重视。P. Hiemenz 说，“胶体化学是在研讨胶体稳定性过程中发展起来的”，反映了胶体稳定性对于胶体化学发展的重要性。从热力学角度看，多分散体系是不稳定的，其中的质点受沉降及粒子间的碰撞长大等因素影响，会从高度分散状态逐渐过渡到低分散状态。因此，多分散体系的稳定性不是其平衡态的稳定性，而是在一定程度上的相对稳定性，是有关时间尺度的稳定性。分散体系是否稳定，一方面取决于质点的动力学性质（详见第二章），它与质点和介质的本身特性有关，如质点的大小、介质的黏度等，另一方面与两者间的相互作用密切相关，而表面的带电特性也是影响分散体系动力学及其稳定性的重要因素。

一、聚沉

对于多分散体系，尤其是胶体分散体系，分散质点很小，强烈的布朗运动和扩散能力使它具有较高的动力学稳定性而不致很快沉降；但是，分散质点又有通过聚集或其他方式以降低分散度的趋势，从而降低体系的能量；因此，胶体等多分散体系又是热力学不稳定体系。分散度自发变小的倾向通常称为聚集不稳定性。一旦质点聚结长大，动力学稳定性也随之丧失，达到其热力学的平衡状态。

分散质点通过聚集而降低分散度的过程称为聚结，聚结后的粒子继续长大最终导致沉淀的过程叫作聚沉。聚结和聚沉是多分散体系不稳定的主要表现。引起聚沉的因素有：①加入过量的电解质；②改变温度；③改变分散相浓度；④加入凝聚剂；⑤加入其他溶胶；⑥长时间渗析等。其中涉及电解质影响溶胶聚沉的研究最多。在电解质溶液中，胶体质点因吸附离子带电而稳定，但若加入的电解质过多，反而会使质点聚结并聚沉而析出，无论是疏液胶体、亲液胶体还是缔合胶体，只要加入足够量的电解质，一般皆能使其沉淀，而疏液胶体对电解质尤其敏感。我们把某一种分散物系聚沉时所需电解质的最低浓度称为对该分散体系的聚沉值或临界聚沉浓度；其倒数称为聚沉能力或聚沉率。表 3-2 是不同电解质对几种溶胶的聚沉值。

表 3-2　不同电解质对几种溶胶的聚沉值　　单位：mmol/L

负溶胶	As_2S_3(－)	Au(－)	正溶胶	$Fe(OH)_3$(＋)	$Al(OH)_3$(＋)
LiCl	58	—	NaCl	9.25	43.5
NaCl	51	24	KCl	9.0	46
KNO_3	50	25	$1/2Ba(NO_3)_2$	14	—
$1/2K_2SO_4$	65.5	23	KNO_3	12	60
HCl	31	5.5	—	—	—
$CaCl_2$	0.65	0.41	K_2SO_4	0.205	0.30
$BaCl_2$	0.69	0.35	$K_2Cr_2O_7$	0.195	0.63
$MgSO_4$	0.81	—	$MgSO_4$	0.22	—
$AlCl_3$	0.093	—	$K_3Fe(CN)_6$	—	0.080
$1/2Al_2(SO_4)_3$	0.096	—	—	—	—
$Ce(NO_3)_3$	0.080	—	—	—	—

电解质对于聚沉的影响有以下几个方面：

① 起聚沉作用的因素主要是与溶胶所带电荷相反的反离子，反离子价数越高，其聚沉效率也越高。如对于带正电的 $Fe(OH)_3$ 胶体体系，Cl^- 聚沉值为 9mmol/L 左右，而 SO_4^{2-} 的聚沉值仅为 0.2mmol/L。经过大量的实践总结，人们发现，对于给定的溶胶，电解质的聚沉值与反离子价数的 6 次方成反比：

$$聚沉值\ c_a \propto (1/Z)^6 \quad (Z\ 是反离子价数)$$

这一规则称为 Schulze-Hardy 规则。由表 3-2 中的数值可以看出，一价离子的聚沉值约在 10～100mmol/L 之间，二价离子在 0.1～1mmol/L 之间，三价离子在 0.01～0.1mmol/L 之间，范围比较宽；同电性的不同溶胶间差别也较大。所以 Schulze-Hardy 规则仅表示数量级关系而已，是一个近似的比例关系。

② 同价的反离子聚沉值相近，但价数越低，差别越大。对于正离子，聚沉能力有下列顺序：

$$H^+ > Cs^+ > Rb^+ > NH_4^+ > K^+ > Na^+ > Li^+$$

对负离子，则有：

$$F^- > IO_3^- > H_2PO_4^- > BrO_3^- > Cl^- > ClO_3^- > Br^- > I^- > CNS^-$$

这些序列称为感胶离子序，与水合离子半径从小到大的次序大致相同，这可能是水合离子半径越小越容易靠近胶体粒子的缘故，说明水合离子的半径大小对聚沉能力有影响。至于高价离子的聚沉能力，它的价数是主要的影响因素，离子大小的影响相对地就不那么显著了。至于大的有机离子（如阴离子型表面活性剂）的聚沉能力，因为它与胶体粒子之间有较强的范德华力，比较容易吸附在胶体粒子上，所以与同价小离子相比，聚沉效率要高得多。

③ 与胶粒所带电荷相同的离子称同号离子。有些同号离子，特别是有机大离子，即使与胶体粒子电性相同，也能因与胶体质点间有较强作用力而被吸附。这样，大的高价的同号离子被吸附后，胶粒的带电量得以提升，双电层厚度增加，因此降低了异号离子的聚沉能力，聚沉值提高，反离子的聚沉效率降低，对胶体起到一定的稳定作用。

④ 大的高价反离子在胶体质点上被强烈吸附，会使得胶体在电解质浓度不高时就产生聚沉现象；但在浓度进一步提高时，质点吸附过量的大的高价反离子会使粒子重新带电，又会使溶胶重新稳定，称为再稳现象，但此时所带电荷与原先相反。再加入电解质，又会使溶胶再次聚沉。此时体系内电解质浓度已经很大，质点表面对大离子的吸附已经饱和，故再增加浓度已不能使沉淀分散。这种反复聚沉的现象称为不规则聚沉。

⑤ 电性相同的胶体混合之后一般没有变化，但电性相反的胶体混合之后则发生聚沉，这一现象称为互沉。聚沉的程度与两者的相对量有关，在胶粒所带电荷为零的附近沉淀得最完全。如果第二种溶胶的相对含量很小或很大，则沉淀都不完全。产生互沉现象的原因如下：可以把溶胶粒子看成一个巨大离子，所以溶

胶的混合类似于加电解质的一种特殊情况。例如，水中悬浮物通常带负电，而明矾的水溶解产物 $Al(OH)_3$ 却带正电，两种电性相反的胶体互相吸引而聚沉可以达到净水的效果。

二、电稳定性

涂料的动力学稳定性与粒子尺寸有关，尺寸越小稳定性越高。此外，涂料的稳定性还取决于多分散体系的电稳定性。

胶体中质点间存在着范德华力，而质点在相互接近时又因双电层的重叠而产生排斥作用，胶体的电稳定性就取决于质点间吸引与排斥作用的相对大小。苏联学者 Deryagin 和 Landau 与荷兰学者 Verwey 和 Overbeek 分别独立地建立了关于疏液溶胶的稳定性的定量理论，即 DLVO 理论。该理论通过质点间相互接近时的能量变化曲线说明了胶体的电稳定性。

通过对质点间范德华力及双电层的排斥作用的计算，可以得到质点间总相互作用能随质点间距离大小的变化。对带有相同电性、两个半径均为 R 的球形粒子而言，当球间净距离为 x 时，由范德华力产生的吸引能为：

$$\varphi_A = -\frac{AR}{12x} \tag{3-40}$$

式中，A 为 Hamaker 常数，与粒子性质（如单位体积内的原子数、极化率等）有关，在 10^{-20}～10^{-19} 之间（表 3-3）。可见，吸引能与粒子的半径 R 及粒子间的距离 x 有关。不过，该式在推导时简化条件较多，因此只适用于估计近距离球形粒子间的吸引力。

表 3-3 一些物质的 Hamaker 常数值

物质	宏观法/$\times 10^{-20}$	微观法/$\times 10^{-20}$
水	3.0～6.1	3.3～6.4
离子晶体	5.8～11.8	15.8～41.8
金属	22.1	7.6～15.9
石英	8.0～8.8	11.0～18.6
碳氢化合物	6.3	4.6～10
聚苯乙烯	5.6～6.4	6.2～16.8

胶体粒子都带有电荷，具有相同电荷的粒子之间存在着静电斥力，其大小取决于粒子电荷数目和相互间距离。粒子间的排斥能与粒子间吸引能相抗衡，使溶胶保持稳定。根据双电层理论，可以导出，在 $\kappa x \gg 1$、粒子双电层重叠程度很小时，两个球形粒子双电层间的静电排斥能为：

$$\varphi_B = \frac{64n_0kT}{\kappa^2}\pi R\beta_0{}^2\exp(-\kappa x) \tag{3-41}$$

式中，β_0 是关于表面电势 φ_0 的复杂函数：

$$\beta_0=\frac{\exp\left(\frac{Ze\varphi_0}{2kT}\right)-1}{\exp\left(\frac{Ze\varphi_0}{2kT}\right)+1} \tag{3-42}$$

式中，n_0 是单位体积中电解质反离子的数目；Z 是反离子价数；κ 为双电层厚度的倒数，其表达式见式(3-10)。当表面电势较小时，将 β_0 用级数展开，可简化排斥能公式为：

$$\varphi_B=\frac{DR\varphi_0^2}{2}\exp(-\kappa x) \tag{3-43}$$

式中，D 为介质的相对介电常数。由此可见，两球形粒子之间的排斥能 φ_B 随 φ_0 和 R、D 的增加而升高，随 κx 的增加以指数形式减小。Overbeek 描述了各种不同 κR 值时$\frac{\varphi_B}{R\beta_0^2}$与 κx 之间的关系，如图 3-11 所示。

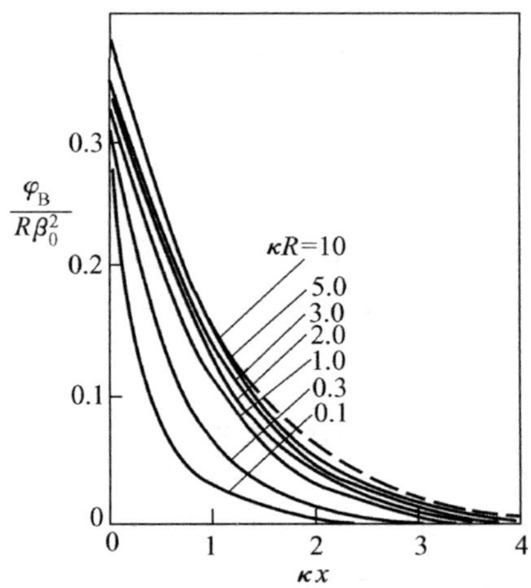

图 3-11　不同 κR 值时两球形胶粒间的排斥能曲线

这样，胶体总势能 φ 为粒子间的吸引能 φ_A 与排斥能 φ_B 之和：

$$\varphi=\frac{64n_0kT}{\kappa^2}\pi R\beta_0{}^2\exp(-\kappa x)-\frac{AR}{12x} \tag{3-44}$$

在表面电势很小时的简化式为：

$$\varphi=\frac{DR\varphi_0^2}{2}\exp(-\kappa x)-\frac{AR}{12x} \tag{3-45}$$

图 3-12 是总势能曲线的几种类型，随吸引能曲线和排斥能曲线的不同而不同。由图可见，在质点间距很大时，吸引能占优势；当质点逐渐接近时，排斥能逐渐增大，并渐渐超过吸引能。总势能曲线出现一个极大值，这就构成了阻碍胶粒聚结的势垒。之后，吸引能又起决定作用，但在相距极近时，由于电子云相互

重叠而产生强大的Born排斥力，总势能曲线又急剧上升为正值。这样，在距离很小与很大时，总势能曲线上各有一势能极小值，分别为第一和第二极小值。

势垒的大小是胶体能否稳定的关键。势垒越高，胶体越稳定。如果粒子热运动能远小于势垒，粒子碰撞后无法越过势垒，则粒子停留在第二极小势能点，粒子之间仍有一定的距离，相互吸引力并不很强。外界条件稍有变化，胶体粒子又会相互分离。它具有触变性和假塑性流体性质，这时胶体粒子仍然是稳定的。反之，如果粒子动能高于势垒，则粒子碰撞后可以越过势垒进入第一极小势能点，此时粒子间距离很近，体系产生聚沉，这种沉淀往往紧密而稳定。习惯上，将第一极小势能点处发生的聚结称为聚沉；而将在第二极小势能点发生的聚集叫絮凝。对于颜料粒子的分散、乳液等大质点情形，絮凝是其不稳定的主要表现。

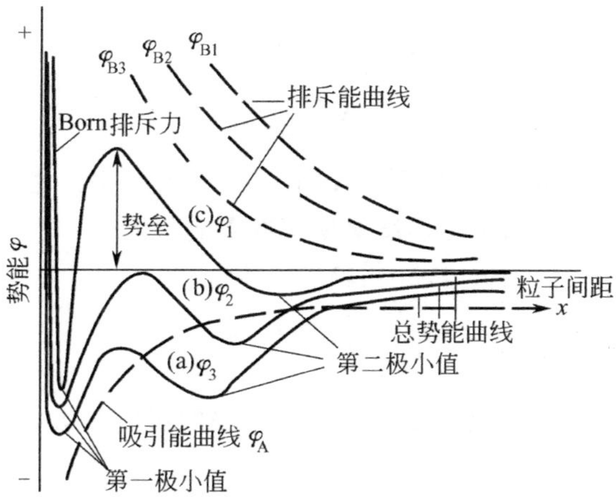

图 3-12 总势能曲线的几种类型示意图

由式(3-44) 或式(3-45) 可知，凡使 φ_A 减小、使 φ_B 增大的因素都会使总势能提高。如降低 A 值和 κ 值、提高 φ_0 和 n_0、D 值等，都可以提高势垒。粒子半径增大，也可以提高碰撞势垒。

κ 值反映了粒子双电层的特性，它是影响势垒的重要因素。减少 κ，即增加了双电层厚度，可以提高势垒，使胶体趋于稳定。当 κ 较大时，粒子边缘的 φ 值较低，在广泛的距离范围内，总势能曲线均为负值［图 3-12(a)］，胶体受吸引能控制，易聚结长大，体系不稳定；而当 κ 值小到一定程度后，φ 才会出现大于 0 的情况［图 3-12(c)］，此时，胶体粒子间排斥能占主导地位，胶粒则相对稳定。

当 κ 适中时，可以推出临界的情况，此时，势能极大值在某一距离上为 0，且其一阶导数为 0［图 3-12(b)］。因此有：

$$\begin{cases}\varphi=0\\ \dfrac{d\varphi}{dx}=0\end{cases}\tag{3-46}$$

则：

$$\begin{cases}\dfrac{64n_0kT}{\kappa^2}\pi R\beta_0{}^2\exp(-\kappa x)-\dfrac{AR}{12x}=0\\ \dfrac{64n_0kT}{\kappa}\pi R\beta_0{}^2\exp(-\kappa x)+\dfrac{AR}{12x^2}=0\end{cases} \tag{3-47}$$

解上述联立方程，可得 $\kappa x=1$。将此条件及关于 κ 的计算式(3-10) 代入式(3-47) 中，可以推出此时临界电解质浓度（聚沉值）c_a 为：

$$c_a=K\frac{D^3(kT)^5\beta_0{}^4}{A^2Z^6} \tag{3-48}$$

式中，K 是常数。该式是自 DLVO 理论得出的关于电解质聚沉作用的重要结果。由式(3-48) 可以看出：

① 在表面电势较高时，β_0 趋于 1，则：

$$c_a=K\frac{D^3(kT)^5}{A^2Z^6} \tag{3-49}$$

可见聚沉值与电解质反离子价数的 6 次方成反比。这就从理论上解释了 Schulze-Hardy 规则。同时可见温度对聚沉的影响很大。

在表面电势很低时，$\beta_0=Ze\varphi_0/(4kT)$，则：

$$c_a=K\frac{D^3kT\varphi_0{}^4}{A^2Z^2} \tag{3-50}$$

于是聚沉值与 $\varphi_0{}^4/Z^2$ 成正比，即表面电势的影响很大，而温度对这种体系的影响减弱。

在一般情形下，视表面电势的大小，聚沉值与反离子价数的关系应在 $Z^{-2}\sim Z^{-6}$ 之间变化，这与实验事实大体相符。

② 聚沉值与介质相对介电常数的 3 次方成正比。D 越大，聚沉值越高。这一结论已有实验数据可证明。

③ 式(3-48) 还表明，聚沉值与质点大小无关。当然这是在规定零势垒为临界聚沉条件下得出的结论。事实上，质点总具有一定动能，能够越过一定高度的势垒而聚结。胶体质点的动能与质点大小无关，但势垒与质点大小成正比。若不以势垒为零，而以势垒小于某一数值（例如 $5kT$）作为发生聚沉的临界条件，也可得出相似的结论。图 3-13 表示了电解质浓度或价数和质点大小对胶体稳定性影响的一般情形。

絮凝或聚结的速率可用粒子数减半所需时间 $t_{1/2}$ 来表示，它与介质黏度 η 的关系为：

$$t_{1/2}=\frac{3\eta}{4kTn_0} \tag{3-51}$$

式中，n_0 是单位体积中反离子的数目。

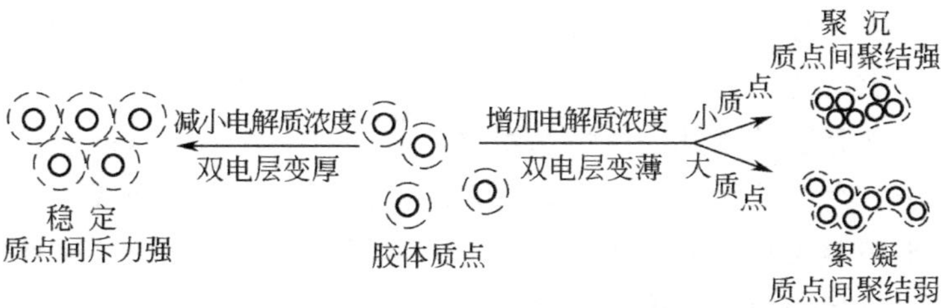

图 3-13　电解质浓度和质点大小对胶体稳定性的影响

减少絮凝的一个方法是在施加于粒子热运动的剪切速率范围内，使体系具有高度黏性。然而，单凭黏度并不足以完全稳定分散体。如对于体积分数为 0.1% 的 TiO_2 的水分散体系，若粒子直径为 0.4μm，则在此浓度下，每立方厘米中 TiO_2 的粒子数 n_0 为 3×10^{10} 个，将此数值代入上述方程可得 6 s。可见实际的分散体系（体积分数>0.1%）本质上不稳定，除非建立某种势垒可以防止粒子在碰撞过程中互相接近而紧密接触。

通常用实验所测定的ζ电势作为讨论胶体稳定性的依据，ζ电势高可以相对表明 φ_0 较大、κ 较小，体系趋于稳定。对于任一指定的分隔距离而言，排斥力随粒子尺寸的增加而增大；同时，双电层的ζ电势越高，排斥力越大；双电层越厚，分散稳定性越好。而由式(3-51) 可知，双电层厚度的倒数 κ 值与溶液中的电解质反离子价数 Z 成正比，与电解质溶液浓度 c 的算术平方根成正比，与介质的相对介电常数 D 的算术平方根成反比。因而稳定的胶体要求具有最低的离子浓度，并避免高价离子。介电常数的影响实际上较为复杂，因为介电常数高的介质一方面可以增加双电层厚度，提高势垒，但另一方面又可以促进电离而使厚度度降低，这种下降程度有时会大大超过增加的程度，反而成为不稳定因素。

第三节　电泳涂料

电泳在涂料施工中有广泛的应用。电泳涂装是刷、喷、浸等方法之外的一种高起点的涂装工艺，非常适合连续化、大规模的自动化操作，可以大大提高劳动生产率。而且它以水作溶剂，取代了有毒、易燃、成本高的有机溶剂，提高了安全性，降低了成本，保护了环境。因而电泳涂料有很广阔的发展前途。

电泳涂料是在 20 世纪 30 年代起步的，到 20 世纪 60 年代后期，汽车工业中的车身均以电泳涂料代替拖式浸涂和全浸涂的涂底漆工艺，效率接近 100%。在当今世界汽车生产中，电泳涂料的使用量已达 92%以上。

一、电泳涂料的分类

用作电泳涂装的涂料的组分主要包括树脂、颜料、填料、有机助剂，属于高分子溶液与胶体、悬浮体混合的多分散体系。为了使涂料同时连续沉积，就必须使胶粒带有一定电荷，并且与树脂保持持续的相互作用。

当树脂中含有羧基或其他酸性基团时，在一定条件下，这些基团可以电离产生酸根阴离子。在电泳涂料体系中，通常用有机胺、氢氧化钾或氨水等将树脂中和并经乳化步骤形成水相分散体中的粒子。根据双电层的概念，碱性阳离子将吸附在带负电的树脂表面上，形成紧密吸附层。在紧密吸附层的外面是扩散层，扩散层中碱性阳离子和氢氧根离子以漫散形式分布。在电场作用下，带过剩负电荷的树脂粒子和吸附层一起向阳极移动，因此，树脂粒子带负电荷的涂料，即阴离子型电泳涂料或阴离子型电泳漆，又称为阳极电泳涂料或阳极电泳漆（AED）。阳极电泳涂料树脂包括聚丙烯酸酯类、聚苯乙烯磺酸、聚氨基酸、聚乙烯基磷酸、海藻酸等。

反之，当树脂中含有氨基等碱性基团时，在一定条件下，可以电离或水解产生氨基离子，用有机酸等中和后，树脂带有正电荷，形成带正电的树脂粒子。由双电层的概念可知，氢氧根离子或酸根阴离子将吸附在带正电荷的树脂表面上，形成紧密吸附层。在电场作用下，带过剩正电荷的树脂粒子和吸附层一起向阴极移动。因此，带正电荷的树脂涂料即阳离子型电泳涂料或阳离子型电泳漆，在电场作用下向阴极移动，所以又称阴极电泳涂料或阴极电泳漆（CED）。阴极电泳涂料树脂有氨基树脂、胺改性环氧树脂、聚氨酯、聚酰胺、聚乙烯亚胺、聚乙烯基吡啶等。

两性高分子电解质则既可用作阴离子型电泳涂料，又可以用作阳离子型电泳涂料。电泳涂料原以阴离子型为主，目前阳离子型已后来居上，成为市场的主流，在汽车行业中，其用量已占90%以上。

二、电泳涂料的机理

电泳涂料在成膜过程中伴随着复杂的物理化学和电化学过程，一般至少包括电离、电解、电泳、电沉积、电渗等五种过程和反应。

1. 阴离子型电泳涂料

如图3-14所示，酸性树脂在水中电离，产生酸根和氢离子。在碱性中和剂的作用下，可以促进树脂的电离，溶液pH值增加可以使电离更加完全。颜料粒子在等电点以上，也将带有负电荷。带负电的树脂吸附了部分阳离子成为带有过剩负电荷的分散粒子，在电场作用下向阳极移动，并挟带颜料粒子一起电泳。同时带负电的OH^-也向阳极迁移，而铵根离子则向阴极迁移。

粒子到达电极时，将发生一些电极反应。在电解质溶液中，在电极上分别进行氧化还原反应，从而在电极上形成氧化还原产物。主要电极反应如表3-4所示。

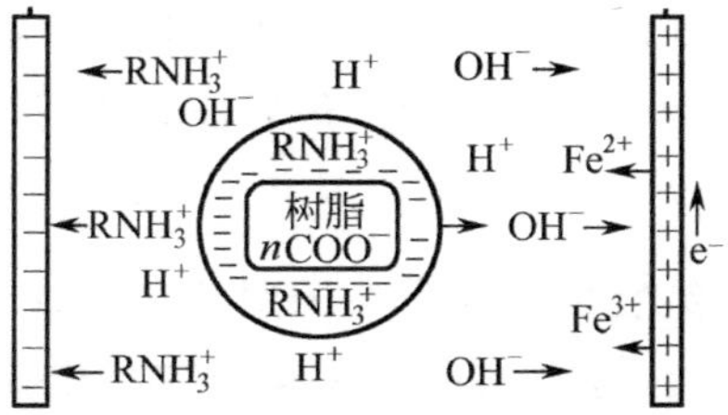

图 3-14　阳极电泳涂料电泳过程示意图

表 3-4　电泳涂料的电极反应

电极反应	阳极(氧化反应)	阴极(还原反应)
阴离子型	$Fe \longrightarrow Fe^{2+} + 2e^-$(或 $Fe^{3+} + 3e^-$) $4OH^- \longrightarrow 2H_2O + O_2\uparrow + 4e^-$ $2OH^- \longrightarrow O_2\uparrow + 2H^+ + 4e^-$ $2RCOO^- + Fe^{2+} \longrightarrow Fe(RCOO)_2\downarrow$ $2RCOO^- \longrightarrow R-R + CO_2\uparrow + 2e^-$ $H^+ + RCOO^- \longrightarrow RCOOH\downarrow$	$RNH_3{}^+ + e^- \longrightarrow RNH_2 + H$ $2H \longrightarrow H_2\uparrow$ $2H^+ + 2e^- \longrightarrow H_2\uparrow$ $RNH_2 + H_2O \longrightarrow RNH_3{}^+ + OH^-$
阳离子型	$4OH^- \longrightarrow 2H_2O + O_2\uparrow + 4e^-$ $2OH^- \longrightarrow O_2\uparrow + 2H^+ + 4e^-$ $2RCOO^- \longrightarrow R-R + CO_2\uparrow + 2e^-$ $H^+ + RCOO^- \longrightarrow RCOOH\downarrow$	$RNH_3{}^+ + OH^- \longrightarrow RNH_2 + H_2O$ $2H^+ + 2e^- \longrightarrow H_2\uparrow$ $RNH_2 + H_2O \longrightarrow RNH_3{}^+ + OH^-$

电极反应可归结为水和金属的电解、树脂粒子包括颜料粒子的电沉积。

阳极上的主要反应是铁溶解，生成亚铁离子和铁离子，释放的电子流向外电路，亚铁离子和铁离子从阳极中释放出来，进入阳极表面上正在生长的涂层中。亚铁离子与树脂反应，使树脂凝结生成一种亚铁树脂化合物，沉积在电极上。此过程在电泳涂料中最为重要，因而称电沉积涂料比称作电泳涂料更确切些。阳极上还发生一些副反应，如 OH^- 移向阳极并在阳极上放电，生成水和初生氧，后者复合成氧分子，从阳极逸出，因而在正在生长的涂料层表面上造成针孔；OH^- 生成 O_2 和 H^+，后者与树脂反应，生成酸性树脂而凝结；此外，树脂离子间还可能发生 Kolbe 反应，两个电离的羧酸反应生成较长链的树脂。

阴极上主要产生胺分子和初生氢，初生氢复合而成 H_2，在阴极上逸出；胺分子进一步与水反应生成 $RNH_3{}^+$ 和 OH^- 等。

除以上电极反应外，在淀积过程中，还发生电渗作用。在电沉积过程中，涂料粒子在沉积初期，粒子不再能自由移动，因而粒子的电荷不一定全被中和放电，沉积层是疏松的，含水量相当高，小离子、小分子等可以通过。继续通电时，阳极表面产生的阳离子将挟带水分子一起从沉积涂膜中通过，向阴极方向移动，使涂膜中所含水分逐渐被排到涂膜外，在粒子间隙中不含离子的残留水分在电场作用下也向外迁移，从而使沉积层不断压紧，最后形成含水率极低、电阻相当高的致密膜。这一过程即电渗。在电渗过程中粒子上尚未中和的电荷也被新电离产生的阳离子中和，成为中性的涂膜。最后经烘烤而得到致密的涂膜。

2. 阳离子型电泳涂料

阳离子型电泳涂料的涂装机理与阴离子型基本相似，只是因树脂所带电荷与阴离子型相反，电泳方向也与之相反。它同样包括电离（水解）、电解、电泳、电沉积和电渗五个过程。

① 电离　在酸性条件下，氨基类树脂与颜料等添加剂粒子水解电离，形成带正电的胶粒。

② 电解　阴极反应最初为电解反应，生成 H_2 及 OH^-，此反应造成阴极面形成高碱性的边界层。其电极反应如表 3-4 所示。水被直流电电解，放出 H_2 与 O_2，电解产生的气体会导致渗透力下降，影响涂膜外观，降低涂膜附着力，增加电耗，因此，应尽量减弱水的电解。

③ 电泳　在电场作用下，阳离子树脂及 H^+ 等向阴极移动，而酸根阴离子、OH^- 等向阳极移动。

④ 电沉积　带正电荷的涂料离子在电场作用下移动到阴极，并与阴极表面所产生的碱性物质作用形成不溶物，沉积于工件表面。

⑤ 电渗　涂料固体与工件表面上的涂膜为半透过性的，具有很多毛细孔，水所带电性与粒子相反，则从阴极涂膜中排渗出来，在电场作用下，引起涂膜脱水，使涂膜紧密吸附于工件表面，完成整个电泳过程。

水分通过电渗从沉积层渗析而出，当含水量下降至 5%～15%时，即可烘烤。

由此可见，涂料的电泳施工是极为复杂的，它包含了多种物理化学过程，因此也受到了很多因素的影响。表征其涂装性能的一个指标称为泳透力，它是指涂料对被涂物背离电极部位（内面、凹面、缝隙处等）的涂覆能力，也就是使工件的全部表面均匀涂上涂膜的能力。泳透力受槽液组成、固体分、溶剂、电导率、pH 值等槽液特性，以及电压、温度、电泳时间、工件与电极间的距离等工艺参数的影响。

三、影响电泳涂装过程的因素

1. 固体分

当固体分含量过低时，电解水反应剧烈，涂膜薄，气泡多，易产生针孔，同时，涂膜的遮盖力不好，颜料易沉淀，涂料的稳定性差；当固体分含量过高时，黏度提高，会使涂膜粗糙疏松，附着力差，涂膜层易起橘皮。市售的电泳涂料的固体分含量一般为 50%左右，施工时，需用蒸馏水将涂料固体分含量控制在 10%～15%。一般颜基比为 1∶2 左右，高光泽电泳涂料的颜基比可控制在 1∶4。在实际操作中，涂料的颜料量会逐渐下降，必须随时添加颜料分含量高的涂料来调节，对于 EC-3000 金色电泳涂料来说，每电泳 15～20m^2 的零件需补充 1L 浓缩液。

2. 溶剂

电泳涂料液刚配制时，其溶剂含量稍高。但随着涂液使用时间的延长和超滤的使用，溶剂不断挥发和滤出，其含量会逐渐下降，影响涂膜质量。严重时，涂膜会在烘烤前脱落。因此，应及时添加溶剂调整，一般每滤出 100L 超滤渗透液，应补充 1.2L 溶剂。

3. 电导率

电导率是控制电泳涂料膜层质量的关键指标之一。新配溶液的电导率可能较高，因此需要通过超滤排出渗液以降低电导率。电导率过高，则膜厚，易产生橘皮和表面粗糙等现象；电导率过低，则容易产生针孔和麻点。因此，当电导率不同时，需要采用不同的电压和槽液温度，以便获得良好的膜层。当电导率较高时，可采用较低的电压和温度；反之则要相应提高电压和温度。在涂装施工中，被涂物件从前一道工序带入电泳槽的杂质离子等引起涂料电阻值的下降，从而导致涂膜出现粗糙不均和橘皮等弊病，因此需对涂料进行净化处理。为了得到高质量涂膜，可采用阴极罩设备，以除去铵及钙、镁等正离子杂质。

4. pH 值

电泳涂料的 pH 值直接影响槽液的稳定性。对于阴离子电泳涂料，当 pH 值较高时，如 pH＝8～9 时（或对于阳离子电泳涂料，当 pH 值较低，如 pH＝4～5 时），可离子化组分都电离，导致胶粒结构单元的颗粒尺寸变成最小，体系将非常稳定，电沉积将变得很困难。因此，阴离子电泳涂料体系的 pH 值存在一个上限，而阳离子电泳涂料有一个下限 pH 值。大于这个上限或低于下限，电极上的沉积量将不能增加。例如，对于阳离子电泳涂料而言，当 pH 值过低时，新沉积的涂膜会再溶解，膜层变薄，且对设备腐蚀严重，电泳后冲洗会脱膜；而当 pH 值过高时，料液的稳定性不好，已溶解的树脂会析出，工件表面光泽不一致，涂膜表面粗糙，附着力降低，一般合适的 pH 控制在 5.9～6.2 之间。对阴离子电泳涂料而言，pH 的影响正好相反。由于电极采用隔膜控制，电泳料液的 pH 值较为稳定，当超滤液排出太多或隔膜液渗漏进入电泳料液时，电泳料液 pH 值会发生变化，可用有机酸或有机碱调整。在施工过程中，由于连续进行电泳，体系的 pH 值会发生改变，可采取补加原液、更换阳极罩或阴极罩蒸馏水，用离子交换树脂除去反离子等方法维持 pH 值。维持 pH 值最好的方法是电渗析和超滤。

5. 电压

极间电压升高，电场作用加强，料液中带电粒子泳动、沉积速率加快，泳透力提高，膜层增厚。在电泳操作时，应根据零件形状与大小，槽液温度高低，所需膜的厚薄，选择最佳电压。当电泳涂料刚配制时，其溶剂含量及导电率均高，则电压应适当降低。一般情况下，电压与涂料的固体分含量及料温成反比，与两极间距成正比。钢铁表面施加电压为 40～70V，铝和铝合金表面可采用 60～100V，镀锌件采用 70～85V。

6. 温度

电泳涂料料液的温度一般控制在 15～30℃。温度低，电沉积量少，成膜慢，但涂膜较为致密，可以使用较高的电压以达到电泳的目的；料液温度高，成膜速率快，但溶剂挥发也快，涂膜外观易粗糙，还会引起涂料变质，不利于电导率的稳定和控制。施工过程中，在电沉积时部分电能转化成热能，循环系统内机械摩擦产生热量，这些因素将导致涂料温度上升，需要引起注意。

7. 电泳时间

电泳时间的长短会影响涂膜外观及膜层的厚薄。当电泳时间过长时，膜厚色深，透明性变差；电泳时间过短，则膜层不完整。因此需要根据料液的电导率、固体分含量等因素的变化，在确定料液温度和电压的前提下，选择最佳的电泳时间，以确保膜层的质量。在电泳过程中，主要以电压的大小来控制膜层厚度。时间如果超过一定数值，厚度不会显著增加，这是因为电泳涂料是不导电的，当零件被膜层完全覆盖后，成为绝缘体，时间再长也不会增加涂膜的厚度。因此如果需要较厚涂膜，尤其在镀凹位较深零件时，应用较高电压和较短时间。一般工件电泳时间为 1～3min，大型工件为 3～4min。如果被涂物件表面几何形状复杂，可适当提高电压和延长时间。

8. 工件与阴极间距离

工件与阴极间距离近，沉积效率高。但距离过近，会使涂膜太厚而产生流挂、橘皮等弊病。一般距离不低于 20cm。对大型而形状复杂的工件，当出现外部已沉积很厚涂膜，而内部涂膜仍较薄时，应在距离阴极较远的部位，增加辅助阴极。

四、电泳涂料的主要品种

1. 阴离子型电泳涂料

阴离子型电泳涂料比阳离子型电泳涂料价廉，但在电泳过程中，被涂物为阳极，对被涂物基体金属表面（除了铝及不活泼金属外）会产生腐蚀，金属以离子方式溶出，破坏了被涂工件的表面处理膜（磷化膜、钝化膜），使表面粗糙，在电沉积时不仅会产生针孔、气泡等弊病，还使其失去光泽，也降低了涂膜的防锈性，溶出的金属离子又会污染槽液，改变槽液的工作参数；同时，金属离子与树脂微粒发生反应生成沉淀，使外观生色，性能也有变化。故阴离子型电泳涂料一般只作防腐底漆，其应用受到限制。目前其应用主要集中在铝材上，因为铝合金型材经电泳涂装后可以提高抗碱性，这是其他表面处理方法所达不到的。常用的阴离子型电泳涂料有丙烯酸类和聚氨酯类等。

丙烯酸阴离子型电泳涂料具有水溶性、低污染性和特有的浅色调，不易霉变；以丙烯酸酯和丙烯酸共聚而制成的丙烯酸酯树脂具有优良的保光、保色性，所形成的涂膜光泽素有“魔镜”之称；丙烯酸树脂耐化学品性好，配成含水量大的碱性电泳涂料液也不会分解，具有良好的稳定性；此外，丙烯酸树脂还具有良好的耐候性、耐水性及施工条件。因而丙烯酸类的阴离子型电泳涂料目前占据了铝型材电泳涂料的主流。但丙烯酸电泳涂料只可用来代替铝材的封闭工艺，铝材的氧化及着色过程仍需配合进行。

聚氨酯阴离子型电泳涂料在阳极电泳开始时就有轻微氧化作用，故电泳和氧化、着色可以同时完成，其色差小，之后也无需再封闭。电泳耗时短（＜3min），生产效率为铝氧化的 2～3 倍。这种涂层耐酸、碱及溶剂，耐候性好，在紫外线照射下不变色，寿命长；而且其泳透力高，无论铝型材的形状多么复杂，都能获得覆盖均匀的涂层。电泳铝型材以其高品质、高装饰性和耐蚀性、良好的成膜性能、电泳工艺的安全环保性等优点，在世界各国得到了迅速的发展。

2. 阳离子型电泳涂料

具有更高耐腐蚀性能的阳离子型电泳涂料是在 1971 年由美国 PPG 公司首先研制成功的。阳离子型电泳涂料可以避免阴离子型电泳涂料的诸多问题，而且涂膜呈弱碱性，对底材无腐蚀，可以长期保持其附着力。同时其本身即具有防锈能力，可以不加防锈颜料。

阳离子型电泳涂料目前主要有水性丙烯酸树脂体系、环氧树脂和聚氨酯树脂体系等。

水性丙烯酸树脂体系通常包括硬单体［如甲基丙烯酸甲酯（MMA）和苯乙烯等］和软单体（如丙烯酸丁酯），含官能基的单体（如丙烯酸羟基酯）引入羟基，用于树脂的交联。还有含叔胺基团的丙烯酸单体［如甲基丙烯酸二甲基氨基乙酯（DMAEMA）］使树脂适于阴极电沉积，交联剂有烷基化三聚氰胺甲醛、封闭型二异氰酸酯，或者 UV 固化。为了克服水性丙烯酸树脂耐水性、防腐性和致密性不足以及烘烤温度过高的问题，可以引入含氟丙烯酸单体，如甲基丙烯酸十二氟庚酯（DFMA）、丙烯酸十七氟十二烷基酯（FOEA）等，通过氟原子的疏水性来提高体系耐水性、耐腐蚀性和阻燃性。但是，由于氟的致癌性对生态和健康造成了巨大的威胁，因此含氟单体大多已在世界各地被宣布禁用。有机硅是另一类用于丙烯酸树脂改性的化合物，如乙烯基三乙氧基硅烷（VTES），它们不仅可以提高涂层的疏水性，也可以提高涂层的耐酸碱性。

将丙烯酸电接枝到阴极基底是涂层领域的领先技术之一，其机理尚不明确。

一种较为普遍接受的看法是自由基阴离子首先与金属结合，电子由阴极转移给单体，即由电化学引发，而后通过反复将单体加到化学吸附的阴离子物种［如 $Ni—CH_2CH(CN)^-$］上而聚合成链。这种技术目前主要用于电子电路或生物医学植入物的涂层，例如在心血管支架上制备均匀涂层、用于排斥蛋白质表面的聚（乙二醇）丙烯酸酯涂层、用于不锈钢表面的聚（*N*-琥珀酰亚胺基丙烯酸酯）抗菌涂层等。

环氧树脂是阴极电泳中应用最广泛的树脂，仅次于丙烯酸树脂。它对各种基材通常都具有很强的附着力，也具有非常好的力学性能和绝缘性能以及尺寸稳定性，可以在 0～180℃范围内的低温到高温环境下固化。交联的环氧树脂在碱性和酸性环境中的化学性质非常稳定，具有优良的耐腐蚀性能。环氧树脂电泳涂料的制造方法可以通过原位合成或通过乳化剂将阳离子引入树脂分散体，使复合体系带有阳离子。

环氧树脂改性丙烯酸体系在环氧树脂与丙烯酸树脂的协同作用下，将同时具备丙烯酸优良的耐候性、外观装饰性和环氧树脂良好的耐蚀性、耐久性、附着力，因而受到广泛关注。如在环氧树脂上接枝丙烯酸酯来制备环氧丙烯酸树脂，这种涂料可进行厚膜涂装，其膜厚可达 25～30μm。

另一种比较常见的阳离子型电泳涂料品种是聚氨酯体系，它具有优异的耐久性和适应性、卓越的力学性能，包括硬度、耐刮擦性和耐磨性，使其能够在恶劣的环境中使用，同时它还具有耐化学品性、抗紫外线辐射和耐水性。长期以来，水性聚氨酯树脂的合成取得了显著进展，在诸多应用领域已取代了传统的异氰酸酯树脂。如用端羟基氨基甲酸酯预聚物和封端异氰酸酯制备双组分水性聚氨酯体系，再用胺官能化的 Cloisite 30B 黏土对该树脂进行改性，以引入季铵基团使树脂带正电。

环氧聚氨酯类阳离子型电泳涂料主要作为底涂层，具有高防腐性、耐化学品性；丙烯酸聚氨酯类阳离子型电泳涂料主要用作底面合一涂层，具有中等防腐性、高耐候性，可作为彩色装饰性涂装。电泳涂料品种的选择主要是根据工件对性能及外观的要求，见表 3-5。在实际过程中一些常见的电泳涂装缺陷的解决方法见表 3-6。

表 3-5　电泳涂料品种的选择

类型	产品示例	性能	用途
丙烯酸聚氨酯类	CED 系列(清漆、色漆)	高装饰性、高耐候性	彩色灯具、小五金饰品等
环氧聚氨酯类	HED-2000、HED-3000	高防腐、高泳透率	汽车车身及零配件、摩托车及轻工家电
	HED-5000	中度防腐、低黄变	低黄变的彩色涂装领域
	HED-6000	低温固化，无黄变	低温固化涂装领域、彩色涂装

表 3-6 常见的电泳涂装缺陷的解决方法

现象	可能原因	对策
膜厚过低	固体分含量降低	补充原漆，提高固体分含量
	施工电压低	升高施工电压
	槽液温度偏低	升高槽液温度
	溶剂含量降低	添加专用的补给溶剂
	槽液电导率降低	减少超滤液的损失
	阳极接触不好或极板腐蚀损失	接好或更新阳极板
凹坑缩孔	颜料分含量过低	适当补加色浆组分，提高颜基比
	前处理不净，工件表面沾油	加强脱脂处理，并防止二次污染
涂膜过厚	泳透电压过高或时间过长	降低电压，缩短时间
	槽液的有机溶剂含量过高	排放超滤液、延长熟化时间
	槽液循环不良	检查泵和管路的运行
	槽液温度过高	降低槽液温度
	电导率过高	增加超滤液的排放量
泳透率低	电压降低	提高施工电压
	槽液固体分含量降低	补充原漆，使固体分含量达到固定指标
	槽液搅拌不良	加强槽液搅拌
表面颗粒	冲洗水脏，槽液混入杂质	检查冲洗水的水质，减少尘埃带入，加强对“死角”的搅拌，更换过滤器
	烘干室不干净	清理烘干炉和空气过滤器
针孔	槽液温度偏低	升高槽液温度
起泡	工件上有碱性清洗剂	检查前处理工序及冲洗水水质
膜不丰满	颜基含量过高	减少色浆的补加
表面水迹	冲洗不良	检查循环冲洗系统，增大冲洗量

所有阳离子型电泳涂料都有清漆和色漆两类。清漆由有机树脂、稳定剂、乳化剂等组成。色漆除上述组成外，还加入固体颜料经研磨而成。根据产品的不同要求，可选用清漆或色漆涂装。清漆可涂装在镀银、仿金层及黄铜抛光件的表面上，涂膜特性是透明性好，涂膜薄而均匀，防护装饰效果好。彩色清漆适用于底层为光亮镀镍、抛光铝等表面，经电泳后或再染色、固化，可获得古铜色、金色、红、绿、蓝等透明彩色膜，涂膜特性是色彩鲜亮、金属观强、防护装饰效果好，可用于如灯具、眼镜架及工艺品等的涂装。色漆适用于所有金属表面，有发光黑色、亚光黑色、灰色、奶白色、红色、绿色漆等，涂膜特性是涂膜丰满、色彩鲜丽，涂膜较厚，但涂膜不透明，可用于自行车车把、仪表机壳、金属家具以及抗腐蚀性要求高的汽车底漆。

根据零件的基体材料不同以及所需电泳涂料的颜色不同，需采取不同的涂装工艺流程。常用的阳离子型电泳涂料电泳工艺流程如表 3-7 所示。

表 3-7　常用阳离子型电泳涂料电泳工艺流程

底材	电泳金色	电泳咖啡色	电泳青铜色	电泳黑色	电泳其他色
铁	前处理—镍—镀薄银—透明金色电泳涂料	前处理—磷化—透明金色电泳涂料	前处理—镀锌—青铜色电泳涂料	前处理—磷化—黑色电泳涂料	前处理—镀镍—无色透明电泳涂料—着色
铝及铝合金	前处理—透明金色电泳涂料	前处理—透明咖啡色电泳涂料	前处理—青铜色电泳涂料	前处理—黑色电泳涂料	前处理—无色透明电泳涂料—着色
锌合金	前处理—碱铜—酸铜—亮镍—透明金色电泳涂料	前处理—透明咖啡色电泳涂料	前处理—青铜色电泳涂料	前处理—黑色电泳涂料	前处理—碱铜—酸铜—亮镍—无色透明电泳涂料—着色
铜及铜合金	黄铜件：抛光—无色透明电泳涂料 铜件：前处理—亮镍—镀薄银—透明金色电泳涂料 黑青铜件：前处理—红色电泳涂料	前处理—着咖啡色—无色透明电泳涂料	抛光—无色透明电泳涂料（青铜件）	前处理—黑色电泳涂料	前处理—亮镍—无色透明电泳涂料—着色

目前阳离子型电泳涂料主要有双组分、低黏度的水乳液型和单组分、高黏度的水溶性型两大类，已得到了很大的发展，涂膜从薄到厚，泳透力由低到高，有机溶剂含量由高到低，烘烤温度从高到低。此外还有电泳粉末涂料，包括阴离子型电泳粉末和阳离子型电泳粉末两大类型，其原理与上述以水为分散介质的电泳涂料体系相同，特点是膜厚（可达 100μm），耐腐蚀性好，但由于泳透力较低，所以常用二次电泳法（又称逆向电泳法）进行施工。

五、电泳涂料的优缺点与发展趋势

1. 电泳涂料的优缺点

与传统涂装方法相比，电泳涂装起步虽然较晚，但发展迅猛，主要得益于电泳涂料具有以下优点：

① 生产效率高，工件浸入槽液几分钟即可完成电泳涂装，适合连续化、大规模的自动化操作和批量生产，大大提高了劳动生产率；经济效益高，成本低。

② 分散介质是水，体系中含水量达 80%，没有易燃易爆等问题，无火灾隐患，操作更安全，对环境友好。

③ 泳透力强，能很好地浸透到被涂物的复杂部位，边、角、内腔、缝隙等同样能获得良好的保护层，适用于造型及结构复杂的金属工件的涂装。

④ 涂层致密，厚度均匀可控。湿膜含水率低，可显著缩短烘干时间，缩短生产周期，提高工效。

⑤ 涂层表面光滑均匀，无流痕、起泡等缺陷，附着力良好，涂膜外观紧密美观，无流挂。

⑥ 材料利用率高，工作液中固体分含量低，带出损失小，原材料利用率能达到85%以上，比传统喷漆节省40%；而超滤工艺的使用更加提高了电泳涂料的利用率，可达98%以上，有效降低了成本。

⑦ 涂装工艺参数易于调整，涂装质量稳定。

⑧ 在电场作用下成膜均匀，显著提高工件的内腔、焊缝、边缘的耐腐蚀性。尤其是阴极电泳涂料，具有很好的耐腐蚀性能，抗石击性能佳。

但是，它也存在一些局限性，包括：

① 所需的设备多，包括电泳槽、超滤设备、纯水设备、干燥设备、废水处理设备等，工艺环节多，管理相对复杂，一次性投资大。电泳槽底更新期为6个月以内，所以不适合小批量生产场合。

② 品种限制。电泳涂装使用水溶性涂料和水乳化涂料，颜色和选择范围受到一定的限制。

③ 底材有一定限制，不能用于对水敏感、对高温敏感的材质，因为待涂工件必须通电，因此一般适于金属等导电性被涂物。对于导电特性不同的多金属组合物，也不宜采用。如有一些电泳涂料对Cu、Sn等金属会产生过敏现象。不同底材上的电泳涂料性能有差异。

④ 涂装过程要消耗一定的电能，涂装完毕后的湿膜需要在高温下进行烘烤以形成满足要求的涂层，因此耗能较多，且烘烤条件要求高，操作不当将产生涂膜缺陷。

⑤ 技术要求高，因此涂装过程要求有强大的技术力量作为支持，特别是彩色电泳涂料的调色、配色，有一定的难度。施工要求严格，施工环境要求高，如烘干室内不干净或回圈风中含有低表面张力的油质、污渍、尘埃或与电泳涂料不相容的粒子，就可能会产生涂膜缩孔、鱼眼等现象。

因此，电泳涂料在提供优异的环保性能、生产效率和涂层质量的同时，也存在设备投资大、施工要求严格等缺点。选择合适的电泳涂料和施工方法，可以有效发挥其优势，同时减少潜在的问题。

2. 电泳涂料的发展

电泳涂料的发展经历了从阴离子型电泳涂料到阳离子型电泳涂料的转变过程，而阳离子型电泳涂料也已经历了从单纯关注涂膜性能到合并关注其作业性和外观性、附加特殊功能特性、引入超滤、低温固化、低加热减量等新技术，直至现在更为关注环境友好、节省资源与能源、低成本和高性能等可持续发展的方面。阳离子型电泳涂料在减少设备腐蚀、提高泳透力、减少油烟及消除烘烤变黄、降低烘烤温度、提高防腐蚀性能等方面已获得了很大的进展。

从电泳涂料类型看，其发展方向主要有环保型、低温固化或 UV 固化型、薄层型或厚膜型、单组分体系型、自分层型、边角覆盖型、高泳透力型、多彩型和特殊需求型阳离子型电泳涂料等。

随着全球对低碳环保意识的提高，阳离子型电泳涂料作为一种低污染、节能的涂料，其环保特性将进一步被强化。如开发采用 VOC 含量更低、固化时分解物更少和无有害空气污染物（HAPs）的阴极电泳涂料；依靠电渗析-反渗析（ED-RO）技术提高废水的利用率，实现电泳涂装污水零排放；在阴极电泳涂装工艺方面，向着节省能源、降低劳动强度和生产成本、减少环境污染、无重金属、低 VOC 和低半挥发性有机物（SVOV）、降低固化温度、提高性能等方向发展，不断研发新的配方和技术，以满足更为严格的环保法规要求。

低温固化阳离子型电泳涂料可以显著节省能源、降低成本，也可以防止待涂工件在高温下的变形。对于采用封闭型多异氰酸酯的交联体系，降低固化剂的解封温度，实现低温交联固化，是降低烘烤温度的主要途径之一。如利用吡唑类化合物封端六亚甲基二异氰酸酯（HDI），用缩二脲和酮肟类化合物封端的二苯甲烷二异氰酸酯（MDI），作为改性环氧树脂与叔碳酸缩水甘油酯体系的固化剂，其固化温度可降低至 110℃。而在一定波长的紫外光辐射下，通过光引发剂来引发涂料内部的固化交联，可避免高温烘烤，也是发展趋势之一。

常见的阳离子型电泳涂料所得涂膜厚度约 20μm。为了降低涂料的使用量，满足一些特殊要求，需要使用薄层型阳离子型电泳涂料，其涂膜厚度仅为传统阳离子型电泳涂膜的 1/2。薄层型阳离子型电泳涂料满足了节约资源的要求，其技术关键是形成交联密度高且致密的涂层。35μm 以上的厚膜型或 60μm 以上的超厚型阳离子型电泳涂料也是电泳涂料的研发热点，增大涂膜的厚度主要是为了提高其抗冲击性、边角覆盖率及防腐蚀性能，其关键是要平衡好高厚膜与高泳透力之间的矛盾。

当双组分体系中的交联剂作为第二组分加入时，因为其与主体树脂的泳透力不同，所以配方的稳定性会降低，成膜性能下降。因此单组分阳离子型电泳涂料需要研究固化剂在接入主体树脂后，涂料的分散性和稳定性问题。

自分层型阳离子型电泳涂料通常也被称为底面合一型阳离子型电泳涂料，其组分在固化过程中会因表面张力不同而发生相分离，从而获得兼备底漆和面漆特点的阳离子型电泳涂料。例如将具有优异的耐腐蚀性和高泳透力优势的环氧树脂与具有耐候性和良好保色保光性的丙烯酸型树脂复合，在固化过程中，表面张力小的、耐候性好的丙烯酸树脂向表面迁移，而表面张力大的、耐蚀性好的环氧树脂沉于底层，成膜后表面光滑平整，色彩明亮，保光保色，耐候性优良，兼具装饰性和耐蚀性。底面合一型阳离子型电泳涂料减少一道喷涂和烘烤工序，不仅在涂装线设计、涂料消耗方面带来了可观的经济性和便利性，同时也大幅降低了涂装过程的能源消耗、废水废气排放，更符合绿色涂装、环保涂装的理念。

电泳涂料在工件顶端的覆盖率原本较好，但在热固化过程中，由于温度上升，树脂黏度下降，会出现热流动现象，在表面张力影响下，覆盖率下降。改善电泳涂料的边角防蚀性就是要改善涂膜熔融时的热流动。通过添加微凝胶助剂，可以提高边角涂膜的厚度和覆盖率。

为了提高泳透力、提高涂膜的耐蚀性和耐磨性，可以在体系中添加金属或金属化合物，制备金属有机化合物型阴极电泳涂料，它可以将聚合物的低密度、高弹性和高强度的优点与金属或金属化合物的导电性、磁性、减摩性等性能相结合。为了解决涂料在烘烤过程中的黄变现象，提升涂层的耐热性能，有机硅改性环氧树脂等耐热新品种也在研究。

多彩型阳离子型电泳涂料属于装饰性强的产品，例如彩色电泳涂料、高光电泳涂料、亚光电泳涂料等；而特殊需求类阳离子型电泳涂料则通常在某一指标上具有特点，如存在不耐温材料（橡胶等）时的电泳涂装，应用场景存在反复摩擦和碰撞时需要的耐磨性电泳涂料，或应用中表面污染较大时需要使用的不粘性电泳涂料等。水性纳米电泳涂料是将纳米材料与电泳涂料相结合，改善原有性能的新型涂料，其耐磨性、耐冲击性以及耐候性等性能可以得到更好的提升。其可调色彩多，涂膜更加平整、均匀，外观更好。

随着国内“双碳”目标的推进和环保政策的加强，阳离子型电泳涂料作为绿色环保涂料的代表，其市场需求会进一步增加，应用领域从传统的汽车、家电和建材行业，逐渐发展到电子、基础设施和医疗等新兴领域，为其带来了更多的发展空间，也为其发展带来了新的机遇和挑战。为了最大限度地发挥电泳涂料的性能，需要从包括原材料、被涂物底材、底漆和面漆涂料，以及涂装设备在内的整个涂装系统进行设计和研究。除了环氧树脂、丙烯酸树脂、聚氨酯等体系外，还需要发展新型体系及混合树脂体系，研究开发新型固化方式，如聚合固化、酯交换固化、点击化学固化、动态键固化等，积极推行“经济、环保、节能、高效、全能”的“5E”（economy、ecology、energy、efficient、enabling）电泳涂料产品，以更好地满足社会发展的需要。

第四节　自泳涂料

自泳涂料，是利用金属待涂物表面附近存在的高价电解质，使带电胶粒聚结进而实现涂装成膜的涂料，因胶粒的泳动是在没有电场作用下的自发泳动过程，所以称为自泳涂料或自沉积涂料。

自泳涂料及其涂装在国外始于 20 世纪 60 年代，70 年代起进入工业应用阶段。它是一种与传统概念截然不同的新型产品，为涂料与涂装提出了许多新的课题。自泳涂料、粉末涂料和阳离子型电泳涂料被认为是20世纪末涂料工业的三大成就。

一、自泳涂料的机理

自泳涂料仅适用于较活泼的金属底材，如锌、铁等。在强酸性槽液的环境下，金属表面可以溶出金属离子，如 Fe^{2+}，它立即与氧化剂反应生成高价离子。于是，在金属与槽液的界面处，形成高浓度的高价离子场，使界面处的乳胶稳定性受到破坏，造成乳胶中聚合物快速聚沉在金属表面。由于聚沉物内裹有40%（质量分数）左右的水分，因而涂料槽中的强酸可以透过湿膜继续溶出金属离子，并重复上述反应，使湿膜层不断增厚。涂膜的厚度可以由固体分含量、槽液pH值、浸渍时间等槽液参数和工艺参数来控制。而温度对膜厚的影响不大。

以钢铁工件为例，当钢铁工件浸在自泳涂料中时，氢氟酸、氟化铁开始腐蚀工件表面，溶解出二价铁离子，其中的一部分与树脂反应，使树脂和颜料析出到工件表面。涂料沉积后，工件附近的成膜物质浓度降低，槽液中的涂料受扩散效应的控制迅速补充到工件附近，形成定向迁移。没有参与反应的 Fe^{2+} 被氧化剂氧化成 Fe^{3+} 后，与溶液中的 F^- 形成化合物并稳定在溶液中。析出在工件表面的树脂和颜料具有一定的黏性，用低压水喷淋时不会剥离。其沉积过程反应为：

氧化还原：$Fe + 2HF \longrightarrow Fe^{2+} + 2F^- + H_2\uparrow$

$Fe + 2FeF_3 \longrightarrow 3Fe^{2+} + 6F^-$

$2Fe^{2+} + H_2O_2 + 2HF \longrightarrow 2Fe^{3+} + 2H_2O + 2F^-$

涂料沉积：Fe^{2+} + 胶乳/颜料 $\longrightarrow$ Fe-胶乳/颜料↓

反应终止：$Fe^{3+} + 3F^- \longrightarrow FeF_3$

二、自泳涂料的组成

自泳涂料通常由乳胶、活化剂、水分散颜料及其他填充料组成。

1. 乳胶

乳胶在强酸介质中必须是稳定的，其固含量通常为40%～60%，粒径小于0.30μm，玻璃化转变温度在2～50℃范围内，过低则防腐性较差。聚沉值以三价铁计算时需大于0.025g/L，以提高其涂装过程中乳胶的稳定性。而聚合后游离的单体含量应越少越好。

早期应用的乳胶是丁苯乳胶，由美国Amchem公司开发，21世纪以来应用的乳胶几乎都转向了丙烯酸系共聚物乳胶，由于可选择的单体种类多，因此性能可变范围宽。在使用的主要单体中，通常含有苯乙烯，其用量可占单体总量的35%以上，它可以保证涂膜在烘烤时有足够的流动性，并降低成本。带羧酸官能团的单体也是必需的，如甲基丙烯酸、亚甲基丁二酸等，它可以使乳胶粒子带上负电，同时增加涂膜的附着力，用量为 4%～10%；多元不饱和单体如三羟甲基丙烷三丙烯酸酯等，相当于交联剂，一般用量小于单体总量的 1.5%，它的运用可以提高涂膜的热稳定性；加入一些羟基单体，如丙烯酸羟基酯等，则可以使其耐溶剂性和力学性能有所提高。也可在体系中加入丙烯腈单体，以提高涂膜的耐油性和耐水性，但加入过多会降低涂膜的光泽。

第三代自泳涂料为聚偏二氯乙烯类乳胶。从分子结构看，由于聚偏二氯乙烯分子链结构很规整，由它形成的涂膜具有优良的抗渗透性，能有效地阻止水、氧及其他腐蚀介质进入涂膜与基体的界面，因此具有优良的耐水、耐油、耐溶剂和耐化学品性能。更为突出的是它在 100℃左右即可固化成膜，而丙烯酸类涂料的成膜温度达 170℃，故聚偏二氯乙烯类自泳涂料具有显著的节能效果。

由于环氧树脂含有环氧基和羟基两种活泼官能团，易与多元胺、聚酰胺树脂、酚醛树脂、氨基树脂、多异氰酸酯等反应固化成膜，其涂膜耐碱性优异，耐化学品性能良好，与金属（钢、铝）等极性底材附着力好，因此也是自泳涂料开发的基体树脂。

2. 乳化剂

从理论上讲，任何乳胶在电解质的作用下，都可产生聚沉作用，但工业上有实用价值的是表面活性剂含量较低的乳胶，其含量甚至要小于临界胶束浓度（CMC）（参见第六章第二节中的有关内容），否则，其聚沉所需的电解质浓度过高。乳胶的表面张力为 35～65mN/m，最好大于 45mN/m，太低不易沉积，湿膜也不耐水洗。因此，为了制备良好的自沉积乳胶，表面活性剂的选择是核心技术。选择什么品种，其用量如何等都是关键。一般而言，用阴离子型表面活性剂可以稳定乳胶，同时，又可以与金属阳离子反应而破乳。但采用烷基磺酸钠盐在聚沉时会产生新的电解质，使槽液电解质浓度等参数发生变化。表面活性剂带有强极性基团，对金属基体有强烈的亲和性，容易夹杂于自沉积涂膜中。理论与实践都证明，它们的存在会显著降低涂膜的耐腐蚀性能。为克服这种缺陷，人们研究开发了反应性表面活性剂，如带有反应活性基团的表面活性剂 MAPS，结构为 $CH_2{=}CR^2COOCHR^1CH_2SO_3Na$（其中 R^1、R^2 为烷基或 H）。由于这种表面活性剂含有可参与聚合的反应性丙烯酸基团，可将表面活性剂直接连接到乳胶高分子链上，既可稳定乳液，又能有效克服低分子表面活性剂对涂膜耐蚀性的负面影响，提高自泳涂装的质量。

3. 活化剂

在涂装时，用去离子水将涂料稀释到所需浓度，并加入活化剂。活化剂是一种氧化型酸如硝酸或者由一种酸和一种氧化剂组合而成。早期的自泳槽中最常用的酸是 HF，氧化剂是 H_2O_2，目前普遍改用 FeF_3 和 HF，有时也加入一些

H_2O_2，这样，一开始就可以得到适当的工作槽液。但在涂装过程中，由于 Fe^{3+} 浓度会不断下降，Fe^{2+} 浓度不断升高，因此需不断补充氧化剂 FeF_3 或 H_2O_2。

4. 颜料

乳胶在配成色漆时，还需加入颜料。其用量一般为 0.5%～1.5%，低于常规色漆的用量（3%）。颜料在强酸性环境中必须是稳定的，因此，其选择范围受到一定的影响。如炭黑、钼铬红、钛白等无机颜料，硫酸钡、硅酸镁等填充料，以及酞菁、喹哪啶红等有机颜料都具有较好的强酸稳定性。颜料在体系中同样还应具有良好的分散性，常用非离子型或阴离子型表面活性剂来增加其分散性。

5. 其他助剂

乳胶体系中通常还根据需要添加一些助剂，如链转移剂可以改善涂膜外观，保护胶可以改善乳胶的稳定性等，聚结助剂、消泡剂、防霉剂及 pH 调节剂等也是常用的助剂。

三、自泳涂料涂装工艺

自泳涂装相对电泳涂装而言，其工艺较为简单，前处理不需表面调整和磷化处理，自泳液不需超滤，其工艺流程一般为：预脱脂→脱脂→热水洗→水洗→去锈→水洗（两道）→纯水洗→自泳→水洗→后处理→固化。预脱脂、脱脂过程主要清除工件表面上附着的污渍、杂质等；然后通过去锈过程除去工件表面上的铁锈、氧化物等；纯水洗步骤清除工件表面上的杂质离子，防止其污染自泳涂料槽液；自泳工艺是涂装过程的重要步骤，通过化学反应，形成涂膜，膜厚主要由时间、温度、固体分含量等控制；后处理通过钝化提高涂膜性能；固化工艺则蒸发湿膜中的水分，使涂膜发生聚合反应，形成均匀、致密、平整的涂层。需着重指出的是，自泳后处理至烘干阶段的间隔时间应尽量缩短，一般控制在 5～10min 之间。

自泳乳液成膜过程较为特殊。在常温下自泳沉积涂膜仅仅是球状胶粒互相凝聚的结果，胶粒间存在无数空隙，必须在超过最低成膜温度（MFT）后，胶粒与胶粒产生融合，最后固化成膜。故自泳乳液的 MFT 是一重要参数。若 MFT 过高，则胶粒间不能充分融合，所形成的涂膜会产生针孔，其耐蚀性必然很差；若 MFT 过低，虽然胶粒间的融合性较好，易获得无缺陷的涂膜，但由于降低乳胶的 MFT 是以降低其分子量或降低分子链的刚性为代价的，故会导致乳胶的玻璃化转变温度 T_g 降低，通常也会降低涂膜的耐蚀性。为解决这一矛盾，采用乳液梯度聚合技术是一种有效的途径，即在乳液聚合的不同阶段，采用不同性质的单体，使胶粒具有不同性质的核壳结构，其壳层有较低的 MFT，而胶核有较高的 T_g，形成“软壳硬核”的结构，这样，MFT 较低的壳层有利于胶粒互相融合，而 T_g 较高的胶核使涂层本体具有较高的分子量或刚性，从而提高涂层的耐蚀性。

当工件从浸渍液中取出后，涂层含水量可达60%～70%。但由于乳胶树脂已凝固，因而可耐水冲洗，水洗后用铬酸水溶液洗涤，在特定的温度下烘烤（如丙烯酸树脂类为150～160°C）后即可得到性能较好的涂层。

不同的自泳涂料的工艺参数存在着一定的差异。表3-8列举了3种自泳涂料工艺参数，以供参考。

表3-8 自泳涂装工艺参数

序号	工序	项目	工艺参数		
			866	NSD-1000	832-1
1	自泳	时间/s	60～120	90～150	90～180
		温度/℃	20～22	20～24	15～30
2	后处理	时间/s	60	120	60～120
		温度/℃	室温	室温	室温
3	固化	时间/min	15～20	30	10～15
		温度/℃	100～110	100～105	90～110

与粉末喷涂、电泳涂料相比，其工艺控制如表3-9所列。

表3-9 几种涂装方式工艺控制对比

自泳涂料	粉末喷涂	电泳涂料
工件洁净度	磷化效果	磷化效果
电导率	工件带电情况	颜基比
铁含量	工件及喷枪速度	电泳电压
涂装时间	雾化空气压力	温度
固体分含量	静电电压	固体分含量
	喷粉室风速	电导率
	供粉量	电泳时间

在涂装过程控制管理中，必须控制固体分含量，对纯水洗槽中的pH值和电导率加以检查，使工件滴落于自泳涂料槽内的水的电导率小于50μS/cm，防止带入杂质；槽温须严格控制，槽温过低会降低反应速率，使涂膜厚度变薄；温度过高则会破坏自泳涂料槽液的稳定性。自泳涂料槽中电导率的变化可以反映槽液的污染程度和铁离子的含量，正常值应小于4500μS/cm。在涂装过程中，还必须对氧化还原电位、氟离子浓度、铁离子浓度等进行实时监测，并及时通过补加FeF_3、H_2O_2等氧化剂来调节氧化还原电位及其浓度，保证槽液的稳定性。

自泳涂装设备主要由前处理槽、水洗槽、自泳槽、后处理槽、输送设备及烘干炉组成。自泳涂装槽和生产线槽，应根据涂装产品结构、生产纲领、车间条件等进行工艺设计和非标设备设计。需指出的是，在设计自动生产线时，为缩短后处理与烘干阶段间隔时间，不宜采用普通悬挂输送机，而应采用积放式悬挂机，并用计算机程序控制。

四、自泳涂料的优缺点

与喷涂工艺和浸涂工艺相比，自泳涂装工艺所形成涂膜的耐腐蚀能力更高，它可使喷涂无法喷到的死角部位自动泳上涂料，且无浸涂涂膜的流挂和厚边等问题。其自动化程度高，但控制操作较喷涂、浸涂复杂。

与阳极电泳相比，自泳涂装涂膜的耐腐蚀能力有所提高，但操作控制比阳极电泳容易，且投资仅为阳极电泳的一半。与阴极电泳相比，自泳涂装能使阴极电泳由于电屏而无法泳上的表面泳上自泳涂料，而且操作和控制均比阴极电泳容易得多，所需资金仅为阴极电泳的 20%。自泳涂料成本是阴极电泳涂料的 30%。但目前自泳涂装涂膜质量比阴极电泳涂料仍要逊色一些。具体说来，自泳涂料有以下优缺点。

1. 自泳涂料优点

水基胶体粒子与工件表面金属离子进行反应，不含有机溶剂，无重金属离子和 VOC 排放，属于环保型生产。烘烤时不需闪蒸时间，污染小，不易爆。

① 自泳涂装过程是化学过程，而非电沉积。因此，其涂膜具有良好的一致性和均匀性，不会产生阴极电泳常出现的边缘效应和屏蔽效应，不存在泳透力问题。因此对形状复杂的工件进行自泳涂装，其优点特别突出。

② 涂层不溶于酸和碱，耐水性优良。典型的阳极电泳涂料在 0.1mol/L 的 NaOH 溶液中浸泡数分钟就会被溶解，但自泳涂料浸泡一周也未见有明显的侵蚀作用。

③ 涂装时挂具不用清洗，固化后涂层耐酸、耐碱，因此不必清除挂具上的涂膜，减轻清除工作量。

④ 自动沉积装置远比传统工业涂装设备简单，其设备费仅为后者的 30%～70%，土地面积节约 20%～50%。占地面积小，设备投入和运行费用都低廉。

⑤ 自泳过程直接适用于清洁的金属表面，工艺过程简单，涂装时不需转换层，如磷化层等，可省去钢材表面处理过程；除水洗外仅需四个工位，控制参数少，槽液管理、工艺控制都简便易行。

⑥ 不需外加电源，不用通电，工件烘烤温度低，槽液不必冷却，因此能耗小，仅为电泳涂装的一半。

⑦ 自泳沉积时间一般是 1～2min，有与电泳涂装一样的涂装效率；槽液固体含量 5%～10%，涂装件自槽液中取出后，湿膜仍有很高的渗透性和反应性，表面黏附的槽液能继续发生化学作用而沉积，水冲洗掉的只是极少部分，涂料利用率优于电泳涂料，且不需要超滤回收设备。

2. 自泳涂料缺点

① 色彩单调。到目前为止，只有黑色亚光漆，外观不理想，而且再涂装有

一定的选择性。一般仅用作底漆。

② 基材的局限性。只能在钢铁表面进行涂装，不适宜镀锌板、铝板及其他材料。

③ 电解质利用率低。因为自泳过程中需要保证一定的浓度才能达到相应的涂层厚度，因此，电解质溶液的浓度需要保持稳定。

④ 体系中需采用强酸和强氧化剂，在涂装过程中，槽液参数不稳定，需要不断跟踪并及时调整等。

正因为自泳涂料具有以上这些特点，自其问世以来，主要用在外观质量要求不高的黑色的金属制品涂装上，它能在钢铁等金属表面形成一层均匀致密的黑色涂膜，硬度高，结合力和延展性好。在“经济、环保、节能、高效、全能”的“5E”理念的影响下，自泳涂料以其独特环保、节能、高效、经济等优势得到了长足的发展，已经广泛应用于金属器件的高性能、功能化精饰涂装。世界上有超过 100 条自泳涂装线应用于汽车和通用工业部门的钢铁部件涂装上，在汽车零配件、家用电器、仪器仪表、机电产品、金属家具结构件等方面都有较好的应用。作为阴极电泳的有机补充，自泳涂料涂装具有广阔的发展应用前景。

实践思考

1. 胶粒为什么会带电？何时带正电？何时带负电？
2. (1) 直径为 1μm 的石英粒子在水中于电势梯度为 1.0V/cm 的电场中运动，其运动速率为 3.0×10^{-3}cm/s，试计算石英-水界面上的ζ电势（设 $\eta=1\times10^{-3}$Pa·s，水的相对介电常数 $D=78.5$）。

   (2) 采用 (1) 中的ζ电势的数值，求其在电势梯度为 1.0V/cm 的电场下，由于电渗作用，水流过半径为 0.05cm 的石英毛细管的速率（用 mL/s 表示）。
3. 在两个充有 0.001mol/L KCl 溶液的容器之间是一个 AgCl 多孔塞，塞中细孔道充满了 KCl 溶液，在多孔塞两侧放两个电极接以直流电源，问溶液将向什么方向移动？当以 0.1mol/L KCl 来代替 0.001mol/L KCl 溶液时，溶液在相同电压之下流动速率变快还是变慢？如果用 $AgNO_3$ 溶液代替 KCl 溶液，液体流动方向怎样？
4. 下列电解质对某溶液的聚沉值（mmol/L）分别为：

   $C_{NaNO_3}=300$　　$C_{Na_2SO_4}=295$

   $C_{MgCl_2}=25$　　$C_{AlCl_3}=0.5$

   问此溶胶的电荷是正还是负？
5. 现有 $Al(OH)_3$ 溶胶，在加入 KCl 使其最终浓度为 80mmol/L 时恰能聚沉，加入 $K_2C_2O_4$ 时，仅需 0.4mmol/L 即能聚沉。问 (1) $Al(OH)_3$ 溶胶电荷是正

还是负？(2) 为使该溶胶聚沉，大约需要 $CaCl_2$ 的浓度为多少？

6. 精朊（一种蛋白质）的等电点 pI＝12，试问由此可以在精朊的化学组成方面得出什么结论？

7. 25℃时，一水性分散体分散在 $MgSO_4$ 浓度为 10^{-4} mol/L 的溶液中，试计算与粒子相联系的双电层厚度。已知 25℃水的相对介电常数是 78.5，若微粒表面电势为 160mV，求距固体表面 20nm 处的电势 φ。

8. 试计算 25℃时与下列水溶液接触的带负电的固体表面的双电层厚度：

   (1) 0.01mol/L KCl

   (2) 0.001mol/L KCl

   (3) 0.001mol/L K_2SO_4

   (4) 0.001mol/L $MgCl_2$

   对正负离子不同价时取反离子价数和浓度来计算。

9. 阳离子型电泳涂料与阴离子型电泳涂料的结构上有何差别？二者在涂装过程中有哪些异同？

10. 试比较电泳涂料和自泳涂料在涂装机理方面的区别。写出其各自的优缺点。

11. 根据第二章和第三章的内容，总结涂料体系的稳定性来源。如何提高涂料体系的稳定性？

第四章

液体的界面现象及在涂料中的应用

前面介绍了涂料体系的动力学稳定性和电稳定性及其应用。由于涂料体系中存在着大量的界面，因而详细讨论和研究界面性能对于理解涂料体系的特性、解决涂料涂装过程中的一些实际问题，都十分重要。为此，我们把涂料的表面和界面现象单独取出来，进行一些简化的、独立的分析和研究，进而把它置于整体中进行观察、研究和讨论，研究其对涂料流平性、颜料分散性、乳液稳定性、涂膜粘接性等实际性能的影响。

第一节　表面能与表面张力

一、表面能

我们常会在雨后的池塘中看见荷叶上滚动着的水珠，也会在秋天的早晨看见草叶上闪亮的露珠；而在洁净的玻璃表面，我们则看到铺展的水膜。水在不同的场合下可以有不同的外形，这是什么原因呢？

众所周知，在分子之间存在着相互吸引的作用力，它在物质的聚集态中起了重要的作用，运用分子间的作用力就可以很好地解释上述现象。

如图 4-1 所示，处于表面层的分子受力状况与本体内部的分子是不同的。一个在液体体相内的分子，平均说来，所受四周邻近相同分子的作用力是对称的。各个方向的力彼此抵消，结果是分子所受的合力为零。这时分子在液体内部移动不会消耗能量。而处在表面上的分子则不然，它的一边是气体，气体对液面上分子的引力可忽略不计。因此，表面上的液体分子主要受到来自液体一边的吸引力。在此力场的作用下，表面分子有脱离表面进入液体内部的趋势。因而在没有其他作用力存在时，所有的液体都有自发收缩的趋势。而在体积相同的各种形状中，以球形的表面积最小，体系最稳定。这就是液滴和气泡总是呈球形的缘故。

相反，如果扩展液体的表面积，即把一部分分子从液体内部移到表面上来，则需克服体系内部分子之间的吸引力而对体系做功，这部分功就贮存在表面分子上，致使液体表面分子比液体内部分子具有多余的能量。这个能量叫作表面能。

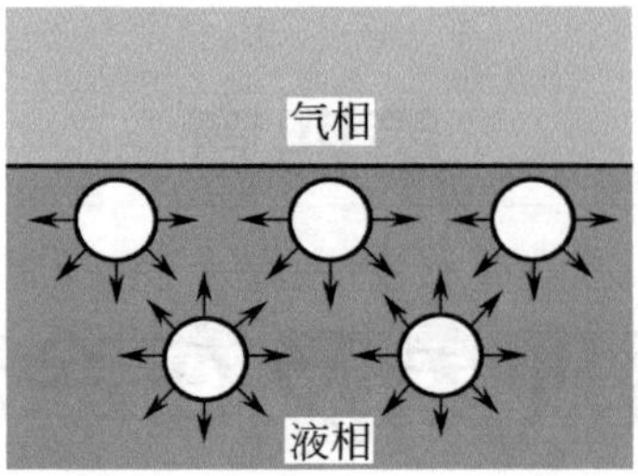

图 4-1　液体分子在表面及内部所受的分子间作用力

显然，在一定的温度与压力下，扩展的表面积越大，所要消耗的功也越多。

在温度、压力和组成恒定时，可逆地使表面积增加 dA，所需要对体系做的功即表面功 dW 可以表示为：

$$-dW=\gamma dA \tag{4-1}$$

式中，γ 是比例常数，它在数值上等于在一定的温度 T、一定的压力 p 及组成恒定的条件下，增加单位表面积时所必须对体系做的可逆非膨胀功，称为比表面功。

设体系有 m 个组分，第 i 组分的化学势为 μ_i，其物质的量为 n_i，其内能 U、热焓 H、自由焓 F、自由能 G 等热力学函数的变化关系式，在考虑到表面功这种非膨胀功时，可表达为：

$$dU=TdS-pdV+\gamma dA+\sum\mu_i dn_i \tag{4-2}$$

$$dH=TdS+Vdp+\gamma dA+\sum\mu_i dn_i \tag{4-3}$$

$$dF=-SdT-pdV+\gamma dA+\sum\mu_i dn_i \tag{4-4}$$

$$dG=-SdT+Vdp+\gamma dA+\sum\mu_i dn_i \tag{4-5}$$

式中，S 为体系的熵；V 为体系所占有的体积。由上述关系式可得：

$$\begin{aligned}\gamma&=\left(\frac{\partial U}{\partial A}\right)_{S,V,n_1,n_2,\cdots,n_i}\\&=\left(\frac{\partial U}{\partial A}\right)_{S,p,n_1,n_2,\cdots,n_i}\\&=\left(\frac{\partial F}{\partial A}\right)_{T,V,n_1,n_2,\cdots,n_i}\\&=\left(\frac{\partial G}{\partial A}\right)_{T,p,n_1,n_2,\cdots,n_i}\end{aligned} \tag{4-6}$$

由此可知，γ 是在相应变数恒定的情况下，每增加单位表面积时体系的内能、热焓、自由焓或自由能等热力学函数的增加值。也可以说是：当以可逆方式形成新表面时，环境对体系所做的表面功将转变为表面层分子多余的自由能。因此，γ 被称为比表面内能、比表面热焓、比表面自由焓或比表面自由能，其单位为 J/m^2（或 erg/cm^2，$1J/m^2=10^3 erg/cm^2$）。通常更多采用的是比表面自由能，简称表面能。

二、表面张力

我们换一个角度来考虑。液体表面存在着促进其收缩的作用力。在观察表面现象时，特别是在观察气-液界面的一些现象时，可以察觉到表面上处处存在着这种张力。可以用实验来加以说明。取一个金属丝环，环上系一柔性的棉线圈，把金属丝环连同线圈一起浸在肥皂液中，然后取出，环中就形成一层液膜，而线圈则在液膜上可以自由游动，如图 4-2(a) 所示。如果把线圈内的液膜刺破，线圈即被弹开而形成圆形，如图 4-2(b) 所示，说明液面对线圈沿环半径方向有向外的拉力，这就是表面张力，如图中箭头所示。显然，力的大小与线圈的周长成正比。

另一个例子见图 4-3。把金属丝弯成 U 形框架，另一根金属丝可在框架上滑动。把框架放在肥皂液中，然后取出，使之在框架上形成一层膜。由于有表面张力的作用，液膜收缩会把可滑动的金属丝拉上去，一直到框架顶部。显然，力的大小与金属丝的长度成正比。虽然肥皂膜很薄，但它仍具有一定的体积，在框架的正反两面具有两个表面，所以，表面张力在总长度为 $2l$ 的表面边界上作用，将肥皂膜往上拉。若在金属丝下面吊一重物，且当此重物的质量 W_2 与可滑动金属丝的质量 W_1 之和（W_1+W_2）与向上的表面张力相平衡时，金属丝就可以保持不动。此时，可以得到：

$$F=2\gamma l=(W_1+W_2)g \tag{4-7}$$

式中，比例系数 γ 为垂直作用于单位长度的表面边沿，沿液面方向指向内部的力，如图 4-3 中的箭头所示，称为表面张力系数或比表面张力，但通常简称为表面张力。其单位为 N/m 或 dyn/cm，其量纲分别等同于 J/m^2 和 erg/cm^2。因此，这是从另一个角度来理解式(4-1) 的。从图 4-2 和图 4-3 可见，表面张力垂直作用于液体表面的边界线，沿液面方向指向表面的内部，使液面得以收缩。为简化起见，用表面能代指比表面能，用表面张力代指比表面张力或表面张力系数。

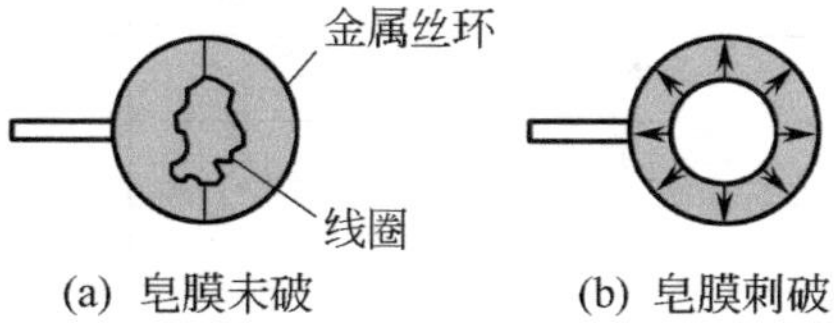

图 4-2　金属丝环同软线圈浸入肥皂液中成膜

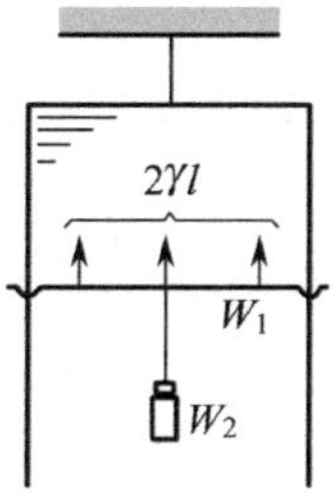

图 4-3　液膜向上的表面张力与重物向下的拉力相平衡

通过以上介绍，可以看到一种液体物质的（比）表面能与表面张力（系数）在数值上完全相同，量纲也一样，只是物理意义有所不同，所用单位也不一样。表面能是从能量角度讲的，相当于单位表面内的分子比液体内部同量分子多出的能量；而表面张力是从力的角度讲的，它是指沿表面相切的方向作用于单位长度上的张力。表面张力是物质的特性，并与所处的温度、压力、组成以及共同存在的另一相的特性等均有关系。对于纯液体，共存的另一相通常是饱和了其本身蒸气的空气。表 4-1 给出了一些纯物质的表面张力数据。如果共存的另一相为其他物质，则因为其他物质对液体表层分子的作用力与其自身饱和蒸气对该表层分子的作用力显然不同，所以界面张力也就有相当大的变化。

当物质处于高度分散状态时，由于表面积很大，其表面能是一个不容忽视的数值。例如，当 1.0g 水形成一个球体时，其表面积为 $4.8\times10^{-4}m^2$，这时的总表面能约为 3.52×10^5J。若把这些水分散成半径为 10^{-9}m 的无数小液滴，其表面积约为 $3.0\times10^3m^2$，这时的总表面能约为 2.20×10^2J，增大了 6.25×10^6 倍。它相当于使这 1.0g 水的温度升高 50℃所需的能量。这时体系处于能量较高的不稳定状态，很容易发生事故。大量处理可燃性粉尘（如糖粉、米粉、面粉、锯屑、硫黄粉等）的工厂需要高度重视防火防爆的措施正是基于这一原因。

表 4-1　某些物质的表面张力 γ

物质	温度/℃	γ/(mN/m)	物质	温度/℃	γ/(mN/m)
汞	20	485.0	乙醇	20	22.30
水	20	72.8	二异戊酮	20	22.24
甘油	20	64.5	*n*-辛烷	20	21.77
甲酰胺	20	58.2	五聚二甲基硅氧烷	20	19.0
四溴乙烷	20	49.6	*n*-己烷	20	18.43
硝基苯	20	43.38	乙醚	20	17.10
硝基甲烷	20	36.82	蓖麻油	20	39.0
溴苯	20	36.26	橄榄油	20	35.8
一氯丙酮	20	35.27	棉籽油	20	35.4
油酸	20	32.50	液体石蜡	20	33.10
二硫化碳	20	31.38	H_2	−253	2.01
苯	20	28.86	N_2	−198	9.41
辛酸	20	28.82	CH_4	−163	13.71
甲苯	20	28.40	C_2H_6	−92.4	16.63
乙酸	20	27.60	O_2	−196	16.48
n-辛醇	20	27.53	Fe	1770	1880
氯仿	20	27.13	Cu(液)	1120	1270
四氯化碳	20	26.66	Cu(固)	1080	1430
甲基异丙烯基甲酮	20	24.15	Ag(液)	1000	920
丙酮	20	23.70	Ag(固)	750	1140

三、影响表面张力的因素

1. 分子间作用力

如前所述，表面张力是分子间作用力所引起的，因而分子间作用力的大小直接影响表面张力。分子间作用力包括范德华力、氢键（如在水、乙醇等液体中）和电荷转移配合物（CTC）等相互作用。在原子晶体、金属晶体和离子晶体中，还存在着共价键、金属键和离子键的作用，如在汞中就存在着金属键。金属键具有化学键性质，它的强烈作用使得液态金属的表面张力远远高于其他非金属液体。无机盐类则由于有离子键的作用，因而也具有相当高的表面能。就有机化合物而言，极性化合物的分子间作用力一般高于非极性化合物，因此，其表面张力又大于非极性化合物，如表 4-1 中水和甘油的表面张力就高于苯和 *n*-己烷。然而在其中又有一些反常现象，根据 Pauling 等人的观点，除了范德华力和氢键以外，在分子间还存在着另一种所谓选择性分子间作用力，即具有扁平基团（如苯环等）的分子，相互间接触的机会是随着基团面积的增加而增加的，从而使分子间作用力也增加。例如，虽然氟取代苯的偶极矩高于甲苯，即极性较大，而且其分子量也高于甲苯，但是，由于甲苯的分子面积大于氟苯，因而甲苯的分子间作用力反而比氟苯大，从而甲苯的沸点也高于氟苯，见表 4-2。

表 4-2　部分化合物沸点与分子结构的关系

化合物	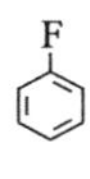	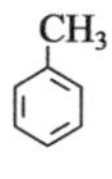	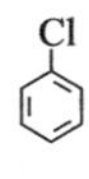	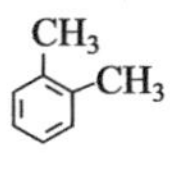	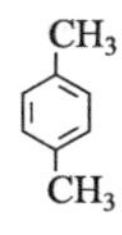	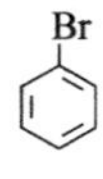	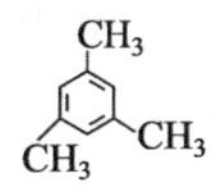
分子量	96	92	115	108	108	160	122
偶极矩/D①	1.46	0.40	1.58	0.40	0	1.54	0
沸点/℃	82	110	132	139	138	156	165

① $1D=3.33563\times10^{-30}C\cdot m=1.0\times10^{-18}esu\cdot cm$。

应当指出，由于固体与液体间结构差别很大，因而其表面特点也有很大差别。液体表面受表面张力作用有自行缩小的趋势，但固体则不同，由于表面分子的流动性较差，它能够承受剪切力的作用，因此可以抵抗表面收缩的趋势。这使其表面张力又略有增加，见表 4-1 中的铜、银。

2. 共存相

液体表面张力是表面分子受气/液相分子引力共同作用而产生的，因此，它与共存的另一相性质也有关。所以，当提到某一液体表面张力时，必须指明所接触的气相。通常液体表面张力是指与其本身饱和蒸气相接触或者与空气相接触而言的，如果共存的另一相不是空气或饱和蒸气，则用界面张力来表示。当界面层分子的受力情况发生变化时，界面张力也会随之改变。如水和汞的界面张力比水的表面张力增加了 4 倍，比汞的表面张力却小了很多。界面张力的数值一般可用两相表面张力的差值来估算。

杂质的存在可以对物质的表面能产生显著的影响，如果某物质中含有少量的表面张力较小的其他组分，则这些组分便会在表面层中富集而使表面张力大大减小；如果含有少量表面张力较大的其他组分，则这些组分更倾向于在物质内部富集，对表面张力影响就较小。对于物质表面张力能产生强烈影响的其他组分常常被称为表面活性剂，这将在本章第四节和第六章中加以详细讨论。

3. 温度

在温度增加时，大多数液体的表面张力呈线性下降。从分子理论来看，这也是合理的现象。虽然分子间力与温度无严格的比例关系，然而随着温度升高，体系的密度降低，分子间作用力随之降低，同时表面分子的动能增加，也有利于它们克服液体内部分子的吸引，从而使表面张力下降。可以预料，当液体温度趋于临界温度时，分子内聚力接近于零，气-液界面消失，其表面张力也将不复存在，如表 4-3 所示。约特弗斯（Eötvös）提出了表面张力和温度间的经验关系式：

$$\gamma\widetilde{V}^{2/3}=k(T_c-T) \tag{4-8}$$

式中，$\widetilde{V}$ 为液体的摩尔体积；k 是普适常数，对于大多数非极性液体，k 值约为 2.2×10^{-7}J/K，但对于极性液体，其值要小得多。

此式并不十分精确，由于在临界温度附近，液体的表面实际上已不太清晰了，莱姆塞（Ramsay）和希尔兹（Shields）为此将临界温度 T_c 修正为（T_c-d），则式(4-8) 成为：

$$\gamma\widetilde{V}^{2/3}=k(T_c-T-d) \tag{4-9}$$

此式是常用的一个公式，其中 d 是另一个常数，其值约为 6.0。

表 4-3 苯的表面张力随温度的变化

温度/℃	γ/(mN/m)	温度/℃	γ/(mN/m)	温度/℃	γ/(mN/m)
20	28.88	150	13.01	270	1.05
61	23.61	180	9.56	280	0.36
91	20.13	210	6.45		
120	16.42	240	3.47		

但是，也有一些物质的表面张力呈反常趋势，如 Cu、Fe、Cd 及其合金、硅酸盐类物质等，其表面张力会随温度升高而增加。

第二节 表面张力的测定

怎样测定表面张力呢？只要了解表面张力会导致哪些性能变化，利用这些性能变化与表面张力间的关系就可以测得表面张力的数值。

一、弯曲表面的附加压力

由于表面张力的作用，在弯曲表面下的液体或气体与在平面下情况不同，表面张力会对弯曲表面产生一个指向曲率中心的附加压力。

如图 4-4 所示，就液面上某一小面积 AB 来看，沿 AB 的四周，AB 以外的表面对 AB 面有表面张力的作用，力的方向与周界垂直，且沿周界处与表面相切。如果液面是水平的，则表面张力 f 也是水平的，在平衡时，沿周界的表面力互相抵消，此时液体表面内外的压力相等，而且等于表面上外压力 p_0。

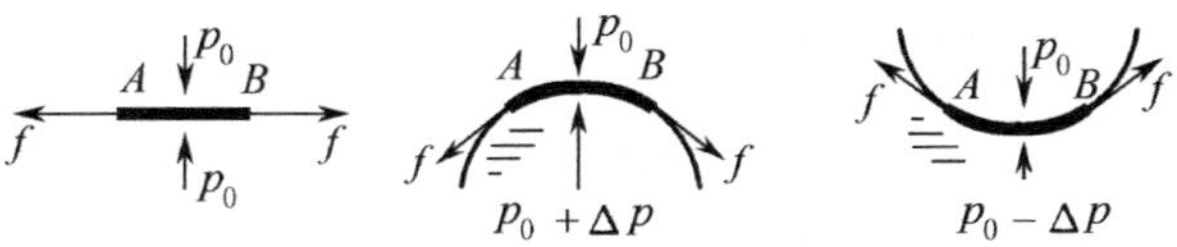

图 4-4　弯曲表面上的附加压力

如果液面是弯曲的，则沿 AB 的周界上的表面张力 f 不再水平，而沿其切线方向。在平衡时，表面张力有一合力，指向曲率中心方向。凸形液面所受的合力指向液体内部，而凹形液面所受合力则指向液体外部。也即，由于表面张力的作用，在弯曲表面下的液体与平面不同，受到一个附加压力 Δp，其大小与弯液面的曲率半径有关。

1. 球形曲面

我们先看一个凸形液面的例子。设有一支毛细管，管内充满液体，它的下端有一个半径为 r 的球形液滴（图 4-5），液滴外部大气压力为 p_0，弯液面产生附加压力 Δp，则液滴受到的总压力为 $p_0+\Delta p$。因为液滴处于平衡状态，因此它必有一向外的压力 p 与之相抗衡，且 $p=p_0+\Delta p$。大气压力相互抵消，因此，维持其平衡的施加应力为 Δp。现对活塞施加略大于 Δp 的压力，使液滴体积增加 dV，相应地，其表面积增加 dA，此时，为了增加表面积，环境所消耗的功应为 $\Delta p\,dV$，在可逆的情况下，它在数值上应等于表面功 γdA，即：

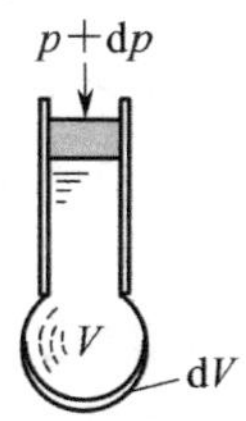

图 4-5　球形曲面所产生的压力

$$\Delta p\,dV=\gamma dA \tag{4-10}$$

因为球形液滴的表面积 $A=4\pi r^2$，体积 $V=4\pi r^3/3$，所以，

$$\Delta p(4\pi r^2 dr)=(8\pi r\,dr)\gamma$$

$$\Delta p=\frac{2\gamma}{r} \tag{4-11}$$

此即 Laplace 方程。

由式(4-11) 可见，对于相同液体，曲率半径越大，曲面附加压力越小；液滴愈小，则所受到的附加压力愈大。如果液面呈凹形，r 为负值，则附加压力为负值，即凹面下液体所受到的压力小于外界压力。对于平面液体，由于 $r=\infty$，所以附加压力 $\Delta p=0$。

对于不同的液体，在曲率半径相同时，曲面下的附加压力与表面张力成正比。

2. 球形液泡

如果不是液滴，而是像肥皂泡那样的球形液泡，由于液膜有内外两个表面，均产生附加压力，外表面相当于凸形，指向液泡体内，内表面相当于凹形，指向液泡体外，因为方向一致，应叠加，所以，

$$\Delta p=\frac{4\gamma}{r} \tag{4-12}$$

如果是在液体平面下吹出的一个球形液泡，由于只有一个表面，则附加压力由式(4-11) 决定。

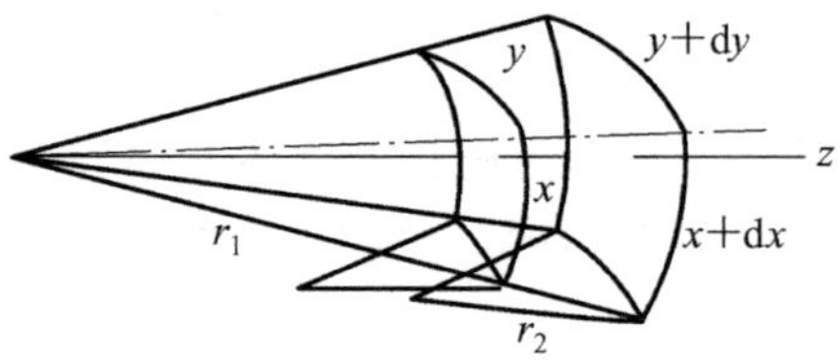

图 4-6 一般曲面的附加压力

3. 任意曲面

对于一般的曲面，需要两个曲率半径来描述，设两个曲率半径分别为 r_1 和 r_2，如图 4-6 所示。当曲面膨胀 dz 距离时，曲面面积的变化为：

$$\Delta A=(x+\mathrm{d}x)(y+\mathrm{d}y)-xy\approx x\mathrm{d}y+y\mathrm{d}x \tag{4-13}$$

新增加的表面能即为 $\gamma\ (x\mathrm{d}y+y\mathrm{d}x)$。作用在弯曲表面上的附加压力 Δp 所做的膨胀功为 $\Delta pxy\mathrm{d}z$，当平衡时，应该有：

$$\gamma(x\mathrm{d}y+y\mathrm{d}x)=\Delta pxy\mathrm{d}z \tag{4-14}$$

由图中所示的相似三角形可以得到：

$$\begin{cases}\dfrac{x+\mathrm{d}x}{x}=\dfrac{r_1+\mathrm{d}z}{r_1}\\[2ex]\dfrac{y+\mathrm{d}y}{y}=\dfrac{r_2+\mathrm{d}z}{r_2}\end{cases} \tag{4-15}$$

于是，得到一般曲面的附加压力的计算式：

$$\Delta p=\gamma\left(\frac{1}{r_1}+\frac{1}{r_2}\right) \tag{4-16}$$

此式被称为 Young-Laplace 方程。当曲面为球形时，r_1 与 r_2 相等，即得到式(4-11)；当曲面为平面时，r_1、r_2 均为无穷大，Δp 为零。

4. 应用

Laplace 公式在生产实际中可以用于估算液体沸腾时的过热程度，在应用泡沫的场合估算利用微孔鼓泡的压力，还可用以测定多孔固体的孔径分布等。

例：25℃时，在纯水中（表面张力为 72.0mN/m），通过 10^{-4}cm 直径的细孔鼓泡，问需多少压力才行？

解：由 Laplace 公式可知：

$$\Delta p = 2\gamma/r = 2\times72\times10^{-3}/(0.5\times10^{-6}) = 2.88\times10^{5}(\mathrm{Pa})$$

忽略液柱高，则 $p\approx\Delta p+p_0=2.88\times10^5+1.013\times10^5=3.89\times10^5(\mathrm{Pa})$

因此，需加压 3.89×10^5Pa 才能使气体通过微鼓泡。

二、弯曲表面的饱和蒸气压

1. Kelvin 公式

我们已经知道，使一个液体的表面扩大时，一些原处于液体内部的分子就将移至表面而处于高能状态，这一现象与蒸发非常相似。可以想象，表面张力与蒸发热之间应该具有一定的关系，事实上也正是如此。

Laplace 方程指出，弯曲界面的两侧存在压力差，这将使液体在以液滴形式存在时比平面形式具有更大的饱和蒸气压；而以凹液面存在时，则比平面具有更小的蒸气压。

对于半径为 r 的小液滴，其所受的压力与平液面相比有一个附加值，附加压力的大小由表面张力和液滴半径确定，满足式(4-11)。如果在恒温下把 1 mol 水平液面下的液体变成半径为 r 的小液滴，则自由能的变化为：

$$\Delta G = \widetilde{V}\Delta p = \frac{\widetilde{V}\times 2\gamma}{r} \tag{4-17}$$

式中，$\widetilde{V}$ 为液体的摩尔体积；γ 为液体的表面张力；r 为液滴的半径。

根据热力学定律，这一自由能变化值是小液滴的化学势 μ_r 与平液面下液体的化学势 μ 之差：

$$\Delta G = \mu_r - \mu \tag{4-18}$$

根据液体化学势与其饱和蒸气压的关系式，应有：

$$\mu_r = \mu_0 + RT\ln p_r;\quad \mu = \mu_0 + RT\ln p \tag{4-19}$$

式中，p_r 和 p 分别为小液滴与平液面的饱和蒸气压。所以，

$$\Delta G = \mu_r - \mu = RT\ln(p_r/p) \tag{4-20}$$

比较式(4-20) 与式(4-17)，考虑 $\widetilde{V}=M/\rho$（M 是液体的分子量，ρ 为液体的

密度），则：

$$\ln\frac{p_r}{p}=\frac{2\gamma M}{RT\rho r} \tag{4-21}$$

此即著名的 Kelvin 方程。

2. 应用

由 Kelvin 公式可见，液滴半径越小，其饱和蒸气压越大，也就越容易挥发。云是大气中的水蒸气遇冷液化形成的小水滴或凝华形成的小冰晶在空中飘浮的集合体。如果云中的水汽不够丰富，那就难以形成稳定的液滴，这种云很容易消散。所以有云未必成雨。云要形成雨还需其长大并克服浮力作用后才能降落。人工降雨实际上就是向空中撒一些凝结核心，以增加水滴的凝结半径，使其凝结压力低于高空中已有的水蒸气压力，从而使更多的水蒸气凝聚形成大液滴而降落成雨。

喷雾干燥的原理也是利用小液滴饱和蒸气压大、容易挥发的原理来设计的。很多高分子在生产出来后含有大量的溶剂或分散试剂，利用喷雾干燥技术就可以很快去除溶剂或分散试剂，达到干燥目的，同时可以减小产品的尺寸。

对于液体中有小气泡的情况，由于曲率半径为负值，因而 $p_r<p$，即在小气泡周围的液体饱和蒸气压将小于水平液面下液体的饱和蒸气压。这也就是液体在加热时容易过热的原因。因为在最初形成的半径极小的气泡内，液体的饱和蒸气压远小于外压，因此在外压的压迫下，小气泡难以形成，致使液体不易沸腾而形成过热液体，当过热程度较大时，容易暴沸。而加入一些多孔的沸石，则可以避免暴沸现象出现。

对于晶体的溶解，实际上也可利用 Kelvin 方程来计算。在稀溶液中，若平面晶体的溶解度为 c_0，而小粒晶体的溶解度为 c_r，则参照 Kelvin 方程，有：

$$\ln\frac{c_r}{c_0}=\frac{2\gamma M}{RT\rho r} \tag{4-22}$$

式中，γ 为晶体和溶液间的界面张力；M 为晶体分子的分子量；ρ 为晶体的密度；r 为其等效曲率半径。这就是过饱和溶液存在的原因，晶粒越小，其溶解度越大，也就越不容易生成。

应用这一原理，可以采用延长保温时间的方法，使原来分布大小不均的晶体中，小晶粒逐渐溶解，大的晶粒则不断长大，结果趋于均一。在分析化学中，使沉淀陈化，便于过滤，也是这个道理。

三、测定方法

在界面科学中，液体的表面张力是一个非常重要的物理参数。液体表面的每一种形状及其每一种变迁的方式，均与液体的表面张力有关，因此可用来测定表面张力。测定的方法很多，表 4-4 列出了几种常用的方法。

表 4-4　测定表面张力的常用方法

测定方法	图示	计算公式	特点及适用范围
毛细管上升法	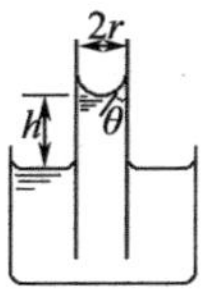	$\gamma=\dfrac{\rho g h r}{2\cos\theta}$ 在 $\theta=0$ 时，为半球形弯液面校正方程为： $\gamma=\dfrac{1}{2}\rho\left(h+\dfrac{r}{3}\right)rg$	准确、简便，但速度慢，液体用量大。适于接触角为 0 的液体
最大泡压法（动态）	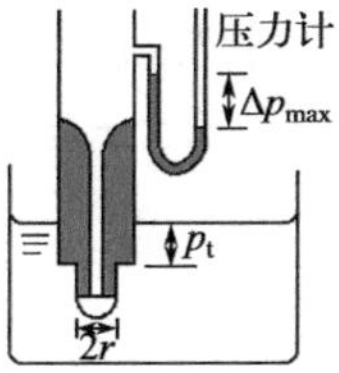	$\gamma=\dfrac{\Delta p_{\max}r}{2}$ $=\dfrac{(p_{\max}-p_{t})r}{2}$	简单、迅速，便于操控；与接触角无关，适于不易接近的高温液体，不适于陈化表面
滴重法	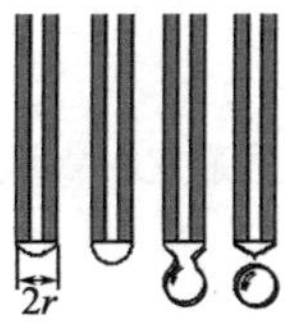	$\gamma=\dfrac{Wg}{2\pi r f}$ 当 $r/V^{1/3}=0.6\sim1.2$ 时，$f\approx0.6$	适于液滴很小的情况，也可用于测定液-液界面张力
圆环法	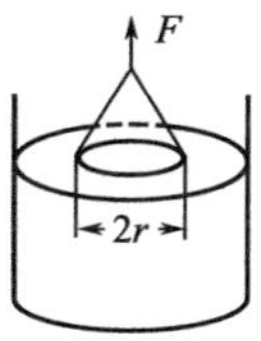	$\gamma=\dfrac{F-W_{环}g}{4\pi r}$	方便，但需校正，适于接触角接近于 0 的液体

1. 毛细管上升法

把毛细管浸入液体，若液体能润湿毛细管壁，则液体在管中形成的凹液面会上升到一定的高度；若液体不能润湿毛细管壁，则液体形成凸液面，下降到一定的深度，如图 4-7 所示。该凹液面或凸液面两侧的压差可以由 Young-Laplace 方程来确定。显然，凹液面的附加压力为负值，即液相内的压力小于气相内的压力；而凸液面的附加压力为正值，液相内的压力高于大气压力。

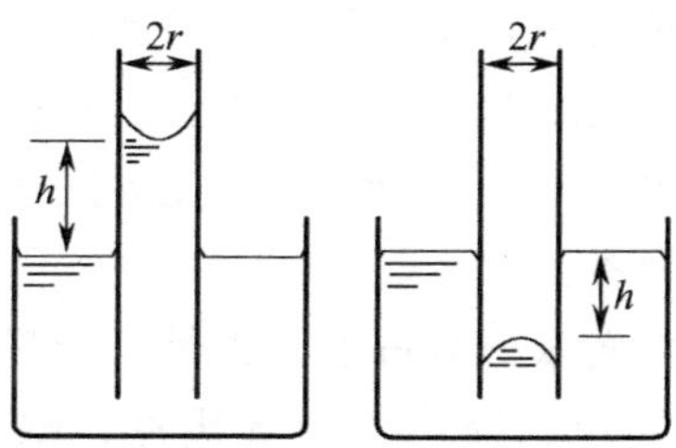

(a)　　(b)

图 4-7　毛细管中液体的上升与下降

对液体能润湿毛细管的情形，如果毛细管的横截面为圆形，且其半径较小，则可以将凹液面近似为半球形，其曲率半径即为毛细管的半径。因此，可由式(4-11) 描述其附加压力。

假定 h 为凹液面的上升高度，则压差 Δp 应该等于毛细管中液体柱的静压强 ρgh，式中，ρ 表示液体密度，g 为重力加速度，则式(4-11) 可以改写为：

$$\rho gh=\frac{2\gamma}{r} \quad 或 \quad \gamma=\frac{1}{2}\rho ghr \tag{4-23}$$

在一般的情况下，毛细管内的弯液面与圆柱形的毛细管壁呈 θ 角，如图 4-8 所示。如果弯液面仍为球形的一部分，由图可得，曲率半径 $R=r/\cos\theta$，于是：

$$\gamma=\frac{\rho ghr}{2\cos\theta} \tag{4-24}$$

更精确的方程是由 Rayleigh 提出的，在 $\theta=0$ 时，

$$\gamma=\frac{1}{2}\rho g\left(h+\frac{r}{3}\right)r \tag{4-25}$$

式中，$r/3$ 一项是弯液面下至弯液面底切面间所包含的少量液体的质量校正值。

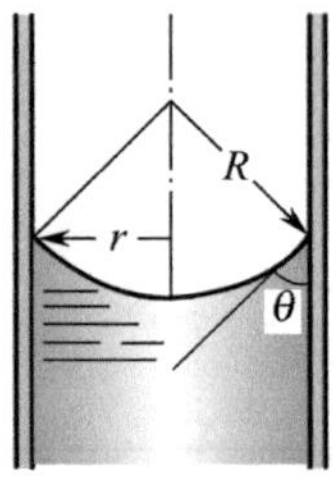

图 4-8　弯液面与毛细管壁呈 θ 角

若再考虑到弯液面为非球形，以及液体实际上升高度对 h 的偏离，则公式更加复杂，这里就不介绍了。

倘若液体完全不能润湿毛细管，则毛细管内的液体下降，液面呈凸形，此时应用以上公式时，h 为凸液面的下降深度［图 4-7(b)］。

测定用的毛细管内径必须均匀一致，内壁要非常干净。在实际工作中，毛细管法通常只在接触角为零时使用，以避免接触角测定上的误差。水溶液和大多数其他液体在使用洗净的玻璃毛细管时一般都可达到零接触角。检验零接触角的方法可采取依次由上向下和由下而上地让弯液面达到平衡位置，若平衡位置相同，则接触角为零，否则其不为零。

毛细管上升法是测定表面张力最古老，也是最准确的方法，在理论和实践上都比较成熟。它具有设备简单、操作方便等优点；缺点是比较慢，液体用量较大，使用玻璃毛细管时，不适于测量碱性液体。

2. 最大泡压法

这类方法的实验原理如图 4-9 所示。将一根毛细管插入所研究的液体表面以下，吸管内慢慢吹入惰性气体。当管径较小时，可以认为管端所生成的气泡均为球体的一部分。随着气泡的扩大，其曲率半径由大变小，当气泡的形状为半球形时，曲率半径达到极小值并与毛细管的半径相等。然后，气泡的曲率半径又逐渐增大。在曲率半径极小值处，附加压力达到最大值：

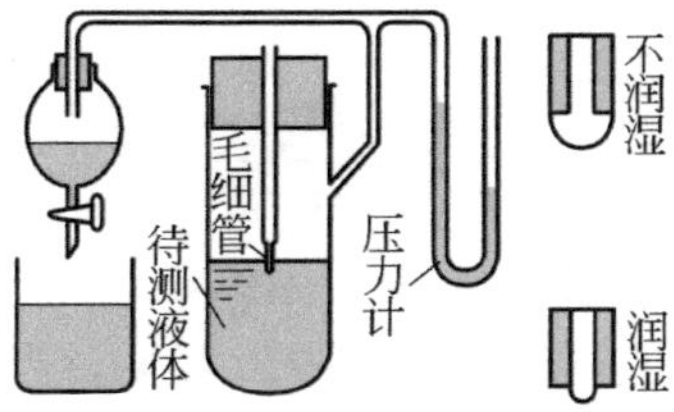

图 4-9 最大泡压法示意图

$$\Delta p_{max} = \frac{2\gamma}{r} \tag{4-26}$$

而 $\Delta p_{max} = (p_{max} - p_t)$，

式中，p_{max} 为所测到的最大压力；p_t 为气泡所在位置的静水压。于是，表面张力值即可求出：

$$\gamma = \frac{1}{2}\Delta p_{max} r \tag{4-27}$$

如果所研究的液体润湿毛细管，则管端的气泡将沿着管内壁而冒出，r 应该取管的内径；反之，则应该取管的外径。此外，泡的生成速率一般取每秒 1 个为好。

最大泡压法在毛细管半径足够小时，有较高的精度。定义毛细管常数 a 满足下式：

$$a^2 = rh \tag{4-28}$$

式中，r 为毛细管内径；h 为液体在毛细管中的上升或下降高度。在 r/a 小于 0.05 时，此法的精度可达 10^{-3} 量级。应用此法时不受接触角的影响，测定迅速。此法适于测定纯液体或溶质分子量比较小的溶液的表面张力，同时它有便于遥控操作的特点，因此可以测定一些不易接近的高温液体的表面张力。但该法测定的是新生液-气界面的表面张力，不适合用于陈化表面的研究。

3. 滴重法

这是实验室里测定液体表面张力或液-液界面张力的一种最方便的方法。其原理是：液体在毛细管的底部形成液滴，平衡时液滴的重力等于支撑液滴的表面张力。根据 Tate 定律：

$$\gamma=\frac{Wg}{2\pi r} \tag{4-29}$$

式中，W 为液滴的质量；g 为重力加速度；r 为毛细管半径；γ 为液体的表面张力。

液滴重力的测定方法是以质量为依据的，收集自毛细管端滴下的液滴，然后称重求出每一滴液滴的平均质量即可。但是，由于液滴在滴落时，有拉长的液柱颈并不落下，仍连附于管的底端（如图 4-10 所示），因此在计算时需要进行校正：

$$\gamma=\frac{Wg}{2\pi rf} \tag{4-30}$$

式中，f 为校正因子，它与 $r/V^{1/3}$ 有关，其中 V 为液滴的体积。根据 Boucher 等的研究结果，f 值列于表 4-5 中。可见，当 $r/V^{1/3}$ 在 0.6～1.2 范围内时，f 值的变动最小，因而精确度比较高。

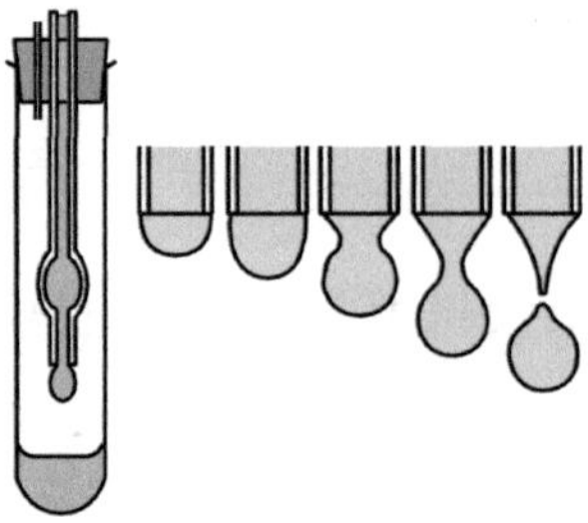

图 4-10　滴重法示意图

表 4-5　滴重法校正因子 f

$r/V^{1/3}$	f	$r/V^{1/3}$	f	$r/V^{1/3}$	f	$r/V^{1/3}$	f	$r/V^{1/3}$	f
0.00	1.0000	0.55	0.6362	0.85	0.5992	1.15	0.6407	1.40	0.6030
0.30	0.7256	0.60	0.6250	0.90	0.5998	1.20	0.6535	1.45	0.5830
0.35	0.7011	0.65	0.6171	0.95	0.6034	1.225	0.656	1.50	0.5670
0.40	0.6828	0.70	0.6093	1.00	0.6098	1.25	0.6520	1.55	0.5510
0.45	0.6669	0.75	0.6032	1.05	0.6179	1.30	0.6400	1.60	0.5350
0.50	0.6515	0.80	0.6000	1.10	0.6280	1.35	0.6230		

在实验测定时，要确保毛细管的端部光滑且无任何缺口。当液体不润湿毛细管时，r 为毛细管的内径，反之则应取外径。本法只适于液滴很小的情况，而且应使液滴缓慢地形成，所以不适于挥发性液体。实验误差一般接近 0.1%，若液滴形成时间短于 1min，则误差将达到 0.2%以上。

4. 圆环法

这类方法已经被广泛采用，其实验原理如图 4-11 所示。将一个铂金圆环置

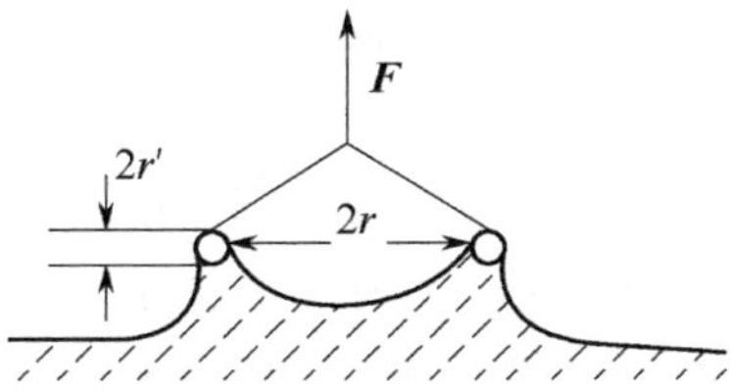

图 4-11　圆环法示意图

于液面下，当把它从液面上提起时，会带起一些液体。当提起液体的质量与沿环液体的表面张力相等时，液体质量达到最大，再提起时，表面张力不足以支撑液体的质量，液环断开，环与液面脱离。于是，脱离液面前所施加的最大外拉力 F 应该等于该环的质量加上液体表面张力所产生的往下的拉力。因为膜有内外两个面，所以表面张力作用长度为 2 倍的圆环周长，即 $4\pi r$，故：

$$F = Wg + 4\pi r\gamma \tag{4-31}$$

则液体的表面张力 γ 为：

$$\gamma = \frac{F - Wg}{4\pi r} \tag{4-32}$$

通常拉力是由螺旋秤测定的。在测定时，圆环在液面上应保持水平，在离开液面时尤其应小心操作，以免液面波动。因为膜有厚度，同时由于上拉环时带起若干液体，使拉起的液膜半径与环半径不相同，因而在精确测定时要进行校正，否则误差很大。

圆环法操作简便，特别适于表面张力容易变化的体系。市售 Dü Nouy 型表面张力计就是用上述原理制成的。缺点是不够准确，只能用于完全润湿圆环的液体。当实验对象含有表面活性剂时，金属圆环上易发生吸附现象而改变其润湿性，在这类情况下，可以使用聚四氟乙烯或聚乙烯环。

测定液体表面张力的方法还有吊片法（提取法）、滴体积法、悬滴法、静滴法以及动态液体的喷射法等。

液体的表面张力除可直接利用物理性质测定外，还可根据液体的化学结构进行计算。

上述几种方法都可用于测量界面张力，只是因为共存的另一相不是气体，而是不相混的液体，此时，式(4-23) 中的 ρ 应是两种液体的密度差。

第三节　溶液的表面

一、溶液的表面现象

涂料体系中既包含胶体分散体系和粗分散体系，也包含溶液。溶剂中加入溶质形成溶液后，表面张力会发生改变。这是由于溶液中溶质分子进入溶液的表面层，使表面层的组成发生变化，分子间作用力相应改变，因而表面张力就与纯溶剂的液体不同了。溶质在表面层的浓度与内部的浓度也不相同，有些溶质在表面层的浓度大于其在溶液内部的浓度，而有些则会小于其在内部的浓度。这种溶质在表面层与在溶液内部浓度不同的现象，叫作溶液表面的吸附作用。

在温度一定时，表面张力随溶质浓度变化的规律大致有三种情况，如图 4-12 所示。第一种是溶液的表面张力随溶质的浓度增加而增加，并且接近线性关系。例如，在水中加入 NaCl、KOH 等无机物，蔗糖、甘露醇等多羟基有机物时就发生这种现象（图 4-12 中 a）。这些物质称为非表面活性物质。

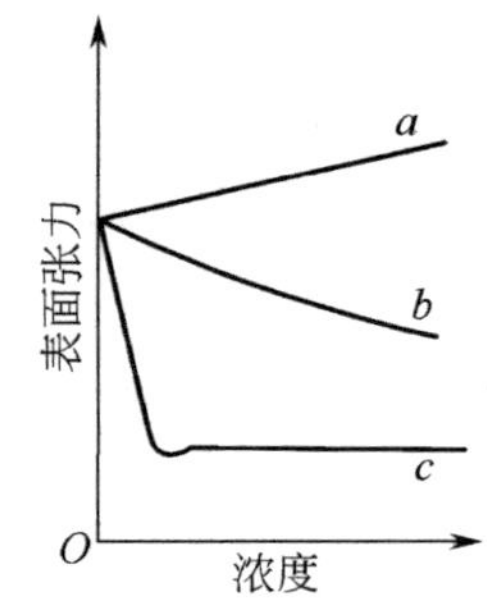

图 4-12　不同溶液的表面张力随浓度的变化规律

第二种是表面张力随溶质浓度的增加而降低，通常开始时降得快一些，后来则降低缓慢。如醇、醛、酮、酯、醚等大多数可溶性有机物的水溶液就属于这一类（图 4-12 中 b）。

第三种是表面张力在溶液浓度很低时，就急剧下降，至一定浓度后，几乎不再变化。如 8 碳以上的直链有机酸的碱金属盐、磺酸盐、苯磺酸盐等较大分子量的化合物都可以使水的表面张力大幅度下降（图 4-12 中 c）。

理论上讲，应该还有一种情况是表面张力与溶质浓度无关，也就是溶质的加入对体系表面张力没有影响。当溶质的表面张力与溶剂的表面张力完全一样，且溶质分子的不同端面结构相似，均具有相同的表面张力时，方能出现这种情况。

图 4-13 是 5 种脂肪酸水溶液的表面张力与其浓度间的关系。虽然这些酸在纯态时表面张力十分接近，但溶于水后，其降低水的表面张力的能力却相差很大。随着碳链的增长，其能力也增加。Traube 研究指出，每增加一个—CH_2，稀溶液表面张力降低到同一数值所需的浓度可降低到原来的 1/3，即其活性可增加 3 倍左右。其他脂肪醇、胺、酯等也有类似的规律。这一规律也可用希什科夫斯基经验公式表示：

$$\frac{\gamma_0-\gamma}{\gamma_0}=b\ln\left(1+\frac{c}{a}\right) \tag{4-33}$$

式中，γ_0 和 γ 分别为纯溶剂和溶液的表面张力；c 为溶液的浓度；a、b 为

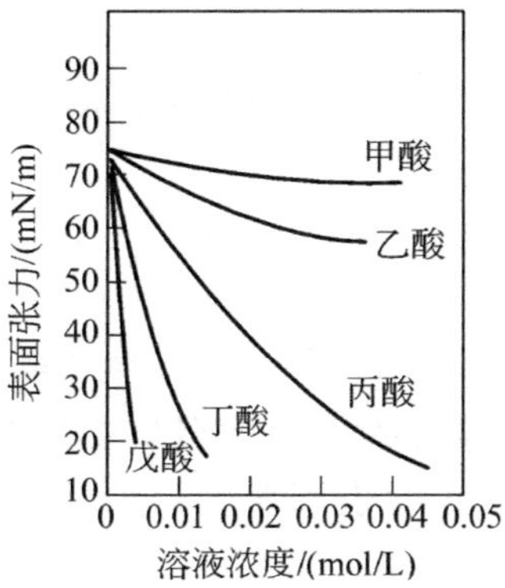

图 4-13　5 种脂肪酸水溶液的表面张力与浓度的关系

经验常数，对于同系物，b 具有大致相同的数值。如脂肪酸的 b 值约为 0.178；a 随物质而异，当含碳数增加时，a 值降低，其近似关系为 $a_n/a_{n+1}=3.1$。表 4-6 列出了一些脂肪酸的 a 值。由式(4-33) 可知，当 $c=a$ 时，则 $(\gamma_0-\gamma)/\gamma_0=0.178\times\ln2\approx0.12$。所以，$a$ 的意义可理解为溶液的表面张力比纯水低约 12%时的溶液的浓度。这一结果与 Traube 规则是一致的。

当浓度很低时，用泰勒级数展开式(4-33) 中的对数项，并略去 c 的高次项，得：

$$\frac{\gamma_0-\gamma}{\gamma_0}=\frac{bc}{a} \tag{4-34}$$

即在浓度很低时，表面张力的降低和浓度成正比。

表 4-6　脂肪酸的 a 值

脂肪酸	甲酸	乙酸	丙酸	丁酸	戊酸	己酸
C 原子数	1	2	3	4	5	6
$a/(\mathrm{mol/dm^3})$	1.38	0.532	0.112	0.051	0.0146	0.0043
a_n/a_{n+1}	3.94	3.14	2.19	3.49	3.39	—

二、Gibbs 吸附公式

表面积的缩小和表面张力的降低都可以降低体系的自由能。在一定温度下，纯液体的表面张力为定值，因此，降低体系自由能的唯一途径是尽可能缩小液体的表面积。但对于溶液来说，由于表面组成可以改变表面张力，因此还可以通过溶液自动调节表面层的组成，来促使体系的自由能降低。

若溶质能降低表面张力，则溶质力图富集在表面层；反之，若溶质会使表面张力升高，则又有向本体内迁移的趋势。当这种趋势与由浓度差而引起的扩散相平衡时，溶液的表面层组成与本体溶液的组成不同，这一现象称为在表面层发生了吸附作用。若溶液在表面层所占的比例高于本体，称发生了正吸附作用；反之，则是发生了负吸附作用。

Gibbs 用热力学方法导出了在一定温度下，溶液的浓度、表面张力和吸附量之间的定量关系，即 Gibbs 公式：

$$\Gamma = -\frac{c}{RT}\left(\frac{\mathrm{d}\gamma}{\mathrm{d}c}\right)_T \tag{4-35}$$

式中，Γ 为溶质在表面层的吸附量，定义为“单位面积的表面层所含的溶质的物质的量比同量溶剂在本体溶液中所含溶质物质的量的超出值”；c 为溶质在溶液本体中的浓度；γ 为溶液的表面张力；T 为热力学温度；R 为摩尔气体常数。

由此，可以得到如下的结论：

若 $\mathrm{d}\gamma/\mathrm{d}c<0$，即增加浓度可以使溶液的表面张力下降，$\Gamma>0$，溶质在表面层发生正吸附，即表面层中溶质所占比例高于本体，因而这类溶质被称为“表面活性物质”；若 $\mathrm{d}\gamma/\mathrm{d}c>0$，即增加浓度可以使溶液的表面张力升高，$\Gamma<0$，溶质在表面层发生负吸附，即表面层中溶质所占比例低于本体。这一结论与实验结果完全一致。

同时，溶质的 $-\mathrm{d}\gamma/\mathrm{d}c$ 越高，则它在表面上的吸附量也越大。所以，$-\mathrm{d}\gamma/\mathrm{d}c$ 可以代表溶质表面活性的大小。

$-\mathrm{d}\gamma/\mathrm{d}c$ 的测定方法有两种，一种是测定不同浓度下溶液的表面张力值，以 γ 对 c 作图，求出某浓度处曲线的切线斜率，即为该浓度下的 $\mathrm{d}\gamma/\mathrm{d}c$ 值；另一种是利用式(4-33)，微分后可得：

$$\left(-\frac{\mathrm{d}\gamma}{\mathrm{d}c}\right) = \frac{b\gamma_0}{a+c} \tag{4-36}$$

代入式(4-34) 可得：

$$\Gamma = \frac{b\gamma_0}{RT} \times \frac{c}{a+c} \tag{4-37}$$

在一定温度下，$b\gamma_0/(RT)$ 是常数，用 K 来表示，则：

$$\Gamma = K\,\frac{c}{a+c} \tag{4-38}$$

由此，只要知道了某溶液的 K 值和 a 值，即可求出浓度为 c 时的吸附量 Γ。

根据式(4-38)，以 Γ 对 c 作图，可得吸附量随浓度的变化曲线（图 4-14）。在浓度很低时，$c \ll a$，$\Gamma \approx Kc/a$，即吸附量与浓度成正比。当浓度增加时，吸附量随浓度的上升而上升，但幅度逐渐减小，当浓度较大时，$c \gg a$，$\Gamma = K = b\gamma_0/(RT)$，吸附量为一恒定的值，不再随浓度的增加而变化，说明此时表面吸附已达饱和，称为饱和吸附量。它只与 b 值有关，对于同系物，b 值具有大致相同的数值，因而同系物中各不相同的化合物，其饱和吸附量是相同的。可以想象，同系物分子虽然长短不一，但饱和吸附量相同，说明它们在溶液表面的排列是定向地垂直于液面排列的。它们把极性基伸入水中，而将长短不一的烃基平行排列并指向空气，如图 4-15 所示。因为只有这样，单位面积上吸附的分子数才会与烃基长短无关。据此，可以计算出每个吸附分子的横截面积。同系物的分子横截面积是大致相同的。

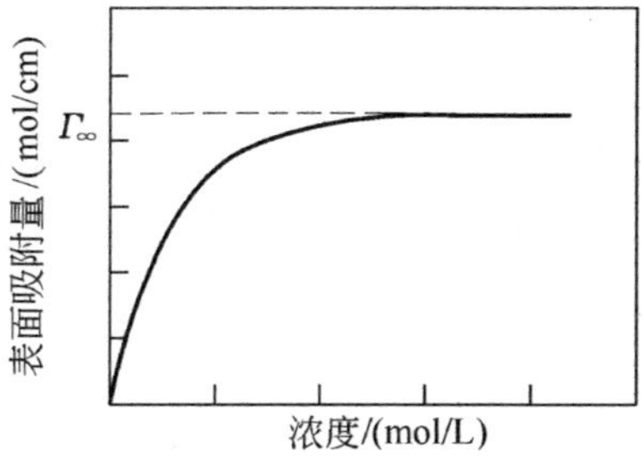

图 4-14　吸附量随浓度的变化

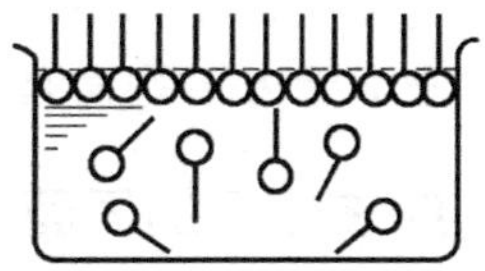

图 4-15　吸附层结构

在饱和吸附时，本体浓度与表面浓度相比很小，可以忽略不计，因此可以把饱和吸附量近似看成单位表面层溶质的物质的量。于是，单位面积上的分子数为 $\Gamma_\infty N_0$（N_0 为阿伏伽德罗常数），则每个分子所占的面积为：

$$A_0 = \frac{1}{\Gamma_\infty N_0} = \frac{RT}{N_0 b \gamma_0} \tag{4-39}$$

由此求得的脂肪酸类 $A_0 = 0.310\text{nm}$，醇类为 0.289nm，胺类为 0.270nm。计算结果一般比用其他方法求得的值稍大些，因为实际上表面层中尚有其他溶剂分子，并且分子热运动也使溶质分子并不能绝对整齐紧密地排列。

三、溶液的表面组成

显然，由于吸附作用，溶液表面层的组成与本体内的组成是不同的。根据热力学理论，同样可以推导出理想溶液表面层的组成方程：

$$\frac{x_{s1}}{x_{s2}} = \frac{x_1}{x_2} \exp \frac{(\gamma_2 - \gamma_1) A_0 N_0}{RT} \tag{4-40}$$

式中，x_{s1}、x_{s2} 分别为表面层中溶剂与溶质的摩尔分数；x_1、x_2 为本体中溶剂与溶质的摩尔分数；γ_1、γ_2 分别为纯溶剂和纯溶质的表面张力；$N_0 A_0$ 为溶剂（或溶质）的偏摩尔截面积。由此可以看出，若 $\gamma_2 < \gamma_1$，则 $x_{s1}/x_{s2} < x_1/x_2$，即表面层富集了具有低表面张力的物质。

溶液的表面张力也可以推导得出：

$$\gamma = \frac{\gamma_2 \ln \dfrac{x_{s1}}{x_1} - \gamma_1 \ln \dfrac{x_{s2}}{x_2}}{\ln \dfrac{x_{s1}}{x_1} - \ln \dfrac{x_{s2}}{x_2}} \tag{4-41}$$

当式(4-40) 中 $A_0 N_0/(RT) \ll 1$ 时，$x_{s1}/x_{s2} \approx x_1/x_2$，则可用下式简便地求

出溶液的表面张力：

$$\gamma = x_1\gamma_1 + x_2\gamma_2 \tag{4-42}$$

此式只适用于理想溶液，对于非理想溶液则需要进行校正。

第四节　液-液界面

水和油倒在一起时便会逐渐分层，上层是油，下层是水。这种由两种不相混溶的液体互相接触而构成的界面叫作液-液界面。液-液界面也和液体表面一样，由于液体分子受力不均而具有界面张力。

一、纯液体间的界面张力

1. 表面张力的构成

聚集状态的不同，分子间受力也就不同，因而相接触的两相界面张力也必然会发生变化。由于分子间力具有加和性，因此可以把表面张力分解成各种分子间作用力的总和。例如，水的表面张力就是范德华力产生的作用和氢键力产生的作用之和，也可看成是色散力贡献（γ^d）与所有极性力（包括静电力、诱导力和氢键）的贡献（γ^h）之和，即：

$$\gamma_{水} = \gamma^d + \gamma^h \tag{4-43}$$

同样，水银的表面张力也可以看成是分子间力的贡献（γ^f）和金属键贡献（γ^m）的总和，即：

$$\gamma_{水银} = \gamma^f + \gamma^m \tag{4-44}$$

对于非极性液体，则分子间力只有色散力，其表面张力就源于色散力的贡献；而极性分子间既有色散力，又有诱导力和静电力，其表面张力也分别是各部分力的贡献之和。

2. Fowkes 方程——极性液体/非极性液体的界面

当水和非极性液体（如饱和烷烃）接触时，其力的分布如图 4-16 所示。设液体 1 和 2 分别为水（水相）和烃（油相），其表面张力分别为 γ_1 和 γ_2。两液体接触后，液-液界面取代了各自的“表面”，即气-液界面。界面区的水分子受到两个方向相反的拉力，一个是水-水间的作用力（包括色散力和极性力），它把界面处的水拉向水相的内部；另一个力是油-水间的作用力（色散力，严格地讲，还应包括诱导力，这里忽略），它把界面处的水分子拉向油相。同样，在界面区的烃类分子也受到两个方向相反的拉力，即把烃分子拉向油相的油-油间的色散力和把烃分子拉向水相的油-水间的色散力（还有诱导力作用，这里忽略）。Fowkes 认为，可以把油-水间的色散作用看成是油-油间色散作用和水-水间色散作用的几何平均值，即 $(\gamma_1^d\gamma_2^d)^{1/2}$，这样，从表面自由能的角度来理解，油相单位面积的自由能将下降 $(\gamma_1^d \gamma_2^d)^{1/2}$，同时，水相单位表面的自由能也将下降 $(\gamma_1^d \gamma_2^d)^{1/2}$，则油-水界面剩余自由能总量即界面自由能 (γ_{12}) 应为：

$$\gamma_{12} = \gamma_1 + \gamma_2 - 2\sqrt{\gamma_1^d \gamma_2^d} \tag{4-45}$$

这就是 Fowkes 方程。利用此式，可以算出水的 γ_1^d，即色散力贡献部分。利用式(4-43)，又可以进一步算出水的 γ_1^h 值。

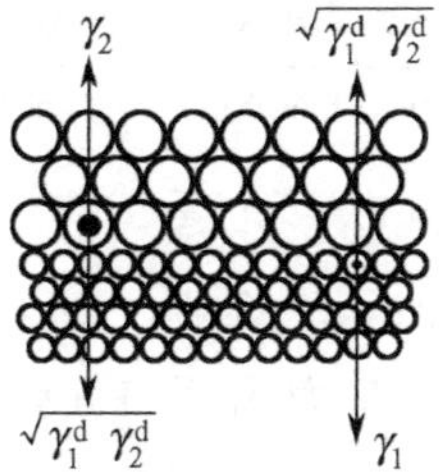

图 4-16　水-烃界面及其受力情况

例：实验测得正己烷-水的界面张力为 51.1mN/m，而水的表面张力为 72.8mN/m，正己烷的表面张力为 18.4mN/m，则由式(4-45)：

$$51.1 = 18.4 + 72.8 - 2\sqrt{\gamma_1^d \times 18.4}$$

得 $\gamma_1^d = 21.8$(mN/m)。再由式(4-43)，可求得 $\gamma_1^h = 51.0$(mN/m)。

3. G-G 修正公式—— 一般液-液界面

Fowkes 公式仅适用于两液体间没有偶极力的情况，对于一般的情形，Girifalco 和 Good 提出下列 G-G 修正公式：

$$\gamma_{12} = \gamma_1 + \gamma_2 - 2\Phi\sqrt{\gamma_1 \gamma_2} \tag{4-46}$$

对一定的体系，Φ 是常数，它与两种液体的摩尔体积有关：

$$\Phi = \frac{4\widetilde{V}_1^{1/3}\widetilde{V}_2^{1/3}}{(\widetilde{V}_1^{1/3} + \widetilde{V}_2^{1/3})^2} \tag{4-47}$$

对许多液体-水的体系，此式都很适用。凡不能与水形成氢键的液体，Φ 值在 0.51～0.78 之间；而能和水形成氢键的液体，Φ 大多在 0.84 以上，一般在 1.00～1.15 之间。对高聚物而言，其 Φ 值在 0.80～0.97 之间。表 4-7 列出了某些液体对的界面张力及作用参数 Φ 值。

表 4-7　不同液体对的界面张力及作用参数 Φ

液体对	γ_1/(mN/m)	γ_{12}/(mN/m)	Φ	液体对	γ_1/(mN/m)	γ_{12}/(mN/m)	Φ
正己烷/水	18.4	51.1	0.55	丁醇/水	28.1	10.4	1.00
正辛烷/水	21.8	50.8	0.55	环己醇/水	32.7	3.9	1.04
环己烷/水	25.5	50.2	0.55	正丁醇/水	24.6	1.8	1.13

续表

液体对	γ_1/(mN/m)	γ_{12}/(mN/m)	Φ	液体对	γ_1/(mN/m)	γ_{12}/(mN/m)	Φ
CS_2/水	32.3	48.4	0.58	PVAc/L-PE	28.6/28.8	11.3	0.804
CCl_4/水	27.0	45.0	0.61	PMMA/L-PE	32.0/28.8	9.7	0.841
甲苯/水	28.5	36.1	0.71	PS/L-PE	32.1/28.8	5.9	0.905
硝基苯/水	43.9	25.7	0.81	PMMA/PS	32.0/32.1	1.6	0.974
油酸/水	32.5	15.7	0.92	PMMA/PBMA	32.0/24.1	1.9	0.975

注：聚合物的表面张力及界面张力均为140℃时的测定值；水的表面张力为72.8mN/m。

4. Antonoff 规则

更为简单的公式是所谓的 Antonoff 规则。即对于非完全不相混合的液体(即允许有相互微溶的液体)，其界面张力为两表面张力的差：

$$\gamma_{12} = \gamma'_1 - \gamma'_2 \tag{4-48}$$

式中，γ'_1、γ'_2不是纯液体的表面张力值，而是为另一相所饱和的液体的表面张力。对于很多体系，此规则与实际相符，而对另一些体系，则有很大的出入。

液-液界面张力也可用本章第二节所讲的几种方法来测定，如滴重法、圆环法等。

二、液体的铺展

在水面上滴上一滴不溶或微溶于水的纯液体时，可能有以下三种情况：液体保持透镜状而不铺展；液体迅速展开；液体开始展开而后收缩。这些现象是与液-液界面的张力有关的。

在洁净的水面上滴加一滴苯，苯开始会迅速展开，继续滴加苯则发生收缩，然后形成凸透镜形状浮于水面上，如图 4-17 所示。如果以 γ_1、γ_2 和 γ_{12} 分别表示水、苯的表面张力和水-苯的界面张力，则当苯滴定形后，三者力达到平衡，即：

$$\gamma_1 = \gamma_{12}\cos\phi + \gamma_2\cos\theta \tag{4-49}$$

若液滴能在水面铺展，则 $\theta=\phi=0$。此时，上式可以简化为：

$$\gamma_1 = \gamma_{12} + \gamma_2 \tag{4-50}$$

式中，γ_{12} 和 γ_2 是使液滴收缩的力，γ_1 则是使液滴展开的力。此式与 Antonoff

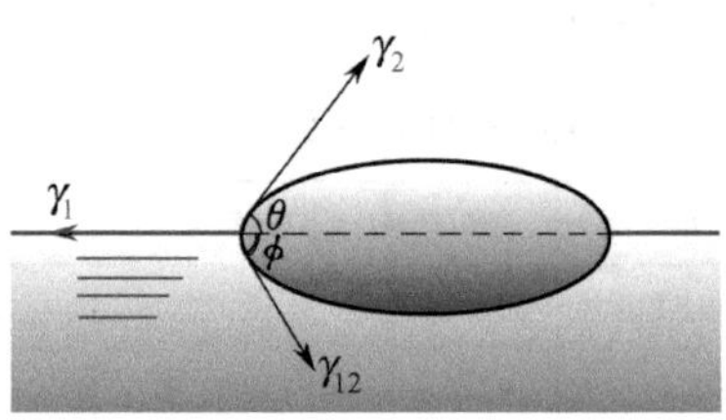

图 4-17　水面上的苯滴

方程式(4-48) 相似。Harkins 定义了一个起始铺展系数 $S_{2/1}$（表示液体 2 在液体 1 表面的铺展）为：

$$S_{2/1}=\gamma_1-\gamma_2-\gamma_{12} \tag{4-51}$$

若 $S_{2/1}\geqslant 0$，则液体 2 在液体 1 上呈展开的薄膜状；若 $S_{2/1}<0$，则液体 2 将向内收缩形成透镜状液滴，不会展开。一般来说，具有极性基的物质在水面上比非极性化合物易于展开，见表 4-8。

表 4-8　水面上各种液体的铺展系数 $S_{2/水}$(25℃)

液体	$S_{2/1}$	液体	$S_{2/1}$	液体	$S_{2/1}$
异戊醇	44.0	苯	9.3	二溴乙烯	−3.2
n-辛醇	35.7	甲苯	6.8	邻二甲苯	−3.3
庚烷	32.2	异戊烷	9.4	CS_2	−8.2
油酸	24.6	硝基苯	3.8	碘代苯	−8.7
壬酸乙酯	20.9	己烷	3.4	溴仿	−9.6
4-异丙基甲苯	10.1	庚烷	0.2	二碘甲烷	−26.5

由于起始铺展系数没有考虑液体之间微弱的溶解性，因此，式(4-51) 仅表示第一滴液体滴在另一种液面上的情况。考虑到液体间的相互溶解，应采用溶解后的表面张力：

$$S'_{2/1}=\gamma'_1-\gamma'_2-\gamma_{12} \tag{4-52}$$

例：第一滴苯滴在水面上时，

$$S_{2/1}=72.8-28.9-35.0=8.9(\mathrm{mN/m})\geqslant 0$$

可以铺展。

但当苯和水充分接触并相互饱和时，$\gamma'_1=62.4\mathrm{mN/m}$，$\gamma'_2=28.8\mathrm{mN/m}$，则：

$$S'_{2/1}=62.4-28.8-35.0=-1.4(\mathrm{mN/m})<0$$

由于 $S'_{2/1}<0$，已不利于铺展，因此继续滴加的苯将在水面上逐渐成为一个非常扁平的透镜，剩下的水表面则为苯的一层分子膜所覆盖。

相反，如果把水滴在苯的液面上，则其起始铺展系数和终止铺展系数分别为：

$$S_{2/1}=28.9-72.8-35.0=-78.9(\mathrm{mN/m})<0$$

$$S'_{2/1}=28.8-62.4-35.0=-68.6(\mathrm{mN/m})<0$$

由于初、终铺展系数都是负值，说明水在苯的表面上不铺展，始终成凸透镜状。由于水的密度比苯大，在扰动下，水滴将在苯中沉降。

由此可见，液体在高能表面上容易铺展（$S\geqslant 0$），所以，高能表面也最易被污染。

液体的铺展也可以用它们的内聚功和黏附功来预测。所谓内聚功 W_c，相当于把一个横截面为单位面积的某液体（如液体 2）拉开成为两段所需的功（如图 4-18 所示），即：

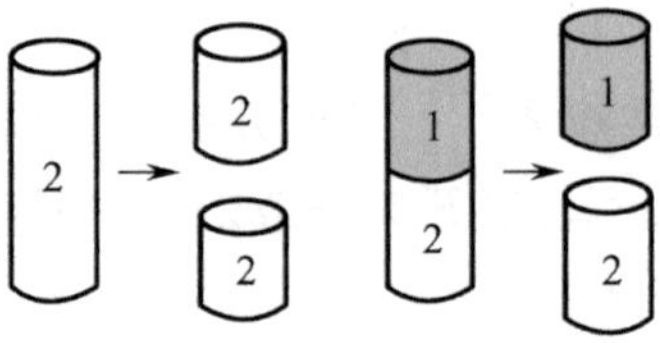

图 4-18　内聚功与黏附功

$$W_c = 2\gamma_2 \tag{4-53}$$

它反映了同种分子间的吸引力的大小。

如果液柱上面是液体 1，而下层是液体 2，且两种液体不相混溶，在界面处断开，原来的 1-2 界面消失，而新生一个液体 1 的表面和一个液体 2 的表面。该过程所需要的功叫作黏附功 W_a，可表示为：

$$W_a = \gamma_1 + \gamma_2 - \gamma_{12} \tag{4-54}$$

黏附功反映了不同分子间的吸引力的大小。可见，

$$W_a - W_c = \gamma_1 + \gamma_2 - \gamma_{12} - 2\gamma_2 = \gamma_1 - \gamma_2 - \gamma_{12} = S_{2/1} \tag{4-55}$$

所以，只要黏附功大于内聚功，液体 2 就可以在液体 1 上铺展；反之，则不行。

杂质往往会使液体的表面张力大大下降，所以其影响是不容忽视的。液体 2 中的杂质会使 γ_2 下降，使 $S_{2/1}$ 正向增大，利于它在液体 1 上的铺展；反过来，液体 1 中的杂质则会使 γ_1 下降，从而使 $S_{2/1}$ 减小，甚至变为负值而不利于铺展。例如，正辛烷可以在清洁的水面上铺展，却不能在被污染的水面上铺展。当液体中存在表面活性剂时更是如此。例如，将非水溶性的油酸滴在浮于水面的一滴石蜡上时，石蜡会立刻向四周铺展，这是因为油酸被石蜡吸附，降低了油-水间的界面张力。但若采用水溶性的表面活性剂则不然，它反而会有抑制铺展的作用，因为它使水的表面张力大大降低，从而引起铺展系数变小而不利于铺展。

低表面张力组分在高表面张力表面上迁移时，会带动一部分物料一起迁移，这一现象是詹姆斯·汤姆森于 1855 年发现的。之后意大利物理学家卡罗·马兰戈尼在帕维亚大学对这一现象进行了研究，并作为他的博士论文课题，所得结果于 1865 年发表。因此，这种现象就被称为马兰戈尼（Marangoni）效应。

第五节　液态树脂的界面

一、树脂的表面张力

涂料树脂属于低表面张力的物质。大多数树脂的表面张力小于 50mN/m。在实际应用中，需要研究树脂与氧气、水蒸气等气体，与各种酸、碱、有机溶剂等

液体，与陶瓷、其他树脂等固体材料以及与血液、蛋白质等生物体内物质间的界面现象和相互作用，其内容相当多，而且复杂。有必要先来讨论一下树脂本身的表面，分析一下其表面张力的一些特征。

由于高分子没有气态，即树脂气相的蒸气压为零，因此，与液态树脂共存的只有空气相。固体树脂表面张力的测定有很大的困难，因此，通常采用熔融状态或黏流状态下的树脂进行测定而后根据表面张力与温度的关系外推而得。表 4-9 列出了一些树脂从液态外推至固体时的表面张力值。

表 4-9　一些树脂的表面张力

树脂	温度/℃	表面张力/(mN/m)	树脂	温度/℃	表面张力/(mN/m)
聚二甲基硅氧烷	20	19.8	聚乙二醇	24	42.5
聚四氟乙烯	20	23.9	聚对苯二甲酸乙二醇酯	20	43.0
聚苯乙烯	176	29.5	聚甲基丙烯酸甲酯	20	43.2
聚丙烯	20	29.8	聚氯乙烯	20	44.0
聚异丁烯	24	34.0	聚丙烯腈	20	44.0
聚乙烯	20	35.7	聚偏氯乙烯	20	45.8
聚乙酸乙烯酯	20	37.0	尼龙 66	20	46.5
聚乙烯醇	20	37.0	聚氨酯	20	49.6
聚苯乙烯	20	40.6	环氧树脂	20	52.7

1. 与温度的关系

对于小分子液体，其表面张力随温度的变化可用式(4-9) 来表示。

因为 $-\dfrac{d\gamma}{dT}=\dfrac{k}{\widetilde{V}^{2/3}}$，为常数，可见，表面张力是随着温度线性变化的。一般小分子液体的 $k=2.2\times10^{-7}$J/K，设其摩尔体积 $\widetilde{V}$ 为 100cm^3，则 $-\left(\dfrac{d\gamma}{dT}\right)$ 约为 0.1mN/(m·K)。

在黏流状态下，树脂的表面张力和温度的关系和小分子相同，如图 4-19 所示。但其比例系数小得多，$k\approx1.0\times10^{-7}$J/K，$-\dfrac{d\gamma}{dT}$ 约为 0.05mN/(m·K)。由热力学理论可知，表面张力的温度梯度实际上就是表面熵。而随着温度的改变，高分子链构象变化受到长链分子缠结的影响，变化较小，所以其表面张力的温度梯度也小。

在温度升高接近于临界温度时，液体的表面张力随温度的变化将不呈线性关系，而略小于其线性值。因此，式(4-9) 一般只适用于低温下小分子液体。应用于高分子树脂时，k 值也需重新调整。经过大量的实验总结，人们还提出了另外一些方程，它们既适用于小分子液体，也适用于高分子熔体。

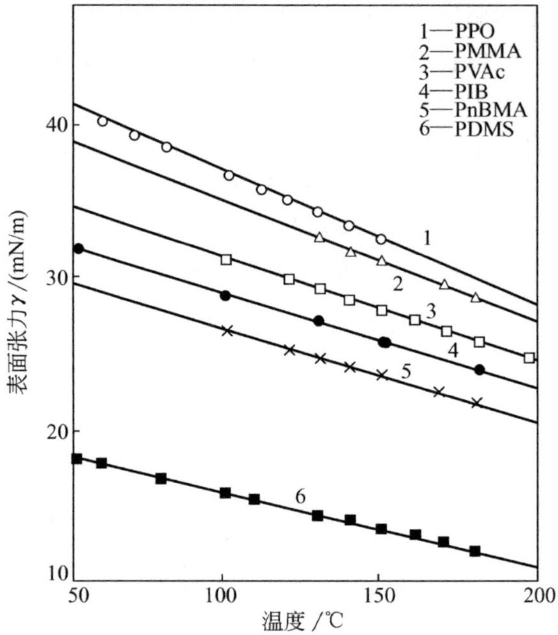

图 4-19　某些高分子黏流态下的表面张力与温度的关系

（1）Guggenheim 公式

$$\gamma=\gamma_0\left(1-\frac{T}{T_c}\right)^{11/9} \tag{4-56}$$

式中，γ_0 为 $T=0$ K 时的表面张力；T_c 为临界温度。对于高分子树脂，γ_0 和 T_c 无法测得，可由 γ-T 关系图外推得到。表 4-10 是某些树脂的 γ_0 和 T_c 值。对式(4-56) 微分可得：

$$-\frac{d\gamma}{dT}=\frac{11\gamma_0}{9T_c}\left(1-\frac{T}{T_c}\right)^{2/9} \tag{4-57}$$

当温度远低于 T_c 时，$-d\gamma/dT$ 近似为一常数。

表 4-10　某些树脂的 γ_0、T_c 及 Maclead 指数 n

树脂	γ_0/(mN/m)	T_c/K	$11\gamma_0/(9T_c)$	n
线型聚乙烯(L-PE)	53.71	1032	0.00636	3.2
支化聚乙烯(B-PE)	53.38	921	0.0748	3.3
聚丙烯(PP)	47.16	914	0.0631	3.2
聚异丁烯(PIB)	53.74	918	0.0715	4.1
聚苯乙烯(PS)	63.31	967	0.0800	4.4
聚乙酸乙烯酯(PVAc)	57.37	948	0.0740	3.4
聚甲基丙烯酸甲酯(PMMA)	65.09	935	0.0851	4.2
聚二甲基硅氧烷(PDMS)	35.31	776	0.0556	3.5

(2) Maclead 方程

$$\gamma = \gamma_0 \rho^n \tag{4-58}$$

式中，ρ 为树脂的密度，γ_0 和 n 均为大于零的常数。对于未缔合的小分子液体，$n=4$；对于高分子树脂来说，n 值为 3.0～4.4。微分上式得到：

$$-\frac{\mathrm{d}\gamma}{\mathrm{d}T} = \frac{n\gamma}{V}\left(\frac{\partial V}{\partial T}\right)_p = n\alpha\gamma \tag{4-59}$$

式中，$\alpha = \frac{1}{V}\left(\frac{\partial V}{\partial T}\right)_p$ 为等压热膨胀系数。

2. 与化学组成的关系

对式（4-58），Sugden 证明 γ_0 仅取决于化学组成。将式两边同乘以该物质的摩尔质量得：

$$\frac{M\gamma^{1/n}}{\rho} = M\gamma_0{}^{1/n} = \text{常数} \tag{4-60}$$

Sugden 定义此常数为等张比容，用［P］来表示。M/ρ 为物质的摩尔体积。实验证明，每种物质的等张比容都是物质的一个特性常数，与温度无关。这样，表面张力随温度的变化完全起因于密度随温度的变化。将式(4-60）代入式(4-58）得：

$$\gamma = \left(\frac{[P]\rho}{M}\right)^n \tag{4-61}$$

根据式(4-61）可由物质的等张比容和密度来推算该物质的表面张力。

等张比容具有基团加和性，表 4-11 列出了一些基团和原子的等张比容值。

表 4-11　基团等张比容［P］

原子团	［P］	原子团	［P］	原子团	［P］
C	7.2	Br	68.0	六元环	6.1
H	16.2	I	90.0	五元环	8.5
O	20.0	N	12.5	四元环	11.6
S	60.0	P	37.7	三元环	16.7
F	25.7	双键	23.3		
Cl	53.2	三键	46.6		

例：由基团等张比容加和性估算聚苯乙烯的表面张力。已知 140℃时聚苯乙烯的密度 $\rho=0.863\text{g/cm}^3$。

解：由表 4-11 可得，聚苯乙烯的等张比容值为：

［P］$=8\text{C}+8\text{H}+1$ 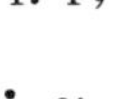 $+3(=)=8\times7.2+8\times16.2+1\times6.1+3\times23.2=262.9$

且 $M=104$，$n=4.4$，$\rho=0.863\text{g/cm}^3$，

$$\because \frac{M}{\rho}\gamma^{1/n} = [P] \quad \therefore \gamma = \left(\frac{[P]\rho}{M}\right)^n = 30.7\text{mN/m}$$

该值与实验值 32.1mN/m 非常接近，说明用等张比容法来推测物质的表面张力是可行的。

3. 分子量的影响

同系物的表面张力往往随分子量的增加而增加，其表面熵却随之减少，但是，当分子量达到一定数值后，表面张力和表面熵都不再变化。一般同系物的表面张力与分子量间有下列关系：

$$\gamma = \gamma_{\infty} - \frac{K_e}{{M_n}^{2/3}} \tag{4-62}$$

式中，γ_{∞}为分子量很大时树脂的表面张力；K_e为常数，它与树脂的结构有关。一些树脂的γ_{∞}和K_e值列于表 4-12 中。

更为精确的关系是由 Maclead 方程演变而来的：

$$\gamma^{1/4} = {\gamma_{\infty}}^{1/4} - \frac{K_s}{M_n} \tag{4-63}$$

式中，γ_{∞}和K_s也是常数，但数值与式(4-62) 给出的数值略有不同。

表 4-12　分子量与表面张力关系常数

树脂	γ_s/(mN/m)	温度/℃	$\gamma^{1/4}\sim M^{-1}$		$\gamma\sim M^{-2/3}$	
			γ_{∞}/(mN/m)	K_s	γ_{∞}/(mN/m)	K_e
聚乙烯	35.7	20	34.75	30.69	37.81	385.9
聚异丁烯	34.0	24	34.50	46.15	35.62	382.7
聚二甲基硅氧烷	19.8	20	20.33	22.22	21.26	166.1
聚四氟乙烯	23.9	20	23.94	12.21	25.85	682.8
聚苯乙烯	29.5	176	2950	75.42	29.97	372.7
聚乙二醇	42.5	24	41.50	28.13	44.35	342.8

4. 相转变的影响

当发生力学状态转变时，树脂表面张力也将明显改变。实验表明，在玻璃化转变温度时，表面张力对温度的关系曲线是连续的，但是会发生转折，在玻璃态下的表面张力梯度$-(d\gamma/dT)_g$小于橡胶态下的表面张力梯度$-(d\gamma/dT)_r$，斜率发生变化。而在熔点附近，则因为密度变化不连续，所以表面张力的变化也不连续，并且因为$\rho_c > \rho_a$，因此，晶相的表面张力一般也大于非晶相的表面张力，如图 4-20 所示。

由于非晶相有较低的表面张力，具有迁移到表面的倾向，因而结晶高分子树脂的表面上往往会覆盖一层无定形表面层，因而表面层的密度总是低于体相晶态的密度。

固体的表面张力一般是通过间接方法进行测定的，对于涂层而言，可以先测

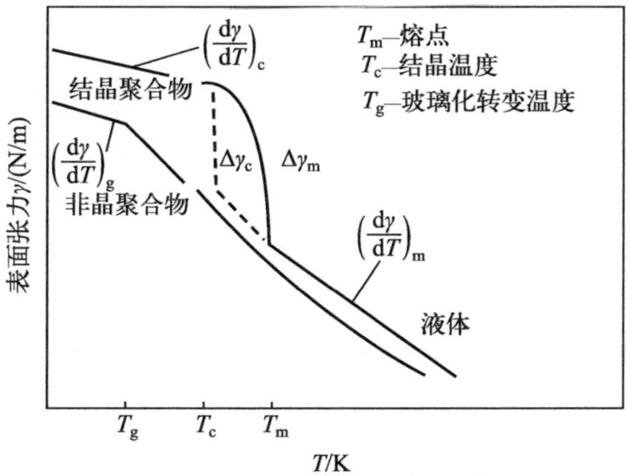

图 4-20　高分子树脂相转变处表面张力的变化

定树脂熔体的表面张力，再根据表面张力与温度的关系进行外推，但由于在熔体与固体间经历了一个相转变过程（如熔点、黏流转变或玻璃化转变），使表面张力随温度的关系发生改变，因此直接外推将产生较大的误差。

5. 内聚能密度与表面张力的关系

Hildbrand 阐明了小分子液体的表面张力与内聚能密度（CED）间的关系：

$$\frac{\gamma}{\widetilde{V}^{1/3}}=K\cdot \text{CED} \tag{4-64}$$

式中，K 为经验常数，对小分子液体，K 的平均值约为 1.7×10^{-9}（或 0.0715dyn·cm/cal）。表 4-13 为一些小分子溶剂的 K 与 λ。

表 4-13　一些小分子溶剂的 K 与 λ

溶剂	K/(dyn·cm/cal)	λ/(dyn·cm·$g^{1/3}$/cal)	溶剂	K/(dyn·cm/cal)	λ/(dyn·cm·$g^{1/3}$/cal)
正己烷	0.06792	0.2998	丙酮	0.05645	0.2185
二乙醚	0.06619	0.2779	硝基苯	0.09254	0.4602
正辛烷	0.06977	0.3383	乙酸	0.04517	0.1768
四氯化碳	0.07845	0.4205	硝基甲烷	0.06136	0.2415
甲苯	0.07552	0.3409	乙醇	0.03580	0.1283
苯	0.07720	0.3298	丙三醇	0.05669	0.2559
氯仿	0.07250	0.3469	甲酰胺	0.05371	0.1910
二硫化碳	0.07950	0.3367	水	0.05161	0.1353
溴苯	0.07686	0.4146			

注：1dyn·cm$=10^{-7}$N·m；1cal=4.18J。

因为 CED 与溶度参数 δ 间有 CED$=\delta^2$ 的关系，故由 δ 值也能估算表面张力：

$$\gamma = K\delta^2 \widetilde{V}^{1/3} \tag{4-65}$$

对于树脂而言，$\widetilde{V}$ 既不是整个树脂的摩尔体积，也不是树脂重复单元的摩尔体积，而是相互作用单元的摩尔体积，可由相互作用单元平均分子量与密度之比来求得。其结果为：

$$\gamma = \frac{\lambda \delta^2}{\rho^{1/3}} \tag{4-66}$$

式中，λ 为经验常数，当 δ 的单位用 H，即 $(cal/cm^3)^{1/2}$，密度的单位用 g/cm^3 时，其平均值约为 $0.2752dyn \cdot cm \cdot g^{1/3}/cal$。

二、树脂熔体间的界面张力

树脂间的界面张力可用 Girifalco 和 Good 提出的 G-G 修正公式来估算［式(4-46)］。

当形成两相的两种树脂极性完全相同时，Φ 具有最大值；随着两相间极性的差异增大，Φ 值会减少。如聚乙烯和聚乙酸乙烯酯极性相差较大，Φ 为 0.80；而聚甲基丙烯酸甲酯和聚甲基丙烯酸正丁酯间极性相近，则 Φ 为 0.97。已经证明，Φ 值是与温度无关的常数。某些树脂对的相互作用参数 Φ 值见表 4-7。

如果应用部分极性理论，则可以将表面张力分解成色散力与极性力的贡献之和，这样可以获得以下两种公式：

① 调和平均方程

$$\gamma_{12} = \gamma_1 + \gamma_2 - \frac{4\gamma_1^d \gamma_2^d}{\gamma_1^d + \gamma_2^d} - \frac{4\gamma_1^p \gamma_2^p}{\gamma_1^p + \gamma_2^p} \tag{4-67}$$

此式适用于低能物质之间的界面张力预测。

② 几何平均方程

$$\gamma_{12} = \gamma_1 + \gamma_2 - 2\sqrt{\gamma_1^d \gamma_2^d} - 2\sqrt{\gamma_1^p \gamma_2^p} \tag{4-68}$$

此式适用于低能物质与高能物质间的界面张力估算。由此可见，式(4-45)是此式的一种特例。

在研究树脂间的界面张力时用调和平均方程式(4-67) 较好，而在研究树脂与金属及其氧化物等高能物质间的界面现象以及对于存在较强极性作用的情况下，用几何平均方程式(4-68) 比调和平均方程式(4-67) 更准确。

一些树脂之间的界面张力的测定值与计算值比较列于表 4-14 中。可见，由调和平均方程推算的界面张力明显好于几何平均方程。

界面张力的大小主要取决于两相极性之差。极性差别越大，界面张力也越大。如果可以忽略极性相互作用，则推算的界面张力值小至几乎可以忽略。事实上，色散力作用在决定界面张力的数值上，仅占了很小的一部分，而极性作用则是非常重要的。

表 4-14　聚合物间的界面张力　　单位：mN/m

树脂对	测定值	式(4-67)计算值	式(4-68)计算值
PEO/PDMS	9.9	10.7	4.8
PTMO/PDMS	6.3	3.8	1.5
PVAc/PDMS	7.4	8.5	3.6
PCP/PDMS	6.5	8.2	4.1
PBMA/PDMS	3.8	3.7	1.4
PBMA/PCP	1.6	1.7	0.9
PBMA/PS	3.7	2.3	1.2
PBMA/PVAc	2.9	2.4	1.2
PBMA/PMMA	1.9	2.2	1.0
PS/PMMA	1.7	1.2	0.5

注：PEO—聚环氧乙烷；PTMO—聚四氢呋喃；PCP—聚氯丁二烯。

1. 温度的影响

两种树脂熔体的界面张力随温度的增加而降低，其幅度很小，一般仅为0.01mN/(m·K)，如图 4-21 所示。

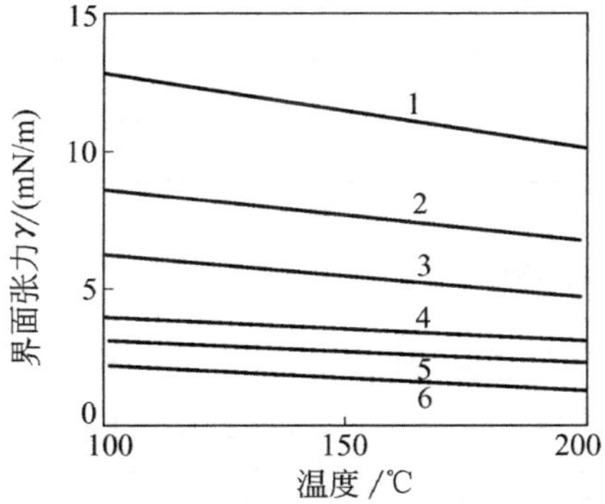

图 4-21　树脂间界面张力与温度的关系

1—PVAc/L-PE；2—PVAc/PIB；3—PBMA/L-PE；4—PCP/B-PE；5—PBMA/PVAc；6—PMMA/PBMA

2. 分子量的影响

树脂熔体间的界面张力一般在 1～20mN/m 范围内，且随分子量的增加而增大。如果两种树脂完全相容，则其界面张力为零。一般来说，树脂间要完全相容，其分子量是不能太大的。根据 LeGrand 的计算结果，同系物相容性界限是很低的。例如，全氟烷烃与聚异丁烯间的相容性界限为全氟烷烃的碳原子数不超过 10 个，而聚异丁烯的碳数仅有 8 个，其分子量界限如表 4-15 所示。

表 4-15　聚合物相容性界限

体系	全氟烷烃/直链烷烃	全氟烷烃/二甲基硅氧烷	全氟烷烃/聚异丁烯	聚异丁烯/二甲基硅氧烷
相容性界限	$C_6F_{14}/C_{6.5}H_{15}$	C_7F_{16}/六甲基硅氧烷	$C_{10}F_{22}$/异辛烷	异辛烷/二甲基硅氧烷

树脂的分子量一般都较大，对于结构上差异较大的树脂，要实现完全相容是不大可能的。但如果采用接枝或嵌段聚合物作为添加剂，其中分别含有与两种树脂结构相似的链段，则可以大大降低它们之间的界面张力。例如，聚二甲基硅氧烷（PDMS）和氧乙烯（OE）-氧丙烯（OP）共聚物（OEP）间的界面张力较大，如果用它们的共聚物作添加剂，只要 20%就可以使其界面张力降低一半以上（表 4-16）。

表 4-16　添加剂对 PDMS/OEP 界面张力的影响

添加剂(总质量的 2%)	界面张力/(mN/m)	界面张力减少率/%
未添加	8.3	—
60/40DMS-OE 共聚物	2.3	72
25/75DMS-OE 共聚物	3.0	64
25/75DMS-OP 共聚物	4.1	51
含 10%羧酸侧基的 PDMS	3.1	63
含 20%羧酸侧基的 PDMS	3.6	57
具有羧酸侧基的 PDMS	4.2	49
具有羟基侧基的 PDMS	8.1	2.4
含 1%氨基侧基的 PDMS	6.0	28
含 6%氨基侧基的 PDMS	6.8	18

三、树脂溶液的表面张力

树脂溶液的表面张力与其他溶液的表面张力一样，与组成有关。当树脂的表面张力比溶剂的表面张力低时，溶液表面将富集树脂；反之，则富集溶剂分子。

树脂溶液在一定的条件下会产生相分离。分离的两相间也存在着界面张力。对于最高临界共溶温度（UCST）体系，如果临界相分离的温度为 T^*，当 $T>T^*$ 时，因为相分离尚未发生，因而不存在分离相，界面张力为零。随着温度的降低，相分离逐渐明显，界面张力增加，并有近似的线性关系。同时，分子量越大，界面张力越小，如图 4-22 所示。通常分层的树脂溶液间的界面张力比树脂熔体间的界面张力小得多，仅为 10^{-2} mN/m。

Nose 等导出了在临界点附近树脂溶液分相界面的界面张力公式：

$$\gamma=\frac{2}{3}\phi^{*\ 1/2}kT^*(\overline{h_0^2})^{1/2}\times\frac{x^{1/2}}{V}\times\left(1-\frac{T}{T^*}\right)^{3/2} \tag{4-69}$$

式中，ϕ^* 为树脂临界体积分数；$\overline{h_0^2}$ 为无扰均方末端距；V 为链段体积（与溶剂分子体积相近）；x 为单个树脂链所含的平均链段数。

可见，温度越高，界面张力越低。当温度达到相转变温度 T^* 后，两相融合，界面张力消失。对于最低临界共溶温度（LCST）体系，它是随着温度的升

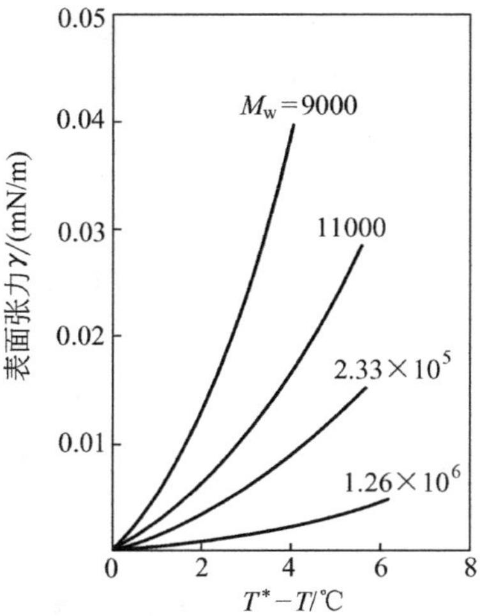

图 4-22　PS/甲基环己烷溶液在相分离温度 T^* 附近界面张力的变化

高而产生相分离的，此时，温度的影响恰好相反。在低温下体系为混溶体系，在升高温度时体系才发生相分离。分离的两相间的界面张力同样很小。

四、树脂固溶体的表面张力

合成树脂具有多分散性，因此在树脂本体中，各处结构上的差别、分子量的差别及密度上的差别，将导致各处表面张力不同。低表面张力的部分将随着时间的延长而逐渐迁移至表面，使表面张力继续降低。一般非结晶相部分、分子量低的组分、含有烃基或氟烃基和有机硅等基团组分的表面张力较低，因而在材料的表面往往会聚集覆盖一层低分子量的、以烃基为主的无定形层，使高分子材料表面密度总是低于体相晶态的密度，极性也往往较低。随着时间的推移，这些低表面张力组分还将陆续向表面迁移，导致材料的表面张力还会有所下降。

对于高分子共聚物、共混物等这类含有若干种结构单元的体系，可以把它看成是高分子的固体溶液。和小分子溶液一样，在这些体系中，低表面张力组分总是优先吸附于表面，以降低体系的表面自由能。

对于无规共聚物，其表面张力与各结构单元均聚物的表面张力有关：

$$\gamma = x_1\gamma_1 + x_2\gamma_2 \tag{4-70}$$

式中，x_1、x_2 表示结构单元的摩尔分数。无规共聚后，不同表面张力的单元被固定并分散于链中，构象调整受到极大的限制，因此妨碍了低能组分链段向表面的迁移。这样，这类聚合物没有表面活性，如图 4-23 所示。

对于嵌段或接枝共聚物，其低能组分表现出明显的表面活性，这是由于处于嵌段或接枝部分的低能组分有足够的长度，它们可以独立于分子的其他部分积聚到表面上，并形成定向结构，从而使体系的表面张力降低。如由具有较高表面张力的氧乙烯基嵌段 E 和具有较低表面张力的氧丙烯基嵌段 P 组成的 EPE 嵌段共聚物，就有明显的表面活性（图 4-24）。当 P 嵌段聚合度达 56 以上时，嵌段聚合物的表面张力实际上等于 P 段均聚物的表面张力。

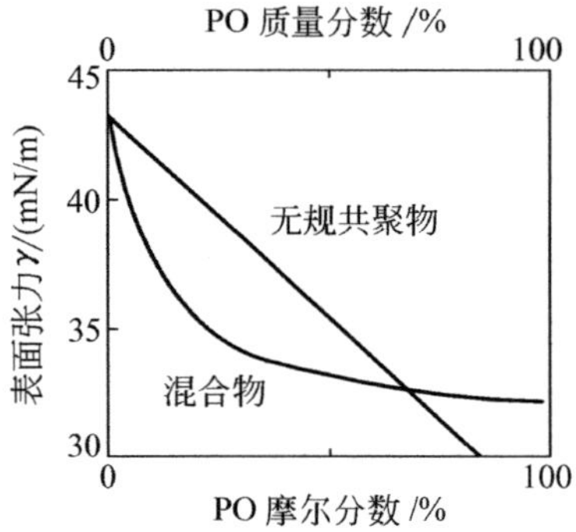

图 4-23　无规共聚与共混物的表面活性比较

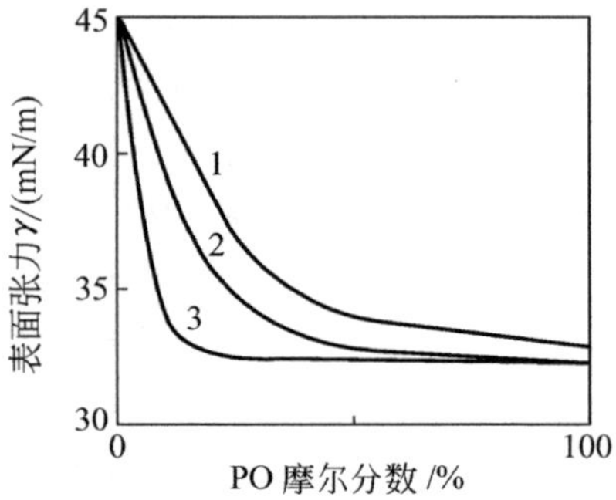

图 4-24　嵌段共聚物组成与表面活性

氧乙烯-氧丙烯-氧乙烯（EPE）嵌段 P 段聚合度为：1—DP=16；2—DP=3；3—DP=56

而当树脂共混时，无论是相容或不相容，都显示出显著的表面活性，只是不相容的混合物比相容体系的混合物的表面活性更为显著。不相容混合物由于其具有多相结构，使其表面活性变得更为复杂。由聚氧乙烯-聚氧丙烯和环氧氯丙烷组成的相容混合物表面活性如图 4-25 所示。表面活性随分子量的增加而增加，显然这是不相容性增加的缘故。

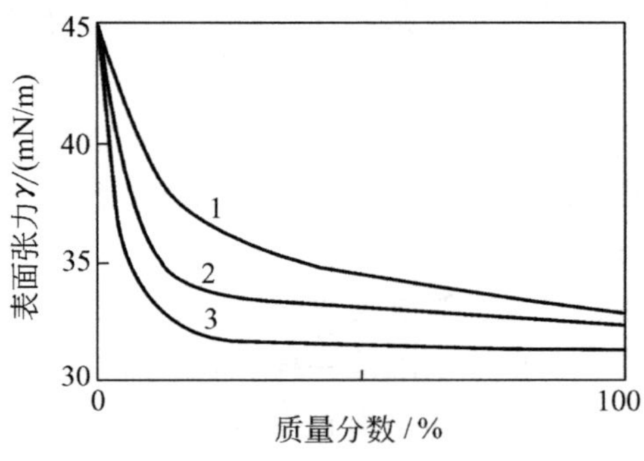

图 4-25　相容均聚物共混的表面张力

1—PEG300＋PPG425；2—PEG2025＋PECH1500；3—PEG4000＋PECH2000

两个互溶混合物的表面张力可用 Belton 和 Evans 方程描述：

$$\gamma=\gamma_1+\frac{kT}{A_0}\ln\frac{Y}{1+(Y-1)x_1} \tag{4-71}$$

式中，$Y=\exp[A_0(\gamma_2-\gamma_1)]$；$x$ 为摩尔分数；γ_1 和 γ_2 为纯聚合物的表面张力；A_0 为一个分子所占据的表面积；k 为 Boltzmann 常数。

上述结果表明，不相容的共混物的表面活性高于相容共混物，又高于接枝共聚物和嵌段共聚物，而无规共聚物表面活性最低。低表面张力组分向表面迁移的能力也是按上述同样的顺序递减的。

在涂料中往往还有很多添加剂。低能添加剂可以大大降低涂层的表面张力，例如，氟碳表面活性剂、含硅表面活性剂等消泡剂、流平剂的加入都会使涂层的表面张力大大降低。添加剂迁移至表面的速率是由扩散控制的，表面张力的变化速率为：

$$\gamma = \gamma_0 - 2RTc_0\left(\frac{Dt}{\pi}\right)^{1/2} \tag{4-72}$$

式中，γ 为 t 时刻的表面张力；γ_0 为 $t=0$ 时的表面张力；c_0 为添加剂在本体相中的浓度；D 为扩散系数；π 为圆周率。

了解了这些结果对于研究多分散体系的稳定性是有用的。例如，在涂料配方中，颜料、基料和溶剂是三个基本组分，三者间的相互作用能力应相近，相容性匹配良好，方能保证颜料在基料溶液中的分散性。如果表面张力匹配不好，相互作用又较弱，则低表面张力的组分将向表面迁移而造成起雾或发汗，或者颜料絮凝而沉底等不良现象。尤其是体系中需要添加乳化剂、流平剂等这种低表面张力的表面活性剂，这些助剂向表面的迁移和在表面的驻留将会对涂层表面产生不良影响。为了克服这一弊端，人们设计制造了大分子表面活性剂来减缓其迁移速率，或者设计成可反应型表面活性剂，使之与树脂发生化学作用而停留在体系内部。一些涂料运用这一原理被设计成两相体系，涂装后，通过低表面张力组分向表面迁移实现双层涂布的效果。如自分层型阴极电泳涂料就设计了表面张力不同的组分体系，在固化过程中产生相分离时，表面张力小的、耐候性好的丙烯酸树脂向表面迁移，而表面张力大的、耐蚀性好的环氧树脂沉于底层。

第六节　动态界面与涂膜缺陷防控

从前面的讨论中，我们已经得出了如下结论：①表面张力使液体具有最小的表面积，它使不平整的表面趋于平整，使自由液滴趋于球形；②表面张力与分子间的作用力有关，分子间的作用力越大，表面张力越高；③表面张力与温度有关，温度越高，表面张力越小；④弯曲表面中，凸表面液体的挥发性较大，而其蒸气则易在凹表面液体上凝结；⑤由多组分构成的体系中，低表面张力物质易迁移至表面，使体系的表面张力降低；⑥两种不相混溶的液体接触时，低表面张力的物质易在高表面张力的物质表面上铺展，而高表面张力的物质则不会在低表面张力的物质表面上铺展。

以上讨论的只是平衡时的界面现象，而动态的界面在工农业生产及日常生活中也是非常重要的，如蒸馏、气体吸收、挥发、液-液萃取等质量传递过程就涉及不平衡界面现象。受压力、组分变化的影响会产生溶剂挥发、低表面张力物质向表面迁移等动态现象，物质在传质过程中，原有的秩序被打乱，原来的平衡被破坏，从而将引起物质、能量的转移并建立新的平衡。在分散体系的形成和破坏中，界面运动的不平衡状态也起着决定性的作用。体系中存在的表面张力不平衡而造成的物料流动，又将引起一系列实际问题。在涂料成膜过程中，随着涂膜的铺展和溶剂的挥发，涂层的界面特性也不断发生改变，所引起的物料流动将对涂膜的完整性产生破坏。因此，研究这些动态过程对涂料表面特性的影响，分析其成因，研究相应的对策，将有助于对涂层表面进行控制，防止涂膜缺陷的发生。

一、流平

表面张力可以使自由液滴趋于球形，也可以使大面积的液体趋于平整。在涂料涂布过程中，不可避免地会在涂层表面留下诸如波纹、沟壑等涂刷痕迹。由于表面张力的作用，液态涂层具有流平的动力，它尽量使涂层收缩成表面最小的形状，从而把有皱纹、沟痕、条痕或脊纹的表面流平成光滑平坦的表面。在此过程中，重力对流平的贡献与表面张力相比是很小的，可以忽略不计。在天花板上的涂层同样可以流平。

例：假定某涂料表面张力为 50mN/m，涂装时表面凸起近似半球形，其半径为 0.01cm，则表面张力产生的附加压力为：

$$\Delta p_S = \frac{2\gamma}{r} = \frac{100 \times 10^{-3}}{0.01 \times 10^{-2}} = 1 \times 10^3 (\mathrm{Pa})$$

而由重力产生的势能为：

$$\Delta p_G = \rho g h = 1 \times 10^3 \times 9.8 \times 0.01 \times 10^{-2} = 0.98 (\mathrm{Pa})$$

可见，表面张力产生的附加压力约为重力势能的 1000 倍。刷痕形成的表面凸起半径越小，附加压力越大，而重力势能越小，二者的差别也就越大。

表面张力引起的附加压力和重力一样，都使凸处下降，凹处上升，是流平的动力，而表面张力所起的作用远高于重力的影响。表面凹凸半径越小，表面张力所起的作用就越大。

假定涂料的表面张力不随时间而改变或改变很小，则根据流动方程，人们推导出了一个流平的基本方程：

$$\ln \frac{a_0}{a} = \frac{16\pi^4 \gamma x^3}{3\lambda^4} \int \frac{\mathrm{d}t}{\eta} \tag{4-73}$$

式中，a_0 为涂膜的起始振幅；a 为 t 时刻的涂膜振幅；λ 为涂膜表面波形的波长；x 为涂膜的平均厚度（如图 4-26 所示）；γ 为涂膜表面的表面张力；η 为体系的黏度。

这一公式反映了表面张力对流平的影响。可见，涂膜的表面张力越大，达到流平所需的时间越短。它还同时反映出涂膜的厚度和涂膜表面波形的波长对流平的影响。厚度增加 1 倍，流平时间将缩短为原来的 1/8；而波长扩大 1 倍，将使

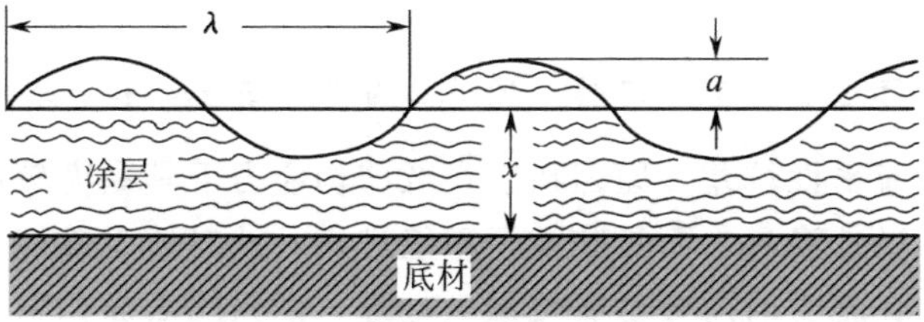

图 4-26　湿涂膜的涂层截面示意图

流平时间延长 16 倍。

如果把 η 视为常数，则上式可简化为：

$$\Delta t=\frac{\lambda^4\eta}{225.6\gamma x^3}\lg\frac{a_0}{a} \tag{4-74}$$

但涂料体系属于非牛顿流体，往往还是触变性流体，加上溶剂挥发的影响，在流平过程中，其黏度不是一成不变的，黏度的分布逐渐变化，剪切应力也同时改变。Casson 方程可以较为精确地描述黏度随剪切应力变化的情况：

$$\eta=\frac{\sigma}{\dot{\gamma}}=\left(\frac{\sigma_y^n}{\dot{\gamma}}+\eta_\infty^n\right)^{\frac{1}{n}} \tag{4-75}$$

式中，n 为常数，对大多液态涂料而言，n 值约为 0.5；η_∞ 为剪切速率 $\dot{\gamma}$ 趋于无穷大时的黏度，通常需在 $\dot{\gamma}$ 大于 20000/s 时测定；σ_y 为屈服应力。随着流平的进行，剪切速率越来越低，涂膜的黏度也就越来越大，因此，要达到完全流平所需的时间，从理论上讲，为无穷大。市售流平度标准板中有 9 个等级，终级为<0.5μm。所以，流平的终点一般选为 $a=0.5\mu m$。此时，人们用肉眼已很难观察出表面的不平整性。

例：$a_0=0.0080$ cm，$x=0.01$ cm，$\lambda=0.1$ cm，$\gamma=35$mN/m，求：①半衰期 $1/t_{1/2}$ 与 η 的关系；②达到流平终点时半衰的次数，以及流平时间与 η 的关系；③若 $\eta=1.0$Pa·s(10p) 和 100Pa·s(1000p)，分别计算半衰和流平时间。

解：① $t_{1/2}=\dfrac{\lambda^4\eta}{225.6\gamma x^3}\lg2=\dfrac{(0.1\times10^{-2})^4\eta\lg2}{225.6\times(35\times10^{-3})\times(0.01\times10^{-2})^3}=0.038\eta$

② $\dfrac{a_0}{a_t}=\dfrac{0.0080}{0.5\times10^{-4}}=160$

需半衰次数 $n=\dfrac{t}{t_{1/2}}=\dfrac{\lg(a_0/a_t)}{\lg2}=\dfrac{\lg160}{\lg2}=7.32$（至少 8 次）

完全流平时间：

$$t=\frac{\lambda^4\eta}{225.6\gamma x^3}\lg\frac{a_0}{a_t}=\frac{(0.1\times10^{-2})^4\eta\lg160}{225.6\times(35\times10^{-3})\times(0.01\times10^{-2})^3}=0.28\eta$$

③ $\eta=1$Pa·s 时，$t_{1/2}=0.038$s，$t=0.28$s；而当 $\eta=100$Pa·s 时，$t_{1/2}=$

3.8s，$t=28s$

由于 η 在实际过程中不是定值，因此，分步计算 $t_{1/2}$ 和 t 是明智的。

乳胶漆一般流平性较差，原因在于在低剪切应力下其黏度较高，当刷涂于多孔基材时，水相迅速渗入，而乳胶粒子不能进入，此时体系黏度会更高，流平更差。所以乳胶漆在施工前需要对底材做预处理，以封闭表面孔隙。

二、贝纳德旋涡

1900 年法国物理学家 Bénard（贝纳德）观察到在湿膜底部加热时，处于膜体下面的溶剂迅速扩散迁移至表面而挥发，在膜表面上形成正六边形对流胞，如图 4-27 所示。这种对流形式导致原本平整光滑的表面产生蜂窝形外观。人们把这种对流胞称为贝纳德旋涡或贝纳德原胞（Bénard cell）。

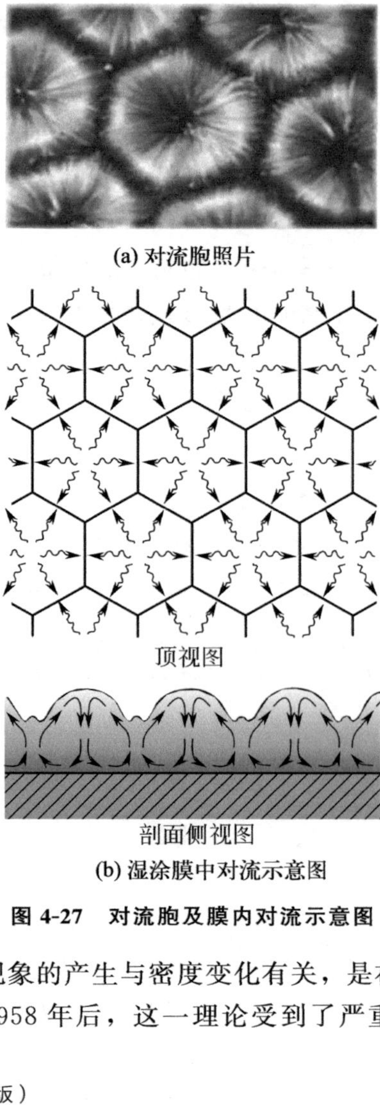

图 4-27　对流胞及膜内对流示意图

早期人们认为这种现象的产生与密度变化有关，是在重力和浮力的共同作用下由对流运动产生的。1958 年后，这一理论受到了严重的质疑。因为人们发现在贝纳德旋涡形成过程中，液体的表面张力起了不可忽视的作用。为了证实这一点，科学家们在“阿波罗 14 号”（Apollo 14）登月飞船的无重力环境下进行了贝纳德实验，结果发现在重力和浮力都不存在的环境中依然可以出现贝纳德旋涡，证明这一现象主要是由界面张力的变化引起的。

如图 4-28 所示，由于加热等轻微扰动，底部液体温度升高，引起对流，底部物料从底层向上迁移到达 P 点。因为界面张力随温度上升而下降，所以到达 P 点的物料的表面张力与周围物料相比较低，周围物料对 P 点物料产生沿界面的横向外力，引起该处物料向外流动，流动时又带动一些物料一起迁移；同时底部被加热的温液继续上升至表面，加强了初始的流动。这样最初不流动的液层变得不稳定，在界面上形成对流状态，从而提高了热传递效率，加强了物料的进一步流动，其结果便形成了蜂窝状的贝纳德旋涡。可见，热对流造成了表面物料间的表面张力差异，表面张力差异又造成了物料的流动，物料的流动进一步加强了热对流，如此往复而产生了贝纳德旋涡。

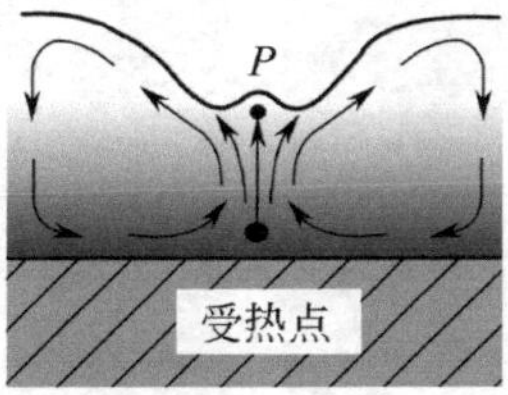

图 4-28　下面加热或上面冷却的薄层液体流动

若在涂层表面进行加热，则虽然存在热对流，但表面物料的表面张力梯度将抵抗初始流动，体系就稳定得多。

贝纳德旋涡在涂膜形成过程中可能带来不良的后果，例如，在低黏度快速挥发的硝基漆膜表面上可以观察到湿膜表面似乎形成一些沸腾的微小火山，向外喷出漆料，这些漆料依次从每个火山口向其喷射中心外围铺展，最终形成蜂窝状的不平整表面，俗称“橘皮”（图 4-29）。橘皮的产生可能是由操作不当、配料不佳或环境因素造成的，如不适当的喷涂操作、不正确的雾化、基料没有完全分散开、喷漆黏度过稠或者稀释不当、喷涂环境通风过度等。对这一现象，常采用加入极少量的有机硅助剂以急剧降低表面张力，并配以少量的挥发较慢的溶剂以降低挥发速率，可以有效地消除橘皮。

当溶剂和其他基料流到这些贝纳德旋涡中心的表面时，也带来悬浮的颜料。由于颜料粒子的输送比率不同，相应会出现不同类型的颜料分散过程，较细较轻的颜料粒子较易被运送，而较粗较大的粒子则滞留在底部，其最终结果是一种类型的颜料在表面上呈现较高的浓度而产生发花或浮色等不良后果（图 4-30）。因而在选择颜料时，应尽量避免各种颜料粒径及相对密度间的差异。

另外，也有些时候，人们反而要利用贝纳德旋涡，以产生锤纹漆等特殊的艺

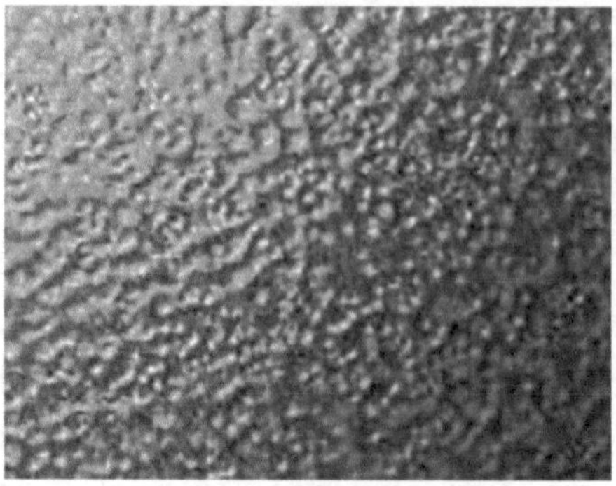

图 4-29 橘皮示意图

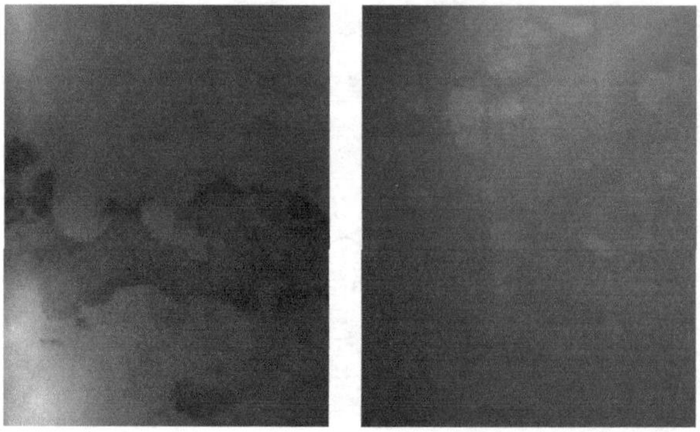

(a) 浮色　　(b) 发花

图 4-30 浮色和发花示意图

术效果，这另当别论。这时，涂膜必须比较薄，溶剂挥发速率介于中等偏快的范围内，如用甲苯等作溶剂，用超细的不漂浮型铝浆着色，可以提高锤纹效果(图 4-31)。此类涂料被称为“艺术漆”。

图 4-31 锤纹漆示意图

三、缩孔

刚施工的新鲜湿涂膜很容易受各种表面不良因素的影响。例如，当某些污染物质或冷凝的溶剂蒸气液滴等滴落在液膜表面上时，会在膜表面迅速展开，排出很多液体涂料，形成表面凹陷，俗称“缩孔”。在圆孔内留有颗粒的有时又会被称为“鱼眼”(图 4-32)。产生缩孔的物质称为缩孔施主。缩孔是涂膜表面出现的各种不规则凹陷的总称，从形状上可分为平面式、火山口式、点式、露底式和气泡式等，如图 4-33 所示，因此又有抽缩、凹洼、陷穴、凹坑、麻点、火山口等多种名称。通常以一滴或一小块杂质为中心，周围形成一个环形的棱。其过程如图 4-34 所示。

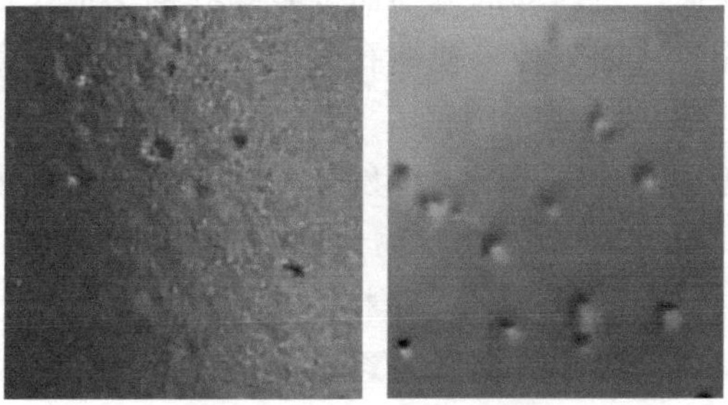

图 4-32　鱼眼示意图

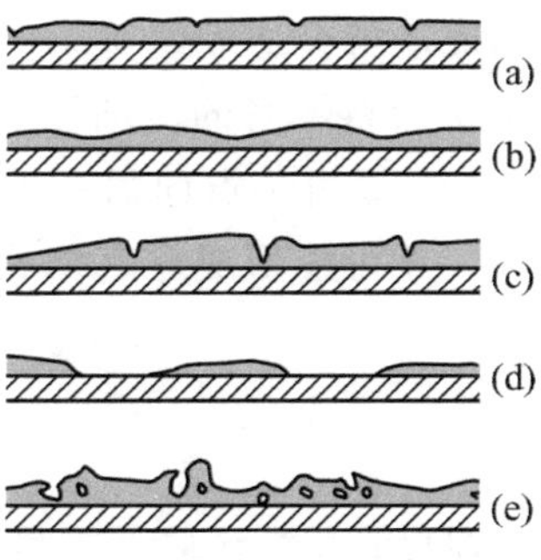

图 4-33　各种缩孔截面示意图

(a) 平面式；(b) 火山口式；(c) 点式；(d) 露底式；(e) 气泡式

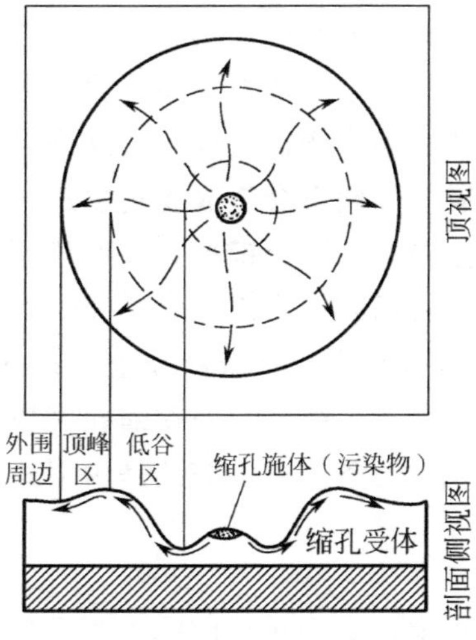

图 4-34　涂层缩孔的顶视图和侧视图

出现这种现象与缩孔施主的低表面张力有关。如果其表面张力较高，根据液-液界面理论，则不可能展开并形成缩孔；只有在施主表面张力较低时才有可能在湿膜表面铺展造成缩孔。

引起缩孔的原因很多，可以从涂料配方、涂料施工等方面加以分析。

涂料配方中，如果各组分表面张力不匹配，就有可能产生缩孔。在涂膜涂布的过程中，由于产生了巨大的新鲜表面，因而涂料内部具有低表面张力的组分将吸附至表面层，并且带动部分物料向周边迁移。这种流动所带动的物料流动有可能形成缩孔。这种吸附过程是一个时间过程。若体系的黏度很小，体系能很快流平；若体系的黏度很大，表面吸附和物料流动过程很慢，则形成缩孔的可能性较小。只有在黏度适中或偏低的时候，才会产生缩孔。

外界的物理扰动也会使表面组成发生变化，造成涂膜表面的表面张力分布不均匀，各处表面张力不相等。低表面张力部分将向高表面张力处迁移，并带动部分涂料一起迁移，从而产生局部的流动而导致缩孔的形成。如果液膜足够厚，则液体可以从底部补充进入凹陷处，使缩孔弥合。但若液膜较薄，没有液体可以补充，则将形成永久性缩孔。

在涂层干燥过程中，如果因溶剂挥发而产生表面张力梯度，则也有可能造成缩孔。设溶剂的表面张力为 γ_1，成膜物质的表面张力为 γ_2，底材的表面张力为 γ_s。若 $\gamma_1<\gamma_s<\gamma_2$，当涂料涂布时，涂料的表面张力 $\gamma_c=\gamma_1<\gamma_s$，则涂膜可以铺展；随着溶剂的挥发，涂膜的表面张力逐渐提高，当其表面张力 γ_c 达到 γ_s 甚至超过 γ_s 时，即有可能产生缩孔。但若此时体系的黏度已极大，表面张力不足以拉破涂层，就可避免缩孔。而若 $\gamma_2<\gamma_1<\gamma_s$，当高表面张力的溶剂挥发时，由于成膜物质的表面张力低于底材，因此不会对铺展性产生影响，且表面组成中溶剂的含量少，它的挥发不会产生显著的表面张力梯度，产生缩孔的可能性不大。

外来污染物也一样。若外来污染物的表面张力 $\gamma_3>\gamma_c$，则它不会在湿涂膜表面铺展，因此不会造成物料的迁移；而若污染物是低表面张力物质，则它将在高表面张力的涂层上铺展，并取代原表面，这种不规则流动就会造成缩孔。

当表面存在表面张力梯度时，缩孔的形成还取决于涂料本身的流动性。Fink 和 Jensen 指出，在湿涂膜上表面张力梯度的作用下，流体由一点向另一点流动时，就会产生缩孔。而在缩孔区域内，如果流动量大，还可能形成露底缩孔。所以，在一定条件下，缩孔是由下式决定的：

$$Q=\frac{h^2}{2\eta}\Delta\gamma \tag{4-76}$$

式中，Q 为单位时间内流动的涂料量；h 为湿膜厚度；η 为涂膜的黏度；$\Delta\gamma$ 为横截面上的表面张力梯度。由此可知，要减少缩孔，就应该使涂料的流动性小，而流动性的大小，又取决于涂膜厚度、涂层黏度及表面张力梯度。

通过以上分析，总结缩孔产生的原因可能是：①涂料配方中，各组分的表面张力不匹配，体系中低表面张力组分如各种表面活性剂含量过多、溶剂表面张力低于其他物质的表面张力等，均容易造成缩孔；②底材本身表面张力太低或涂料表面张力太高造成涂料对底材润湿不良；③底材上有油污，造成局部表面张力过低，使涂料润湿涂布不良；④不同花色品种涂料混用时，喷涂漆雾相互干扰，低表面张力漆雾在高表面张力涂料上造成污染；⑤外来污染物造成的影响，如衣帽不洁、环境不洁、施工设备不洁等；⑥调黏度时有油、水等物质带入；⑦原涂料及稀释料在包装运输或贮存等过程中混入了油、水、尘埃等杂质；⑧湿膜过厚，黏度过小等。

防止缩孔的形成需要认识产生这种弊病的原因。如果由外来缩孔施主所致，则需小心防止表面污染。若这种方法行不通或缩孔是自发产生，则需重新调整配方。如果是溶剂的表面张力过低造成的，则可以通过添加具有低表面张力的表面活性剂和具有良好相容性的表面控制剂来降低液膜的表面张力，使其低于缩孔施主的表面张力；但如果添加量过多，则会因体系中表面张力不匹配而适得其反。因为在涂料组分中表面活性物质在涂料涂布过程中形成大量新鲜表面时，会从体相中吸附表面活性剂；同时，大量的表面活性剂可能与涂料存在不相容性，在涂料干燥过程中，其浓度发生变化，超出其溶解度，生成少量不溶的液滴，就会导致缩孔。例如，涂料中加入过量硅油就易产生缩孔。

提高体系的黏度也有利于消除缩孔。但黏度过大，也会导致流平不良，结果反而适得其反。

四、厚边

在涂料施工成型过程中，常常会出现样板或部件边缘有涂料堆积、边缘增厚现象，即使湿涂膜本身十分均匀、无流挂、无厚边等现象，但在烘烤或干燥过程中，往往也会出现一种称为“画框”形式的厚边现象。

这种现象也是由表面张力梯度引起的。

我们已经知道，溶剂的蒸气压与其所处的液面状态有关。凸表面的蒸气压高于平表面的蒸气压，凸表面的曲率半径越小，蒸气压越大。因此，在样板或部件边缘处，涂膜呈凸表面状态，其曲率半径较小，因此，该处的溶剂常常挥发得较快。如果溶剂的表面张力低于体系树脂及颜料的表面张力，边缘处的表面张力增加比内部多，就会出现从边缘到内部表面张力逐渐降低的梯度，中部低表面张力的部分便向边缘高表面张力处流动，造成边缘增厚现象（图 4-35）。

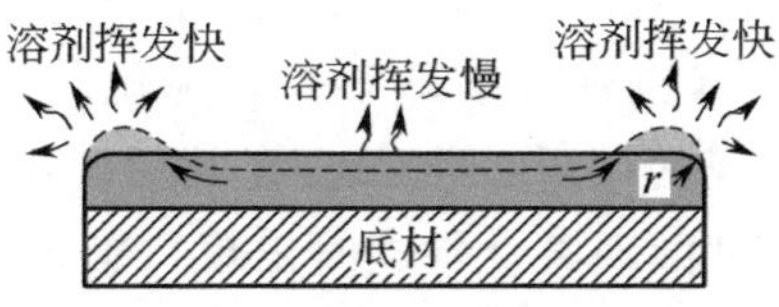

图 4-35　涂膜厚边缺陷示意图

要克服涂膜厚边缺陷，有两种方法。一种是在涂料配方中，尽量使溶剂的表面张力与体系中其他组分的表面张力相等，或者高于其他组分的表面张力。这样在溶剂挥发过程中，不会产生挥发快的边缘表面张力升高问题，也就防止了表面张力梯度的产生。第二种方法则是在涂料体系中加入一些低表面张力的表面活性剂，这样在溶剂挥发后，体系仍能保持原有的表面张力，这也可以明显降低表面张力梯度，从而改善其整体的流平性。

五、凹凸表面

在涂膜施工过程中，初始表面不平整，本应流平的涂膜，随着溶剂的挥发，体系非但没有流平，反而越来越差，导致不平整现象加重，产生凹处更凹、凸处更凸的缺陷。其原因与表面张力梯度有关。当体系中溶剂的表面张力低于其他组分的表面张力时，就会出现这种缺陷。我们知道，凸表面处溶剂的饱和蒸气压比较高，因此凸表面处的溶剂比凹表面处溶剂挥发得快，因而隆起处也具有较高的表面张力，其结果将形成从凸处到凹处的表面张力梯度，凹处的涂膜将向凸处迁移，从而造成凸处更凸、凹处更凹的现象（图 4-36）。这种作用与总的流平动力相对抗，就产生了凹凸表面的弊病。

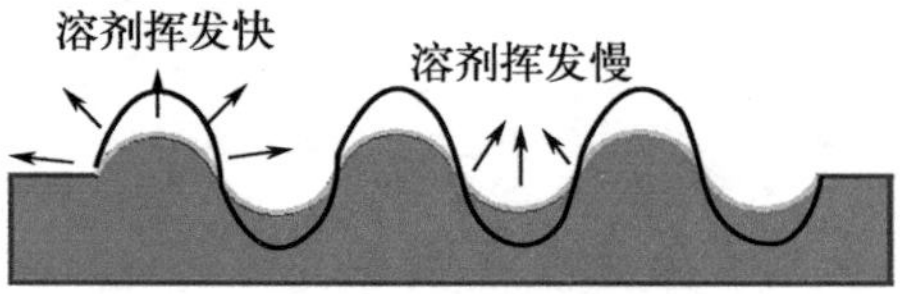

图 4-36　涂膜凹凸缺陷示意图

克服上述这种涂膜弊病的方法与消除厚边缺陷的对策一样，既可以在配方中使溶剂的表面张力等于或高于体系中其他组分的表面张力，也可以在涂料中加入一些低表面张力的表面活性剂，使得体系在溶剂挥发后仍能保持原有的表面张力，从而防止出现表面张力梯度，使涂料在流平动力的作用下最终达到流平的目的。当然，如果表面活性剂加入过多，则有可能产生缩孔，需要在配方时加以注意。

六、露边（角）

由于表面张力总是使液体涂膜具有最小的表面积，因此，在尖棱边缘处涂料就会通过露边（角）现象（也称“缩珠”）来降低其表面积，造成边缘覆盖不良。而伴随着这种现象出现的同时，常常会在其后面出现厚堆积，形成“画框”形式的表面缺陷。过厚或过薄现象常常同时出现，影响外观和性能。对于这种情况，可以通过添加少量硅油等表面活性剂来加以改善，但这只能降低表面张力，减弱这种现象的程度，而使涂料降低其表面积的力依然存在。因此，提高黏度是常用的手段，如可以加入触变剂，使漆料在静置时能迅速增大黏度，阻止由表面张力导致的涂料从边缘区向内的流动；或者在溶剂挥发一定程度后再针对边角进行施工；对底材进行打磨，增大流动阻力，也可以有效阻止漆料的流动等。

七、其他涂膜缺陷

涂料在生产、贮存和涂装施工与使用过程中，都会因各种原因而产生缺陷。通常我们将涂料和涂装缺陷分为三大类。

第一类：涂料在生产和贮存过程中产生的缺陷，如胶化、增稠、发浑、结皮、浮色、发花、混色、颜料分散不良、沉淀、结块、返粗、析出等；

第二类：涂装过程中产生的缺陷，包括流挂、发白、渗色、浮色、跑油、不干、软化、返黏、起皱、咬底、橘皮、缩孔、收缩、针孔、露底、起泡、尘粒、露边、露角等；

第三类：涂料在使用过程中产生的缺陷，如变色和褪色、粉化、开裂、龟裂、泥裂、裂纹、层间剥离、脱落、起泡、生锈、腐蚀等。

一般来说，涂料产生缺陷的根本问题可归结为粒径、密度、黏度、表面张力、附着力和内聚力等重要参数。比如粒径主要影响涂料体系的动力学稳定性，也影响涂膜表面的光洁度；密度一方面影响涂料体系的动力学稳定性，另一方面也会影响色差和颜料的遮盖力；涂料体系的黏度则不仅影响涂料贮存稳定性，还与流平性能密切相关，涂装过程中的流挂、起皱、咬底等缺陷都与黏度有关；而表面张力则是影响涂料流动性和流平性的关键因素；附着力是涂料流平和涂膜使用过程中的重要影响参数。

我们已经讨论了表面张力对流平性的贡献，也讨论了它对露边（角）缺陷的影响。而表面张力梯度则是涂膜橘皮、发花、浮色、缩孔、厚边、凹凸表面等缺陷产生的根本原因。为了克服这些缺陷，通常可以采用在配方中尽量使各组分表面张力一致、在涂料体系中添加少量表面活性剂等方法。

其他很多缺陷还涉及涂膜与基底的附着力不佳（如脱落、剥落、脱皮、分层等弊病）、层间内聚力不一致（如龟裂、细纹等弊病）、基料选材不当（如粉化、变色或褪色、固化不良）、底材处理不当（如点锈、流挂、缩孔、起皮、针孔、气泡、渗色、发汗等）、施工不当（如水点、水斑、流挂、缩孔、起皱、咬底、溶剂泡、露底、漆雾等）、黏度调节不当（如流平不良、流挂、透色、丰满度不良等）等问题。

缺陷是外在的表现，寻找引起缺陷的原因才是解决问题的关键。但是，很多因素都可能造成同一种缺陷，也就是说，一种涂膜缺陷可能的引发因素有很多，可能是涂料配方的问题，也可能是操作的问题，还可能是环境的问题。到底是什么原因造成的，需要根据实际情况仔细分析、查找，根据它是偶然出现的还是经常出现的问题加以分类判断，才能找到问题的原因，从而解决问题。

实践思考

1. 为什么自由液滴必成球形？

2. （比）表面功、（比）表面自由能和表面张力的意义和单位有什么异同？

3. 液体的分子间有作用力，其表面有表面张力，这两种力有何联系？

4. 乙酸丁酯 25℃时的表面张力为 25.2mN/m，试估计在其沸点（125℃）时的表面张力值。已知乙酸丁酯的摩尔体积为 131.7cm^3/mol，并假定其不随温度而改变。

5. 在下图的装置上喷出两个大小不一的肥皂泡，然后打开活塞使两泡相通，试问会发生什么情况？最后两边的肥皂泡各成什么样子？试绘出简图，并讨论。

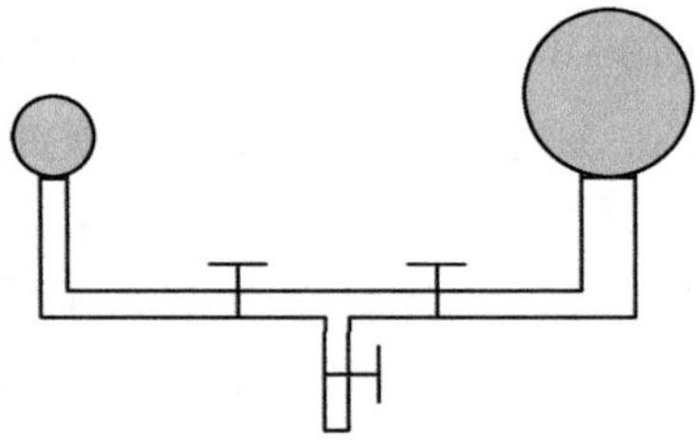

6. 在正常沸点时，如果水中仅含直径为 1.0μm 的空气泡，问空气泡内的附加压力为多少？欲使这样的水开始沸腾需过热多少摄氏度？已知水在 100℃时的表面张力为 γ=58.9mN/m，摩尔汽化热 ΔH=4.0656×10^{4}J/mol。

7. 为什么城市中的雾比农村的雾难消失？

8. 为什么有云未必成雨？如何使云变成雨？

9. 由曲率半径的正负号，比较在一定温度下，凸液面、凹液面与平面液体的饱和蒸气压的相对大小。

10. 25℃时，水的饱和蒸气压为 3.168kPa，求在该温度下，比表面积为 1.0m^2/g 的圆球形水滴的蒸气压（水在 25℃时的表面张力为 71.79mN/m）。

11. 今有形状各异但管径均匀一致且相同的毛细管插入水中，左边第一根毛细管中的弯月面是毛细上升的平衡位置，第二根内表面完全涂蜡成为疏水毛细管，第三根在第一根液面一半处涂蜡，第四根一半处半径扩大了 2 倍，第五根在一半液面处折断，第六根在不足原液面处开始变为弯管。试画出其他毛细管中液面应在的平衡位置和形状。

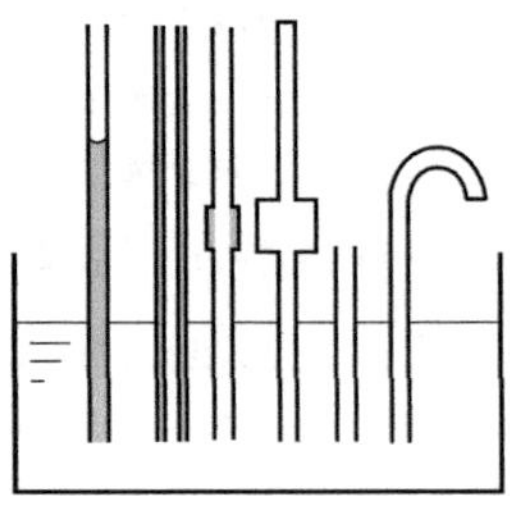

12. 试计算密度为 0.7893g/cm^3，表面张力为 22.75mN/m 的乙醇在半径为 0.2mm 的毛细管中上升的高度（假定管壁可被液体完全润湿）；将此毛细管洗净烘干后插入甲苯（密度为 0.87g/cm^3）上升高度是 2.90cm，求甲苯表面张力。

13. 一滴重张力计的滴口外径为 0.548cm，5min 内从该滴重张力计收集 12 滴溶剂，称重为 0.362g，计算溶剂的表面张力。

14. 25℃下分别用三种方法测定 1×10^{-4}mol/L 的油酸钠（一种表面活性剂）水溶液的表面张力，其结果如下：(1) 毛细管上升法，$\gamma=43$mN/m；(2) 滴重法，$\gamma=50$mN/m；(3) 静滴法，$\gamma=40$mN/m。试解释三种方法得出不同结果的原因，问哪种方法所得结果比较符合实际？

15. 在 19℃时，丁酸水溶液的表面张力及浓度的关系可以准确地表示为：

$$(\gamma_0-\gamma)/\gamma_0=b\ln(1+c/a)$$

式中，γ_0 为纯水的表面张力，$\gamma_0=72$mN/m；c 为丁酸浓度；a、b 为常数。

(1) 求此溶液表面吸附量 Γ 与浓度的关系。

(2) 已知 $b=0.182$，$a=0.051$mol/L，试求 $c=0.20$mol/L 时的吸附量 Γ。

(3) 丁酸在溶液表面的饱和吸附量 Γ_∞ 为多少？

(4) 假定饱和吸附时表面全部被丁酸分子占据，计算每个丁酸分子的截面积。

16. 25℃时，将少量的某表面活性物质溶解于水，当溶液的表面吸附达到平衡后，用一个很薄的刀片快速刮去 0.1mm 厚的已知面积的该溶液表面层，测得其中表面活性物质吸附量为 3×10^{-10}mol/cm^2。已知水在 25℃的表面张力为 72mN/m，假定在很稀的浓度范围内，溶液的表面张力与浓度呈线性关系，试计算该溶液的表面张力。

17. 涂料施工中表面张力梯度会引起哪些现象？在涂膜中可采取什么措施来防止这类弊病？

18. 已知水和辛醇的表面张力分别为 72mN/m 和 27mN/m，水-辛醇的界面张力为 9mN/m，试计算 (1) 水在辛醇表面的起始铺展系数；(2) 辛醇在水面的起始铺展系数；(3) 水和辛醇的内聚功；(4) 水和辛醇之间的黏附功；由此判定水在辛醇表面及辛醇在水表面能否铺展。

19. 试利用等张比容基团加和法，估算聚甲基丙烯酸甲酯的表面张力和溶度参数。已知其密度为 1.012g/cm^3(140℃)，$n=4.2$。

20. 在两支水平放置的毛细管中间各有一段液体，一个完全润湿，另一个完全不润湿。当在其右端加热时，管中的液体各向哪个方向移动？

第五章

固体的界面现象及在涂料中的应用

大多数颜料都是粉状固体，由于表面能及毛细黏着的作用，颜料粒子易发生团聚，呈絮团状结构，因此在使用前必须进行重新分散。颜料的分散是涂料配制过程中的重要步骤，是一个复杂的物理化学过程，需要通过润湿颜料粒子来排除粒子间的空气，通过调节粒子的表面电荷，破坏粒子间的絮团结构。该过程涉及颜料表面能、涂料在颜料表面的润湿性，以及为了改善其分散性而采取的表面改性措施等。而涂料在固体表面涂装时，也涉及固体表面的表面能、涂料对固体表面的润湿性和粘接力等问题。为了理解和说明这些现象，需要对固体的表面能、表面张力及其表面特点，以及固液之间的界面、润湿性等进行适当的讨论。

第一节　固体的表面

固体物质广泛存在于人类生产及生活的各个领域，它与气、液或固态物质相接触，可以形成多种多样的固体界面。无疑，研究固体的界面现象及界面性质是非常重要的。固体暴露于空气中的界面称固体表面。固体表面通常有以下几个特点。

① 固体表面分子或原子移动有困难　固体表面不像液体那样易于缩小和变形。当然固体表面上的分子或原子不能移动也不是绝对的，在高压下，几乎所有金属表面上的原子都会流动；在接近熔点时，固体表面上的高峰、棱角都会变钝或发生熔结现象；甚至两种金属相互接触时，会相互扩散到对方内部等，只不过这种现象需要相当长的时间才能观察到。

② 固体表面是不均匀的　固体表面通常不是理想的晶面，而是有台阶、裂隙、沟槽等缺陷的粗糙表面，即使是抛光过的很平滑的表面，也会有一定的不规整性。图 5-1 为抛光后的铝表面在高倍电镜下的照片，可以清楚地观察到沿加工方向起伏的纹路。图 5-2 是通过激光抛光和热化学抛光后的金刚石薄膜表面 SEM 和 AFM 图像。可以看出微观尺度上其表面仍是粗糙的。把表面上最高的峰与最低的谷之间的高度作为最大高度 h_{max}，然后引一个平分线，使上峰和下谷的总面积相等，将平分线与各个峰、谷之间的平均距离 h_{av} 定义为粗糙度。可见，h_{av} 值越大，表面就越粗糙。而粗糙度因子 τ 则定义为固体的真实面积与其表观面积之比。

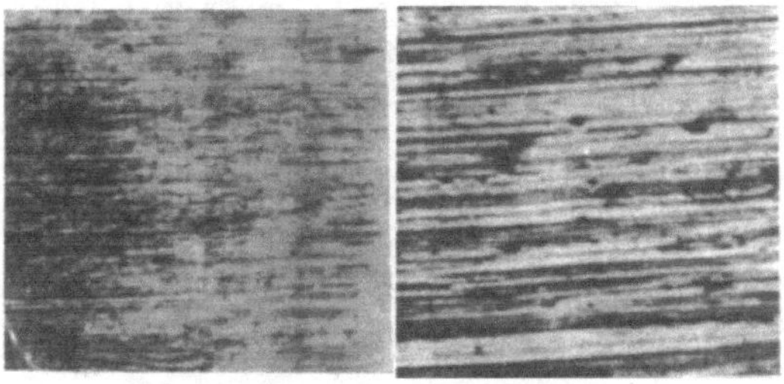

(a) 1000倍　　　　(b) 10000倍

图 5-1　抛光铝箔的电镜照片

(a) 10000倍SEM　　　　(b) AFM

图 5-2　抛光金刚石的 SEM 和 AFM 图像

③ 固体表面层的组成不同于体相内部　由于加工方式或固体形成环境的不同，固体表面层由表及里往往出现多层次结构。例如，研磨过的多晶固体，越接近表面，晶粒越细。而金属表面几乎都覆盖有一层氧化膜。因大气中的物质在固体表面上的吸附而造成的表面污染使固体表面组成及结构变得更加复杂，表面结构和组成的变化将直接影响其使用性能。

一、固体表面能与表面张力

和液体表面一样，固体表面上的原子或分子所受的力是不平衡的，所以固体表面同样具有表面能，它的性质只是在程度上和表现方式上与液体有所不同。

首先，由于固体物质的密度高于其在液体时的密度，所以其分子间作用力更大，使之比同样温度下的液态具有更高的表面能；其次，液体易于流动，可以通过减少表面积来降低表面能量，但固体中的分子难以移动，其表面不像液体那样易于缩小，而且由于固体表面不均匀程度远远大于液体表面，因而具有更高的表面自由能。通常以 $100mJ/m^2$ 为界，将固体分为两大类，小于 $100mJ/m^2$ 者叫作低能表面，如石蜡、聚苯乙烯等物质；而超过 $100mJ/m^2$ 甚至高达 $500\sim5000mJ/m^2$ 者称为高能表面，如各种金属、无机盐固体表面等。当把固体切开产生新表面时，所露出来的分子受力不均，它们将竭力自动调整分子间距，然而由于移动困难，于是外界切开固体所做的功就变为作用在表面分子上的能量，即表面能。而新生表面的能量同样可以转化为表面分子的应力，这种力称为表面应力。若单位长度上的表面应力为 σ，则沿两个新表面应力之和的一半即为固体的表面张力 γ：

$$\gamma=\frac{\sigma_1+\sigma_2}{2} \tag{5-1}$$

固体表面张力的测定比较困难，只能采用间接的方法，如拉力法、溶解热法、外推法和估算法等来推断。这些方法目前尚不完善，局限性较大，其结果也有较大的误差。例如，外推法是先将固体熔融，测定不同温度下液态的表面张力，再与温度作图外推至相应固体温度下的表面张力。由于液固表面性质有差异，显然用这种方法测得的结果只是近似值。

二、吸附现象

1. 气固表面现象

固体无法通过改变形状来减小表面能，但可以通过吸附其他气体分子来降低表面能，因而固体表面最显著的特点是具有吸附性。

将一块固体放入一个充满气体的密闭容器里时，可以看到气体的压力逐渐降低至某一个压力值，而固体表面的气体密度高于在气相中的气体密度，这一现象说明固体表面具有吸附气体的能力。这是由固体表面力场不均匀性所致。气体与固体接触可能有三种情况。第一种是化学反应，如水汽与 $CuSO_4$ 可以化合成 $CuSO_4 \cdot H_2O$、$CuSO_4 \cdot 3H_2O$ 等，其气体消耗量 V 与气体压力 p 间的关系如图 5-3(a) 所示，当压力 p 达到固体的分解压 p_d 时，水蒸气开始参加反应，进一步增大压力，气体消耗量 V_r 保持不变。第二种是吸收，如金属 Pd、Ni 等可以吸收 H_2，该过程在本质上与溶解是一样的，其气体消耗量 V 与气体压力 p 之间遵循 Henry 定律，成正比关系，如图 5-3(b) 所示，被吸收的气体在固相中的分布是均匀的。上述两种过程都是体相效应，达到平衡后，气体在固相中的浓度是一致的。第三种即吸附，气体吸附量 V 与气体压力 p 间的关系如图 5-3(c) 所示，如硅胶吸水等，在压力很低时，吸附量与压力呈直线关系，而当压力稍大时就偏离直线。吸附仅仅是界面行为，吸附后，固相内部并不发生变化，被吸附的气体只停留在固体表面。

有时吸附和吸收作用会同时发生，常用“吸着”二字总称。实际上，这些过程并不一定截然可分，例如，吸附的气体分子可能会扩散到固相内部，此时笼统地称之为吸着；有时吸附分子与固体虽然会发生化学反应，但这种反应仅限于表面，就称之为化学吸附，如铝的表面氧化等。通常，把在固体表面被吸附的气体称为吸附质，而把吸附的主体物质（固体）称为吸附体或吸附剂。

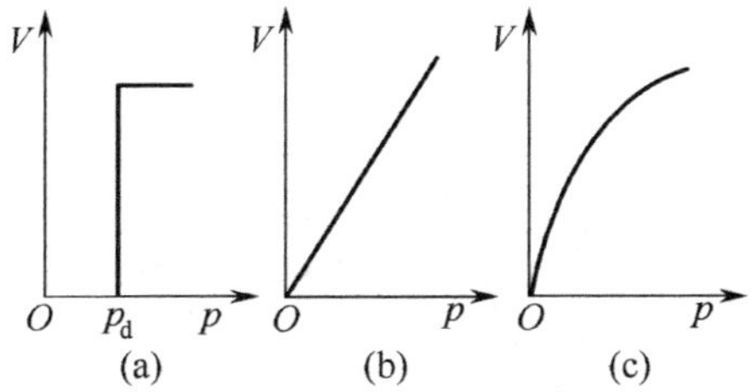

图 5-3 溶解化学反应和吸附的 *p*-*V* 曲线

2. 吸附类型

固体表面对于气体的吸附可分为物理吸附和化学吸附两大类。两者的不同主要在于所涉及的作用力不同。在物理吸附中，固体吸附剂表面与吸附质间的作用力是范德华力；在化学吸附中则涉及化学键，比范德华力强得多。两种吸附在许多性质上都有明显的差别（表 5-1）。但是，物理吸附和化学吸附间并没有严格的分界线，化学吸附有时也可以很快，也可以在很低温度下进行，某些物理吸附也可显示出化学吸附的速率慢、有一定的选择性等特征；两类吸附在许多情况下是相伴或者交替发生的，因温度等环境条件不同而改变吸附力的性质，各为主次。例如，氢在镍粉上的吸附，在低温下以物理吸附为主，随着温度的增加，吸附量逐渐减少；当温度进一步升高至氢分子活化温度时，开始产生化学吸附，吸附量也开始上升；再升高温度，化学吸附达到平衡，吸附量达到最高点；之后吸附平衡随着温度的升高而向解吸方向移动，吸附量又转而下降（图 5-4）；氧在钨表面上吸附时，有的呈分子状态（物理吸附），有的呈原子状态（化学吸附）。

表 5-1 吸附特征对比

主要特征	物理吸附	化学吸附
吸附力	分子间力	化学键力
选择性	不明显	显著
吸附热	液化热(0～20kJ/mol)	反应热(80～400kJ/mol)
吸附速率	快,易平衡	慢,难平衡
可逆性	可逆吸附	非可逆吸附
吸附层	单层或多分子层	单分子层
温度	低温容易	高温容易

三、吸附行为曲线

平衡时单位质量的固体所吸附的气体量 V 是温度和气体压力的函数，即 $V=f(p, T)$。通常采用指定温度下，气体吸附量 V 与气体压力 p 间的关系曲线，

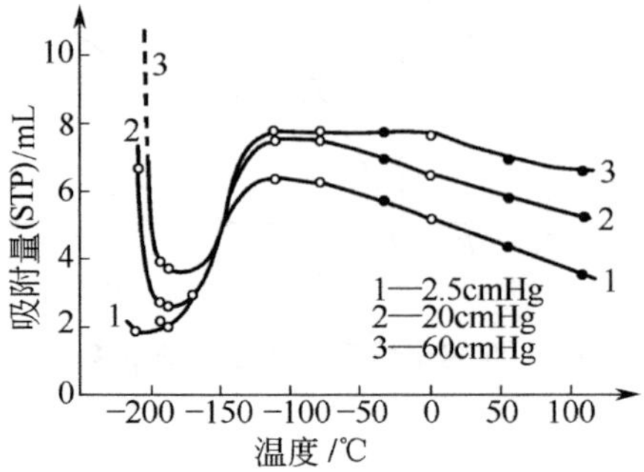

图 5-4　H_2 在 Ni 上的吸附等压线

1cmHg＝1333.2199Pa

即吸附等温线来研究吸附行为。

根据大量的研究，气体在固体表面上等温吸附时，其吸附量与压力的关系基本上可归纳为五种类型，如图 5-5 所示，图中 p_0 表示在吸附温度下，吸附质的饱和蒸气压，V 表示吸附量。这五种吸附等温线反映了五种不同吸附剂的表面性质、孔分布性质以及与吸附质相互作用的性质。

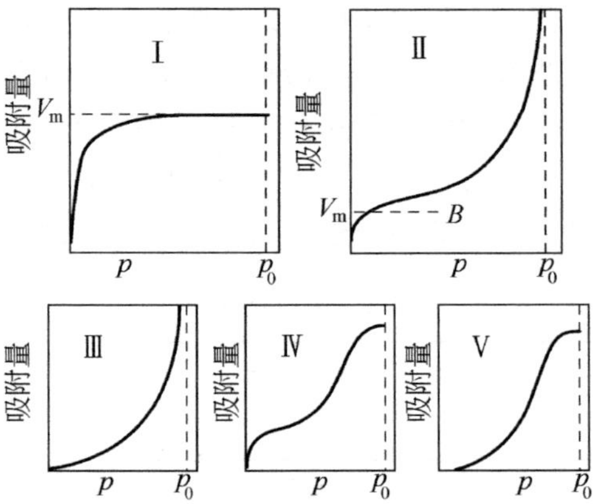

图 5-5　五种基本吸附行为类型

Ⅰ类：通常认为是单分子吸附，也称为 Langmuir 型吸附。例如，室温下氮在炭上的吸附，有机蒸气在活性炭上的吸附等。化学吸附通常也是这种等温线。此种等温线在压力远低于 p_0 时，固体表面就吸满了单分子层，此时的吸附量可称为饱和吸附量 V_m。

Ⅱ类：呈反 S 形，通常称为 S 形等温线。这种等温线是常见的物理吸附等温线，其特点是在低压下首先形成单分子层吸附（相当于 B 点，此时吸附量为 V_m）；随压力的增大逐渐产生多分子层吸附，当压力相当高时，吸附量又急剧上升，表明被吸附的气体已凝结成液相。如室温下水蒸气在特粗硅胶上的吸附、−195℃时 N_2 在铁催化剂上的吸附等温线等即为此类。

Ⅲ类：这类等温线比较少见，从曲线上可以看出，一开始就是多分子层吸附，而且凹型等温线表明吸附质与吸附剂之间的相互作用很弱。压力稍增加，吸附量即强烈增大，在接近 p_0 时，便和Ⅱ型相似，表明吸附质由多层逐渐变为凝聚。如低温下溴在硅胶上的吸附。

Ⅳ类：这种类型表明在低压下形成单分子层，凸型线表明吸附剂与吸附质间有相当强的亲和力。随着压力增大，由于吸附剂的孔结构产生毛细凝聚，所以吸附量强烈增大，最后由于毛细孔中均装满吸附质，故吸附量不再增加，达到饱和。如室温下苯蒸气在氧化铁凝胶上的吸附。

Ⅴ类：在低压下，凹型线表明相互作用较弱。随着压力增加，也产生多分子层和毛细管凝结。与Ⅳ一样，在较高压力下，吸附量趋于一个极限值。如 100℃ 水蒸气在活性炭上的吸附。Ⅳ和Ⅴ两种类型反映了多孔性吸附剂的孔结构。

根据以上分类，可以从吸附等温线的形状，大致了解吸附剂与吸附质之间的关系，以及吸附剂表面信息。

四、吸附等温方程

气固吸附特性除了可用吸附等温线来描述外，还可以用吸附等温方程来研究。由于吸附的复杂性，要想找一个能描述所有不同等温线的统一方程式是很困难的，现有的等温方程式只能对其中一种或几种等温线的某一部分做出定量处理。

1. Langmuir 等温方程

Langmuir 根据低压下气体在金属表面上的吸附数据（图 5-6），从动力学观点出发，认为气体在固体表面上的吸附是气体分子吸附与脱附两种过程达到动态

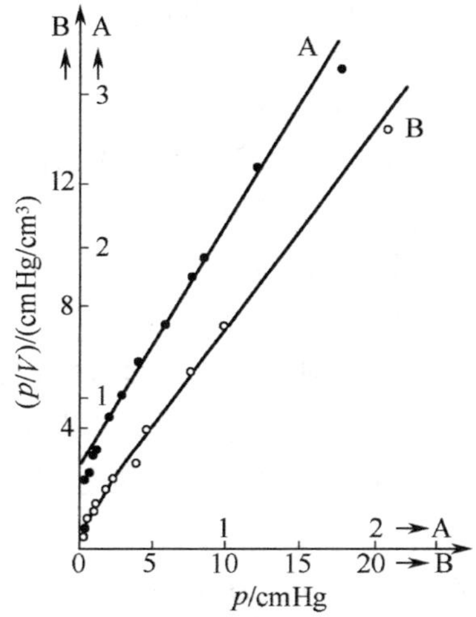

图 5-6　25℃ 下 H_2 在铜粉上的吸附等温线

1cmHg＝1333. 22Pa

平衡的结果。该理论假定：

① 吸附能力来自力场的不饱和。吸附只在空白位置（吸附点）上发生，每一个吸附点仅吸附一个分子，铺满一层后即达饱和，为单分子层吸附。

② 吸附剂表面是均匀的，吸附分子间无相互作用。在一定条件下，吸附与脱附间可以达到动态平衡。

设 θ 为覆盖面积百分数（或称表面覆盖率）、$1-\theta$ 为空白面积百分数（或空白率），则：

吸附速率 $$v_a = ap(1-\theta) \tag{5-2}$$

脱附速率 $$v_d = b\theta \tag{5-3}$$

式中，a 为吸附的速率常数，它的大小代表固体表面吸附气体的能力；b 为脱附速率常数；p 为气体压力。当吸附达到平衡时，

$$ap(1-\theta) = b\theta \tag{5-4}$$

整理后得：

$$\theta = \frac{ap}{b+ap} \tag{5-5}$$

令 $K_L = a/b$（平衡常数），则有：

$$\theta = \frac{K_L p}{1+K_L p} \tag{5-6}$$

此即 Langmuir 吸附等温式。

若以 V_m 和 V 分别表示固体表面吸满单分子层时的吸附气体体积和压力 p 时的平衡吸附体积，则表面覆盖率 θ 可用 V/V_m 表示，即：

$$\frac{V}{V_m} = \frac{K_L p}{1+K_L p} \tag{5-7}$$

也可将此式写成：

$$\frac{1}{V} = \frac{1}{V_m} + \frac{1}{V_m K_L p} \quad 或 \quad \frac{p}{V} = \frac{1}{V_m K_L} + \frac{p}{V_m} \tag{5-8}$$

以 $1/V$ 对 $1/p$ 作图或以 p/V 对 p 作图可得一条直线。由直线的斜率及截距可求得饱和吸附量 V_m 及平衡常数 K_L 值。

Langmuir 方程描述的是第Ⅰ类等温线，它既可以是物理吸附，也可以是化学吸附。这一模型仅是实际情况的理想化，大多数体系都不能在比较大覆盖度范围内符合该方程，而且温度越低或压力越高，偏差也越大。只有那些基本符合其假定的体系如硅胶吸附 O_2、CO_2 等，才能用该等温方程处理，并得到满意的结果。

一些研究表明，如果脱附速率与压力成反比，则

脱附速率 $$v_d = \frac{b\theta}{p} \tag{5-9}$$

吸附达到平衡时，

$$ap(1-\theta)=\frac{b\theta}{p} \tag{5-10}$$

整理后得：

$$\theta=\frac{ap^2}{b+ap^2} \tag{5-11}$$

同样令 $K'_{\mathrm{L}}=a/b$(平衡常数)，则有：

$$\theta=\frac{K'_{\mathrm{L}}p^2}{1+K'_{\mathrm{L}}p^2} \tag{5-12}$$

此即修正 Langmuir 吸附等温式。整理得：

$$\frac{1}{V}=\frac{1}{V_{\mathrm{m}}}+\frac{1}{V_{\mathrm{m}}K'_{\mathrm{L}}p^2} \text{ 或 } \frac{p^2}{V}=\frac{1}{V_{\mathrm{m}}K'_{\mathrm{L}}}+\frac{p^2}{V_{\mathrm{m}}} \tag{5-13}$$

以 $1/V$ 对 $1/p^2$ 作图，或以 p^2/V 对 p^2 作图线性可能会更好。以此直线所得斜率及截距求得饱和吸附量 V_{m} 及平衡常数 K'_{L} 值则更为准确。

2. BET 等温方程

20 世纪 30 年代末，美国的三位科学家 Brunauer、Emmett 和 Teller 将 Langmuir 理论推广到多分子层，导出了著名的 BET 方程。其基本假定为：

① 第一层吸附条件与 Langmuir 相同；

② 除第一层外，其他各层的吸附热都等于吸附质的液化热；

③ 在各层的水平方向上，吸附分子间没有相互作用；

④ 压力接近相应温度下气体的饱和蒸气压时，吸附量为无穷大。

根据以上假设，首先假定吸附模型如图 5-7 所示，固体表面为不同吸附层所覆盖，多层吸附借助范德华力进行，不一定在第一层吸满后才开始，有的可以同时进行。在一定温度下，当吸附达到平衡后，各层液化速率等于蒸发速率，气体的吸附量 V 等于各层吸附量的总和。根据上述多分子层吸附模型，经过数学推导，可得：

$$V=\frac{V_{\mathrm{m}}Kp}{(p_0-p)\left[1+(K-1)\dfrac{p}{p_0}\right]} \tag{5-14}$$

式中，V 和 V_{m} 分别表示平衡压力 p 时及吸附剂表面覆满单分子层时的吸附量；p_0 为吸附质的饱和蒸气压；K 为与吸附平衡常数有关的参数，在单层吸附时，与 Langmuir 平衡常数 K_{L} 的关系为 $K=K_{\mathrm{L}}p_0$。

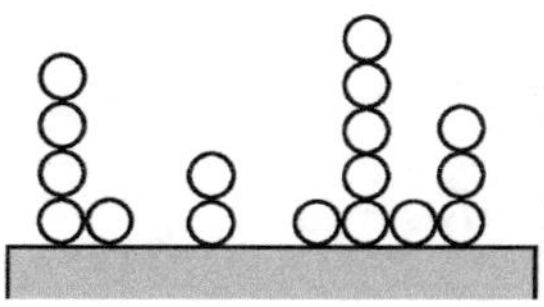

图 5-7 多层吸附示意图

经整理，式(5-14) 可变为：

$$\frac{p}{V(p_0-p)}=\frac{1}{V_m K}+\frac{K-1}{V_m K}\times\frac{p}{p_0} \tag{5-15}$$

以 $p/[V(p_0-p)]$ 对 p/p_0 作图可得一直线，其截距为 $1/(V_m K)$，斜率为 $(K-1)/(V_m K)$。由此可求得 V_m 和 K。图 5-8 为几种气体在 SiO_2 上吸附体积与压力的关系曲线，可见 BET 方程与实验相符。

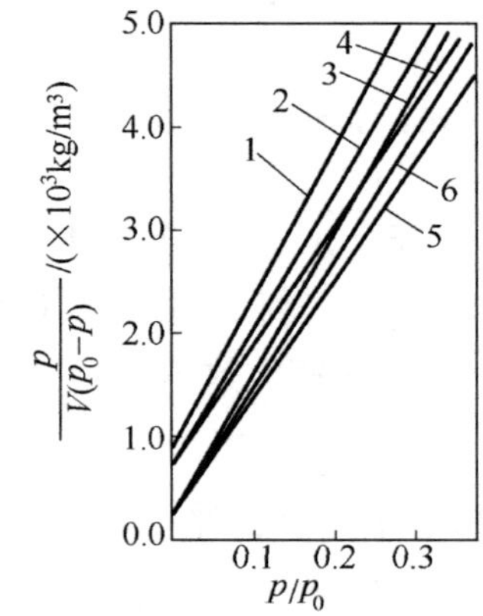

图 5-8 硅胶上各种气体的 BET 曲线

1—CO_2(−78℃)；2—Ar(−183℃)；3—N_2(−183℃)；4—O_2(−183℃)；5—CO(−183℃)；6—N_2(−196℃)

BET 等温方程式可以描述三种类型等温线（图 5-9)。

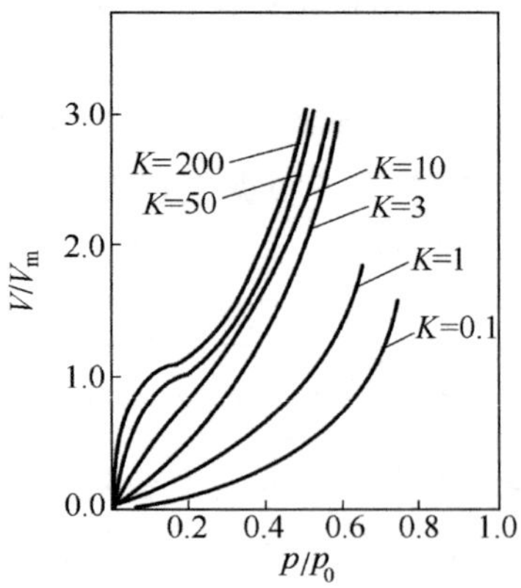

图 5-9 不同 *K* 值的 BET 吸附等温线

① 当 K 很大，且 p/p_0 很小时，式(5-14) 可简化为：

$$\frac{V}{V_m}=\frac{K\frac{p}{p_0}}{1+K\frac{p}{p_0}}=\frac{K_L p}{1+K_L p} \tag{5-16}$$

与 Langmuir 方程［式(5-7)］一致，这表明单分子层吸附占优势。因为 K 大，表明第一层的吸附热比以后各层的凝聚热大，因而以单层吸附为主。此时可描述第Ⅰ类吸附曲线。

② 当 K 很大，但 p 接近 p_0 时，

$$V \approx \frac{V_m K p}{(p_0 - p)K} = \frac{V_m p}{p_0 - p} \tag{5-17}$$

以 V/V_m 对 p/p_0 作图可得到第Ⅱ类吸附曲线。

③ 当 $K \leqslant 1$ 时，V/V_m 对 p/p_0 作图得到凹型的第Ⅲ类吸附曲线。

3. 其他吸附等温方程

（1）Tёмкин 方程

Tёмкин 提出的等温方程为：

$$\frac{V}{V_m} = k \ln np \tag{5-18}$$

式中，k、n 均为常数，与温度、吸附体系性质有关；p 为压力。显然，以 V/V_m 对 $\ln p$ 作图，可以得到一条直线。

该等温方程只适用于化学吸附。实验表明，即使是化学吸附，也仅在较小范围内服从 Tёмкин 方程。如在 Fe 催化剂上进行合成氨反应时，Fe 对 N_2 的吸附就符合该方程。

（2）Freundlich 经验式

这是最早提出的经验方程：

$$V = kp^{\frac{1}{n}} \quad (n > 1) \tag{5-19}$$

式中，k 为常数，它与温度、吸附剂种类、吸附剂比表面积以及吸附质性质有关；n 为只与温度有关的常数。取对数后可得：

$$\lg V = \lg k + \frac{1}{n}\lg p \tag{5-20}$$

以 $\lg V$ 对 $\lg p$ 作图可得线性关系，并可由此求得 n 和 k。该方程描述的是第Ⅰ种类型的吸附等温线，既适用于物理吸附，也适用于化学吸附。其范围虽比 Langmuir 方程要宽些，但压力过大时也会引起较大的偏差。虽然式(5-19) 有时能很好地与实验相吻合，但是它毕竟是经验方程，各参数的物理意义不明确，需要进一步通过理论分析来完善。

对于固体在溶液中的吸附，其规律与固体在气体中的吸附类似。在上述方程中，当把 p 改为平衡溶液的浓度 c 时，该式也适用于固体在溶液中吸附溶质的情况。

五、吸附活化能的测定

吸附活化能是研究表面吸附反应过程中的一个重要指标，它可以反映吸附物

质在表面吸附的难易程度。较高的吸附活化能意味着在吸附过程中需要的能量较多，吸附反应相对困难；而较低的吸附活化能则表示吸附反应较为容易。因此，了解和控制吸附活化能对于设计高效的吸附材料、提高催化反应效率和环境治理等方面具有重要意义。对于物理吸附或非活性吸附，吸附活化能 ΔE_a 很低，其吸附速率很高。当吸附活化能 $\Delta E_a=0$ 时，吸附速率与吸附活化能无关。对于化学吸附，ΔE_a 越小吸附速率越大，吸附物质越容易被吸附。而对于非化学作用，含有极性基团强烈作用的体系，吸附活化能则介于二者之间。

目前，测量吸附活化能的方法主要有理论计算和实验测定两种。

理论计算方法通过模拟和计算吸附分子在表面上的结构和能量变化，来预测吸附活化能。常用的计算方法包括密度泛函理论（DFT）、分子动力学模拟等。理论计算方法具有精度高、灵活性强的优点，但也存在计算复杂度高、计算结果受模型设定和计算条件的限制等问题。

实验测定方法通常通过吸附物质在吸附剂表面上的吸附和解吸过程来测量吸附活化能。常用的实验方法有程序升温脱附（TPD）、热脱附谱（TDS）、比表面积测定法等。实验测定方法可以直接观测吸附过程，能够提供更直接的实验数据，但也存在实验条件难以控制、数据处理相对复杂等问题。较为简便的方法可以借用 Arrhenius 方程和 Kissinger 方程来进行计算。一般认为，起始吸附速率 k 与温度的关系满足 Arrhenius 方程：

$$k=k_0 e^{\Delta E_a/(RT)} \tag{5-21}$$

式中，k_0 为指前因子常数，与吸附过程的作用机制有关；R 为摩尔气体常数。则有：

$$\ln k=\ln k_0+\Delta E_a/(RT) \tag{5-22}$$

作 $\ln k$-$(1/T)$ 图，应得一条直线，由直线的截距和斜率可求得常数 k_0 和吸附活化能 ΔE_a。

另一种方法是 Kissinger 方程法，它需要在不同的升温速率下观察体系的吸附热随温度的变化曲线，即通过测定不同升温速率 ϕ 下，吸附过程热效应的峰值温度 T_p，然后通过下式进行计算：

$$\ln \frac{\phi}{T_p^2}=\ln K-\frac{\Delta E_a}{R}\times\frac{1}{T_p} \tag{5-23}$$

式中，K 为常数，与吸附过程的作用机制有关；R 为摩尔气体常数。作 $\ln \frac{\phi}{T_p^2}$-$\frac{1}{T_p}$ 图，应得一条直线，由直线的斜率可求得常数 K 和吸附活化能 ΔE_a。

六、固体比表面积的测定

比表面积是固体粉末或多孔性固体的特性参数，是衡量固体吸附能力的一项重要指标。因此，测量吸附剂表面积是一项十分重要的工作。现在最常用的测定方法是 BET 法。

根据式(5-15)，斜率 $\alpha=(K-1)/(V_mK)$，截距 $\beta=1/(V_mK)$，可解得：

$$V_m=\frac{1}{\alpha+\beta} \tag{5-24}$$

因为 V_m 为吸附剂表面被吸附质单分子覆盖满时的吸附量，因此，只要将它换算成吸附质的分子数再乘以单个吸附分子的截面积 A_0，即可计算出吸附剂的表面积 A：

$$A=\frac{V_m}{V_0}N_0A_0 \tag{5-25}$$

式中，V_0 为气体的摩尔体积；N_0 为阿伏伽德罗常数。若已知 A_0 并测得 V_m，即可求出固体的表面积 A。各种气体的 A_0 及合适的测定温度列于表 5-2。

表 5-2　一些气体分子截面积 A_0 及相关数据

气 体	温度/℃	A_0/nm^2	气 体	温度/℃	A_0/nm^2
N_2	−195	0.162	CH_4	−183	0.160
Ar	−183	0.144	n-C_4H_{10}	0	0.446
Kr	−196	0.202	NH_3	−36	0.129
CO	−183	0.168	C_6H_6	25	0.323
CO_2	−78	0.170	H_2O	25	0.108

例：0℃时丁烷蒸气在由甲酸镍镁分解而制得的催化剂上吸附时，以 $p/[V(p_0-p)]$ 作图得到一条直线，其斜率 $\alpha=3.931\times10^{-2}cm^{-3}$，截距 $\beta=1.65\times10^{-3}cm^{-3}$，已知 0℃时丁烷的截面积 $A_0=0.446nm^2$，若催化剂重 2.000g，试计算该催化剂的比表面积。

解：

$$V_m=\frac{1}{\alpha+\beta}=\frac{1}{3.931\times10^{-2}+1.65\times10^{-3}}=24.41(cm^3)$$

$$A=\frac{V_m}{V_0}N_0A_0=\frac{24.41}{22.4\times10^3}\times6.022\times10^{23}\times0.446\times10^{-14}=2.927\times10^6(cm^2)$$

$$\text{比表面积}\quad \sigma=\frac{2.927\times10^6}{2.000}=1.464\times10^6\ (cm^2/g)$$

目前，测定固体比表面积通常用 N_2 作吸附气体，在低温下测定时可以避免化学吸附的干扰。最大误差为±10%，经过大量实验确知，BET 方程在 $p/p_0=0.05\sim0.35$ 之间尤为合适。实验基本装置如图 5-10 所示。

目前比表面积的测定更多的是采用比表面积测定仪来实现数据的采集与分析。根据所用吸附质不同分为吸碘法、压汞法和低温氮吸附法等。前二者由于分子直径较大，不能进入许多小孔，致使其测得的数据不能完全表征粉体的比表面

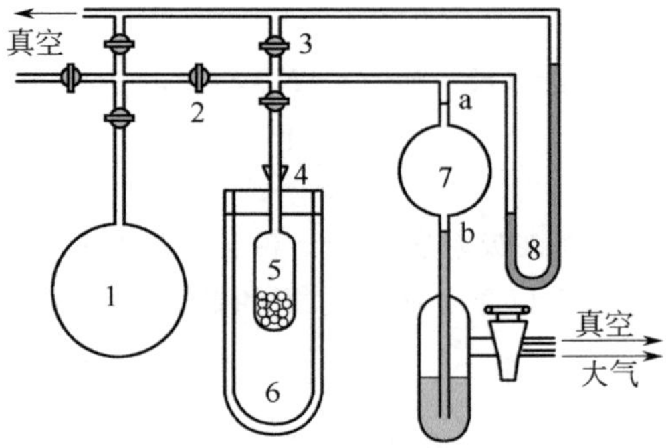

图 5-10　BET 测定吸附量的装置

1—盛氮容器；2,3—活塞；4—磨口；
5—装吸附剂的容器；6—液氮杜瓦瓶；7—刻度容器；8—压力计

积，且碘分子活性较高，汞则有毒，均已很少使用了。目前广泛应用的方法是采用低温氮吸附法的比表面积测定仪。

低温氮吸附法可分为动态色谱法和静态容量法等。其中动态色谱法比较适合快速比表面积测试和中小吸附量的小比表面积样品的测试，在比表面积测试方面比较有优势；静态容量法比较适合孔径及比表面积测试，在孔径测试方面有优势。二者比较见表 5-3。

表 5-3　动态色谱法和静态容量法特点比较

项目	动态色谱法	静态容量法
测试原理	将粉体样品装在 U 形管内，通入一定比例的载气(He)和吸附质气体(N_2)的混合气体，待混合气体流过样品后，根据吸附前后气体浓度变化，得到待测样品吸附量	将待测粉体样品装在一定体积的一段封闭的试管状样品管内，向样品管内注入一定压力的吸附质气体，根据吸附前后的压力或重量变化来确定被测样品对吸附质分子(N_2)的吸附量
测试功能	比表面积	比表面积，孔径分布
吸附质	氮气	气体
优点	分析速度快，准确度好，分辨率高，尤其针对中小比表面积样品，如电池材料、有机材料、金属粉体等，比表面积分析下限低，重复性高	适合比表面积及孔径分析，尤其对中大比表面积和孔隙发达的样品分辨率、准确度高，适合催化剂、分子筛等多孔、比表面积较大样品的比表面积及孔径分布分析测试
缺点	由于分压范围低，不能测试真正的脱附等温线等限制，不适合做孔径分析	由于定量依赖于气体状态方程，故对于蒸汽吸附的定量准确度低，不适合做蒸汽吸附
测试范围	分压：5%～95%，对应孔径范围 1.29～50nm，比表面积 0.01m^2/g 以上	分压：0.0001%～99.6%，对应孔径范围 0.35～500nm，比表面积 0.01m^2/g 以上
测试耗时	参比法比表面积，15min/3 个样品；单点 BET 比表面积 20～30min/4 个样品；5 点 BET 比表面积约 120min/4 个样品	单个分压点 3～10min；5 点 BET 比表面积 20～40min；40 个吸附脱附点为 3～10h
等温线	吸附等温线	吸附等温线、脱附等温线
平衡模式	流动态的相对平衡	一定体积内的静态平衡

动态法比表面积仪测试比表面积的精度和灵敏度主要取决于信噪比，因此，提高测试精度和灵敏度主要措施包括增加信号强度和消除外界干扰。

① 增加信号强度　一般有增加称样量、增加检测器电流，但增加检测器电流，噪声也会同时增大，所以检测器电流会有一个最佳范围。

② 消除外界干扰　仪器自身的误差来源主要有检测器温漂和信号锐度。可以通过增加一些装置来消除仪器误差，例如增加检测器恒温装置来抑制温漂，增加风热助脱装置提高信号锐度。

静态法比表面积仪对于小比表面积样品，如电池材料、有机材料、生物材料、金属粉体、磨料等空隙度微小的材料，由于吸附量微小，静态法测试的结果较含有风热助脱装置和检测器恒温装置的高精度动态法仪器误差大。主要原因是受压力传感器的精度限制，若样品比表面积小或堆积密度小，吸附量低，则其准确度就难以保证。但对于中大比表面积样品，吸附量不是那么微小，静态法的精度则很容易保证。因此，在小比表面积样品的测试方面，静态法仪器测试的误差相对高精度的动态法仪器的误差大。静态法只能通过增加装样量来降低误差，常见的是静态法仪器测试时一般都会为小比表面积样品配备大容量样品管，但由于背景体积（吸附腔体积）也增大，所以准确度提高也是有限的。

比表面积测定在化工行业，如吸附剂、胶黏剂、油墨与涂料及石油化工方面都有广泛的应用。例如，颜料或填料的比表面积会影响涂料的光泽度、纹理、颜色、颜色饱和度、亮度、固含量及成膜附着力等；孔隙度会影响涂料的流动性、干燥性或凝固时间及膜厚等性能。

比表面积也是表征催化剂性能的重要参数。一般来讲，催化剂表面积越大，反应物和催化剂的接触位越多，传质也更加顺畅，所以活性会大一些；催化剂含的活性中心越多，其活性越高。因此，对于具有催化特性的涂料而言，比表面积也是其需要控制的一个指标。

此外，通过对铁氧体等磁性粉末表面的改性，可以获得具有比表面积大、对油滴有较强吸附亲和性能的磁性材料，从而提高除油效果。铁氧体等磁性粉末的比表面积大小和磁性材料的强度、耐磨性有很大关系。

在电池行业中，钴酸锂、锰酸锂、磷酸铁锂、石墨以及三元材料等电池电极材料的比表面积和孔隙率也是特别重要的，比表面积对浆料的配制、极片的涂布影响较大，对电池首次库仑效率和循环性能有较大影响，孔隙率大小对高倍率充放电也有重要影响，最终影响到电池的循环寿命。

氧化铝、氧化锆、氧化钇、氮化硅、碳化硅等陶瓷粉体的比表面积和孔隙度会影响到陶胚的加工和烧结固化与成品的强度、质感、外观以及密度。釉料以及玻璃原料的比表面积影响成品的皱缩、裂纹、表面分布的不均匀性等。

七、固体在溶液中的吸附

固体不仅具有吸附气体分子以降低表面能的特性，也同样可以从溶液中吸附某些物质来降低界面张力。这种现象可以用来从溶液中分离溶质。

1. 对小分子的吸附

固体对小分子溶液的吸附与对气体的吸附一样，有单分子层吸附和多分子层吸附，单分子层吸附可用 Langmuir 吸附等温方程式来描述。但是，Langmuir 吸附方程是针对气体在固体表面上的吸附推导而得的，因此对溶液的吸附来说，应将气体的平衡压力 p 更换为溶液的平衡浓度 c，用单位质量固体吸附溶质的量 a 来代替吸附体积 V，把 a_m 作为饱和吸附量，则其吸附等温式为：

$$a=\frac{a_m Kc}{1+Kc} \tag{5-26}$$

式中，K 为与吸附速率有关的常数，相当于吸附与脱附达到平衡时的平衡常数。

在高浓度时，$Kc \gg 1$，则 a 趋近于 a_m；在低浓度时，$Kc \ll 1$，此时吸附量正比于浓度。为了与实验数据进行比较，可将式(5-26) 改写为：

$$\frac{c}{a}=\frac{1}{a_m K}+\frac{c}{a_m} \tag{5-27}$$

以 c/a 对 c 作图，应得一条直线，斜率为 $1/a_m$，截距为 $1/(a_m K)$。如果线性不好，可以尝试以 c^2 代替 c，即以修正 Langmuir 吸附等温式来作图。

同样，根据单分子层的饱和吸附量，换算成吸附质的分子数乘以每个分子的截面积，就可以由溶液吸附法导出单位质量固体所具有的表面积大小，即比表面积。当然，如果被吸附分子不能钻进毛细孔和缝隙中，则所测得的表面积仅为固体真实表面积的一部分，因此有较大的误差。所以，通常溶液中的吸附更多的是针对固体吸附剂对溶液中特定物质的吸附量和吸附规律进行研究，而非吸附剂的比表面积。

Freundlich 方程也可用来描述单分子层吸附情况：

$$a=kc^{1/n} \tag{5-28}$$

式中，k、n 为常数。

图 5-11 是活性炭从水溶液中吸附脂肪酸及硅胶从甲苯溶液中吸附脂肪醇的吸附等温线。由图可见：

① 吸附量随溶液浓度的增加而逐渐增加，并逐渐趋于一定值，基本符合 Langmuir 方程或 Freundlich 方程。

② 从图 5-11 两组吸附等温线的对比中，可以得到固体和液体所组成的极性关系对吸附的影响。一个非极性的吸附剂倾向于吸附非极性物质，如非极性的活

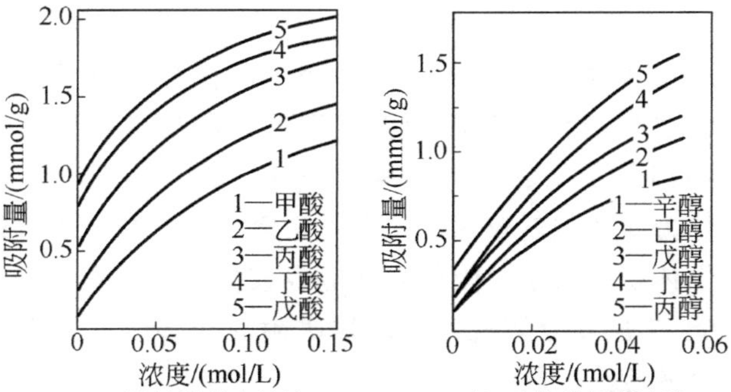

(a) 活性炭从水溶液中吸附脂肪酸

吸附剂：活性炭

溶剂：水

(b) 硅胶从甲苯溶液中吸附脂肪醇

吸附剂：硅胶

溶剂：甲苯

图 5-11　吸附剂对溶质的吸附等温线

性炭，在极性溶剂水中，对两性的脂肪酸的吸附强于对水的吸附，且吸附量随脂肪酸非极性烃链长度的增加而增加，所以有戊酸＞丁酸＞丙酸＞乙酸＞甲酸［图 5-11(a)］；而极性的吸附剂倾向于吸附极性物质，而对非极性物质的吸附就弱得多，如硅胶是极性的，所以在非极性溶剂中，吸附剂对极性的脂肪醇吸附强于对溶剂的吸附，且吸附量随非极性链长度的增加而降低，即丙醇＞丁醇＞戊醇＞己醇＞辛醇［图 5-11(b)］。

溶质的吸附通常局限于单分子层，因为溶质与固体间在第一个单分子层中的相互作用显得相当强，而在后续各单分子层中，固体与溶质间的吸附作用却弱得多。但是，多分子层在某些条件下也依然存在，如图 5-12 所示，在碳酸钙上吸附硬脂酸时，其吸附等温线就属于多分子层的吸附。由图中可以看出，溶剂对吸附量有影响，其原因在于溶剂与吸附剂及吸附质有不同的相互作用。

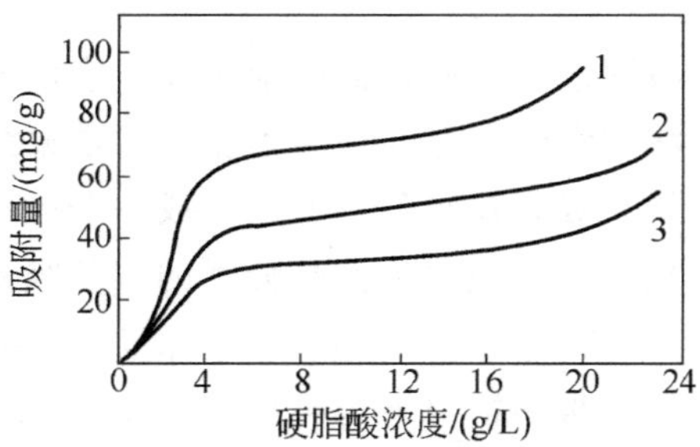

图 5-12　硬脂酸在碳酸钙上的吸附

1—苯；2—甲苯；3—四氯化碳

2. 对高分子的吸附

高分子由于其分子量大且具有柔性的特点，因而与小分子吸附质相比有其独特之处：

① 高分子的分子体积大，形状可变。吸附时高分子链常呈多点吸附，且脱附困难。吸附点的多少与作用基团的密度有关，也与高分子在溶液中的形态有关。它受到溶剂与高分子间的相互作用的影响。在良溶剂中，高分子链比较舒展，所占有的流体力学体积就较大；而在不良溶剂中，高分子链蜷曲收缩，则其所具有的流体力学体积就较小，吸附点相应也较少。

② 由于高分子总是多分散性的，所以吸附时与多组分体系的吸附相似，即吸附时会产生分级效应。

③ 由于高分子分子量大，在向吸附剂移动时，速度很慢，而且向固体内孔的扩散将受到阻碍，建立吸附平衡需要很长时间。在移动过程中，高分子的形态还将发生变化。

④ 吸附量常随温度升高而增加。

⑤ 高分子的吸附一般随分子量的增大而增多。假定其平均分子量为 M，饱和吸附量为 a_m，则有：

$$a_m = KM^{\alpha} \tag{5-29}$$

式中，K、α 均为常数。当 $\alpha=0$ 时，吸附高分子平躺在固体表面上，a_m 与分子量无关，此时 $a_m=K$，相当于图 5-13 中的（b）；当 $\alpha=1$ 时，吸附高分子垂直于固体界面，近似点接触，呈垂直型，吸附量与分子量成正比，此时 $a_m=KM$［图 5-13(a)］；当 $0.5>\alpha>0$ 时，吸附介于上述两种情况之间［图 5-13(c)］。

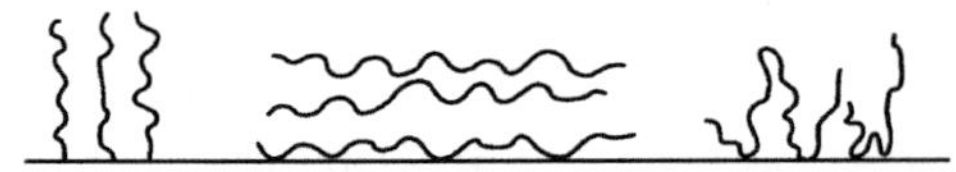

图 5-13　高分子在固体表面上的吸附状态

当高分子链段接近吸附剂的表面，被吸附之前，表面上的溶剂分子必须首先脱附，就是说高分子和溶剂实际上存在着吸附竞争。如果溶剂对吸附剂的亲和力极强，则溶剂分子可能优先吸附在吸附剂上，形成一个厚的溶剂化层，于是液相溶液中高分子浓度将增加，这种现象称为高分子的“负吸附”。在 CCl_4 和苯溶液中，Spheron G 吸附聚异丁烯时可观察到此现象，其溶剂化层的厚度为 10～20nm。

高分子的等温吸附线在很多情况下也可以用 Langmuir 方程式来描述：

$$\frac{a}{a_m} = \frac{Kc}{1+Kc} \tag{5-30}$$

式中，a 为吸附量，mg/g；a_m 为饱和吸附量，单位与 a 相同；K 为常数，相当于吸附平衡常数；c 为平衡浓度。如图 5-14 所示，在环己烷溶液中红色氧化铁上聚酰胺 A（$M=300$，胺值 93.1）和聚酰胺 D（$M=700$，胺值 353.4）的吸附等温线就符合上述方程。

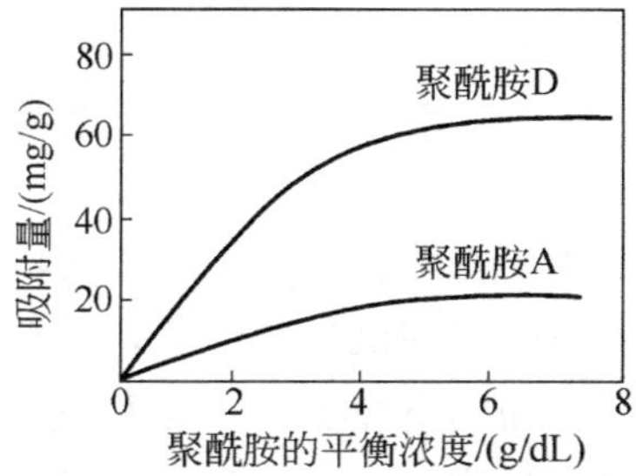

图 5-14　环己烷溶液中红色氧化铁上聚酰胺的吸附等温线

总之，固体在溶液中吸附是一个相当复杂的过程。

大多数吸附是放热过程，所以提高温度后吸附量往往会下降，而且温度的提高使溶质的溶解度增加，也使吸附量下降。但吸附高分子的情况，正好相反，只有在 θ 温度附近，才有升高温度吸附量下降的规律。吸附剂的表面状态对吸附能力有很大影响，例如，多数活性炭表面有部分氧化，其对醇的吸附超过苯，但在2700℃以上处理，表面半石墨化后，就变成对苯的吸附强于醇了。孔结构不同，吸附能力也发生变化，例如，5X 分子筛容易吸附正己烷，不能吸附苯，而 10X、13X 分子筛就可以强烈地吸附苯。

除了物理吸附以外，有时也会存在化学吸附，如脂肪酸在金属表面的吸附，可能就包含着它与金属表面氧化膜反应形成盐的化学因素在内。

在涂料体系中，实际上就存在着固体颜填料粉末对高分子链的吸附。这种吸附现象对于提高颜填料的分散是有好处的，值得开展相关研究。

第二节　润湿性与分散性

涂料对颜料表面的润湿、颜料的分散、涂料在基材表面的涂布与粘接，以及去污、防锈等现象都与固液界面有关。这里针对固液之间的界面关系进行讨论，以了解液体对固体的润湿性和固体在液体中的分散性等问题。

一、颜料的表面特性

颜料通常为分散度较高的固体颗粒，因此具有较高的表面能。为减少表面自由能，一方面粒子会相互聚集以减少表面积，即高度分散的颜料颗粒的团聚现象是不可避免的；另一方面，由于表面原子价或分子力场不饱和，因此它会强烈地吸引接近表面的气体原子或分子，因此它还具有较强的吸附能力，通过吸附水分、空气、各种盐类、酸类、碱类及有机物等来中和其电性，并降低体系的表面能。

固体表面吸附能力并不完全相同，颜料粒子表面那些晶体缺陷和所形成的表面最突出部分，其周围的力场最不平衡，吸附能力也最强，形成表面的活性中心，粒子的极度分散与破碎增加了表面积，同时也增加表面的微观棱角，使其吸附能力大大增强。在涂料工业中，颜料等固体粉末的吸附能力是通过吸油量来表征的。

在定量的固体粉末中，逐步将油滴入其中，使其均匀调入粉末，直至滴加的油恰能使全部粉末浸润并黏在一起的最低用油量，折算成百分含量就是吸油量。

颜料的吸油量和颜料颗粒间的空隙度、比表面积大小、颗粒形状、颜料表面状态等因素有关。因为所需的油除了吸附在颜料粒子表面外，尚需填充颜料粒子之间的空隙使颜料与油料连为一体。空隙度减小，吸油量会减小；颗粒越小，颜料粒子的比表面积越大，吸油量也越大，但颗粒大小的变动会影响粒子间的空隙度，所以吸油量和颗粒大小间因存在空隙度问题而非简单关系，需视具体颜料而定。而颗粒形状的影响与比表面积的影响相似，一般来说，由于球形粒子表面积最小，因此表面越光滑、球形度越高的表面，其比表面积越小，吸油量也越低。针状粒子、粗糙度大的粒子等，较球状粒子具有更大的吸油量，因为针状粒子和粗糙度大的粒子比表面积比球状大，且颜料颗粒间的空隙也更大。颜料的表面如果已经吸附了水分、盐或表面活性剂等，则对其吸油量有一定的影响。

吸油量是颜料应用于涂料的一个重要指标，在调配同样稠度的料浆时，吸油量大的颜料比吸油量小的颜料要耗费更多的涂料。

同样，当颜料与分散介质接触时，受到电离、吸附等多种带电因素的影响，颜料颗粒表面会形成双电层，通过电泳实验可以证实其存在。双电层的厚度对颜料在介质中的稳定性起着重要作用。双电层越厚，颜料粒子就越稳定。

二、液体对固体的接触角

当涂料与固体颜料接触时，原来的气固界面被液固界面所替代，如果涂料能在颜料表面铺展，如同将一滴水滴在干净的玻璃表面上，水滴迅速扩散，这种现象叫作润湿。但若将水滴在固体石蜡表面，则水滴仍将保持原状而不展开，这种现象就是不润湿。在颜料分散和涂料涂布过程中，涂料对颜料、涂料对底材的润湿性是非常重要的，其他如印染、洗涤、润滑、矿物浮选等方面也都离不开液体对固体的润湿作用。

1. 接触角与杨氏方程

图 5-15 表示在固体表面上不扩展的一滴液体的形状。通过气液固三相交界点 A，沿液滴表面引一根切线，它和固体表面所夹的角度 θ，即称为液体对固体的接触角。接触角的变化范围为 0～180°。实验测得水对玻璃的接触角近似为 0°，水对石蜡的接触角是 110°。显然，接触角小则液体容易润湿固体表面，而接触角大则不易润湿。接触角的大小反映了液体对固体的润湿能力。

液体对固体表面能否润湿，取决于几个界面张力的相对大小。如图 5-15 所

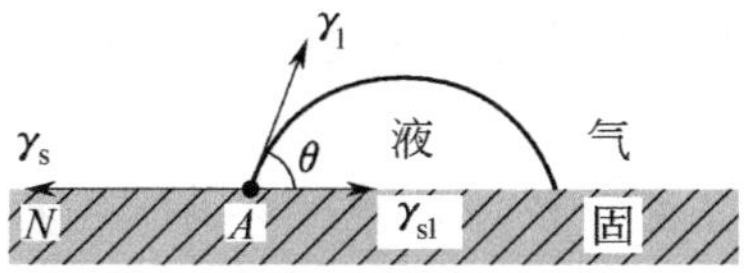

图 5-15　接触角

示，在 A 点处，三种表面张力相互作用，气固界面张力 γ_s 力图使液滴沿 NA 方向伸展，而液体的表面张力 γ_1 和液固的界面张力 γ_{sl} 又力图使液滴收缩。当三个作用力达到平衡时，有：

$$\gamma_s = \gamma_{sl} + \gamma_1 \cos\theta \tag{5-31}$$

此即描述润湿过程的基本方程，称杨氏方程或润湿方程。它也可化为：

$$\cos\theta = \frac{\gamma_s - \gamma_{sl}}{\gamma_1} \tag{5-32}$$

由此，只要知道了三个界面张力的数据，就可以计算出接触角。通常，以 $\theta=90°$ 为界区别润湿的情况：

若 $\theta=0°$，液体在固体表面铺展成一层薄膜，为完全润湿或理想润湿，此时 $\gamma_s=\gamma_1+\gamma_{sl}$；

若 $\theta=180°$，液滴呈球形与固体相切，则为完全不润湿，此时 $\gamma_s+\gamma_1=\gamma_{sl}$；

若 $90° \leqslant \theta < 180°$，接触角为钝角，液滴呈滚球状，不能润湿固体，此时 $\gamma_s < \gamma_{sl}$；

若 $0° < \theta < 90°$，接触角为锐角，液滴呈凸透镜状，液体能够润湿固体，此时 $\gamma_s > \gamma_{sl}$。

2. 接触角的测定

测定接触角的方法一般有三类，即量角法、测高法和测重法。

① 量角法　该法应用最为普遍。从三相接触点处引切线，测定切线与相界面的夹角（图 5-15）。为了便于操作测量，常将被观测部分投影放大。此法虽然简单，但切线往往难以做准确，因而误差较大。

② 测高法　在水平的固体表面放一滴被测液体，若其高度为 h，底宽为 $2r$，当液滴很小时（$<10^{-4}\text{cm}^3$），液滴可近似为球的一部分（图 5-16），则应有：

$$\sin\theta = \frac{2hr}{h^2 + r^2} \tag{5-33}$$

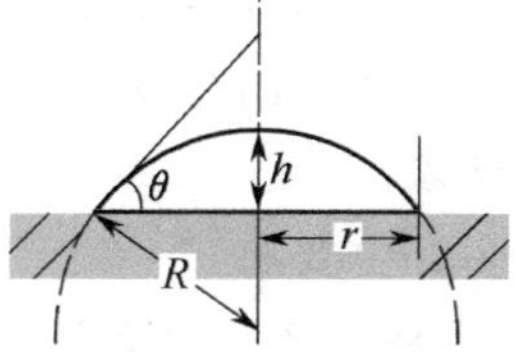

图 5-16　测高法示意图

这样，通过 h、r 的测定便可求出接触角 θ。用这种方法测定时，必须保证液滴很小以消除重力的影响。

目前广泛使用的接触角测定仪，是通过对固体表面液滴进行拍照，利用软件对液滴进行球形拟合，从而计算接触角的，精度有所提高。

③ 测重法　测重法原理见图 5-17。首先将待测的固体制成薄片，称为“吊片”。将其浸入液体中，利用向上的拉力与向下的表面张力平衡来建立方程：

$$f=\gamma_1 l\cos\theta \tag{5-34}$$

式中，f 为吊片所受的力，可由天平测定；l 为吊片的周长；γ_1 为液体的表面张力。通过测量作用于固体吊片上的拉力，则可计算出液体对固体的接触角 θ 值。

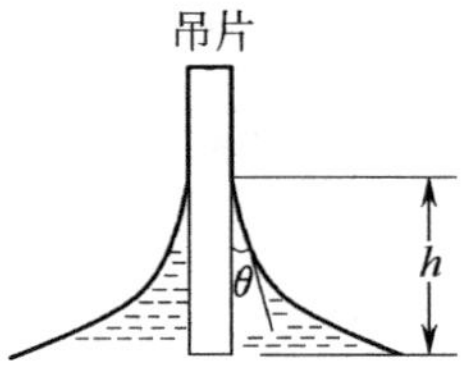

图 5-17　测重法示意图

对于粉末状物质，上述方法均不适用，此时常将粉末装进一支铜管，然后测定阻止液体进入粉末中所需的压力，需要的压力越小，说明粉末越不容易被液体润湿，因而接触角越大。也可以把密度超过液体的固体粉末撒在液体表面，如果粉末随意飘动，其接触角则高于 90°；如果粉末既不能浮在液面，也不沉底，接触角就较小；完全沉底时，接触角就很小，可近似为 0。但这种方法无法给出接触角的具体数值。

3. 接触角滞后

接触角是表面现象的一个重要参数。尽管测量方法很多，但是，往往测定值误差很大，重现性也很差，它受到测定方法、测量方式等因素的影响。

在接触角测定中，液体沿固体表面展开、沿固体前进时所形成的接触角称为前进角，用 θ_F 表示，而液体沿固体表面收缩所形成的接触角称为后退角 θ_B。前进角与后退角往往并不相同，其差值 $\theta_F-\theta_B$ 叫作接触角滞后。

例如，如图 5-18(a) 所示，将水滴在干净平滑的玻璃表面上时，水就铺展开，此时接触角为 0°。显然前进角与后退角也相等，没有滞后现象；若玻璃表面被灰尘等脏物所污染，则水不再铺展，而是变成液滴［图 5-18(b)］。这时，前进角大于后退角，即产生了滞后现象。

引起接触角滞后的因素很多，主要有：

① 表面污染　无论是固体还是液体，表面污染后，其表面自由能都将下降，由式(5-33) 可见，其接触角也将随之发生改变。由于前进和后退时污染程度不

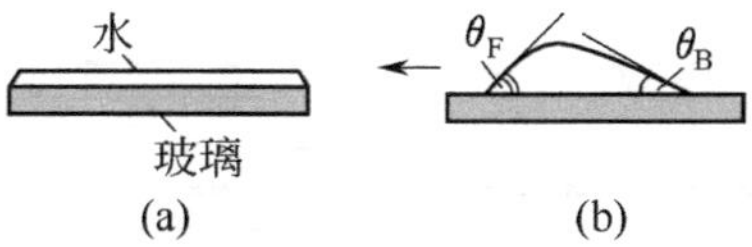

图 5-18　接触角滞后

（a）水在洁净的玻璃表面；（b）水在污染的玻璃表面

同，因此有接触角滞后现象。前进时，液体会被表面张力较低的污染物所阻挡，接触角较大；而后退时，液体会停留在表面张力较大的非污染区，因此，接触角较小。

② 表面粗糙　表面粗糙不平也是造成接触角滞后的重要原因。对于粗糙度因子为 $\tau(\tau>1)$ 的固体表面，其接触角 θ' 与光滑平面的接触角 θ 之间有如下关系（Wenzel 方程）：

$$\tau=\frac{\cos\theta'}{\cos\theta}>1 \tag{5-35}$$

此式说明，在接触角小于 90°时，$\theta'<\theta$，即表面粗糙化有利于润湿性液体的铺展；而在接触角大于 90°时，$\theta'>\theta$，即表面粗糙化使不润湿的液体更不易润湿固体表面。同时它也说明，对于接触角较小的情形，粗糙度所造成的误差更大。例如，$\tau=1.01$ 时，对于 $\theta=80°$ 的液固界面测得的 θ' 为 79.9°；而对 $\theta=10°$ 的液固界面，测得的 θ' 仅为 5.9°。

③ 表面结构不均匀　固体表面对液体的亲和力大小不均匀也将引起接触角滞后。与表面污染类似，前进时，液体往往被低表面张力区所阻碍，所以更容易停留在表面能较低的区域，使接触角增大；而液体后退时往往停留在表面能较高的区域，从而使后退角变小。如果往高能表面上掺入一些低能杂质，将使前进角大大增加而对后退角影响甚微；反之，往低能表面上掺入少量高能杂质，则将使后退角大大减小而对前进角影响不大。一般来说，粗糙度低于 0.1～0.5μm 或不均匀相小于 0.1μm 时滞后作用可忽略。

三、润湿性

1. 润湿功

润湿的类型有三种，如图 5-19 所示，即铺展、浸渍和黏附。三种润湿的共性在于润湿后固体表面面积减少，而液固界面面积增大；区别仅在于液体表面积变化上的差别。

（1）铺展润湿

铺展润湿指一种液体在和固体接触后会沿着固体表面铺展开，使固液界面和气液界面面积增加，同时使气固界面面积减小的过程［图 5-19(a)］。在该过程中，自由能的变化为：

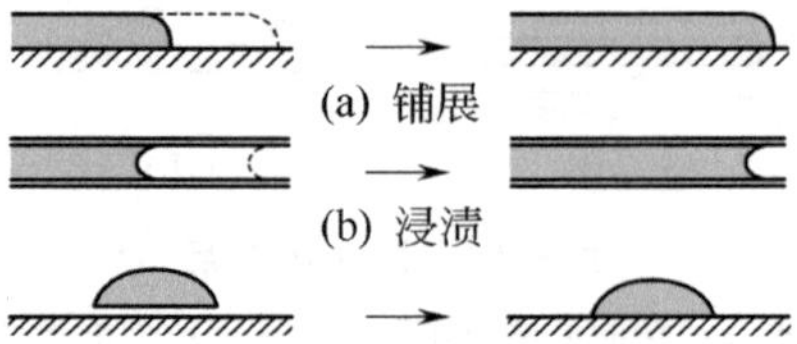

图 5-19　润湿类型

$$\Delta G_s = \gamma_{sl} + \gamma_l - \gamma_s = \gamma_l - \gamma_l\cos\theta = \gamma_l(1-\cos\theta) \tag{5-36}$$

式中，γ_s、γ_l 分别表示固体和液体的表面自由能；γ_{sl} 是固体和液体间的界面自由能。

定义铺展功 W_s 为在固体表面上液体收缩单位面积、露出固体表面时所需的功，则：

$$W_s = -\Delta G_s = \gamma_s - \gamma_l - \gamma_{sl} = \gamma_l(\cos\theta - 1) \tag{5-37}$$

可见，润湿过程所做的功等于过程中自由能的减少。因此，W_s 越大，自由能降低越多，就越容易润湿。

因为润湿过程自发进行的条件是 $\Delta G_s \leqslant 0$ 或 $W_s \geqslant 0$，因此，由式(5-37) 可见，只有在 $\theta = 0$ 时，铺展润湿过程才自发进行。

有时，式(5-37) 也被称为铺展系数关系式，W_s 则写成 $S_{2/1}$，即铺展系数。它与第四章中关于液体在液体表面的铺展系数的定义式(4-51) 是一致的。

(2) 浸渍润湿

浸渍润湿是指原先并未与液体接触的固体完全浸没在液体中的现象［图 5-19(b)］。因此，气液界面保持不变，其自由能的变化为：

$$\Delta G_i = \gamma_{sl} - \gamma_s = -\gamma_l\cos\theta \tag{5-38}$$

同样定义浸渍功 W_i 为将润湿的固体缝隙间的液体收缩、露出单位面积的固体表面时所必须做的功：

$$W_i = -\Delta G_i = \gamma_s - \gamma_{sl} = \gamma_l\cos\theta \tag{5-39}$$

可见，W_i 越大，就越容易润湿。浸渍润湿自发进行的条件为：$\theta \leqslant 90°$。

(3) 黏附润湿

黏附润湿是一种起始并未和固体基底接触的液体与固体接触并黏附其上的现象［图 5-19(c)］。由于开始时液体没有接触固体，发生黏附润湿时，气液界面面积将会减小，这和铺展润湿正好相反。其自由能变化为：

$$\Delta G_a = \gamma_{sl} - \gamma_l - \gamma_s = -\gamma_l - \gamma_l\cos\theta = -\gamma_l(1+\cos\theta) \tag{5-40}$$

定义黏附功 W_a 为断开固体与液体接触面并分别产生单位固体和液体表面时所做的功：

$$W_a = -\Delta G_a = \gamma_s + \gamma_l - \gamma_{sl} = \gamma_l(1+\cos\theta) \tag{5-41}$$

W_a 越大，则越容易润湿。从式(5-41) 可见，黏附润湿自发进行的条件非常宽松，无论接触角 θ 为多少，都可以使黏附润湿过程的自由能降低。

2. 润湿热

液体润湿固体表面时，伴有表面自由能及其他热力学参数如热、焓、熵等的变化。我们也可以通过测定的润湿热来判断液体对固体表面的润湿性。

将固体粉末进行预处理，除去其表面上吸附的气体后，再将其放入液体内，此时因发生浸渍润湿现象而产生润湿热，它相当于浸渍功 W_i 中的热的部分。它是液体分子与固体表面分子相互作用的结果，因而可以由润湿热来推断固体的表面状态，也可以作为固体粉末能否在液体中分散的依据。图 5-20 是各种不同偶极矩的液体在固体表面润湿时所得的润湿热与液体偶极矩的关系。

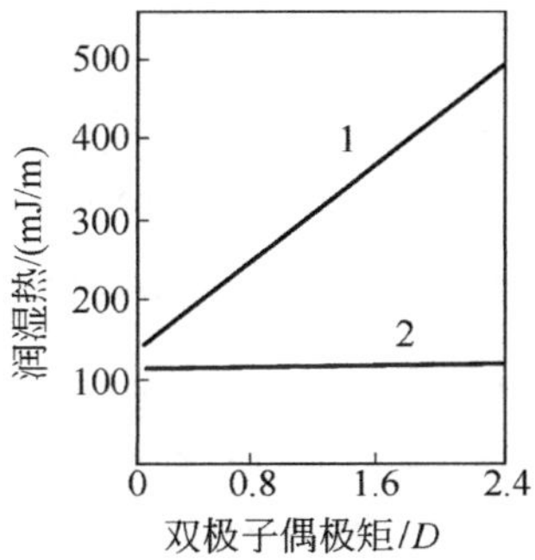

图 5-20　润湿热与极性的关系

1D=3.33563×10^{-30}C·m

1—TiO_2；2—石墨化炭黑

由图 5-20 可见，不同极性的液体对非极性石墨的润湿热都很小，且润湿热与液体极性的大小无关；而 TiO_2 是极性物质，它被极性液体润湿时润湿热较大，且润湿热与液体的极性（偶极矩）成正比。由于润湿热是液体偶极矩与固体表面静电场相互作用的结果，因此，直线的斜率可以表示出固体表面静电场的强度或者固体表面极性的强弱。

一般而言，极性越强的固液间亲和力越大，相互作用越强，润湿热也越大，固体粉末分散性也越好；反之，极性越弱的固液间相互作用越弱，润湿热也越小，分散性也就越差。润湿热不仅可以作为判断固体粒子在液体中分散性的一个参考依据，同时，根据已知液体或固体的极性强弱，可以判断未知固体或液体的极性及其强弱。

3. 树脂的表面润湿性

高分子材料是低能固体，与大部分液体的表面能处于同一个数量级，其润湿性与液体的表面张力有关。Zisman 在表面张力较低的树脂表面上测定各种液体的接触角时，发现液体的表面张力与其接触角的余弦呈近似的线性关系，如图 5-21 所示。当液体的表面张力减小时，$\cos\theta$ 随之增加，即 θ 值随之减小。将直线外推

至 $\theta=0$（即 $\cos\theta=1$）处的 γ_l 值称为该树脂的临界表面张力，用 γ_c 表示。其物理意义是，凡表面张力大于 γ_c 的液体都不能在此树脂表面上铺展，只有当液体的表面张力低于 γ_c 时，液体才能在树脂表面铺展，使其接触角等于 0°。当 $\cos\theta=1$ 时，液体表面张力为该树脂的临界表面张力 γ_c，所以，由杨氏方程可得：

$$\gamma_c=\gamma_s-\gamma_{sl} \tag{5-42}$$

树脂的临界表面张力 γ_c 可用以下八种液体作试验标准：

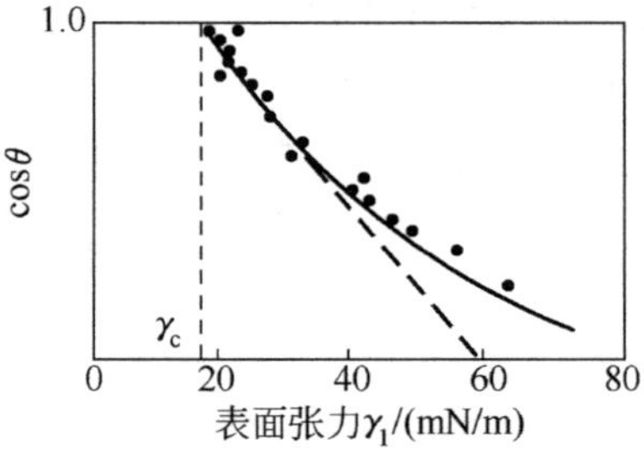

图 5-21　液体在 PTFE 表面润湿时的 Zisman 图

水（72.8mN/m）、甲酰胺（58.2mN/m）、亚乙基氰醇（44.4mN/m）、二甲亚砜（43.0mN/m）、N-甲基-2-吡咯烷酮（39.0mN/m）、2-吡咯烷酮（37.6mN/m）、二甲基甲酰胺（35.2mN/m）和丙酮（23.7mN/m）。

也可选择混合溶剂：将两种试剂级的液体甲酰胺（表面张力为 58.2mN/m）和乙二醇单乙醚（表面张力为 30mN/m）控制比例混合，得到一系列液体混合物，其表面张力范围从 30～58.2mN/m 每级相差 2.0mN/m，共 15 个液体样品。混合液体的表面张力是各组分表面张力的表面摩尔分数贡献之和：

$$\gamma=\sum_i \gamma_i x_i \tag{5-43}$$

式中，γ_i 为第 i 组分的表面张力；x_i 为第 i 组分在表面层中的摩尔分数。受表面吸附的影响，它与体相组成不同，可参见第四章第三节。但由于操作时为新生成的表面，低表面张力组分还来不及迁移至表面并达到平衡，所以，表面组成也可以简单地用体相组成的摩尔分数来替代。

在涂料工业中，树脂的临界表面张力测定较为粗糙。它是将一个棉花涂刷器的最尖端蘸以一定量的液体，恰好铺展于 $1m^2$ 待测固体表面无余。若能保持 2s 或更长时间，则采用下一个较高表面张力的液体旋涂于新表面；若不足 2s 膜即破裂，就施用较低表面张力的液体，直至选出一个合适的液体，可以最接近于润湿固体表面 2s。此液体的表面张力就认定为该待测树脂的临界表面张力。

由于 $\gamma_{sl}\geqslant0$，因此树脂的临界表面张力 γ_c 通常小于树脂的表面张力 γ_s。表 5-4 为几种树脂的表面张力和临界表面张力值。

从表中数据可以看出，极性越大的表面，其临界表面张力 γ_c 也越大。含氟有机高分子材料和含硅有机高分子材料是典型的低能表面，其 γ_c 很低，因此它们很难被润湿。一般来说，加入的其他杂原子越多，润湿性就越好。固体树脂的润湿性与其组成元素有关，一般有下列顺序：

$$F<H<Cl<Br<I<O<N$$

表 5-4 20℃时树脂的临界表面张力 单位：mN/m

树脂	γ^d	γ^p	γ^h	γ_s	γ_c	树脂	γ^d	γ^p	γ^h	γ_s	γ_c
PTFE	19.4	2.1	0	21.5	18.5	支链淀粉				35	
PDFE	27.6	9.1	3.5	40.2	25	直链淀粉				37	
PDMS				24		再生纤维素				36～44	
PP	29.8	0	0	29.8	29	PSO_2				41.0	
PE	35.6	0	0	35.6	31	PET	42.7	0.6	1.5	43.8	43
PS	33.8	6.8	0	40.6	33	PVC	43.7	0.1	0.2	44.0	39
ABS				37		PAN				44	
PC				35～45		PVDC	43.0	1.9	0.9	45.8	40
PVAc				37		尼龙 66	42.6	1.4	3.1	46.5	46
PVA				37		玻璃				约 72.8	
PMMA	42.4	0	0.8	43.2	39	水				72.8	

4. 高能表面的润湿性

金属及其氧化物、玻璃、陶瓷等高能表面具有很大的表面能 γ_s 和 γ_c，从润湿自由能公式可以得出其润湿自由能很小，一般容易被润湿，因而也极易被污染。暴露在一般环境下的高能固体表面往往会覆盖一层吸附的水膜或有机杂质膜，从而转变成低能表面。尤其是有些有机液体在高能固体表面上发生吸附后，非极性烃基朝向空气定向排列，致使其临界表面张力比液体本身的表面张力还低，其结果是这类液体不能在自身的单层吸附膜上铺展。这种现象通常称为自憎现象。这在材料表面涂膜或粘接过程中是要注意的。如果底材被低能物质所污染，在涂膜时就容易形成缩孔等弊病。

在蒸馏过程中，选择蒸馏塔的填料时，也应当考虑到润湿性的作用。易挥发组分从液体中蒸发出来，而难挥发的组分从塔中不断冷凝滑落，在塔中进行着频繁的传质与传热过程。为了使气液两相有足够的接触面积，就必须使液体在填料上形成液膜，这样就应该选择表面张力高于馏分的固体。而馏出的蒸气在冷凝器中凝结时则希望它形成液滴，以提高回收率。当然冷凝器本身热导率要高，冷凝效果才会好。

四、超疏水性与超疏水涂料

1. 超疏水的定义

我们已经知道，疏水性表面的判断标准是其接触角大于 90°。但是一个表面的亲疏水效果，除了用接触角数值来表征外，还要考虑到它的动态过程，一般用滑动角或者滚动角来衡量液滴在固体表面的动态过程。滑动角定义为固体表面倾斜时能使液滴因重力而下滑的最小倾角。如果液滴会从固体表面滚落，则能使之滚下的最小固体表面倾角就称为滚动角。滑动或滚动都是液滴从固体表面离开的标志，通常用 α 表示。

实际体系通常还会存在接触角滞后现象。前进角与后退角的差值 $\Delta\theta$ 不仅与表面粗糙度有关，也与表面不均匀性有关。这种现象也称为表面对液体的黏滞性，$\Delta\theta$ 值越大，黏滞性越强，液滴越难滑落或滚动，而当 $\Delta\theta$ 值很小甚至趋近于 0°时，该表面几乎没有黏滞性，液滴就很容易从该表面上滚落。因此，以前进角与后退角的差值 $\Delta\theta$ 也可以定义液滴的移动性能。

所谓超疏水，一般是指其表面与水之间的接触角大于 150°、滑动或滚动角小于 10°的性质。可见，超疏水性既要求有较大的静态接触角，也要求具有较小的滑动（滚动）角。

2. 超疏水性的结构要求

荷叶出淤泥而不染，雨水打在荷叶上会自然滚落，因此荷叶是天然的超疏水材料，在自清洁方面它堪称楷模。很多植物的叶子和花瓣、蝴蝶的翅膀、水黾的腿脚和水禽类的羽毛等，也都有此功能。自然界的这些现象体现的就是超疏水性，常被称为“荷叶效应”。

那么如何构建超疏水表面呢？对荷叶表面的研究表明，超疏水特性与其独特的表面结构密切相关。化学结构表征指出荷叶表皮由角质膜和角化膜构成，而角化膜由角质和蜡质（也称蜡被）组成。植物表皮上的蜡质成分复杂，不同的植物组成成分也不同，主要是由碳原子数在 20～34 之间的特长链脂肪酸及其衍生物（包括烷烃、醇、醛、脂肪酸和酯等）组成，还包括萜类和其他微量次级代谢物如固醇和类黄酮类物质。

但是仅有疏水的化学结构还不足以产生超疏水效应。例如纯烃类的聚乙烯表面水的接触角为 110°，而具有最低表面张力的固体聚四氟乙烯，其对水的接触角也只有 115°，离超疏水的要求还很远。研究表明，这些天然超疏水材料的表面还有特殊的物理结构。

Wenzel 方程［式(5-35)］指出，表面粗糙化会“放大”原来表面的润湿性，也即当接触角小于 90°时，表面润湿性增强；接触角大于 90°时，表面不润湿性增大。计算表明，对于接触角接近 0°或 180°的情形，粗糙所产生的影响更大。例如，粗糙度因子 $\tau=1.01$ 时，若 $\theta=80°$，$\theta'=79.9°$，二者相差不大；而 $\theta=10°$ 时，$\theta'=5.9°$，二者相差就较为显著了。疏水性表面也是如此，当 $\theta=120°$时，$\theta'=120.3°$，二者相差寥寥；而当 $\theta=171°$时，$\theta'=176°$，二者相差就很大（图 5-22）。而且粗糙程度越大，润湿性变化也越明显。例如，$\tau=1.01$ 时，$\theta=172°$的体系方能达到完全不润湿（$\theta'=180°$），$\theta=8°$的体系可以达到完全润湿（$\theta'=0°$）；而当 $\tau=3$ 时，只需 $\theta=121°$的体系即可达到完全不润湿，$\theta=70°$的体系即可达到完全润湿。

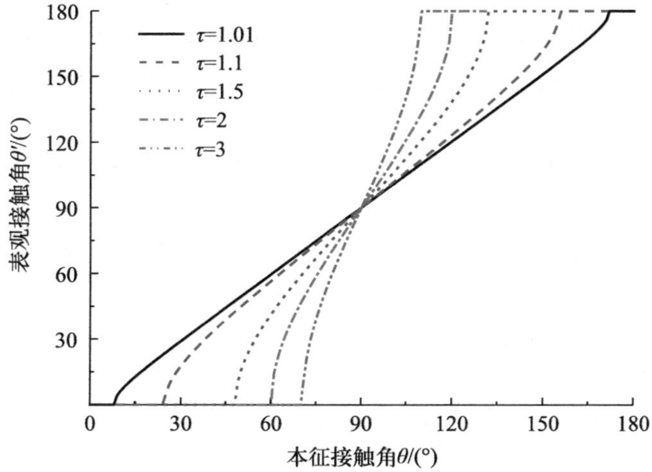

图 5-22　粗糙度对接触角的影响

观察荷叶正面，发现其表面有较大的近锥形乳突状几何单元体，其底径约 10～15μm，高度为 3～4μm，分布密度为 2000～2500 个/mm^2，近锥型几何单元体上又密布着更小的针状毛刺［图 5-23(a) 和图 5-23(b)］；而荷叶背部表面上，

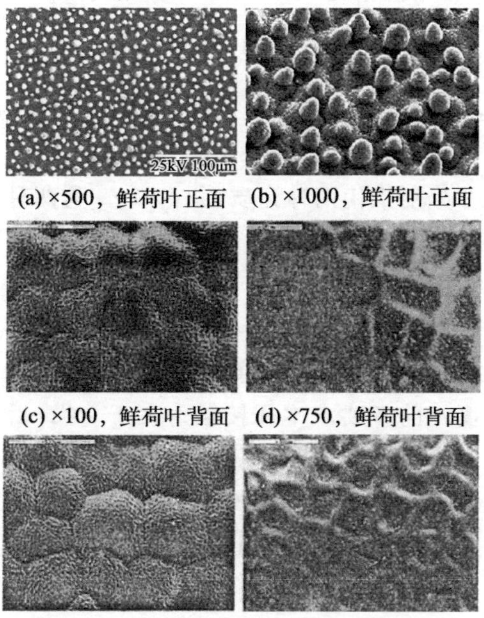

(a) ×500，鲜荷叶正面　(b) ×1000，鲜荷叶正面

(c) ×100，鲜荷叶背面　(d) ×750，鲜荷叶背面

(e) ×100，干荷叶背面　(f) ×750，干荷叶背面

图 5-23　荷叶表面电镜图

则分布着网格状凹坑的半球形，半球的半径为 200～300μm，其表面网格状凹坑单元的尺度为 20～40μm，半球单元的分布密度为 10～20 个/mm^2；半球上的网格密布整个半球单元［图 5-23(c)～图 5-23(f)］。正是由于荷叶表面的这种特殊的微-纳复合结构有效地降低了固体与液滴之间的紧密接触，使得三相接触线的形状、长度和连续性发生了改变，从而大大降低了水滴与固体表面的相互作用力，最终呈现出了超疏水的特性。

Cassie 在研究织物的疏水性能时，提出了另一种接触角模型，即空气垫模型。该模型将粗糙表面上液滴与固体的接触面分解为两部分，一部分是液滴与固体表面突起部分的接触（浸润）部分，另一部分则是液滴与空气垫的接触（空气垫）部分，如图 5-24(b) 所示。令液-固实际接触面积与液滴下方固体的总表面积之比为润湿比例系数 f（$0<f<1$），Cassie 提出了润湿性方程（Cassie 方程）为：

$$\cos\theta' = f\cos\theta + f - 1 \tag{5-44}$$

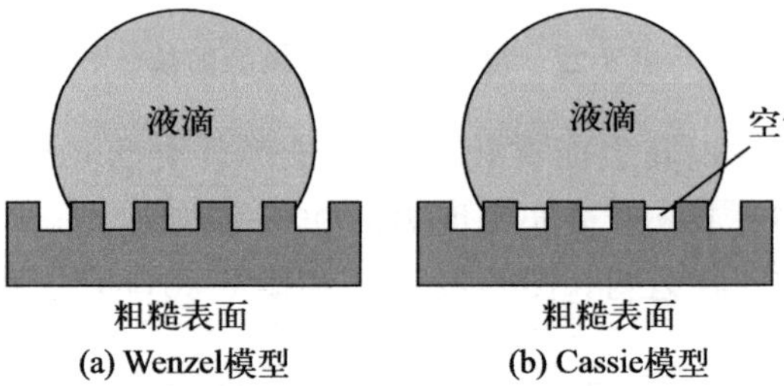

图 5-24　粗糙表面液滴模型

对于复合型介质，Cassie 和 Baxter 又提出了复合接触角的概念，接触方程为

$$\cos\theta' = f_1\cos\theta_1 + f_2\cos\theta_2 \tag{5-45}$$

式中，下标 1 和 2 分别指代两种介质，f_1 和 f_2 为两种介质所占的面积分数（$f_1+f_2=1$）。

对于疏水性体系，因为 $\cos\theta<0$，f 值越小，粗糙度因子 τ 越大的体系，表面的疏水性越强。

因此，材料表面达到超疏水性能的条件必须具有表面疏水的化学结构，同时还必须有一定的粗糙度。前者要求本征接触角大于 90°；后者要求表面有凸出的物理结构单元，需要其有一定的分布密度。而表面物理结构单元尺度的量级也是影响超疏水性能的重要因素，一般认为微纳复合结构可以达到较好的效果。此外表面物理结构单元的刚度、耐磨性、稳定性是保持材料表面具有稳定持久超疏水性能的重要保障。

3. 超疏水涂料的应用

具有超疏水特性的涂料近年来已发展成为一类独特的功能材料。

（1）油水分离

由于粗糙表面可以放大润湿性，因此，对于疏水性表面，当粗糙度达到一定程度时，水滴的接触角可大于150°而油滴的接触角可接近0°。这种超疏水超亲油的表面可以对油水混合物实现有效分离。

将超疏水涂料通过物理喷涂、化学接着等方法复合在具有多孔结构的滤纸、织物、海绵或金属滤网上，就构成了油水分离滤纸、油水分离海绵或油水分离网，其制备非常简单，成本低廉，也适于大规模制备。油水分离效果与网眼尺寸、油的化学结构、含量及杂质的类型、承受的压力等都有一定的关系。

（2）防覆冰涂料

冰雪有时会给日常工作和生活带来诸多烦恼甚至造成安全隐患。机械设备的覆冰会损坏机械设备，输电线路覆冰或积雪会严重威胁电力和通信网络的安全运行，冰在飞机、舰船等交通工具上的集聚更是严重威胁人身安全。常规防覆冰方法可分为物理法和化学法。物理法包括直接加热、热辐射、电流脉冲和机械除冰等，这些方法需要消耗大量热能和电能，费时费力；化学法包括防冻液法、化学溶解及化学热等，不仅除冰效果难以持久，还容易造成环境污染。因此，防覆冰涂料应运而生，这种方法被称为被动抗冰法。

防覆冰涂料能从源头上减少冰雪在其表面上的覆积，因此这种被动抗冰法实际上掌握了防覆冰的主动权。它无需提供额外的热能或电能，也不像防冻液那样需大量喷洒而对环境造成危害，是一种节能又环保的抗冰措施，能够达到持久抗冰的效果。

防覆冰涂料的关键是其超疏水特性。超疏水材料与水的相互作用力很小，能够起到减少覆冰量的作用；同时冰在超疏水表面的附着力也很低，使得冰晶脱离表面的剪切力更小，对于已经聚集在超疏水表面上的冰雪，很容易通过风吹、震动等机械力作用脱离材料表面，从而起到防覆冰的功效。此外，由于超疏水表面与水滴间接触面积降低，使得水在超疏水表面开始形成冰核的时间延长，也提高了防覆冰性能。

不过，当温度持续低于水的露点时，大气中的水汽在超疏水表面的不断凝结会使之与在固体表面的静态接触角逐渐减小，而滞后角逐渐增大，水滴的迁移性能变差，涂层超疏水性能会随之减弱。而进一步凝结的水滴会进入到微结构中形成冰晶，增加了涂层表面与水滴间的接触面积，使得形成的冰与涂层表面的粘接力增大，不易脱离，新的结冰过程在冰晶上继续进行，最终导致超疏水表面不再具有防冰性能。因此，超疏水材料的防覆冰性能有时效性，尤其是在受压、磨损导致表面粗糙度被破坏的情况下更是如此。探寻超疏水表面抗覆冰规律和品种的开发还需要加强研究。

除此之外，对于大面积冰层，还可以从界面韧性角度去探索除冰的方法。所谓界面韧性是冰层产生裂缝的难易程度，通常用Γ来表示，其单位为J/m^2。冰层在不同的材料表面，其界面韧性是不同的。但对于所有的材料，在除冰时都有一个普适性的特点：由于断裂力学的裂纹扩展效应，在临界长度以下，除冰力随着施力方向上冰体的长度线性增加；在临界长度以上，除冰力不再随着长度增加，而是趋于定值。材料的临界长度越小，并且其对应的推冰力越小时，冰就越容易清除。当界面韧性 Γ 降至 $<1J/m^2$（接近冰的范德华力极限值）时，冰层的清除就较为容易。例如采用 PDMS 添加 40% 的硅油增塑制备的涂层来抗冰，其界面韧性 Γ 仅 $0.12J/m^2$，其极限冰推力只有约 40N/cm，也就是说，对于其表面 1cm 宽的冰，无论多长，最多只需要 40N 的力就可以把冰推动。采用光滑液体注入多孔表面（SLIPS）也是一种防冰策略，例如，将硅油浸润的中空介孔二氧化硅微球（SO@HMSs）嵌入聚有机硅氮烷（PSZ）基质中，通过喷涂法制得自补充润滑（SRLS）涂层，其界面韧性仅 $0.028J/m^2$。该涂层对超过 12.20cm 临界长度的冰层，除冰力仅为（15.43±1.51）N/cm。但要实现从实验室到工程应用的跨越还需要进一步努力。

（3）自清洁涂料

雾霾、油性烟雾、工业废气、汽车尾气、酸雨等给建筑物外墙和地面带来不少污染问题，大大影响了建筑的美观性、功能性和耐久性。耐沾污性已成为考察建筑外墙涂料性能的重要指标。具有耐沾污和自清洁能力的涂料由于能简单方便地解决外墙（地面）的污染问题，已成为建筑涂料发展的一个重要方向。

涂料自清洁是依靠涂层自身所具有的亲-疏水物理特性来起到易洁和自洁作用的。GB/T 23764—2009《光催化自清洁材料性能测试方法》提供了涂料耐沾污自洁效果的检测方法。实验表明，建筑涂料耐沾污性优劣次序是：乳胶漆＞溶剂型丙烯酸漆＞溶剂型氟碳漆。溶剂型氟碳漆的好处是表面比较硬，容易清洗，但最容易脏；很多乳胶漆产品，如弹性乳胶漆，它的污染往往是永久性的，污染物可以渗透到涂膜内部，沾污只能靠涂料自身的微粉化解决问题，因此常常会出现涂料在刚开始使用的一段时间越来越脏，后来反而越来越干净的奇特现象。

但若将低表面张力涂料设计成超疏水表面结构就可以具备耐沾污自清洁效果。一般的超疏水材料受到各种油污的污染后会丧失其超疏水特性，而采用含氟、含硅材料构筑的超疏水体系能够赋予表面超双疏的特性，即不仅具有很强的拒水能力，还能够防止油污污染所造成的表面性质的变化，因此具有较好的自清洁性能与持久性。例如将 40nm 和 100nm 两种尺度的纳米 SiO_2 溶胶混合加以改性并加至含氟聚氨酯基体中，得到超双疏纳米复合罩面清漆。这种清漆对水的接触角在 160°～170°，对十二烷烃的接触角在 150°左右，因此具有很好的防水、耐油污和自清洁能力。无论是大气环境下的溶剂型污染物，还是以粉尘为主的水性污染物，都能够实现耐沾污和自清洁。

（4）减阻增输

油品的管道运输需要克服其在管道内流动时与内壁产生的摩擦阻力，管道越长需要克服的阻力越大。如果能降低摩擦阻力，就可以减少管道中石油加压站的数量，达到减阻增输、减少能耗、降低成本的目的。输油管道的减阻增输通常采用添加减阻剂来降低油品的黏度。但减阻剂一般为超高分子量的聚合物，在油品输送的过程中受剪切力作用因拉伸取向而影响其减阻效果，或因遇到泵、管件和孔板等机械阻碍和剪切作用断链变成短链分子而失去减阻效果。另外，加入减阻剂可能会影响到油品的质量。新型减阻技术是通过改变管壁材料使其表面具有超疏水性。由于超疏水表面能够显著减少固液之间的接触，在液体和固体表面形成大量的气垫，减少了流体和管壁之间的摩擦力，防止流体在管道内壁的粘连堵塞，进而可以更快速、更省力地传输油流。

在航海潜水领域，利用超疏水材料制备船舶外壳，同样可以减少流体与船体的接触，极大减小水流对于船舶的阻力，可以让船舶航速带来全新的变革，尤其是极大地减小潜水艇在深海运行阻力，提高航速。超疏水涂层的应用还可以减少燃料的使用量，提高船舶、潜艇的续航能力。

（5）金属防护

油田管道的腐蚀问题是困扰油田生产的一个重要因素。尽管金属表面钝化层是具有防腐作用的，但若长期处于存在腐蚀性的环境中，该钝化层也会被腐蚀介质穿透而导致金属腐蚀。采用超疏水防腐技术，就是在金属表面通过施加超疏水涂层，使腐蚀介质（水、酸性气体及盐的水溶液等）在其表面接近完全不润湿状态，而大大减缓金属的腐蚀过程。

石油行业大部分是室外作业，设备工具受腐蚀严重，性能很快会下降，保养防腐蚀是维持设备工具良好性能的主要方式，超疏水材料提供一种新的对设备工具的保养方式。暴露室外的设备工具如有一层超疏水涂层，可以避免空气中的水分与其直接接触，达到防腐蚀的效果。许多石油液位计长期使用会变黑甚至堵塞无法读数，频繁更换液位计增加了成本也加大了员工的劳动强度，若在液位计中使用超疏水涂层则可以解决以上问题。

具有超疏水表面的材料应用到海洋钻井平台，也是有广阔前景的。将表层导管外层涂覆超疏水涂料可以减少导管在海波中的阻力，从而减少海波对导管的影响。在平台底部与海水接触部分运用超疏水材料可以在微纳凹凸中产生大量的空气垫，避免了金属与水的直接接触，增加了平台防腐蚀能力，提高了其在水中的浮力。

（6）防止海洋生物附着

舰船长期在海洋中行驶时，微生物、植物、动物可聚集并附着于水下物体表面，会给船体及水下抽排水管道及一切海洋设施造成很大破坏作用。船底附着大量海洋生物会明显增加航行阻力，降低航速，增加燃料消耗。大量海洋生物的附着会破坏金属表面的涂层，从而加速金属腐蚀和老化，迫使船舶更频繁地进入船坞整修，浪费大量的时间和资源。以往所用的防污涂料是在涂料中添加了有机锡类化合物等防污剂，来防止和控制污损生物在基体表面的附着和生长。但随着时间的推移，大量防污剂被释放到海洋中，对环境造成不可逆转的危害。

海洋生物长期置身海水，却很少有附着生物黏附。研究发现，海洋生物通过分泌一种对附着生物有避忌或抑制作用的特殊化学物质，或者通过特殊的表面形态，避免其他海洋生物在体表附着。例如巨头鲸皮肤表面就存在着由纳米尺寸的脊围绕而成的纳米洞，其中填有含水凝胶，有效地阻碍了海洋生物的附着。超疏水表面可以减小污损生物与表面的接触面积，从而阻止和减缓污损。微纳结构使得材料表面与污染物的接触面积减小，作用力减弱，液滴滚动时表面的污染物很容易被带走，从而起到防污作用。

（7）其他

俗话说抽刀断水水更流，用刀来分割液体似乎是妄想。然而，当放置水滴的案板和刀表面都经过超疏水化处理，这样在特定条件下就可以干净利落地把水切成两半了。这是分割微量液体样品的一种方法。将其与其他分离方法（例如等电位聚焦）结合，就有了从很少量的液体中分离不同成分的潜力。

在生物医学领域，将其应用于手术器械上，利用超疏水表面具有抗细菌黏附的特性，可减少手术过程中对正常组织的损伤；还可用于微量注射器的针尖，以减少昂贵的药品在针尖上的黏附，同时消除药品对针尖的污染。可逆超疏水材料可以随外场条件的改变发生超疏水/亲水的转换，运用这一特性，可以通过控制葡萄糖含量、温度、酸碱度等为超疏水/亲水材料作出响应的因素来实现离子的定向传输和药物的定向送达，使药物直达病灶。

在纺织品领域，用超疏水纤维织物做成的服装具有防水、防污、透气的能力；用超疏水纤维材料制作的雨伞、雨衣，可以方便地抖落水珠。

在太阳能电池发展方面，超疏水表面的应用可维持钢化玻璃或太阳能电池板的吸收率。在微机电系统中，超疏水表面的应用可减弱微结构之间的液体桥接，提高系统内微器件自组装技术性能。在航空航天方面，超疏水表面涂层用于卫星接收天线还可避免积雪、覆冰和灰尘等造成的通信质量变差或中断故障。

如果所制备的超疏水涂层具有透明性，则可用于制造自洁、防污玻璃，用于汽车挡风玻璃不仅可以在雨雾天或高湿度环境中保持一定的透明性，还可以减少污染，提高人们在雨天行驶过程中的安全性；用于高层建筑物的窗玻璃和幕墙，通过雨水带走玻璃表面的污染物，可以减少人工清洗的次数，避免高空作业的危险。

五、分散性

1. 分散功

固体粒子在液体介质中的分散过程可以分解为几个连续的步骤，如表 5-5 所示。

表 5-5　分散过程分解表

界面过程	始态 G_0　终态 G_t	润湿面积	体系自由能变化 $\Delta G = G_t - G_0$
黏附功 W_a	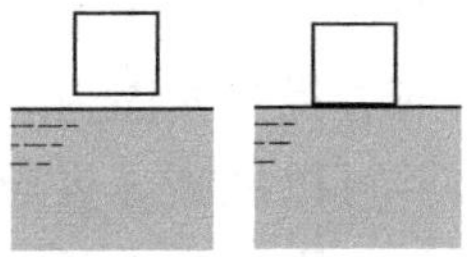	一面	$\Delta G_1 = \Delta G_a = \gamma_{sl} - \gamma_s - \gamma_l$ $W_a = -\Delta G_a$
浸渍功 W_i	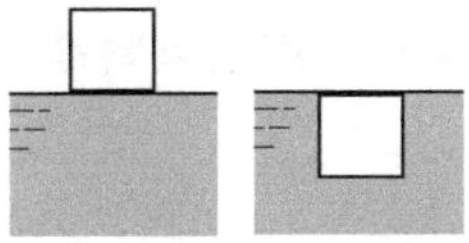	四面	$\Delta G_2 = \Delta G_i = 4\gamma_{sl} - 4\gamma_s$ $W_i = -\Delta G_i$
铺展功 W_s	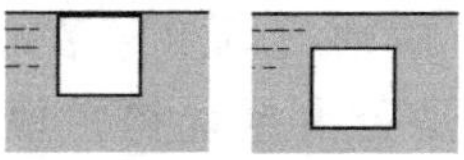	一面	$\Delta G_3 = \Delta G_s = \gamma_{sl} + \gamma_l - \gamma_s$ $W_s = -\Delta G_s$
分散功 W_d	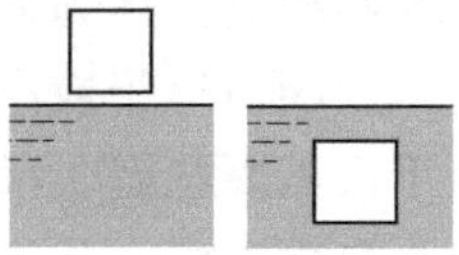	六面	$\Delta G_d = \Delta G_a + \Delta G_i + \Delta G_s$ $= 6\gamma_{sl} - 6\gamma_s$ $W_d = -\Delta G_d = 6\gamma_s - 6\gamma_{sl}$

假定颜料粒子为单位体积的立方体，一个粒子的分散过程实质就是粒子的浸入过程，就是将这一个立方体从液体之外的某点输运到液体内部的某点，因而其过程涉及一面接触时的黏附、周边接触时的浸渍和完全浸入后的铺展三个方面。因此，分散过程自由能变化 G_d 应是黏附自由能、浸渍自由能和铺展自由能变化的总和，即：

$$\begin{aligned}\Delta G_d &= \Delta G_a + \Delta G_i + \Delta G_s \\ &= (\gamma_{sl} - \gamma_l - \gamma_s) \times 1 + (\gamma_{sl} - \gamma_s) \times 4 + (\gamma_{sl} + \gamma_l - \gamma_s) \times 1 \\ &= 6\gamma_{sl} - 6\gamma_s = -6\gamma_l \cos\theta\end{aligned} \tag{5-46}$$

由此可见，只要知道了液体涂料基料的表面张力及涂料基料对颜料润湿时的接触角，则可以估算颜料分散的难易程度。例如，当接触角 $\theta < 90°$时，分散自由能变化为负值，则分散过程是自发的；反之则不自发。

但是，由于分散体系不是封闭的系统，分散过程中的自由能变化实际上是不能叠加的，因此，分散过程是否自发由最苛刻条件来控制。显然，满足了铺展润湿的自发条件才能自发分散。因此，液体对固体的接触角等于 0°才是分散过程自发的必要条件。实际操作过程中，由于接触角常接近 0°，因而分散一般可以达到自发水平。

2. 絮凝功

上面分析的是一个固体粒子的分散条件。当大量的固体粒子进入液体内部后，就要研究粒子和粒子间的相互作用产生的分散性问题。当固体粒子在液体中接触，并使液固界面消失时，粒子产生絮凝。这与固体内聚相似。在这个过程中，体系自由能的变化为：

$$\Delta G = -2\gamma_{sl} \tag{5-47}$$

体系对外做功为：

$$W = -\Delta G = 2\gamma_{sl} = 2(\gamma_s - \gamma_l\cos\theta) = 2(\gamma_s - \gamma_l) \tag{5-48}$$

因此，推动絮凝的力与液固界面张力有关，或者说与液固两表面张力之差有关。假使固液表面张力相等，则没有絮凝的趋势。可以推断，表面张力匹配，则颜料分散性好。而为了使涂料基料能在颜料上铺展，则应使涂料基料的表面张力刚好稍低于颜料粒子的表面张力，这样可避免润湿不良产生颜料漂浮的浮色缺陷。

3. 絮凝与反絮凝

颜料在涂料中是否发生絮凝，由絮凝力来判断，也就是粒子之间的吸引或排斥力。粒子间以吸引力为主时，絮凝力大于零。由第三章第三节的图 3-13 可知，体系是否会产生絮凝关键是看吸引能或吸引力是否占据优势。根据其数值的大小，颜料粒子可由强烈吸引到很弱吸引，絮凝程度则相应由高到低；粒子间的吸引力和排斥力相互抵消时，或者排斥力占主导时，絮凝力等于或小于零，粒子间已不再相互吸引甚至相互排斥，此时粒子间就处于反絮凝状态。反絮凝是分散性较好的状态，其沉降过程属于自由沉降，粒子各自自由下沉，最终将形成致密的沉淀而难以再分散。

絮凝力等于零是一个关键的转折点。在靠近该转折点附近，一个微弱量的差别，就会导致颜料从絮凝到反絮凝的转化，从而使颜料在涂料中的分散状态有明显的差别。表 5-6 给出了不同的絮凝状态对涂料性能的影响。

从表 5-6 可以看出，随着絮凝程度的增加，遮盖力、光泽、流动性、流平性变差，因此强烈絮凝是不利的。但反絮凝也不是在所有方面都是合适的，虽然遮盖力好、着色力强、光泽好，但是反絮凝所造成的明显的致密性沉淀也是其致命弱点，只有轻微的絮凝能提供涂料所要求的性能。在微絮凝状态下，大多数性能接近于反絮凝情况下的优点，而在沉淀性上有明显改善，因而可以兼顾涂料对各方面性能的要求。这就是絮凝力稍大于 0 时所引起的“质”的变化，它不仅适用于单一颜料的絮凝，也适用于多颜料组分之间的共絮凝。轻微共絮凝还可避免漂浮和严重沉淀。体质颜料可以用作其他颜料的共絮凝剂，是控制白色颜料和彩色颜料间的分散状态差异，改善涂料质量的有力工具。

表 5-6　絮凝和反絮凝两种分散状态在涂料性能上的差别

涂料性能	絮凝(强→弱)	反絮凝	涂料性能	絮凝(强→弱)	反絮凝
沉淀物	软，易于再分散	致密，难于再分散	着色力	不好→一般	好
流动性	差→一般	优	涂刷性能	好，易	差
流平性	差→一般	优	光泽	差→一般	好
抗流挂性	好→一般	差	涂膜耐久性	一般	好
遮盖力	差→一般	好			

4. 颜料的分散性

通过以上讨论，我们可以大致判断颜料的分散性。润湿热越大，分散功越大，絮凝功越小，则颜料的分散性越好。这就要求固体颜料与液体分散介质间既要有良好的润湿能力，又不能有较大的界面张力，即两者表面张力必须匹配。由于分散性好的粉末在介质中容易沉淀为细密沉淀状态，结果是沉淀体积小；而分散性不好的粉末沉淀时因易形成絮凝结构的松散沉淀，沉淀体积较大，所以用沉淀体积的大小也可作为分散性的判据。

例如，酞菁颜料色泽鲜艳，着色力高，颜色坚牢度优异，但其表面极性低，在水性涂料中润湿热很小，分散性差，由于界面张力大，因而极易絮凝，从而造成雾影、光泽下降，尤其是复色漆会产生浮色、发花等现象，因此在其使用时需要进行表面处理。表面处理的目的是使之带有一定的极性，从而增加其在水中的润湿热，提高分散性，同时降低其界面张力，减小絮凝的趋势。为了降低其聚结沉淀的概率，还需配以高分子分散增效剂和适当的流平剂，如在各种涂料配方中配合使用聚醚改性有机硅和丙烯酸类的流平剂等。

若将 TiO_2 分散于亲油的苯中，由于 TiO_2 与苯间的相互作用较小，润湿热小，分散性很差。而较大的界面张力使 TiO_2 的絮凝趋势很强，粒子间一经接触，这种接触就牢固地保持下去，非极性的苯没有能力破坏颜料粒子间建立的这种相当强的极性-极性相互作用，在苯中，TiO_2 粒子就形成一种絮凝结构，它是一种疏松的、在静止条件下能长久保持的机械网络，沉降反而极少。为了减少絮凝，必须对 TiO_2 进行表面改性，在其表面接枝一些非极性官能团，以降低 TiO_2 之间的相互作用，降低其絮凝趋势。

应当指出，极性的固体粒子虽然能被极性介质所润湿，分散性好，然而由于极性介质会润滑粒子的沉降途径，因此会促进粒子的沉降过程。这种分散体系并不稳定，最终将产生细密的沉淀。这就需要在体系中通过增稠剂来提高体系的黏度，减小其沉降速率，同时对颜料颗粒表面进行表面处理，适当降低极性，减小水与无机颜料间过强的相互作用，使之更易于分散，提高分散稳定性。

颜料的表面改性已成为颜料制造时所采取的重要工艺步骤之一。在涂料中，它可以改善其分散性能，改变其流变状态，提高其耐候性、耐光性、耐化学品性；应用于塑料则可改善其加工性能、耐光性以及机械强度等性能。有些颜料如氧化铁、钛白粉等具有催化活性，为了防止氧化铁在某些聚合物中催化聚合物出现早期老化问题，在其表面以氧化铝-二氧化硅或有机硅包膜来降低其催化活性，提高制品的使用寿命；为了防止钛白粉的光催化作用，可以在其表面加一层金属氧化物或硅酸盐等的膜来隔绝光对基料的影响，防止涂料粉化。铬黄耐光性不佳，见光易变暗，且不耐 SO_2 气体，可以用氧化铝、二氧化硅及氧化锑等包膜来改善其性能。包膜剂的用量可达颜料质量的 2%～5%，个别甚至超过 10%。

在经过包膜改性的颜料表面有时还需要再用长链醇、胺、有机硅等处理，以改善其分散性能。经过表面处理后，可以提高涂料的抗粉化性、光泽度和易研磨分散等性能。有机颜料一般为较微细的晶体，易于团聚，可以采用松香皂、胺类进行表面处理，防止其团聚。有催化活性的也需要进行包膜处理。经过表面处理后，颜料由于能得到良好的分散，着色力及各种耐性也有所提高。有机颜料还有可能在颜料本身的化学结构上直接引入少量的所需基团，形成具有新功能特性的颜料衍生物。

颜料的表面处理是颜料生产过程中改善颜料性能的有效措施。其表面处理工艺名目繁多，随颜料类型的不同及各种具体的性能要求不同而不同，改性方法大量散见于各专利文献中，一般采用表面吸附、离子交换和形成共价键等手段，有关内容将在第六章第三节中加以讨论。

第三节　毛细现象

一、毛细凝结

由第四章第二节中 Kelvin 方程可知，凸液面具有高于平液面的饱和蒸气压，凹液面具有低于平液面的饱和蒸气压。对于多孔吸附剂，若液体可以润湿毛细孔孔壁，则毛细孔将吸附液膜形成凹形弯月面。这就使液体的饱和蒸气压低于正常值，气相中达到正常蒸气压的该组分将继续凝结。这种现象即称为毛细凝结。考虑到润湿角 θ，则 Kelvin 公式可写成：

$$\ln \frac{p_r}{p} = -\frac{2\gamma \widetilde{V} \cos\theta}{RTr} \tag{5-49}$$

式中，r 为孔半径，与液滴半径形成的凸液面相反，孔形成凹液面，因而式前加负号；θ 为接触角；$\widetilde{V}$ 为凝结液体的摩尔体积；γ 为液体的表面张力；p_r 和 p 分别为弯月面和平液面液体所对应的饱和蒸气压。

当压力为 p_r 时，由式（5-49）可计算出达到气液平衡时的临界半径 r^*，凡是半径小于 r^* 的毛细孔，其所对应的液体饱和蒸气压均更低，因此，蒸气将在这些小孔径的毛细管中凝结，直至最终全部被液体充满；而在半径大于 r^* 的毛细孔中，因饱和蒸气压较高，因此蒸气不会凝结于此，其壁上将只有正常的吸附层。这就是毛细凝结理论。由于在凝结前，毛细孔表面通常已有一层吸附层，所以式(5-49) 中的 r 实际上是吸附后的孔半径（图 5-25），它等于毛细孔真实半径 r_R 扣去吸附层厚度 τ：

$$r = r_R - \tau \tag{5-50}$$

孔半径越小，能发生凝结的蒸气压也就越低。

在测定吸附-脱附等温线实验时，吸附等温线与脱附等温线一般不重合，如

图 5-26 所示，形成滞后圈。在相同的吸附量下，吸附平衡时的吸附量小于脱附平衡时的吸附量；或者在同样吸附量下，吸附平衡的蒸气压大于脱附平衡时的蒸气压。这是因为：

① 吸附时的液体逐渐增加，液固接触角是前进角，而脱附时则为后退角，由于后退角小于前进角，因而由式(5-49) 得出的 p_r 要低些；

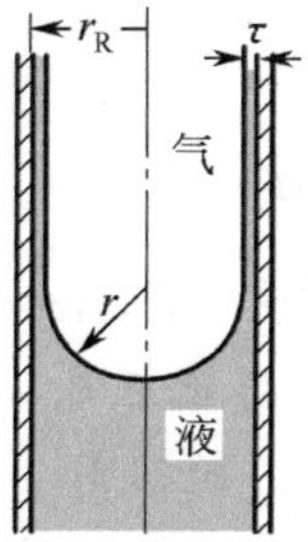

图 5-25 圆柱形孔中的气液平衡

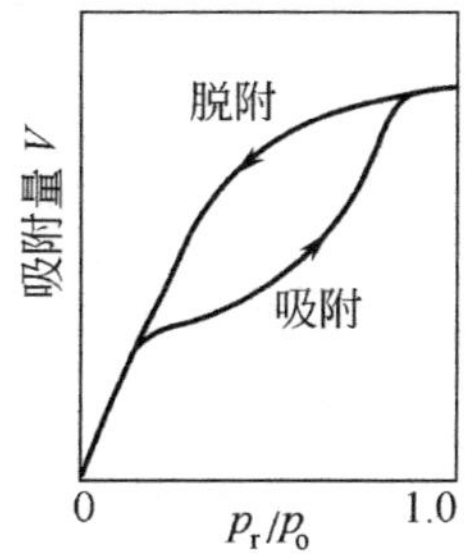

图 5-26 多孔固体吸附蒸气时的滞后现象

② 假定毛细孔有点像“墨水瓶”形状（图 5-27）。吸附时从瓶底开始，因弯月面没有很好形成，因此，只有当压力增大到与大孔径相应的蒸气压时才发生毛细凝结；而脱附时，液体从小瓶颈口开始，因此，只有当压力减小到与小孔径相应的蒸气压时，才能使孔中的液体蒸发出去。

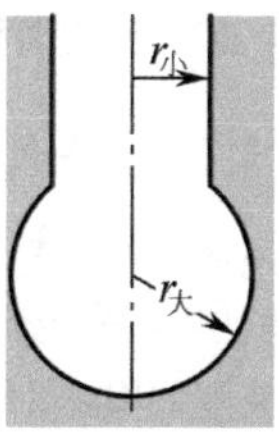

图 5-27 墨水瓶形状的孔

二、毛细黏着

当粉状粒子被润湿液体润湿时，互相间会黏附得很紧，这种现象就是毛细黏着。

1. 平板间的毛细黏着

我们都有这样的经验，在两块玻璃板间放些水，就很难将它们分开。设正方形玻璃板的面积为 a^2，玻璃板间隔为 d，当中充满水，如图 5-28 所示。水与玻璃板的接触角为 0°，则根据 Young-Laplace 方程，液体里面的压力比大气压小。凹液面产生的附加压力大小为：

$$\Delta p=\gamma\left(\frac{1}{r_1}+\frac{1}{r_2}\right) \tag{5-51}$$

因为 $r_1=d/2$，$r_2=\infty$，所以，

$$\Delta p = -\frac{2\gamma}{d} \tag{5-52}$$

这个压力差使水变薄而将两块板紧压在一起，此压力就称为毛细压力。自压力的定义可得，将两块板压在一起的力为$-2\gamma a^2/d$。

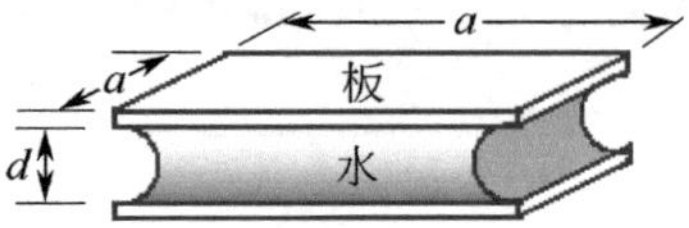

图 5-28　两玻璃板间由水产生的毛细压力

例：两块正方形玻璃板中间充满了水，若板面积为 100cm²，d=0.1cm，水的表面张力为 72mN/m，试计算其附加压力。若液膜厚度降低至 0.01mm，两块玻璃板间的附加压力增加为多少？若玻璃板为半径是 10cm 的圆形［图 5-29(a)］或外半径 30cm、内半径 10cm 的圆环形［图 5-29(b)］，所夹水的厚度为 0.1cm 时，毛细压力怎样计算？

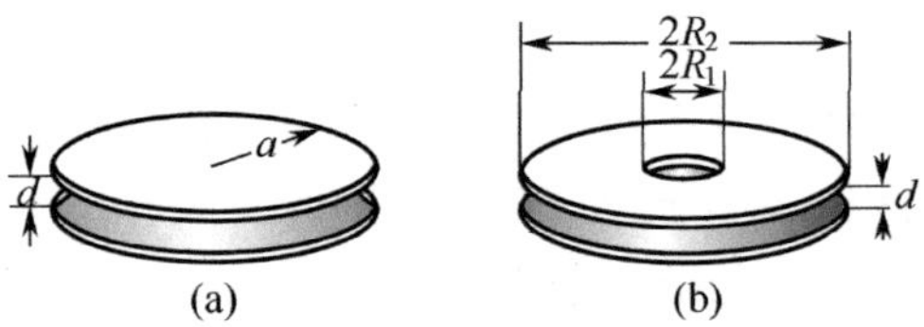

图 5-29　圆形和圆环形玻璃板间的毛细压力

解：(1) 对于正方形玻璃板而言，根据式(5-51)，代入数据可得：

$$\Delta p = -\frac{2\gamma}{d} = -\frac{2\times 72\times 10^{-3}}{0.1\times 10^{-2}} = -144\ (\text{Pa})$$

则毛细压力为 $F=\Delta pA=-144\times 100\times 10^{-4}=-1.44(\text{N})$

负号表示由液体内部向外方向。同样可计算，当液膜厚度降低至 0.01 mm 时，两块玻璃板间的附加压力可增大至 144 N。

(2) 图 5-29(a) 所示的圆形板间水的附加压力为：

$$\Delta p = \gamma\left[\frac{1}{r_1}+\frac{1}{r_2}\right] = \gamma\left[\frac{1}{-\frac{d}{2}}+\frac{1}{a}\right] = \gamma\left(\frac{1}{a}-\frac{2}{d}\right)$$

$$= 72\times 10^{-3}\times\left(\frac{1}{10\times 10^{-2}}-\frac{2}{0.1\times 10^{-2}}\right) = -143.3(\text{Pa})$$

则毛细压力 $F_2=\Delta pA_2=-143.3\times\pi\times(0.1)^2=-4.5(\text{N})$

(3) 图 5-29(b) 所示的环形玻璃板，水的附加压力需分内外环分别计算。

外环的附加压力为：

$$\Delta p_2 = \gamma\left[\frac{1}{r_1}+\frac{1}{r_2}\right] = \gamma\left[\frac{1}{-\frac{d}{2}}+\frac{1}{R_2}\right]$$

$$=72\times10^{-3}\times\left(-\frac{2}{0.1\times10^{-2}}+\frac{1}{0.3}\right)=-143.8(\text{Pa})$$

则外环产生的毛细压力为 $F_2=\Delta p_2A_2=-143.8\times\pi\times(0.3)^2=-40.7(\text{N})$

内环的附加压力为：

$$\Delta p_1=\gamma\left[\frac{1}{r_1}+\frac{1}{r_2}\right]=\gamma\left[\frac{1}{-\frac{d}{2}}+\frac{1}{R_1}\right]$$

$$=72\times10^{-3}\times\left(-\frac{2}{0.1\times10^{-2}}+\frac{1}{0.1}\right)=-143.3(\text{Pa})$$

则内环产生的毛细压力为 $F_1=\Delta p_1A_1=-143.3\times\pi\times(0.1)^2=-4.5(\text{N})$

毛细总压力 $F=F_1+F_2=-40.7+(-4.5)=-45.2(\text{N})$

2. 球形粒子间的毛细黏着

对于相互接触的两个半径为 R 的球形粒子，若其间浸润了某种液体，也可以计算出其间的毛细压力。如图 5-30 所示，粒间液体的弯月面半径为 r，粒子接触点至弯月面底切面的距离为 x，则毛细压力为：

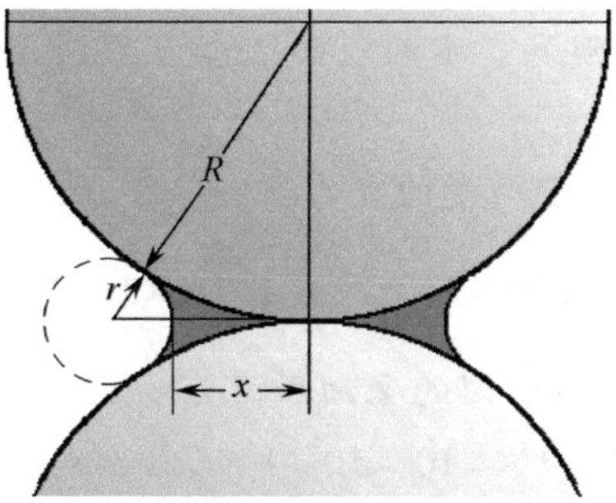

图 5-30　少量液体在两球形粒子间的润湿及其产生的毛细压力

$$\Delta p=\gamma\left(\frac{1}{-r}+\frac{1}{x}\right) \tag{5-53}$$

若 r 比 x 小很多，则：

$$\Delta p\approx-\frac{\gamma}{r} \tag{5-54}$$

粒子间所受毛细压力为：

$$F_{\text{A}}=\Delta pA\approx-\frac{\gamma}{r}\pi x^2 \tag{5-55}$$

因为 $R^2+(x+r)^2=(R+r)^2$，设 $R\gg x$，则有：

$$x^2=2r(R-x)\approx2rR \tag{5-56}$$

所以，

$$F_{\text{A}}=-2\pi R\gamma \tag{5-57}$$

实验表明，在固体球形乳胶粒子正好接触形成连续相结构的阶段，毛细管中水的弯月面半径约为球形粒子半径的 0.155 倍，即 $r \approx 0.155R$，由此可求得 $x = 0.423R$，则：

$$\Delta p = \gamma\left(\frac{1}{-0.155R} + \frac{1}{0.423R}\right) = -\frac{4.087}{R} \tag{5-58}$$

据此可以计算出较为实际的毛细压力为：

$$F_A = \Delta p A = -\frac{4.087\gamma}{R}\pi(0.423R)^2 = -0.731\pi R\gamma = -2.30R\gamma \tag{5-59}$$

这样，毛细压力与球形粒子本身所受的重力之比为：

$$\left|\frac{F_A}{F_W}\right| = \frac{0.731\pi R\gamma}{\frac{4}{3}\pi R^3 \rho g} = \frac{\gamma}{1.824R^2\rho g} \tag{5-60}$$

若润湿的液体是水，其表面张力约为 72.8mN/m，对于粒子密度在 4g/cm^3 左右的 TiO_2，当粒子的半径约为 1mm 时，二者之比约等于 1。粒子半径越小，毛细压力就越大。

例：现有 TiO_2 粉末颜料，已知其球形粒子半径 R 为 10μm，密度为 4.16g/cm^3。由于吸潮，粒子间为水所湿润。水的表面张力为 72.8mN/m，计算其所受的重力和毛细压力。

解：每个球形 TiO_2 粒子所受的重力为：

$$F_W = \frac{4}{3}\pi R^3 \rho g = \frac{4}{3}\pi \times (10 \times 10^{-6})^3 \times 4.16 \times 10^3 \times 9.8 = 1.71 \times 10^{-10}(\text{N})$$

根据式(5-59) 计算，粒子间的毛细压力为：

$$F_A = -2.30R\gamma = -2.30 \times (10 \times 10^{-6}) \times 72.8 \times 10^{-3} = -1.67 \times 10^{-6}(\text{N})$$

毛细压力与球形粒子本身所受的重力之比为：$\left|\frac{F_A}{F_W}\right| = \frac{1.67 \times 10^{-6}}{1.71 \times 10^{-10}} = 0.98 \times 10^4$

可见，每个 TiO_2 球粒所受的毛细压力可达其自身重力的近 1 万倍。

这种毛细压力在乳胶粒子成膜过程中起着十分重要的作用。随着水分的不断挥发，乳胶漆中的粒子相互间越来越近。当乳胶粒子相互接触时，粒子间受到较强的毛细压力作用，有相互聚集的趋势，并相互大力挤压。由于乳胶粒子具有较强的变形能力，在毛细压力作用下乳胶粒子发生形变，并把水分进一步排挤出来。该过程持续进行，最终使乳胶粒子相互合并而成膜。

但是，这种力却严重妨碍了粉状粒子的分散。粒子被润湿液体湿润后，相互间粘接得很紧，如果是亲水的微粒，则在潮湿的环境中，水蒸气会促进粉末间的附着。分散时，如果成团的颜料突然浸进分散介质，结果可能是成团的颜料外层被润湿，并有效地封闭了内核，使之不能进一步与分散介质接触，陷在内部的空气也阻止了分散介质通过毛细管浸透作用进一步进入干核。因此，在分散操作时，必须遵守正确的混合方法。而在贮存过程中，也要考虑黏着结块的问题。

三、毛细管流动

在毛细管中液体的弯月面所产生的附加压力作用下，液面会沿着毛细管壁上升（图 5-31）。根据流动过程的速率方程：

$$Q_v = \frac{\pi r^4 \Delta p}{8\eta L} \tag{5-61}$$

式中，Q_v 为流体体积流量；r 为毛细管半径；Δp 为毛细管两端的毛细压力；η 为介质黏度；L 为毛细管长。而体积流量 Q_v 等于流体平均流速 v 与毛细管截面积的乘积，则：

$$v = \frac{r^2 \Delta p}{8\eta L} \tag{5-62}$$

若弯月面呈球形，接触角为 θ，则毛细压力可由 Laplace 方程得出：

$$\Delta p = \frac{2\gamma \cos\theta}{r} \tag{5-63}$$

因而，液体进入毛细管渗透距离 L 的瞬间流速为：

$$v = \frac{r\gamma \cos\theta}{4\eta L} \tag{5-64}$$

若以 $\frac{dL}{dt}$ 代替 v，整理积分后可得：

$$t = \frac{2L^2 \eta}{r\gamma \cos\theta} \tag{5-65}$$

或

$$L = \left(\frac{r\gamma \cos\theta}{2\eta} t\right)^{\frac{1}{2}} \tag{5-66}$$

这个方程反映了由毛细管作用而达到的渗透深度与渗透时间的关系。

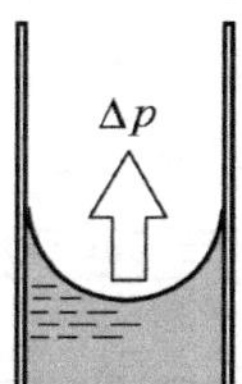

图 5-31　毛细管中弯月面产生附加压力

例：将堆积紧密的颜料未经搅拌就倒入装有厚聚合亚麻油的槽中，假定亚麻油可以将颜料完全润湿，即 $\theta = 0°$。已知漆料的表面张力为 25mN/m，黏度为 3.5Pa·s，颜料粒径约 2μm，若将毛细管间隙也视作 2μm（图 5-32），试计算 1min 后漆料的渗透深度。若颜料粒团的半径为 1cm，则完全浸透需多少时间？

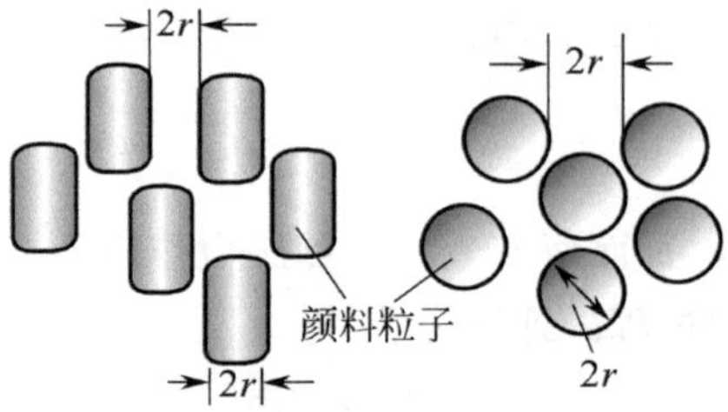

图 5-32　颜料粒子间毛细孔径的估计

解：根据式(5-66) 可得，漆料 1min 后在颜料粒团中的渗透深度为：

$$L=\left(\frac{r\gamma\cos\theta}{2\eta}t\right)^{\frac{1}{2}}=\left(\frac{1\times10^{-6}\times25\times10^{-3}\times1}{2\times35\times10^{-1}}\times60\right)^{\frac{1}{2}}=4.6\times10^{-4}(\mathrm{m})$$

若将半径为 1cm 的颜料完全浸透，则所需时间为：

$$t=\frac{2L^{2}\eta}{r\gamma\cos\theta}=\frac{2\times(1\times10^{-2})^{2}\times3.5}{(1\times10^{-6})\times25\times10^{-3}\times1}=2.8\times10^{4}\ (\mathrm{s})=7.8(\mathrm{h})$$

黏性液体依靠毛细作用渗透到堆积紧密的颜料粒团间隙中的过程是缓慢的，这是因为液体的表面张力不大，所产生的附加压力不高，且颜料粒子的间隙非常小，而涂料的黏度高。除此之外，颜料粒子受潮而粘连形成附聚物，在倒入大量的涂料中时，涂料会将附聚物中的空气封闭于颜料孔隙中，随着渗透的进行，内部被压缩的空气产生的向外抵抗力逐渐增大，渗透越深，向外的压力越大，妨碍了进一步的渗透。

置换颜料堆积空隙中的空气的方法是将颜料投入液体涂料中，这样液体从底部进入颜料堆的通道和空间，被置换的空气受排斥由顶部逸出。当然，通过毛细管的润湿只能慢速进行，即使在最有利的条件下也只能达到一定限度。为了完成润湿过程，必须不断暴露新表面于液体涂料。研磨可以将粒子附聚物打破，使每个粒子的全部表面都可被润湿。把研磨好的料浆分散体进一步用溶剂和基料稀释，制得易于施工的涂料。在此过程中，将已被涂料所润湿的粒子在总体涂料中永久分隔开。但若粒子重新趋于团聚，则形成絮凝结构，它与附聚体的区别在于絮凝体中不再含有空气泡，如图 5-33 所示。

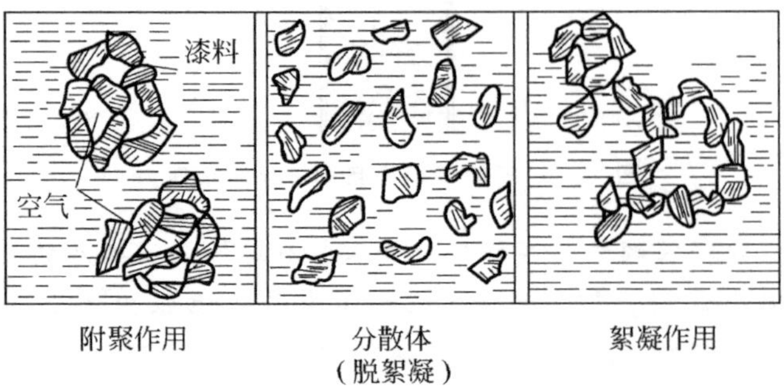

图 5-33　颜料粒子的附聚作用、分散体和絮凝作用

第四节 粘接

涂料最终需要在基材表面形成坚实的保护涂层，涂料与基材间必须具有较强的相互作用。广义地看，涂层也就是将胶黏剂、硬质颗粒（颜料）、溶剂等组成的涂料涂覆在工件表面，干燥固化后形成的保护层。胶黏剂多为高分子化合物，如天然树脂、合成树脂，以及成膜后能形成化合物的其他有机物。

粘接是液固界面现象的一个重要的应用方面。除了涂料外，在工农业生产及日常生活中都会经常遇到粘接问题。早年使用的胶黏剂多属天然高分子，本身粘接强度不高，而且其耐水、耐热、耐老化等其他方面性能也较差，因而有很大的局限性。高分子科学建立以后，为适应现代工业特别是航空工业发展的需要，出现了以合成高分子材料为主的新型胶黏剂。粘接作用在很大程度上与液体在固体表面上的润湿、铺展性能有关。

一、粘接现象

1. 黏合

两个不同的物体通过紧密的界面接触而结合在一起，从而通过界面可以传递机械力或功的现象称为黏合。若不考虑其可剥离性，则这种黏合行为就被称为粘接。为了增强粘接效果，常需采用胶黏剂，也称黏合剂。如果黏合的两个物体间作用力较弱，在需将其分开时，被黏表面上应不留痕迹，这种黏合称为可剥离性粘接，也称黏附。本节主要讨论前一种现象即粘接现象。

2. 界面力

把两个相结合在一起的作用力称为界面力。它可以是分子间作用力、静电吸引力，也可以是化学键。计算表明，当两个固体表面相互接近至0.4nm以内时，即达到分子间作用力的有效近程时，分子间作用力可达10^8～10^9N/m^2（100～1000MPa），即使不用胶黏剂，两者也能实现粘接。各种材料的拉伸强度如表5-7所示。

表 5-7 各种材料的拉伸强度

<table>
<tr><th>材料</th><th>拉伸强度/MPa</th><th>材料</th><th>拉伸强度/MPa</th><th>材料</th><th>拉伸强度/MPa</th></tr>
<tr><td>铝</td><td>62</td><td>聚苯乙烯</td><td>41.5</td><td>橡胶</td><td>14</td></tr>
<tr><td>铸铁</td><td>103</td><td>聚甲基丙烯酸甲酯</td><td>48.0</td><td>70%玻璃纤维增强环氧树脂</td><td>1200</td></tr>
<tr><td>软钢</td><td>415</td><td>尼龙 66</td><td>69</td><td rowspan="2">70%碳纤维增强环氧树脂</td><td rowspan="2">7000</td></tr>
<tr><td>玻璃</td><td>69</td><td>聚碳酸酯</td><td>65</td></tr>
</table>

但是事实上，人工所能制得的最平整的表面，仍有20nm左右的凹凸度。这

样两个固体平面的接触也只是凸起部分的局部接触，接触点很少，其面积不足以产生粘接力。为了能使这些凹凸面实现全面接触，必须采用胶黏剂。胶黏剂的作用是将固体与固体的接触变为液固间的接触。利用液体可以流动的特点，使不平的表面得以平整化，从而增加界面间的接触面积，以提高粘接强度。

胶接后的力学强度不仅取决于此界面力，而且还取决于界面区和两个本体相的力学性质。如果断裂发生在远离界面的本体相中或靠近界面的薄层中，则称为内聚断裂，这时可以认为粘接有足够的强度。在界面区内发生的断裂，则称为界面断裂，此时说明粘接力较弱。

由于胶黏剂的作用是将固-固接触界面转变为液固界面，因而液体与固体的润湿就显得非常重要了。

二、粘接的表面化学原理

为了得到比较满意的粘接结果，胶黏剂与被粘接的物体表面之间应当有尽可能大的接触面积。这就要求胶黏剂对被粘物的表面应具有良好的润湿和铺展能力。如果润湿能力差，则在界面中将存在大量气泡，形成应力集中点，使粘接强度大大降低；而较好的润湿则可以增加液固接触面积，增加黏附功而使粘接强度增加。

1. 热力学条件

液固的润湿性能可以用接触角来表征。当接触角 θ 小于 90°时，液体对固体的表面具有良好的润湿性，θ 角越小，润湿性越好。除了含氟或含硅有机材料的表面张力极低，润湿性比较差外，大多数情况下，黏合剂对被粘物表面的接触角 θ 都小于 90°，因此对表面的润湿是不成问题的。但就粘接而言，仅有一般的润湿性是不够的，胶黏剂最好能自发地在固体表面上铺展润湿。从铺展润湿性公式，即式(5-36) 可见，自发铺展润湿的条件只能是 $\theta=0°$。由 Zisman 定义可知，对低能表面固体而言，当液体的表面张力 γ_l 小于固体的临界表面张力 γ_c 时，该液体就可以在固体表面铺展。因此，要使液体在固体表面铺展性能增加，就要求 $\gamma_l \leqslant \gamma_c$。

对于粗糙表面而言，我们知道，粗糙度可以“放大”润湿性，即原先润湿性的液体，对固体的润湿性更强。根据粗糙度因子 τ 的定义可知，理论表面积为 A_0、实际表面积为 A 的粗糙表面上铺展润湿过程的自由能变化 $\Delta G'$ 为：

$$\begin{aligned}\Delta G'_s &= \gamma_l A_0 + \gamma_{sl} A - \gamma_s A \\ &= \gamma_l A_0 + (\gamma_{sl} - \gamma_s) A_0 \tau \\ &= \gamma_l A_0 (1 - \tau\cos\theta)\end{aligned} \tag{5-67}$$

当粗糙度因子为 1 时，即固体表面为理想表面时，铺展润湿的要求是 $\theta=0°$；然而当固体表面具有一定的粗糙度时，θ 的条件可放宽至 $\cos\theta \geqslant 1/\tau$ 或 $\theta \leqslant \arccos(1/\tau)$。

粘接还要求液体与固体间有较强的结合力，即要求其黏附功也必须较大。结合黏附功公式(5-41)，并考虑表面粗糙度因素可知，对于理论接触面积为 A_0 的黏附过程而言，其黏附功为：

$$W_a = \gamma_s A + \gamma_l A_0 - \gamma_{sl} A \quad (5\text{-}68)$$
$$= \gamma_l A_0 (1 + \tau\cos\theta)$$

因此，在固体 γ_s 确定以后，只有通过增大液体的表面张力 γ_l、减小固液界面张力 γ_{sl}，以及扩大粗糙度因子 τ 来获得较大的黏附功。

在满足铺展润湿的条件即接触角 θ 为 0°时，欲使液固界面张力最小，即 $\gamma_{sl}=0$，则由杨氏方程式(5-31) 和式(5-42) 可得，液体的表面张力 γ_l 与固体的临界表面张力 γ_c 必须完全相等，且最好就等于固体的表面张力 γ_s，即：

$$\gamma_l = \gamma_c = \gamma_s \quad (5\text{-}69)$$

此时，既能满足铺展润湿的条件，又可达到最大的黏附功。由于表面张力是色散力、极性力及氢键等各种分子间作用力对表面张力贡献的分量之和，因而不仅要求液固总的表面张力相等，而且要求其各个分量也分别相等时，液固间的界面张力才能等于 0，此时润湿性最佳、黏附功最大，粘接效果最好。这种从润湿和黏附热力学导出的表面张力匹配的条件称为粘接的表面化学最佳条件。

2. 动力学条件

胶黏剂与被粘物表面的润湿能力除了与接触角有关外，还与润湿速率有关。润湿速率与被粘物的表面结构、胶黏剂的黏度及表面张力等都有关系。

根据毛细渗透的关系式(5-65) 可知，黏度越低、对被粘物接触角 θ 越小而表面张力越大的胶黏剂，其润湿速率也越快，则其粘接效果也越好。随着固化程度的增加，胶黏剂体系的黏度也在不断增加，若在固化前就失去流动性，则无法润湿。所以，在粘接过程中，胶黏剂的黏度及其固化速率是必须控制的重要参数。固体表面的毛细孔孔径要尽量扩大，而凹坑和孔隙的深度不宜过大，以加速渗透过程。

三、粘接力

胶黏剂在粘接两个固体时，主要依靠其粘接力。它包括胶黏剂与被粘体间的黏附力作用和胶层本身的内聚力作用。黏附力作用取决于胶黏剂与被粘物体间的物理化学作用，而内聚力则取决于胶黏剂自身的特性。显然，当内聚力小于黏附力时，断裂发生在胶层内，产生内聚破坏；反之，则会沿界面破裂。1805 年以来，人们已提出了一系列粘接理论来解释粘接现象。

1. 粘接理论

根据润湿热力学可以得出，平衡时最大热力学黏附功与表面能关系如式(5-68)，因此，黏附功的大小取决于液体表面张力、液体表面积、液固接触角和固体表面粗糙度。在可以铺展润湿（$\theta=0°$）的前提下，液体表面张力越高越好，固体的表面粗糙程度越大越好。

1948 年，Deryagin 提出了静电双电层理论。他认为，在胶黏剂和固体之间的界面上，存在着双电层。这可以通过胶黏剂剥离时所产生的静电加以验证。这样，黏附功的大小应与表面电荷密度有关：

$$W_a = \frac{2\pi\sigma^2\delta}{D} \tag{5-70}$$

式中，σ 为表面电荷密度；δ 为电容器平板间的距离，即双电层厚度；D 为介质的相对介电常数。可见，双电层厚度越厚，黏附功就越大。

在 20 世纪 50 年代，Воюдкин 提出了扩散理论，即高分子的自粘和互粘是由高分子链段的相互扩散引起的。在扩散达到一定程度后，两者间的界面转化为一个过渡层，为 100～300nm，黏附功实际上由该过渡层的性质所决定。温度升高时，扩散能力增强，其强度增加。在粘接时加入溶剂可以促使扩散顺利进行。但由于扩散是有限的，其强度有限，因此，该理论的适用范围也是有限的。

1961 年，Bikerman 提出了吸附理论，他认为断裂总是发生在薄弱表面层处。之后，又有化学键理论问世。这一理论认为，胶黏剂的粘接强度 f 来自化学键的作用：

$$f = Kc^n \tag{5-71}$$

式中，K、n 均为常数，一般 n 约为 0.6；c 为单位界面面积上化学反应基团浓度。由化学键所产生的粘接力比物理吸附大得多，它对于抵抗应力集中、防止裂缝的发展、抵抗环境影响起着重要的作用。

2. 粘接力类型

分子间的主要作用包括化学键、氢键和范德华力三种，其作用强度与作用距离如图 5-34 所示，化学键作用距离短，键能高，其次是氢键作用，范德华力作用较弱。胶黏剂的粘接力正是这些相互作用的不同组合。根据使用场合对强度要求的不同，其作用力种类也就各不相同。粘接力主要包括以下几个方面。

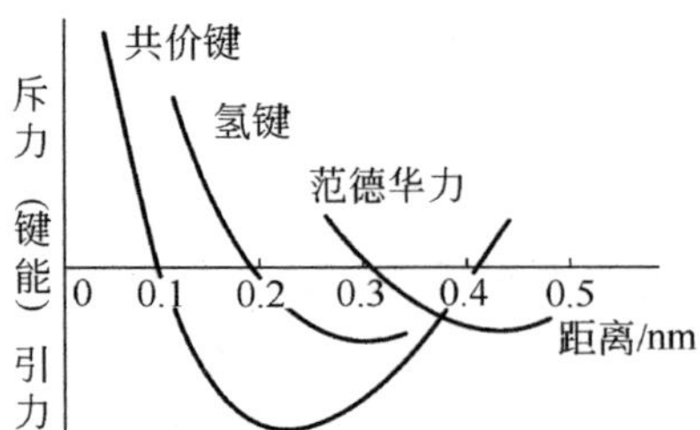

图 5-34 各种物理化学作用强弱与作用距离间的关系

（1）物理吸附

胶黏剂分子与被粘体分子间存在着分子间作用力。当二者完全润湿接触时，分子间的吸引力很强，可以产生很高的粘接强度。但由于在胶黏剂固化过程中会产生大量的界面缺陷，因此，单靠物理吸附是不够的。强度的大小取决于材料中每个局部的性质，以及在材料中应力分布情况，而不是分子间作用力总和的大小。不过由于分子间作用力存在于一切物体之间，因此，这种物理吸附仍是胶黏剂中最普遍的作用力。

（2）机械结合

由于固体表面是粗糙的，胶黏剂粘接时，可以渗透到被粘体表面的凹坑或孔隙中，固化后形成微小的机械联结，如形成钉键、钩键、根键、榫键（图 5-35）等，把胶黏剂与被粘体结合在一起。这种作用力称为机械结合力。对于表面粗糙的固体材料，这是很重要的一种粘接作用。它不仅增加了两者间的结合力，而且减少了表面缺陷所造成的应力集中。对于表面缺陷小的金属、玻璃等，这种作用所占比例较小。

图 5-35　被粘物表面凹坑类型

（3）分子扩散

胶黏剂的分子和被粘物体的分子在界面区，由于分子热运动会向对方扩散，如果两者相容性较好，胶黏剂所用溶剂能够溶胀被粘体，则界面上分子易于进行相互扩散，结果将导致界面弥散，形成扩散界面区，使粘接强度提高。

（4）化学键

若胶黏剂与被粘体表面间可以形成化学键，则可以大幅度提高粘接性能。为了增加粘接强度，在高分子被粘体中常常掺入适量的某些反应官能团，其用量仅为 0.1%～10%（摩尔分数），即可显著增加粘接强度。常用的官能团有：

① 羧基　它能促进对金属、玻璃和高分子的粘接。如在丁二烯类橡胶中共聚一些丙烯酸可促进对铝、钢、玻璃、人造纤维、尼龙和聚酯的粘接。

② 含氮基团　如氨基、吡啶基、脲衍生物、噁唑烷衍生物、乙烯亚胺基等，能促进胶黏剂对各种有机物和无机物的粘接。

③ 羟基和羟甲基　羟基能促进聚乙烯等聚烯烃材料对玻璃的粘接，羟甲基能促进其对聚酰胺的粘接。一些常用的单体为（甲基）丙烯酸羟乙基酯、羟甲基（甲基）丙烯酰胺等。

④ 环氧基　它能促进各种具有活泼氢的有机和无机固体表面的粘接。如在间苯二酚-甲醛乳液浸渍并达到与纤维的粘接前，常用环氧树脂在芳酰胺纤维上打底。常用的环氧基单体包括甲基丙烯酸缩水甘油酯、缩水甘油醚等。

⑤ 异氰酸酯　异氰酸酯基团有很好的反应活性，它能促进对具有羟基、羧基、氨基或酰胺基团的固体表面的粘接。

⑥ 磷酸基　含有环氧基团的高聚物用磷酸基进行改性后可以改进对金属的粘接。

粘接时，往往还要加入一些能促进粘接的助剂，称为偶联剂。它在胶黏剂与被粘体间也形成化学键而增加粘接强度。常用的偶联剂有带有反应性基团（如乙烯基氨基、环氧基等）的硅烷、以羧酸为配位体的三价铬络合物、钛酸酯等。

四、胶黏剂与粘接工艺

1. 胶黏剂

胶黏剂一般由粘接料、固化剂、溶剂和填料等组成。粘接料是主要的成膜物质，由一种或几种高分子混合而成，如环氧树脂、聚酯、聚氨酯、有机硅树脂等，使胶黏剂具有粘接性能；固化剂的作用是使胶黏剂由可溶可熔状态转变为不溶不熔状态；溶剂用于调节基料的黏度，便于粘接时胶黏剂在固体表面上的铺展；填料用以增加胶黏剂的粘接强度、冲击强度、耐热性或赋予胶黏剂特殊的功能等，如石棉、炭黑、银粉等。

此外还要根据不同的情况添加稀释剂、增塑剂、固化促进剂、引发剂、防老剂等。

2. 粘接工艺

粘接强度由界面结合力、接头内应力分布和胶层强度所决定。在粘接前，首先需对固体被粘物表面进行处理。其目的在于，一方面除去固体表面所吸附的低表面张力污染物，除去以前的低表面张力的破损涂层，同时还要除去毛细孔中残留的水分或其他液体，以免影响胶黏剂在毛细孔中的渗透；另一方面，对固体表面进行粗糙化处理，以增加机械结合力。对于金属表面，则通常需除去其表面疏松的氧化层，如铁锈、铜锈等；但对于结构致密的氧化层则需加以保护，如铝表面的氧化层不仅不除掉，反而采用阳极氧化的方法使之形成等。

金属、无机物、含有强极性基团的有机材料等，通常可以与胶黏剂形成较强的相互作用，一般无须再进行表面改性；而聚苯乙烯、聚四氟乙烯、聚乙烯、有机硅等低能材料则需进行特殊的表面改性，以引入一些极性基团，甚至是可反应基团，如采用酸-强氧化剂处理、萘钠处理、偶联剂处理、等离子体处理、电晕放电、火焰高温燃烧、辐射接枝等。

在胶黏剂配胶完成后，应及时涂覆，厚薄要适中，应采取一个方向涂覆，在待粘两面均涂胶，然后进行晾置，时间长短则根据胶黏剂的特性来定，如502胶宜短，而无溶剂胶如环氧胶宜长，有些要反复涂覆晾置，有些还需增加中温（50～80℃）烘烤。之后进行固化，热熔胶在熔融涂布后冷却即可固化，为热塑性胶；热固性胶则需在固化剂的作用下交联而固化。

第五节　腐蚀与防腐

腐蚀是指通过环境的化学作用消耗物质的过程。它是在界面上发生的化学反应现象，其中最普遍的腐蚀情况是由电化学反应引起的。本节作为固体界面现象的补充，对电化学腐蚀与防腐略加讨论。

一、电化学腐蚀及其影响因素

1. 电化学腐蚀

假如将一根导线连接浸在某种电解液中的两块不同的金属板，就会发现有电流流动和电化学反应发生，这种结构组成了原电池。如果由锌板和铜板组成，则会发现锌板会逐渐消耗，而在铜板上有气泡出现（图 5-36）。锌板作为电池的阳极而铜板作为阴极，两块金属板上发生了电化学反应。

阳极：$Zn \longrightarrow Zn^{2+} + 2e^-$

阴极：$2H_2O \rightleftharpoons 2H^+ + 2OH^-$

$2H^+ + 2e^- \longrightarrow H_2$

总反应为：$Zn + 2H_2O \longrightarrow Zn^{2+} + H_2 + 2OH^-$

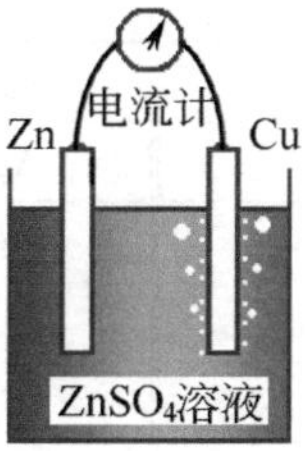

图 5-36　不同金属插入电解质溶液出现电流

用不同的金属组合研究，就可以排列出金属的电动序，如 Mg＞Al＞Zn＞Fe＞Sn＞Cu。当两种金属在电解液中连接时，处于前面位置的金属为阳极，后面的为阴极。例如，Zn-Fe 成对，Zn 是阳极；而 Fe-Cu 成对，Fe 是阳极。前者 Zn 被腐蚀，后者 Fe 被腐蚀。各种金属的反应活性还可以根据其标准电极电势值（表 5-8）来判断，标准电势负值越高，表明该金属越容易被氧化成为离子；反之，标准电势正值越高，表明该金属越不容易被氧化。

表 5-8　对于 $Me \longrightarrow Me^{n+} + ne^-$ 的电极反应金属在 25℃ 时的标准电极电势

电极过程	标准电势/V	电极过程	标准电势/V
$Li \rightleftharpoons Li^+$	−3.045	$V \rightleftharpoons V^{3+}$	−0.876
$Rb \rightleftharpoons Rb^+$	−2.925	$Zn \rightleftharpoons Zn^{2+}$	−0.762
$K \rightleftharpoons K^+$	−2.925	$Cr \rightleftharpoons Cr^{3+}$	−0.74
$Cs \rightleftharpoons Cs^+$	−2.923	$Ga \rightleftharpoons Ga^{3+}$	−0.53
$Ra \rightleftharpoons Ra^{2+}$	−2.92	$Fe \rightleftharpoons Fe^{2+}$	−0.44
$Ba \rightleftharpoons Ba^{2+}$	−2.90	$Cd \rightleftharpoons Cd^{2+}$	−0.402
$Sr \rightleftharpoons Sr^{2+}$	−2.89	$In \rightleftharpoons In^{3+}$	−0.342
$Ca \rightleftharpoons Ca^{2+}$	−2.87	$Tl \rightleftharpoons Tl^+$	−0.336

续表

电极过程	标准电势/V	电极过程	标准电势/V
$Na \rightleftharpoons Na^+$	−2.714	$Mn \rightleftharpoons Mn^{3+}$	−0.286
$La \rightleftharpoons La^{3+}$	−2.52	$Co \rightleftharpoons Co^{2+}$	−0.277
$Mg \rightleftharpoons Mg^{2+}$	−2.37	$Ni \rightleftharpoons Ni^{2+}$	−0.250
$Am \rightleftharpoons Am^{3+}$	−2.32	$Mo \rightleftharpoons Mo^{3+}$	−0.2
$Pu \rightleftharpoons Pu^{3+}$	−2.07	$Ge \rightleftharpoons Ge^{4+}$	−0.15
$Th \rightleftharpoons Th^{4+}$	−1.90	$Sn \rightleftharpoons Sn^{2+}$	−0.136
$Np \rightleftharpoons Np^{3+}$	−1.86	$Pb \rightleftharpoons Pb^{2+}$	−0.126
$Be \rightleftharpoons Be^{2+}$	−1.85	$Fe \rightleftharpoons Fe^{3+}$	−0.036
$U \rightleftharpoons U^{3+}$	−1.80	$D_2 \rightleftharpoons 2D^+$	−0.0034
$Hf \rightleftharpoons Hf^{4+}$	−1.70	$H_2 \rightleftharpoons 2H^+$	0.000
$Al \rightleftharpoons Al^{3+}$	−1.66	$Cu \rightleftharpoons Cu^{2+}$	+0.337
$Ti \rightleftharpoons Ti^{2+}$	−1.63	$Cu \rightleftharpoons Cu^+$	+0.521
$Zr \rightleftharpoons Zr^{4+}$	−1.53	$Hg \rightleftharpoons Hg^{2+}$	+0.789
$U \rightleftharpoons U^{4+}$	−1.50	$Ag \rightleftharpoons Ag^+$	+0.799
$Np \rightleftharpoons Np^{4+}$	−1.354	$Rh \rightleftharpoons Rh^{3+}$	+0.80
$Pu \rightleftharpoons Pu^{4+}$	−1.28	$Hg \rightleftharpoons Hg^+$	+0.854
$Ti \rightleftharpoons Ti^{3+}$	−1.21	$Pd \rightleftharpoons Pd^{2+}$	+0.987
$V \rightleftharpoons V^{2+}$	−1.18	$Ir \rightleftharpoons Ir^{3+}$	+1.000
$Mn \rightleftharpoons Mn^{2+}$	−1.18	$Pt \rightleftharpoons Pt^{2+}$	+1.19
$Nb \rightleftharpoons Nb^{3+}$	−1.1	$Au \rightleftharpoons Au^{3+}$	+1.50
$Cr \rightleftharpoons Cr^{2+}$	−0.913	$Au \rightleftharpoons Au^+$	+1.68

钢的种类很多，它们都是铁和碳与其他金属的合金。各种钢因组成不同以及钢件机械应变的存在使之对腐蚀的敏感性也不同。结构中的非均匀性组成很容易引起电化学反应，从而引起铁的腐蚀。例如，冷轧钢比热轧钢更易腐蚀，受到撞击的钢板撞击点附近也会形成阳极和阴极区。

2. 影响因素

① 溶解氧　如图 5-37 所示，随着溶液中氧气浓度的增加，腐蚀速率也增加，但达到最大值后又下降。

② 盐浓度　电化学腐蚀的形成需要有一个完整的电路，因此，盐的存在无疑会增加水的电导率，从而加速腐蚀。同时，铁的氯化物或硫酸盐比氢氧化亚铁的溶解度大，因此加速了铁离子向溶液中的扩散速率，从而导致腐蚀速率增加。也有人提出，钠离子可以与钢上的氧化铁薄层起反应生成氢氧化钠，故也会加速腐蚀。图 5-38 表示了水中氯化钠与钢的腐蚀速率的关系。虚垂线是海水中的盐浓度，大约在该浓度以上，腐蚀速率随盐浓度的增加而降低，这是由于盐溶液里

氧气的溶解度随着盐浓度的增加而降低。

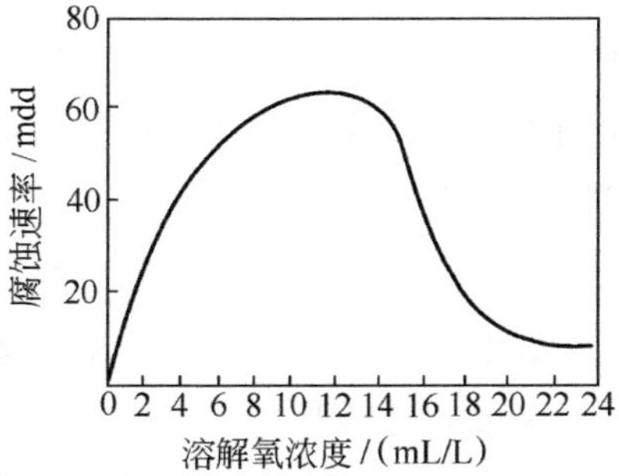

图 5-37　在低速流动的蒸馏水中，25℃ 48h 试验氧浓度对低碳钢腐蚀的影响

$1mdd=1mg/(dm^2 \cdot d)$

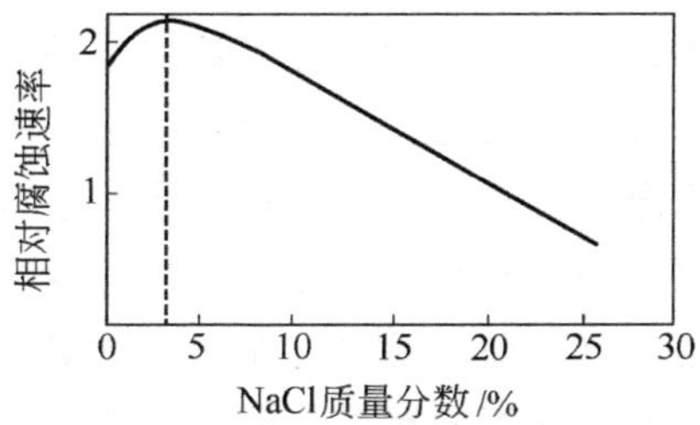

图 5-38　氯化钠浓度对钢材腐蚀的影响

③ pH 值　铁是较为活泼的金属，在 pH<4 的酸性溶液中，铁可以被氧化而迅速溶解；在 pH 为 4～10 的范围内，腐蚀速率与 pH 关系不大，但与氧扩散到金属表面的速率有关；而在 pH 达 10 以上时，可形成氢氧化亚铁的阻挡层，将铁表面与溶液隔开，腐蚀速率明显降低（图 5-39）。

④ 温度　在较高温度下，反应速率加快；但随着温度的升高，氧在水中的溶解度降低。因此，在敞开系统中，腐蚀速率在某一个中间温度达到最大值；而在密闭系统里，反应速率则随温度升高而加快（图 5-40）。

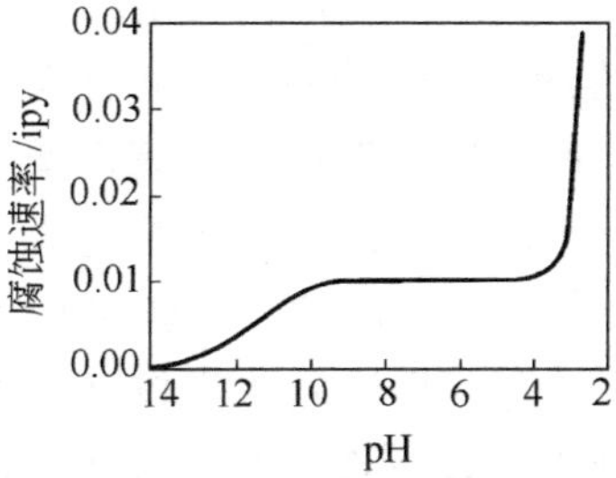

图 5-39　室温下，pH 值对于充气软水中的铁腐蚀的影响

1ipy=1in/a=2.54cm/a

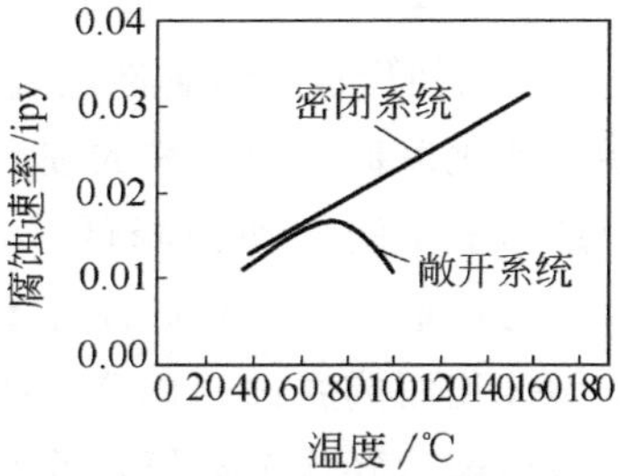

图 5-40　温度对于铁在含有溶解氧气水里的腐蚀的影响

1ipy=1in/a=2.54cm/a

二、涂层的防腐蚀机理

涂层防腐蚀机理有两类：一类是阴极保护原理，通过牺牲其他金属材料来保护基材；二是通过涂层来隔绝电化学腐蚀作用。涂层的保护机理又分为抑制与钝化的保护作用和外加防腐涂层的保护两种情况。

1. 阴极保护原理

如果钢结构浸没在海水等电解液中，但外加一个直流电源，并使之与负极相连，其结果是水电解而钢不腐蚀，这就是防止钢腐蚀的阴极保护法。例如，可以在船底钉上镁或铝块来保护水下的钢体部分，这样镁或铝腐蚀，而钢不会腐蚀，只要定期更换镁或铝块即可。铝的表面虽然会迅速氧化生成致密阻挡层而阻碍牺牲阳极的作用，但它在盐水里会迅速腐蚀，所以在海洋应用领域里铝也是一种牺牲阳极。镀锌钢应用的也是同样的原理。锌比铁的电动序高作为阳极而腐蚀，铁受保护。锌溶解时，由于阴极表面会产生 OH^-，氢氧化锌是强碱，微溶于水，因此在制备镀锌钢上的涂层时，特别要使用抗皂化性涂料。

罐头铁皮上的锡涂层作用却与镀锌钢完全不同。因为锡比铁的惰性强，锡反而会加速铁的腐蚀。在罐头打开前，锡涂层作为一道阻挡层将铁皮完全遮盖，以至于无论是水还是氧都不能与铁表面接触，使铁不被腐蚀。但在罐头打开后，由于切割，使铁皮暴露，这时铁的腐蚀便由于锡的存在而加速。

2. 抑制与钝化机理

使腐蚀速率降低的物质称为抑制剂，能阻止阳极氧化发生的物质称为钝化剂。有些试剂在低浓度下会加速腐蚀，但在较高浓度下起抑制腐蚀的作用。若配合使用两种及两种以上机理的试剂则可以很好地抑制腐蚀。

例如，溶解氧浓度对腐蚀速率的影响就有促进腐蚀和抑制腐蚀两种不同的作用。图 5-37 表明，当水中氧浓度达到临界浓度以上时，腐蚀速率反而降低，这就是氧的钝化作用。这是由于氧浓度较高时，除早期阴极去极化耗氧之外，有更多的氧到达了金属表面，这样阳极附近过量的氧将二价铁离子氧化成三价铁离子，阳极表面便形成了溶解性比氢氧化亚铁差的氢氧化铁扩散膜，保护性能更好。

能起钝化保护作用的氧的临界浓度随溶解盐的浓度和温度的升高而增加，随水的流速与 pH 的增加而降低。在 pH≈10 时，临界氧浓度达到最大值（6mL O_2/L），之后随溶液 pH 增加而降低。因此，在较高的 pH 值下，铁可以通过空气中的氧钝化而抗腐蚀；而在 pH 低于 10 的范围内，临界氧浓度较高，一般水中溶解氧很难达到这个数值，此时可利用氧化剂来实现亚铁离子的氧化，如铬酸盐、亚硝酸盐、钼酸盐、铅酸盐、钨酸盐等。在氧的存在下，许多非氧化型盐如硼酸、碳酸、磷酸、苯甲酸的碱金属盐也可作为钝化剂。这些盐类或在阴极表面上形成不溶沉淀的包覆物，或者生成高碱性溶液，降低了与空气达到平衡的临界氧浓度。

铝比铁活泼，但实际上铝比钢腐蚀得要慢，正是由于其表面可以形成致密的氧化铝钝化层。但铝在高酸性条件下比钢腐蚀得快；同时氢氧化铝又能溶于碱，故在碱性条件下铝也会腐蚀；盐也会促进其腐蚀，所以在海水里铝的腐蚀相当快。

胺类是碱性的，可以中和酸，故它们对于钢是很好的腐蚀抑制剂。由于弱酸胺盐可游离出易挥发的氨，并可与钢表面上的水合氧化铁层形成盐或氢键而牢牢地吸附在钢的表面，阻挡氧和水到达钢的表面，因此用它浸渍的纸张包覆清洁钢可以防腐蚀。胺也用于锅炉水中以减少腐蚀。

3. 涂层防腐蚀机理

涂层防腐的机理一般有以下几种：

① 防渗透机理　涂层像一道阻挡层，将水和氧与钢的表面隔开，避免钢的腐蚀。但通过测定涂膜对于水和氧的渗透率发现，有时渗透率很高的涂层仍具有较好的防腐性，说明保护机理可能不仅是涂层阻挡作用。

② 电导率控制机理　由于电化学反应条件需要电解质为介质，因此，涂层阻挡了离子的穿透，可以有效地防止电化学反应的发生。可以推测，电导率高的涂料比电导率低的涂料的保护性要差。但一些低电导率涂料在电导率与防腐性间关系不大。

③ 附着防腐机理　水通过渗透作用穿过涂膜到达钢表面时，若涂膜的“湿附着力”较差，水及其中的溶解氧直接与钢表面上阳极和阴极区接触，而水层里的杂质产生较高的电导就满足了腐蚀的基本条件。腐蚀进行时，生成的 Fe^{2+} 和 OH^- 在涂膜下产生渗透压，使水进一步通过半渗透膜，从而形成了迫使涂膜离开底材的作用力，产生水泡，该渗透压可达 2.5～3.0MPa。而涂层抗变形的力却低很多，仅有 6～40kPa。随着水泡逐渐变大，钢的非保护面逐渐增多，于是形成了更多的腐蚀产物，腐蚀会更快。可见涂层对钢的附着力是涂层抗腐蚀性的重要因素。

在涂料使用过程中，涂膜产生裂纹是难免的。当涂膜产生凿点破损时，水和氧立即到达金属表面并开始腐蚀。如果底漆对金属的附着力不好，水就会在涂膜下潜移，涂层就会离开金属松散地伸展到越来越宽的范围，在凿点破损附近的涂膜可能就会起泡。而在局部附着力发生变化的地方，会产生丝状锈蚀，它以涂膜下无规则蔓延的细“丝”状锈蚀为特征。这些“丝”最初从一条划痕的边缘开始，向涂膜中附着力薄弱环节发展，变得越来越长。在开始形成“丝”的地方，渗透的氧气将亚铁离子氧化成三价铁离子，并生成氢氧化铁沉淀，从而造成渗透压下降和丝的完结；但在丝的增长端，大部分的氧在阴极消耗，使腐蚀继续下去。

当涂膜不完整时，显而易见，具有良好的湿附着力是防腐保护的关键。此外，当腐蚀开始进行时，会产生 OH^-，因此耐碱催化水解性同样重要。为了使丝状腐蚀和凿点破损附近形成水泡的可能性减少至最小，还需要利用钝化和阴极保护手段，如采用含钝化颜料的底漆和富锌底漆。

4. 共轭聚合物的防腐机理

自 1984 年发现聚苯胺有防腐蚀作用以来，聚苯胺涂层防腐已获得了广泛关注。其防腐机理有以下两种观点。

① 氧化膜机理　聚苯胺能使铁、铜等金属的电势明显上升，而且在一定条件下聚苯胺涂层与金属界面之间可生成一层致密的氧化膜（内层为 Fe_3O_4，外层为 Fe_2O_3），从而保护金属，使其免于生锈；但其防腐性能往往需要配合特定的面漆，且若将面漆与之均匀混合，则会使防腐性能大大降低，说明氧化膜的形成并非聚苯胺防腐的关键。

② 双极性涂层机理　导电聚苯胺是由带正电荷的高分子骨架与带负电荷的掺杂阴离子组成，具有阴离子交换剂的结构特征。若与阳离子交换膜相配合，形成双极性涂层，则它对离子穿透具有高度屏蔽能力，具有优良的防腐蚀性能。但若将二者均匀地混合在同一涂层内，则由于阴、阳离子皆可以通过，电阻最低，反而不具有防腐性能。

作为阴离子交换膜，聚苯胺涂层不允许阳离子通过，但由于它允许阴离子通过，环境中的氯离子等阴离子到达金属表面后会加速腐蚀反应，若原来有氧化膜，也会被氯离子破坏。为了阻止阴离子到达金属表面，就必须用一层阳离子交换膜为面漆。在双极性涂层中，这种阴离子膜与阳离子膜之间的相互配合形成了稳定的高电阻及优良的防腐蚀作用，这就是聚苯胺底漆与面漆间的“协同作用”。

聚噻吩、聚吡咯等共轭聚合物及其衍生物近年来在金属防腐蚀领域得到了人们的重视。带有正电荷的聚噻吩、聚吡咯骨架可以阻挡引起腐蚀的氯离子，并从 Fe 和 Fe(Ⅱ) 的氧化反应中捕获电子。同时，氧可以从这些共轭聚合物中获得电子被还原为 OH^-，聚合物作为催化金属氧化的中间体阻止了腐蚀趋势。通过在不锈钢表面电聚合共轭聚合物涂层，可以起到电子交换介质的钝化作用，使不锈钢在盐水中也能表现出较好的防腐蚀效果。即使在涂层有破损的情况下，仍能具备一定的防腐性能。

三、防腐涂料组成

1. 树脂

（1）附着力要求

要使涂料获得最佳的附着力或湿附着力，首先涂料对底材的润湿性是至关重要的，其次则是底材与涂层之间的相互作用。有关润湿性的表面化学原理已在本章第二节讨论过了，能够实现铺展润湿的条件是液体的表面张力 γ_1 小于固体的临界表面张力 γ_c，由于涂料的表面张力一般比钢表面张力小，因此如果钢表面是已除去油迹的净化表面，则能够满足铺展润湿的要求。同时，接触面积应达到最大，底材表面一定要清洁、无油、无锈、无盐或其他的沾染物，防止出现润湿不良、气泡、缩孔、脱胶等弊病。

适当的粗糙度可提高涂层对表面的机械咬合作用，并提高表面积，故可以通过增加表面粗糙度来提高附着力。喷砂可以使钢表面既清洁又粗糙。如果喷砂后粗糙度不符合要求，可使用磷化膜，它是混合磷酸盐晶体在钢表面的沉积物。应用这种金属预处理方法可以增强防腐蚀性。但表面过于粗糙，也可能造成湿附着力的降低，使涂层在基材表面上分布不均匀，尤其在粗糙面的波峰处，易造成涂层太薄，导致锈蚀的早期发生。根据实践经验，钢表面的粗糙度在 40～75μm 比较合适。

如果涂料没有渗透到钢表面上所有的微孔和裂缝中，当水和氧通过涂层渗透时，可直接与钢接触而加速腐蚀。由于水也可以与极性基团形成氢键，从而破坏涂料与钢表面之间的相互作用，所以，涂膜应形成刚性、结晶等致密结构或形成高密度的相互作用力来防止水的渗透破坏作用。但是在成膜期，为了使钢上的极性基与涂膜中的极性基定向结合，分子链最好带有一定的柔性。

液体渗透到钢表面毛细孔中的渗透时间见式(5-65)。可见，黏度低，且施工后维持低黏度的时间足够长，才能保证涂料能够渗透到大大小小的凹陷或缝隙里去。许多裂缝的直径比涂料里的颜料粒子还要小，因此控制渗透的关键黏度，不是整个涂料的黏度，而是没有颜料的浆料黏度。在底漆研制时，希望使用尽可能低的黏度体系、挥发速率慢的溶剂及缓慢交联系统等，以使黏度增加不致太快。如烘干底漆耐腐蚀性好，原因之一就是当被涂构件烘烤时，升温的同时降低了涂料的黏度，使得涂料渗透到钢表面缝隙与微孔中或渗透到由磷酸盐转化型涂层形成的晶体网络里去更完全。

涂料与钢表面之间的附着力是通过涂料中的极性基团与钢表面金属离子间的相互作用来提高的。在各种极性基团中，氨基是改进湿附着力的有效基团。但用氨基取代的聚合物，在户外暴晒后并没有显示出良好的保色、保光性和良好的力学性能，故氨基聚合物涂料一般仅用于底漆。除非对防腐性要求不高，一般至少要在钢上涂两道漆：第一道是具有湿附着力的底漆，另一道面漆将作为水和氧渗透的阻挡层。

(2) 防渗透性

水和氧可以借助聚合物膜中的自由体积通过“跳跃”机理在膜内穿行。在玻璃化转变温度 T_g 以上，自由体积随温度的升高而增加，因此，防腐涂料的 T_g 通常高于使用温度。

对于自干涂料而言，因为交联反应一般发生在聚合物的 T_g 之上，否则交联反应速率很慢，所以自干涂膜的 T_g 不可能高于室温（至少不会高出很多）。而烘烤涂料则不同，它可以达到较高的 T_g 值，因此防渗透性能较好。同时，交联密度越高，涂膜的渗透率越低。

渗透性也受氧气和水在涂膜里的溶解度的影响。氧气的溶解度变化可能不大，但水的溶解度变化可能较大。如水在含有羧酸和羧酸盐等聚合物涂膜里的溶解度高，这就使得此类自干型水性涂料防腐性较差。而水在卤代聚合物里的溶解度低，因此氯乙烯和二氯乙烯类聚合物一般用作面漆。

颜料对水和氧的渗透性有重要的影响。颜料粒子不允许氧和水分子通过，因此渗透率随干涂膜里的颜料体积浓度（PVC）的增加而降低。然而，若 PVC 超过了临界值 CPVC，涂膜里就会有空隙，水和氧就容易穿过涂膜。某些表面极性很高的颜料吸水性很强，水的渗透率就会随颜料含量的增加而提高。片状晶型颜料是减少水和氧两者渗透率的理想颜料。当溶剂蒸发时，涂膜发生收缩，这种收缩有利于片状晶体平行于涂膜表面排列。因为氧气和水蒸气不能通过颜料粒子，定位后的片状晶型粒子就能大大降低它们穿过涂膜的速率。如云母、滑石粉、云母氧化铁或氧化铝、片状金属粉等均能明显降低渗透率。当涂膜的外观允许时，在涂料体系的面漆里，使用漂浮型铝粉能够明显降低水和氧的渗透率，因此，也就改进了防腐蚀性。为使漂浮型铝粉粒子的表面张力降低，可对其进行表面处理。在成膜期，经处理的铝粉粒子由于其表面张力最低便会移至表面，漂浮型铝粉粒子平行于涂膜表面的定向使之形成了几乎是一个连续的阻挡层。

涂膜越厚，水和氧经渗透到达界面的时间就越长。在自干型重防腐涂料里，要想使涂层的防腐性能有较大幅度的提高，一般其厚度要在 400μm 以上。因为涂膜虽然看起来是完整的，但实际上涂膜中存在很多微观缺陷，这种微观缺陷有的比自由体积的空穴还要大。如果涂膜足够厚的话，这样的缺陷就不会延伸到底材，因此，氧和水的渗透量就会显著减少。普遍认为采用复合涂层达到相同的膜厚具有更好的防腐性。此外，使用屏蔽颜料（片状云母或铝粉）可以降低膜厚，它可以阻止缺陷通过涂膜向下延伸到底材。在经烘烤的涂膜里这种缺陷较少发生，故即便使用较薄的涂层，烤漆仍具有优良的防腐性能。

由于大气中的 NO_2、NO 和 SO_2 与水结合形成的酸雨对金属有着严重的腐蚀作用，因此如何防止酸性气体透过涂膜也是重要的研究内容。研究发现，SO_2 能够经许多涂膜渗透，但在涂料体系里加入诸如片状云母或不锈钢粉等屏蔽颜料就可以获得较好的防腐性能。

（3）基团耐水解性

在涂膜下的腐蚀开始时，作为阴极的区域会产生 OH^-。假如涂料中含有易被碱催化水解的基团，则在 OH^- 的催化作用下，涂膜的水解反应会使湿附着力进一步损失，最后引起涂膜彻底被破坏。环氧-酚醛类底漆是抗水解性很好的高温烘烤底漆，在某些胺固化环氧系统里，没有可以水解的基团；酰胺基从理论上讲是能够水解的，但却耐碱催化水解。

酯类易被碱催化水解，因此就酯类聚合物而言，湿附着力差会导致严重的金属腐蚀和涂膜的降解破损。如用邻苯二甲酸酐制备的醇酸树脂对碱特别敏感，防腐蚀性较差；但间苯二甲酸与干性油的醇酸底漆的抗碱催化水解性能要好一些；环氧酯底漆的耐水解性明显要强，被广泛用于烘烤底漆。当然，没有酯基的树脂耐水解性能更好。

（4）力学性能

在考虑完整涂膜的防腐蚀性能时，还必须考虑使用时涂膜的力学性能对腐蚀的影响。例如，在汽车涂料里，耐砾石冲击的碎落和裂纹就是关键的力学性能之一。如果涂膜受砾石冲击而损坏，那么不仅在涂膜里有破裂处，使得水和氧与钢接触，而且碎石的冲击还可以在冲击和破裂处形成局部阳极-阴极区。因此必须采用抗冲击型涂料。还有一些应用场合，对涂膜的耐凿孔、耐磨损或经受变形而无裂纹的特性更为强调。

典型的防腐涂料树脂包括：环氧树脂、丙烯酸树脂、聚氨酯树脂、醇酸树脂。环氧树脂是防腐涂料领域最常用的树脂体系，特别是有重防腐需求的场合，可广泛用于船舶、海洋工程、化工、储罐、管道、地坪等腐蚀防护。环氧树脂的性能与其结构密切相关，包括分子量及其分布，取代基类型及其分布，交联反应体系的选择、软硬段比例和分布等。丙烯酸树脂具有优良的色泽、透明度、耐光耐候性，不易黄变，保光保色性好，可耐一般的酸碱、醇和油脂等，其性能也与其结构密切相关，如分子量及其分布、玻璃化转变温度、软硬单体的比例和共聚方式等。聚氨酯涂料的树脂体系包含羟基树脂和含异氰酸酯基的分子或其加成物或其预聚物两部分，含羟基的组分可以选择的范围很广，如聚酯、聚醚、丙烯酸树脂、环氧树脂，以及蓖麻油或其他预聚物、氟碳树脂等，而含有异氰酸酯基的部分是体系的固化剂，这两部分可以分别包装做成双组分体系，也可以将异氰酸酯基封闭做成高温固化反应的单组分体系。其性能与含羟基树脂的类型、羟基的含量、固化剂的类型等因素有关。醇酸树脂类型很多，其综合性能与其所用的油或脂肪酸种类和油度密切相关。

2. 钝化颜料

钢可以通过阳极区的氧化钝化而防腐。在氧的存在下，适宜的氧化剂和强碱类颜料可用于底漆中起钝化作用。这些颜料一般需略溶于水，并用在允许水扩散的漆料里，这样，颜料才能部分溶解而起氧化钝化作用。但如果配方不适，在高湿条件下涂膜就会出现起泡或其他的涂层破坏情况。

含铅颜料早期曾被大量使用，由于其毒性很大，目前已受到限制。铬酸盐离子浓度较低时，腐蚀速率增加，它在较高浓度下方产生钝化作用。在 25℃时其临界浓度大约是 10^{-3} mol/L，并随温度和盐浓度的提高而增加。重铬酸盐溶解度过高，不能作为钝化剂使用；四碱式铬酸锌［$ZnCrO_4 \cdot 4Zn(OH)_2$，锌铬黄］尽管溶解度较低，但在磷化底漆中可增加其溶解度，因此用于磷化底漆；溶解度适

中的铬酸锶和锌黄 [$3ZnCrO_4 \cdot K_2CrO_4 \cdot Zn(OH)_2 \cdot 2H_2O$] 等应用较广，可用在底漆特别是水性底漆里。但含铬颜料也具有较大的毒性，是人类致癌物质，所以也受到限制。目前广泛应用的钝化颜料有如下几种。

① 磷酸盐颜料　磷酸盐系列颜料是无毒、环境友好的防锈颜料，与各种涂料体系相容性好，在高温下可以产生更加稳定而不易挥发的焦磷酸盐，因此在高温涂料产品中也有很好的应用。比较成熟的产品有正磷酸盐、聚磷酸盐和偏磷酸盐等。典型的有磷酸锌和三聚磷酸铝。磷酸锌 [$Zn_3(PO_4)_2 \cdot 2H_2O$] 可用于长期暴露条件下，尽管溶解度高，但它仍可用于防腐底漆。其机理是通过阴极区的沉淀作用而对金属表面进行保护。

② 硼酸盐或偏硼酸盐颜料　硼酸盐也是无毒的颜料。一般来说，硼酸盐属于碱性化合物，能与涂膜表面的酸性物质发生反应。它在钢铁表面能释放出硼酸根离子，与 Fe^{2+} 或 Fe^{3+} 形成稳定、致密的保护膜，从而阻止金属生锈。代表产品有硼酸锌等，它同时也作为一种阻燃剂来使用。偏硼酸盐包括偏硼酸钡、偏硼酸钙、偏硼酸锌等，具有优良的抗粉化能力。偏硼酸钡是一种强碱弱酸盐，它可以降低用于钝化的临界氧浓度。偏硼酸钡中解离出的钡离子和偏硼酸根离子可使腐蚀性的阳极反应朝着相反方向进行，阻止 OH^- 与亚铁离子间的反应。而解离出的偏硼酸根离子与溶液中游离酸发生质子传递，起到中和作用，还可阻止大气中的 CO_2 进入涂层与钢铁表面生成碱式碳酸盐。为减小它在水中的溶解度，常将其与 SiO_2 一起涂覆。

③ 钼酸盐颜料　钼酸盐类颜料在涂层内可以释放钼酸根离子，与表面铁离子形成不溶性复合物，并附着在金属表面形成钝化膜，阻止金属被进一步腐蚀。钼酸盐有较好的着色力和遮盖力，低毒无害，稳定性好，应用空间广阔。碱性的锌和锌-钙的钼酸盐作为钝化剂与氧同时起作用，可以在阳极区生成一个含铁的氧化钼沉淀阻挡层。

④ 其他无机颜料　硅酸盐主体结构成分为硅和氧，与锌、铝、铁、钙等元素结合形成的硅氧四面体，其化学稳定性极高，能在金属表面形成致密稳定的涂层，降低水、氯离子对涂膜的透过率，环保无毒，具有快干、附着力优异的特性。钙和钡的磷-硅酸盐以及硼-硅酸盐也是作为防腐用的颜料，它们是通过在水中形成碱性溶液来起作用的。磷钼酸锌和磷钼酸钙的防腐性能优于铬酸盐，将磷钼酸锌和氧化锌配合使用时，发现在氧化锌的存在下，钼酸盐阴离子和氧化锌粒子表面的正电荷相互吸引，阻止了氧化锌生成氢氧化锌及磷钼酸锌的分解，同时在金属表面形成了阻隔层，提高了该体系的防腐蚀性能。铁酸盐对金属有一定的钝化作用，常用的有铁酸锌和铁酸镁，以及复合铁钛粉，它是以 Fe_3O_4 为载体粉，与纳米粉体材料复合得到的。这种纳米复合铁钛粉具有物理防锈和化学防锈双重防锈机理，还可以改善涂料的流变性，进一步提高涂层的附着力、硬度、光泽等性能。

⑤ 有机颜料　采用有机颜料可以得到应用范围更广的氧化剂，如硝基邻苯二甲酸锌等。在较低的颜料含量时，它们会像锌黄一样有效，但在一个很长的使用期过后，任何钝化颜料都会由于浸出而损失，所以在颜料含量更低时是否能达到相同的寿命则难以预料。然而，所有这些有机颜料都可以使底漆具有有效的防腐性。

3. 富锌底漆

另一种类型的防腐底漆是富锌底漆。金属锌经过加工后可以作为颜料使用，将这种涂料涂覆于钢结构表面就类似镀锌结构。这种底漆锌粉的含量较高（质量分数一般大于 90%），而以体积为计算单位的锌的加入量，肯定要比该底漆的 CPVC 大，于是，唯一要保证的是在锌粒子之间以及锌、铁之间必须有电流。此外，当 PVC 比 CPVC 大时，涂膜是多孔的，含有溶解盐的渗透水就构成了电路。锌相对于全部的钢表面是阳极，受到腐蚀，而钢被保护。由于在阳极产生 Zn^{2+}，而在作为阴极的钢上产生 OH^-，故富锌底漆的漆料必须耐碱催化水解。应用最广泛的漆料是正硅酸四乙酯，或者通过不完全水解从正硅酸四乙酯派生的低聚物。乙醇是有助于保护包装品稳定性的基本溶剂，施工以后，乙醇挥发，空气中的水分可以使低聚物完全水解，从而产生聚硅酸锌盐。这样一种底漆一般称作无机富锌底漆。人们最初以为锌的数量逐渐减少将会限制富锌底漆的使用寿命，实际上并不完全是这样。最初锌减少得相当快，但以后金属锌的损失减少，使底漆得以继续保护钢。锌损失的减少可能有两个原因：一个原因是在锌填充微孔使腐蚀开始的同时，部分水合氧化锌与剩余的锌一起作为屏蔽涂料使得水和氧离开钢底材；另一个原因可能是碱性的氢氧化锌降低了用于钝化的氧的临界浓度。

如果采用 10%惰性颜料来代替锌，会使涂膜的诸多性能降低。但若使用具有适当电导率的惰性颜料如磷化铁取代锌，其比例可以提高。

因为富锌底漆的 PVC 在 CPVC 以上，所以其涂膜强度很低。为了保护富锌底漆，以便在它发挥作用之前不被损坏，并具有较好的外观，通常要在底漆上覆盖面漆。必须防止面漆渗透到富锌底漆涂膜里的微孔中，导致底漆电导率明显降低而失效。

四、常用防腐涂料

1. 环氧树脂涂料

环氧树脂涂料以其优良的力学性能，尤其是它对金属的强附着力、耐化学品性和耐油性，特别是优良的耐碱性而被广泛应用，通过环氧结构改性、环氧合金化、填充无机填料、膨胀单体改性等高性能化后，可以制成防腐涂料。环氧树脂涂料的主要成分是环氧树脂及其固化剂，辅助成分有颜料、填料等。

不锈钢粉末是新发展起来的金属颜料，由于其具有不活泼性，特别是在高温强蚀环境中的防护性极好，所以既可用来作为主要颜料，也可作为复合颜料的一部分，与胶黏剂组成防护性涂料。通过极化方法可以实现不锈钢颜料与环氧树脂的最优化组合，生成的粉末环氧涂料可以弥补环氧树脂表面耐磨性差的缺点，从而可以直接用于露天环境。

为了提高环氧树脂涂料的耐热性，可将少量有机硅树脂与环氧树脂混合制成新的耐热防腐涂料。环氧树脂涂料在潮湿的环境下防腐能力较差，使用酮亚胺代替常见的聚酰胺、聚胺作固化剂，由于其水解后生成的胺可以与环氧树脂作用，可以达到耐水防腐目的。如果将环氧树脂与氯化橡胶、有机硅树脂共混生成聚合物-聚合物型涂料，利用橡胶对水蒸气等腐蚀介质的阻隔性和有机硅的耐高温性，可以用单层涂膜来实现普通多层薄膜的防护功能。

加入适量酚醛树脂的改性环氧粉末涂料在合适的固化条件下可得到 90℃下良好耐水及耐酸性，耐碱性也在一定程度上有所提高。

2. 聚氨酯涂料

聚氨酯涂料是以聚氨酯树脂为基料，以颜料、填料等为辅助材料的涂料。聚氨酯涂料对各种施工环境和基底的适应性较强，可以弥补传统环氧树脂在 5℃以下低温几乎不固化的缺点。同时，聚氨酯树脂可以在潮湿环境和潮湿的底材上施工，并且耐石油性能、力学性能都很突出。聚氨酯涂料的主要缺点是其原料有较大的刺激性和毒性。

聚氨酯产品是多种多样的。按产品的包装形式可分为单组分湿固化聚氨酯涂料和双组分聚氨酯涂料两类。前者是含异氰酸基的预聚物，涂布以后，涂膜与空气中的湿气反应而交联固化。常用的有以蓖麻油醇解物或聚醚为基础的预聚物。这种涂料的主要优点是使用方便，可以避免现场配制的麻烦；主要缺点是色漆制造比较复杂，需要特殊的工艺方法，成品的储存期限一般也较短。后者包括多羟基组分与多异氰酸酯两组分，在使用前将两组分混合，由多羟基组分中的羟基与多异氰酸酯组分中的异氰根反应而交联成膜。所采用的多羟基化合物的种类很多，如聚酯、聚醚、环氧树脂和丙烯酸树脂等。涂层的耐热、耐水和耐油性良好，但耐碱性较差。若在环氧树脂中加入聚酯树脂，以甲苯二异氰酸酯加成物为固化剂，则具有优异的防腐蚀性能和力学性能。而采用橡胶网络和塑料网络互相贯穿形成的互穿网络聚氨酯，产品在常温下对硫酸、盐酸、磷酸、盐水、苛性碱、汽油等具有优良的耐腐蚀性能和力学性能。以聚氨酯和 γ 射线辐照的聚四氟乙烯组成的耐磨防腐涂层，其涂层表面可富集聚四氟乙烯并与聚氨酯树脂形成牢固的结合，涂层表面密实，具有良好的耐磨性及抗腐蚀性。

3. 其他树脂涂料

含氯树脂和含氟树脂是应用较广的两类重防腐涂料。例如氯化聚氯乙烯、氯化橡胶、氯磺化聚乙烯、氯乙烯-乙酸乙烯酯共聚树脂和氯醚树脂等，主要用于化工大气环境的防腐蚀涂装。含氟涂料具有优良的耐候性，还具有良好的耐化学品性、柔韧性和对各种底材的附着性，新开发的氟烯烃共聚物改变了以往氟树脂不溶于溶剂、不能常温固化、颜色单调、光泽差等缺点，具有可溶特性并能实现常温固化，可以制成平光型或有光泽的防腐涂料。

有机硅树脂的耐候性和耐久性都很好，可用作防腐体系的面漆，但纯有机硅树脂力学性能不佳，物性差，难以直接用于重防腐体系，因此常采用改性有机硅体系，包括有机硅醇酸树脂涂料、有机硅橡胶涂料、有机硅橡胶改性聚酯树脂涂料、丙烯酸有机硅树脂涂料等。

4. 鳞片涂料

金属及某些无机化合物颜料经用特殊方法处理后，使其呈一定大小粒径、微厚的薄片，工程上称之为鳞片颜料。具有片状结构的鳞片颜料一般要求具有优异的耐酸性、耐碱性、耐高温性、耐溶剂性和防腐性能。以合成树脂为胶黏剂，添加鳞片颜料，再辅以其他添加剂，则可制成耐腐蚀的鳞片树脂涂料。依靠涂膜中鳞片状颜料的定向排列形成的平行叠片层，可以形成“迷宫效应”，使水、氧气、酸、碱等腐蚀介质在涂层中的渗透速率大大减缓，从而提高涂料的耐腐蚀性能。鳞片树脂涂料有下列共性：抗渗透性好、收缩性小、抗冲击性好、耐磨性好。实验证明，鳞片颜料添加量及表面处理方法、鳞片尺寸与厚度等因素对防腐性能影响较大。而对施工性能影响较大的是悬浮触变剂、活性稀释剂及颜料。鳞片颜料包括玻璃鳞片、云母鳞片、云母氧化铁鳞片、石墨鳞片、玄武岩鳞片、耐蚀金属鳞片及片状有机晶体鳞片等，近年来石墨烯薄层材料也得以应用。

玻璃鳞片涂料是用微细片状玻璃粉填充的一种涂料，其涂层不但可厚涂，而且由于片状玻璃粉隔离作用很大，对水、水蒸气、电解质和氧的防渗透效果很好，是一种优异的重防腐涂料。例如，采用适当规格的玻璃片填充的不饱和聚酯涂膜，透湿率比其他涂膜要小得多。玻璃片粒子的大小对于透过性的影响很大，例如，对 $3\mu m$ 厚的玻璃片来说，当其横向尺寸小于 $420\mu m$ 时，渗透性显著增大；而当大于 $420\mu m$ 时，则对渗透性无影响并达到最低值。此外，玻璃片涂层的厚度也很重要，要使玻璃片涂料达到理想防腐效果，其涂层厚度必须在 $500\mu m$ 以上。若在微米大小的小玻璃片上，包覆锌及铝，然后将其混合于树脂系涂料中，则可以结合玻璃片的防水和防盐的功能、锌的防腐蚀性能、铝的抑制紫外线对涂料的劣化作用为一体，具有防腐能力强、作业时间短等优点，只需涂刷两遍便能耐 7～8 年的海水等的腐蚀。

云母是水铝硅酸盐，具有层状结构。云母的化学稳定性好，可与环氧树脂、乙烯基酯树脂、丙烯酸酯树脂和聚氨酯树脂等配制成云母鳞片防腐涂料。与玻璃鳞片防腐涂料相比，其物化性能相当，但其形成的多层重叠平铺状态更为致密，防腐性能更好，可以提升涂料的耐中性盐雾、耐酸、耐碱等防腐性能，提升涂膜连续性和致密性，有效减缓腐蚀物质在涂膜中的渗透，缓解钢铁底材的腐蚀。由于云母鳞片具有弹性，鳞片间能够滑动，可以防止涂膜出现应力集中问题，因此还可以提高涂膜的力学性能和耐久性。

云母氧化铁是云母状片层结晶的 $\alpha\text{-}Fe_2O_3$，人工合成的云母氧化铁可以控制其粒径使之适应要求，简便易得，具有较好的经济效益。在涂膜中它所形成的叠层结构可以使腐蚀介质在涂层中的渗透速率大大减缓，有效改善附着力，防止出现起泡、收缩等缺陷，保持涂膜的完整性。同时，由于云母氧化铁还有防止紫外线穿透涂膜及反射紫外线的效果，提升了涂膜的耐候性。云母氧化铁在涂膜中可以形成凹凸面，提升了二次涂层的附着力，因此在重防腐涂料中得到了广泛的应用。

石墨鳞片是层状结构的天然固体润滑剂，资源丰富，价格便宜。其结构完整，薄且有韧性，具有良好的传导性、导电性、抗热震性和耐腐蚀性，因此不仅可以作为防腐填料，也可以用作导电填料、防火填料和抗静电填料等。玄武岩鳞片的耐酸碱、耐腐蚀性和物理力学性能较好，尤其是高低温稳定性、介电性和耐化学品性好，可以替代玻璃鳞片用于石油、化工、船舶、桥梁、建筑和大坝等防腐领域。不锈钢鳞片耐腐蚀、耐化学品、抗氧化、耐摩擦性能较为优越，涂膜能保持长时间不必修补，可以大大节省维修费用，但其涂层致密性、耐磨性、力学强度、耐高温性和耐候性等方面仍需要加强，且生产工艺要求较高，成本较高。锌铝鳞片不仅可以起到阴极保护作用，还可以提供更好的屏蔽性能、电接触性能、易悬浮性能等，而锌铝合金鳞片在提供阴极保护作用的同时，由于其良好的延展性，鳞片规格容易控制，因此可以制备出径厚比较高的产品，从而提升涂层的耐热性和耐候性。

石墨烯所具有的独特结构和性能使之在防腐领域也被广为研究和应用。石墨烯的厚度是已知材料中最薄的，单层石墨烯的比表面积可达 $2600m^2/g$，因此只需加入极少量石墨烯即可获得层叠结构，从而产生优异的防腐特性。例如，用1%的石墨烯代替环氧富锌涂料中的锌粉，不但可以提供鳞片状填料特有的屏蔽效应，也具有环氧富锌涂料的阴极保护作用，从而使其防腐性能超过现有的其他重防腐涂料，同时还能延长防腐时间。

5. 无机富锌涂料

无机富锌涂料有水性和溶剂型两类。前者以硅酸钠为基料，后者则以正硅酸乙酯为基料。正硅酸乙酯可溶于有机溶剂，涂刷后，溶剂挥发的同时，正硅酸乙酯中的烷氧基吸收空气中的潮气并发生水解反应，交联固化成高分子聚硅氧烷。

由正硅酸乙酯与锌粉（质量分数为 70%～90%）制成的富锌涂料，具有好的耐热性、耐磨性和耐溶剂性，同时有强的防锈性。其缺点是涂膜韧性差，往往需加一些有机树脂进行改性。例如，由烷基硅酸酯、超细锌粉、颜填料、特种助剂、固化剂等组成的一种耐高温重防腐涂料，黏度适中，熟化期短，具有优异的耐热和耐腐蚀性。

锌-铁酸盐颜料已被证明具有较大的应用潜力。将 $\alpha\text{-}Fe_2O_3$ 和 ZnO 以摩尔比为 1∶1 的比例混合，加热至 1200℃生成针状结构晶体，将其与亚麻油混合，进一步制成涂料，具有较好的耐腐蚀性，加入不会引起皂化的有机涂料中，可以大大提高涂料的防腐性能。防护性能随着颜料的增加而增强，并且力学性能也有较大提高。

6. 环保型防腐涂料

普通防腐涂料中一般含有 40%左右的可挥发成分，既容易造成涂层缺陷，也污染了环境。因此提高涂料的固含量，降低其可挥发组分含量，成为涂料开发新的发展方向。目前，国外已研制出固体质量分数很高（达 95%）的防腐涂料，该涂料性能优越，已在油气田及水电工业中得到应用，并取得很好效果。

采用改性环氧和聚氨酯预聚物可制备高性能、高固体分涂料，其固含量达 97%，涂料一次涂覆厚度在 150μm 以上，同等条件下涂层中针孔数量比普通防腐涂料少 2/3 以上。另外，它与普通防腐涂料相比，可挥发成分含量极小，高压下抗渗透性强；固化时间短，涂层光滑致密，抗冲击强度好；具有良好的抗流挂性能和施工工艺性能。

另一类环保型防腐涂料是水性防腐涂料体系，如水性环氧树脂涂料、水性聚氨酯涂料、水性氯磺化聚乙烯涂料、水性无机硅酸锌涂料等，可以采用乳化或自乳化方法实现。例如，将氯磺化聚乙烯用溶剂溶解，再将溶液在水中进行乳化，并加入颜料和助剂，即可制成水分散氯磺化聚乙烯防腐涂料。若要实现自乳化，则需要提升树脂在水中的分散性，此时，在树脂上通常需要引入羟基、羧基或氨基等一些亲水性基团，例如，将双酚 A 型环氧树脂用聚乙二醇或非离子表面活性剂进行改性使其具有自乳化能力；以环氧树脂为扩链剂，利用环氧基和羟基与异氰酸酯基发生反应，制备防腐涂料用水性聚氨酯树脂，其耐化学品性和硬度等都显著提高。颜填料的选择则要根据应用场合来确定，例如，对耐酸碱介质的场合，可以采用氧化铁红和沉淀硫酸钡等惰性颜填料，当有耐光和耐热要求时，可采用绢云母和云母氧化铁等，若要提升涂膜的耐化学品性和提高其力学性能，则应选择云母和滑石粉类填料等。添加前述的磷酸锌、复合铁钛粉等钝化颜料，以及各种鳞片状填料等是改善水性重防腐涂料涂层力学性能和防腐性能的重要途径。

由于防腐涂料具有性能优异、制造方便、价格低廉等一些其他材料所无法比拟的优点，因此在选择防腐措施时成为优先考虑的对象。随着防腐技术的成熟，防腐涂料也必将得到进一步发展。其中高固体分涂料因可挥发成分少、固化速度快、施工性能好必将成为发展的趋势。另外，环氧树脂涂料、聚氨酯涂料由于具有较高的力学强度和粘接力、易加工改性等特点，其防腐性能、应用范围也会进一步得到提高和扩大。防腐涂料研究开发的重点仍将是树脂的改性，这是涂料防腐性能的决定因素，而新型颜填料、固化剂的开发也是不断更新的课题。

例如，氟树脂，尤其是溶剂型氟烯烃共聚树脂的成功开发，是解决氯碱、农药、硫酸行业苛刻环境中腐蚀的有效途径之一。在氟涂料的研究上，要注重配套问题。聚苯硫醚（PPS）、改性漆酚树脂等对较高温度下的强腐蚀的防护行之有效，是值得进一步开发与应用的品种。互穿聚合物网络（IPN）、共混技术是大分子层次上的设计，能够获得综合性能优良的合成树脂，可带锈涂装，在酸、碱、盐等苛刻环境中应用，并取得很好的防护效果。在颜料方面，开发低毒或无毒长效防锈颜料是当前发展的一大热点，如改性磷酸锌的防锈性能可以和铬酸锌相比，三聚磷酸铝、铁酸盐、偏硼酸盐、钼酸盐也具有很好的防护性能，Shieldex 离子交换型防锈颜料开发成功，开拓了防腐涂料的机理和品种；在填料方面，除了鳞片状的填料外，需要开发一些新的功能性填料，如对渗入涂层中的腐蚀介质可以有吸收作用，可以通过吸水膨胀而增加涂层的紧密性等，多功能填料的开发往往是获得功能涂层的关键。

涂料施工前，被涂物表面处理也很重要。例如，对钢材表面要进行溶剂清洗，以除去表面油脂等，对表面松散的氧化皮、铁锈、旧涂层和其他杂质则可以通过手动工具、动力工具、磨料喷砂等方法加以去除，水喷射是一种新发展的表面处理方法，它不仅能抑制灰尘，而且可以冲掉干磨料喷砂很难清理掉的可溶性污染物。使用高温火焰也能去除钢材表面的油污，通过燃烧去除旧涂层，并利用铁锈和氧化皮与钢材的膨胀系数不同来产生开裂、凸起，从而与钢材表面剥离。还可以利用无机酸或有机酸来清理钢材表面的氧化皮和铁锈等。其他基材，如镀锌表面、铝表面的处理都有相应的标准可供参考。如 ASTM D6386—2016、ASTM D1730—2020 就是针对上述两种表面进行处理的标准。

实践思考

1. 固体表面有什么特点？为什么它具有显著的吸附特性？

2. 若吸附过程 $X_2 + 2S \underset{k_{-1}}{\overset{k_1}{\rightleftharpoons}} 2XS$ 服从 Langmuir 模型，证明吸附等温式为：

   $Kp=[\theta/(1-\theta)]^2$，式中 $K=k_1/k_{-1}$

3. 液氮温度时，N_2 在 $ZrSiO_4$ 上的吸附符合 BET 公式，今取 17.52g 样品进行吸附测定，数据如下：($p_0=101325Pa$)

p/mmHg	吸附体积(已算成标准状况)/mL	p/mmHg	吸附体积(已算成标准状况)/mL
10.4	8.16	190.3	13.73
20.8	8.96	256.0	15.10
76.0	11.04	391.2	18.02

续表

p/mmHg	吸附体积(已算成标准状况)/mL	p/mmHg	吸附体积(已算成标准状况)/mL
112.0	12.16	471.2	20.32
157.6	13.09	576.0	23.84

注：1mmHg=133.322Pa。

(1) 计算形成单分子层所需 N_2 的体积。

(2) 每克样品的比表面积（已知每个 N_2 分子的截面积为 0.162nm^2）。

4. 在 291K 时，用木炭吸附丙酮水溶液中的丙酮数据如下：

吸附量 X/(mmol/g)	0.208	0.618	1.075	1.50	2.08	2.88
溶液浓度 c/(mmol/L)	2.34	14.65	41.03	88.62	177.69	268.97

试用 Freundlich 经验公式计算公式中的常数 k 和 n。

5. 25℃时，水在石墨上的接触角是 86°，试计算其黏附功及铺展系数。已知 25℃下水的表面张力是 72.0mN/m。
6. 试讨论表面粗糙程度对液体润湿性的影响。
7. γ_c 的含义是什么？为什么通常测得的 γ_c 值总是低于固体表面张力 γ_s 值？
8. 在用乙醇/水混合溶液测定高分子的临界表面张力时，发现许多高分子的临界表面张力总是在 26mN/m 左右，试解释其原因。
9. 厨房里的金属器具及陶瓷等物品很容易被油污沾染，为什么？不粘锅的原理是什么？
10. 为了净化含有非极性和弱极性有机物的水，你选择哪种吸附剂？为什么？(1) 活性炭；(2) 硅胶。
11. 为什么无论颜料表面张力比介质高或低，在分散时往往都需进行表面处理？
12. 粒径为 20μm 的 TiO_2 颜料在潮湿的空气中吸附水时，两个粒子间的毛细压力为多少？若粒子的密度为 4.16g/cm^3，计算毛细压力与粒子自重之比。
13. 将粒子间隙为 3μm 的密堆积颜料粉末直接倒入液体涂料基料中。已知该基料的表面张力为 30mN/m，黏度为 2.8Pa·s，若接触角为 0°，试计算 1 昼夜后，基料在颜料中的渗透深度；若颜料在槽中共有 7cm 厚，完全润湿需多长时间？
14. 利用表面化学原理，说明粘接过程对胶黏剂的要求。
15. 分散过程的自发条件与浸渍润湿条件相似，是否可以认为只要润湿角小于 90°就可以了呢？为什么？
16. 很多无机晶体粉末都很容易吸潮而粘连结块，试解释原因。
17. 乳胶漆成膜时的表面化学原理是什么？

第六章

表面活性剂

我们已初步讨论了气液固三相所组合成的几种界面及其性质，以及发生在这些界面上的若干现象。显然，界面的组成与结构决定界面性质，从而表现出一定的界面现象。界面的组成与结构改变了，其界面性质便会改变，界面现象也随之发生变化。改变界面性质最有效的物质就是界面活性剂，通常称为表面活性剂。

在第四章第三节中，我们已经知道，各种物质在水中溶解后，其稀溶液的表面张力和浓度之间有三种类型。第一类是表面张力随浓度增加而稍有上升，如 NaCl、KNO_3、HCl、NaOH 等稀溶液；第二类是表面张力随浓度增加而缓慢下降，如乙醇、丁醇、乙酸等；第三类是表面张力在稀溶液范围内随浓度增加而急剧下降，至一定程度后便下降很慢或不再下降了，如肥皂、洗衣粉、油酸钠等。

能降低水的表面张力的物质称作表面活性物质，而能在低浓度下就显著降低水的表面张力的活性物质则称为表面活性剂，有时又称为界面活性剂。表面活性剂在工业中具有许多重要作用，如润湿与渗透、分散与絮凝、发泡与消泡、乳化与破乳、增溶与洗涤以及平滑、匀染、固色、抗静电、杀菌、防锈、防水等，因而广泛地应用于纺织、制药、化妆品、食品、造船、土建、采矿，以及日常生活中的各个方面，有“工业味精”的美誉。

第一节　表面活性剂的结构与分类

一、表面活性剂的结构

表面活性剂分子由性质截然不同的亲油基和亲水基两部分组成，其中亲油性基团易溶于油或易被油所润湿，具有憎水性能；而亲水性基团易溶于水或易于被水所润湿。这种结构特点使它在水中溶解时，亲水基受到水分子的吸引，而亲油基受到水分子的排斥，为了克服这种不稳定状态，就只有占据溶液的表面，将亲油基伸向气相，亲水基伸入水中形成定向排列（图 6-1）。

溶液表面吸附行为的研究也发现，表面活性物质同系物的饱和吸附量相同，说明它们在溶液表面的排列是定向的。肥皂是脂肪酸钠盐，是常见的表面活性剂

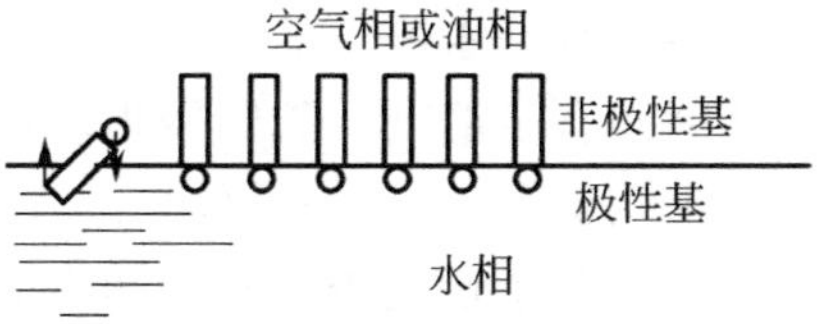

图 6-1　表面活性剂在水面上的排列

之一，它的分子结构如图 6-2 所示，其亲油基为长链烃基，亲水基来自羧酸钠。表面活性剂的亲水基团除了羧酸钠外，还有磺酸钠、多元醇、胺盐等。亲油基多来自天然动植物油脂和合成化工原料，如石蜡烃基、烷基苯基、烷基酚基、脂肪醇基等，这些亲油部分必须有足够的长度才能使两亲物质成为表面活性剂，如碳原子数少的甲酸钠、乙酸钠、丁酸钠等虽都具有亲油基和亲水基，但起不到类似肥皂的作用，只有 C_8 以上的两亲物质才有明显的表面活性作用。

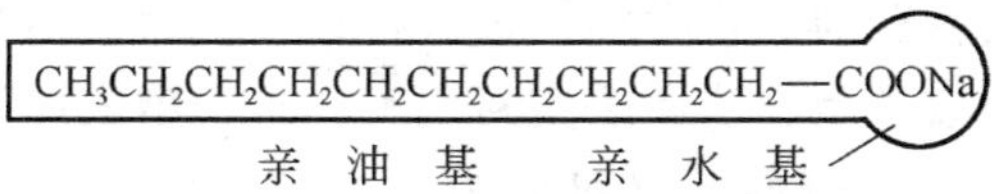

图 6-2　肥皂的分子模型图

大部分天然动植物油脂都是含 C_{10}～C_{18} 的脂肪酸酯类，具备长链条件。如月桂酸为十二烷酸，肉豆蔻酸为十四烷酸，棕榈酸为十六烷酸，硬脂酸为十八烷酸，油酸为十八烯酸，亚麻酸为十八三烯酸，其他如桐油、橄榄油、蓖麻油等则是多种长链羧酸和醇的混合物。烃的长度不一，所起的界面活性作用也不一样，图 6-3 反映了表面活性剂性能与亲油基中碳原子数的关系。由图 6-3 可见，碳原子数越多，洗涤作用越强，而起泡性却以 C_{12}～C_{14} 左右最佳。然而，就洗涤而言，也并非链越长越好，因为链过长，水溶性变差甚至不溶于水，那么也就没有表面活性了。一般碳原子数目限于 C_8～C_{16} 之间。

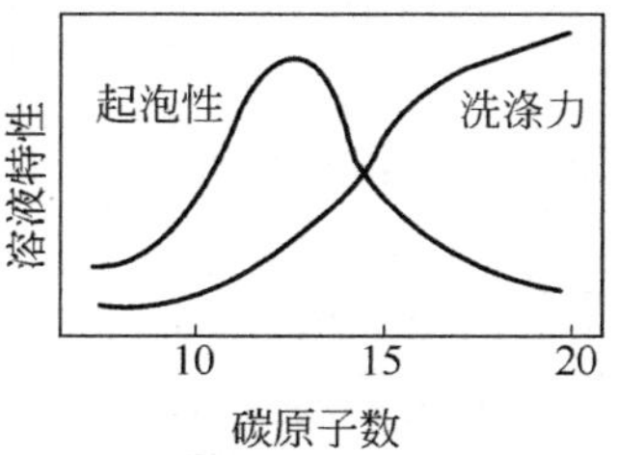

图 6-3　亲油基的碳原子数与性能的关系

二、表面活性剂的分类

根据不同的分类方法，可以将表面活性剂分为很多种类。

例如，根据其溶解特性可将表面活性剂分为水溶性表面活性剂和油溶性表面活性剂两种。大多数表面活性剂都是水溶性的，后者虽然品种不多，但目前已日趋重要。如农用杀虫剂的乳剂是有机溶剂；轧制钢板时使用的压延油是将表面活性剂溶于矿物油中制成的；纺丝油剂、润滑油等也都是油溶性表面活性剂的代表。

按照分子量的大小，可以将分子量大于 10000 的表面活性剂称为高分子表面活性剂，分子量在 1000～10000 之间的称为低聚物表面活性剂，而分子量低于 1000 的称为低分子或小分子表面活性剂。常用的表面活性剂大多是低分子表面活性剂，当然，聚醚型的低聚物表面活性剂和高分子表面活性剂在工业上也占有特殊的地位。

按照不同的工业用途，则可将表面活性剂分为表面张力降低剂、润滑剂、渗透剂、乳化剂、破乳剂、洗涤剂、增溶剂、分散剂、干洗剂、抛光剂、絮凝剂、起泡剂、消泡剂、杀菌剂、抗静电剂、缓蚀剂、柔软剂、防水剂、织物整理剂、匀染剂、固色剂、脱模剂、润湿剂等。

也可以按照表面活性剂的化学结构来进行分类。表面活性剂溶于水后，按照其解离与否可以分为离子型、非离子型两大类。离子型表面活性剂根据其主体分子在水中电离后所带的电荷性质又可分为阴离子型、阳离子型和两性离子型三种，如表 6-1 所示。

表 6-1　表面活性剂分类

表面活性剂		示例	类别
离子型	阴离子	$R—COONa$	羧酸盐
		$R—OSO_3Na$	硫酸酯盐
		$R—SO_3Na$	磺酸盐
		$R—OPO_3Na_2$	磷酸酯盐
	阳离子	$R—NH_2HCl$	伯胺盐
		$R—N(CH_3)H \cdot HCl$	仲胺盐
		$R—N(CH_3)_2 \cdot HCl$	叔胺盐
		$R—N^+(CH_3)_3Cl^-$	季铵盐
	两性离子	$R—NHCH_2CH_2COOH$	氨基酸型
		$R—N^+(CH_3)_2 \cdot CH_2COO^-$	甜菜碱型
非离子型		$R—O—(CH_2CH_2O)_nH$	聚乙二醇型
		$R—COOCH_2C(CH_2OH)_3$	多元醇型

1. 阴离子型

(1) 羧酸盐类

通式为 RCOOM（M 代表金属离子），有肥皂、油酸钾、硬脂酸铝等。

肥皂是以天然动植物油脂与碱的水溶液加热起皂化反应而制得的。反应式为：

$$
\begin{array}{l} CH_2OCOR \\ | \\ CHOCOR \\ | \\ CH_2OCOR \end{array} + 3NaOH(\text{也可以是}KOH、NH_4OH\text{等}) \xrightarrow{\Delta} 3RCOONa + \begin{array}{l} CH_2OH \\ | \\ CHOH \\ | \\ CH_2OH \end{array} \quad (6\text{-}1)
$$

在各种肥皂中，从正离子角度而言，胺皂类肥皂最软，通常用于上光；以钠皂最硬，常用作洗涤剂；而钾皂居中，在化妆品中有重要的应用。

从亲油性基团角度而言，脂肪酸碳链越长，饱和度越大，则肥皂越硬。如硬脂酸皂就是很硬的一种肥皂，而月桂酸次之，油酸最软。

硬脂酸钠（钾、铵）盐通常具有脂肪气味，外观呈白色，溶于热水、热乙醇，常用作化妆品的乳化剂；月桂酸钾一般为淡黄色，呈浆状，易溶于水，该皂起泡力较强，常用于液体皂、香波及乳化剂；而多羧酸皂类［如 C_nH_{2n+1}—CH(CH_2COONa)COONa(n=12～16)］可用作胶片生产中的润湿剂；挥发性胺的脂肪酸盐常用于上光剂中，胺盐水解生成自由胺挥发后，表面会留下一层疏水层，可以用来防水。松香酸的皂类具有较好的抗硬水能力和润湿能力，多用于洗涤。

涂料工业中用作悬浮剂、消光剂等的硬脂酸铝、硬脂酸锌可用硬脂酸经液碱皂化后，再与硫酸铝或硫酸锌进行复分解反应而制得。它们都是油溶性的，易溶于松节油等有机溶剂中。硬脂酸钡、硬脂酸锌等还可用于 PVC 的稳定剂、润滑剂等。双硬脂酸铝可用作金属防锈、油墨增光及膏体化妆品的增稠剂；二月桂酸二丁基锡可用作透明 PVC 及合成纤维的稳定剂和涂料助剂。

蓖麻油酸锌皂由蓖麻油、硫酸锌、NaOH、硫酸等原料制成，用作涂料的分散助剂和防沉助剂。

（2）硫酸酯盐类

通式为 R—O—SO_3M。这一类表面活性剂具有良好的发泡和洗涤性能，在硬水中稳定，在水中呈中性和微碱性，主要用于洗涤。如十二烷基硫酸钠、梯波尔（C_{12}～C_{18} 的 α-烯烃硫酸化后产物）等。红油是蓖麻油硫酸化后的产物，其亲水基在分子链中间，洗涤力差，多用于染色助剂、纤维整理剂。采用聚氧乙烯醚化的直链醇的硫酸酯盐，水溶性更佳，并具有抗盐能力；在低温下透明，适宜制造透明的液体香波。十二烷基硫酸钠等还是乳液聚合的乳化剂。

（3）磺酸盐类

通式为 R—SO_3M，有烷基苯磺酸钠、烷基萘磺酸钠（拉开粉）等，耐硬水，耐酸碱，发泡性能也较好，是良好的洗涤剂和乳化剂。但含萘、苯的磺酸盐不易为生物所降解，目前在许多国家都已被禁用，代之以直链烷基磺酸盐。琥珀酸酯磺酸钠结构式为 ROOCCH(CH_2COOR)SO_3Na，也是一种很好的表面活性剂，R 通常为 C_4～C_8 的烃基。当 R 为 C_8H_{17} 时，俗称渗透剂 OT，外观为白色，蜡状，易溶于水和乙醇，在硬水中稳定，洗涤发泡性能良好，无毒，刺激性小，润湿性好，多用于香波、泡沫浴和牙膏中。石油磺酸盐是烷基苯、烷基萘等多种磺酸盐的混合物，大多为油溶性，常用于切削油、农药中的乳化剂、矿物浮选中的泡沫剂、燃料油中的分散剂等，分子量大的则常用作金属防锈油中的防蚀剂。

（4）磷酸酯盐类

有双酯盐和单酯盐，通式分别为 $(RO)_2PO_2M$ 和 $ROPO_3M_2$，常用高级醇磷酸酯盐，如鲸蜡醇磷酸酯二钠（$C_{16}H_{33}OPO_3Na_2$）等，主要用作抗静电剂、乳化剂和抗蚀剂。由于其对酸、碱稳定，易被生物降解，洗涤力好，尤其对硬性表面的洗涤能力很强，所以常用于金属的洗涤液与电镀液；又因为这一类物质易溶于有机溶剂，所以也常用作干洗剂。

低碳醇磷酸酯主要用于醇酸系、环氧系、酚醛系等各类溶剂型涂料的防沉剂，可有效防止涂料中沉淀物结块变硬，也用于各种颜料、填料的表面处理剂，以改善其分散性。TC-2 是磷酸型单烷基类钛酸酯，它是一种偶联剂，用于颜料、填料的表面改性，具有优良的分散效果。磷酸三丁酯是无色、无臭、不易燃的液体，可用作硝基纤维素、乙酸纤维素、氯化橡胶、PVC 等的增塑剂、涂料、胶黏剂和油墨的溶剂、消泡剂和抗静电剂。

2. 阳离子型

表面活性剂电离后，主体带有正电荷的物质通常都是含氮的有机化合物，其中常用的是季铵盐。这类表面活性剂洗涤能力较差，但杀菌力强，可用于手术器械的消毒；同时有良好的抗静电性和对纤维的柔软调理性，因此，可用于头发的柔顺调理与抗菌、织物及纺织品的柔顺加工与抗菌处理等。

阳离子型的代表性产品有伯胺盐，如十六烷基氯化铵，可用作黏胶凝固液的添加剂；叔胺盐，如十八烷基乙醇胺型的氢氟酸盐 $[(C_{18}H_{37})(C_2H_4OH)NH^+(CH_2)_3NH^+(C_2H_4OH)_2]\cdot 2F^-$，这种阳离子型表面活性剂已广泛应用于牙膏等制品中；季铵盐，如十二烷基二甲基苄基氯化铵，具有透明、耐沸水等特点，杀菌力极强，10^{-4} 含量即具有杀菌能力，其杀菌能力随着溶液 pH 的增加而增加，无刺激、无毒，对金属不腐蚀，且具有良好的发泡力，因而是很好的消毒剂；含氮杂环类，如 *N*-十六烷基吡啶溴盐和咪唑啉衍生物等，主要用作纤维的防水剂，也用作染色助剂和杀菌剂；此外还有乙醇胺型，如索罗明 A$[C_{17}H_{35}COOCH_2CH_2N(CH_2CH_2OH)_2]$，其价格便宜，易溶于水，带有阳离子基团，性能良好，适用于做纤维柔软整理剂中的助剂。

3. 两性离子型

两性离子型表面活性剂是由带正、负电荷活性基团组成的，阳离子常为含氮基团，而阴离子则一般为羧酸基和磺酸基，这种表面活性剂溶于水后，在酸性条件下显示阳离子表面活性剂的特性，而在碱性溶液里则显示阴离子表面活性剂的特性。

如果将等量的阴离子表面活性剂和阳离子表面活性剂混合，由于它们之间会发生相互作用而可能使它们各自的性能抵消，而两性表面活性剂却能灵活自如地显示出两种不同离子活性基团的特性，因此它具有独特的应用性能，可用作特殊洗涤剂。这类活性剂有杀菌作用，对人体的毒性和刺激性也小。典型的产品有氨基酸型（如十二烷基氨基丙酸钠）和甜菜碱型（如十八烷基二甲基甜菜碱），都具有良好的发泡性和洗涤力。甜菜碱型与氨基酸型结构相似，只是甜菜碱型为季铵碱类。此外，还有咪唑啉型，如米拉诺尔 C_2M（图 6-4）等，它对皮肤无刺激，尤其是对眼睛刺激性很小，适宜做香波和皮肤清洁剂。

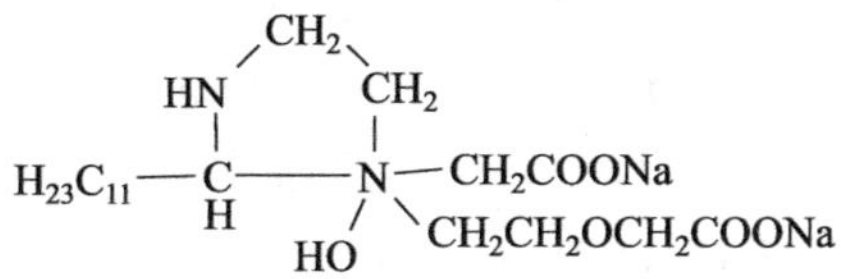

图 6-4　米拉诺尔 C_2M 结构示意图

氧化胺类与两性离子型表面活性剂相似，它既能与阴离子型表面活性剂相容，也能与阳离子型和非离子型表面活性剂相容，如烷基二甲基氧化胺[$RN(CH_3)_2 \rightarrow O$]、烷基二羟乙基氧化胺[$RN(CH_2CH_2OH)_2 \rightarrow O$]、（烷酰氨基）丙基二甲基氧化胺[$RCONH(CH_2)_3N(CH_3)_2 \rightarrow O$]等，具有发泡、稳泡、润滑、乳化、抗静电、润湿等性能，对皮肤非常温和，对眼睛刺激性很小，与其他组分混合，可以提高抗刺激能力；而与季铵盐配用，可用作化妆品的防腐剂。

4. 非离子型

非离子型表面活性剂大多数为液态和浆状，它在溶液中不电离，稳定性相对较高，不受酸、碱和其他电解质的影响，而且与其他类型表面活性剂的相容性好，在水及有机溶剂中皆有较好的溶解性能，因而其发展极为迅速。如 2-羟基-4-正辛氧基二苯甲酮[$C_8H_{17}OC_6H_3(OH)COC_6H_5$]与其同系物 2-羟基-4-甲氧基二苯甲酮相似，可用于吸收紫外线，但挥发性低，毒性小。由有机酸与胺合成的酰胺类非离子型表面活性剂 PD-85 颜料分散剂可与有机溶剂、油、漆用树脂以任何比例混溶，具有强化研磨效果，提高颜料的分散性，缩短工时，并可减少返粗和絮凝，改善涂膜外观。但目前使用更多的则仍是聚乙二醇型和多元醇型两大类。

① 聚乙二醇型　也称聚氧乙烯型。此类型表面活性剂由亲油的烷（芳）基与亲水的聚乙二醇基 $(CH_2CH_2O)_n$ 结合而成。调节 n 值，可以制成从油溶性的到水溶性的各种非离子型表面活性剂，品种规格很多，应用极广。亲油基为脂肪醇时，称平平加（peregal）型，又称匀染剂 O，其稳定性高，水溶性、生物降解性均较好，具有良好的润湿性，可用作乳化剂和匀染剂；当亲油基为苯酚时为 P 型，为烷基苯酚时称 OP 型，有良好的润湿性、渗透性和洗涤力，乳化力也较好，且耐酸、碱，稳定性很高，以前应用较广泛，但其生物降解力差；此外，亲

油基还可以为丙二醇、脂肪酸或脂肪（酰）胺等多种亲油性基团。聚氧乙烯烷基胺常用作染色助剂，在人造丝中用作增强剂，还可以用于喷丝孔的保洁清洁剂，有较强的发泡、稳泡作用，有的尚有增溶、增稠作用。

② 多元醇型　此类表面活性剂的亲水性主要来自羟基，常用的有甘油醇［$C_3H_5(OH)_3$］酯、季戊四醇［$C_5H_8(OH)_4$］酯、山梨醇［$C_6H_8(OH)_6$］酯和失水山梨醇［$C_6H_8O(OH)_4$］酯等四大品种。由于在多元醇分子上往往还接有高级脂肪酸酯，因此其亲油性较强，大多是油溶性的。如月桂酸单甘油酯，因其无毒无害，已广泛用作食品乳化剂；季戊四醇棕榈酸单酯［$C_{15}H_{31}COOCH_2C(CH_2OH)_3$］既可以用作乳化剂，也可以用作纤维柔软调理剂；山梨醇月桂酸单酯只可用作纤维柔软剂，不宜用作乳化剂；经 240℃左右加热脱水后可得失水山梨醇单月桂酸单酯，俗称“司盘 20”［$C_6H_8O(OH)_3OCOC_{11}H_{23}$］。

如果在未酯化的羟基上接上聚乙二醇基便可改善其水溶性，如司盘经环氧乙烷改性后可得到“吐温”型表面活性剂，这类表面活性剂具有良好的乳化性能和对皮肤的滋润性能，故常用于化妆品和纤维油剂的生产中。如“吐温 20”就是将“司盘 20”上的三个未酯化的羟基分别与环氧乙烷反应，生成聚氧乙烯改性的表面活性剂$\{C_6H_8O[O(C_2H_4O)_xH][O(C_2H_4O)_yH][O(C_2H_4O)_zH]OCOC_{11}H_{23}\}$。

5. 高分子表面活性剂

高分子化合物大多具有一定的表面活性。与一般表面活性剂类型相似，它也可分为阴离子、阳离子、两性离子和非离子四种。高分子表面活性剂一般没有很高的界面活性，降低表面张力的能力小，而且分子量大，渗透能力也弱。然而，由于其具有黏度大、乳化力强、分散力好及无毒或低毒等特性，应用也极为广泛，可用作增稠剂、凝胶剂、胶黏剂、凝聚剂、分散剂、乳化剂、保湿剂，以及用于抗静电、消泡、润滑等方面。主要品种有：

① 天然化合物类　如海藻酸钠、腐殖酸盐、壳聚糖、水溶性蛋白质、各种淀粉等。

② 天然化合物改性类　如半合成的羧甲基纤维素、改性淀粉、木质素磺酸盐等。

③ 人工合成高分子类　如聚丙烯酸酯类、聚苯乙烯磺酸盐、改性聚乙烯亚胺、聚乙烯醇、聚丙烯酰胺及聚乙烯吡咯烷酮等。其中，聚皂尤为突出，如聚乙烯吡啶盐、聚苯乙烯磺酸钠、聚丙烯酸钠等，宜用作分散剂等。

6. 特种表面活性剂

① 氟表面活性剂　这是一类具有高度化学稳定性和界面活性的表面活性剂，其结构中的亲油部分完全由碳氟键组成，不但憎水，而且憎油，对强酸、强碱具有高度稳定性，同时又耐高温。例如，由它制成灭火剂，在燃烧油的表面可产生大量的泡沫，形成氟碳膜，使火焰与空气隔绝。再如，三丁基氟化锡不溶于水，微溶于有机溶剂，在涂料中主要用于防污漆。

② 硅表面活性剂　这类活性剂的亲油基部分由硅氧烷链组成，耐高温、耐老化、无腐蚀、生理惰性，并有较高的表面活性，其乳化、分散、润湿、抗静电等性能均较好，可用作纺织品的柔软剂、泡沫的稳定剂、原油破乳剂，以及抛光剂和防霉剂等。用作消泡剂时，无亲水基团，如甲基硅油，黏度较低，25℃下为$(0.1\sim1.0)\times10^{-4}m^2/s$；用作流平剂时，则用活性甲基硅油经水解、醇解而得，使之含有少量羟基，它具有防黏性。

第二节　表面活性剂的性质

一、胶束理论和 CMC 值

表面活性剂的一个重要性质，是能显著降低水的表面张力，随着表面活性剂浓度 c 的增加，溶液的表面张力 γ 急剧下降；但当增至某一浓度以后，表面张力几乎不再发生变化，γ-c 曲线有一明显的转折。而若表面活性剂中含有杂质，则转折点会更加明显。与此相应，溶液的其他一些性质，如电导率、渗透压等也在此浓度范围内产生明显的变化。图 6-5 为十二烷基硫酸钠溶液的一系列性质与浓度的关系。在某一个狭窄的浓度范围区间，一系列性质都出现一个转折，这表明随着表面活性剂浓度的改变，不仅表面张力有突变，而且其内部性质也有突变，即溶液内部的状态发生了某种突变。为了解释这一种异常现象，McBain 提出了胶束理论，他认为在此浓度附近，表面活性剂几十个分子或离子自动缔合成胶体大小的质点，在水溶液中，每个表面活性剂将烷基集中于内部，将亲水基向外面形成胶束，这时的浓度就称为临界胶束浓度（CMC）。胶束的形成是降低体系自由

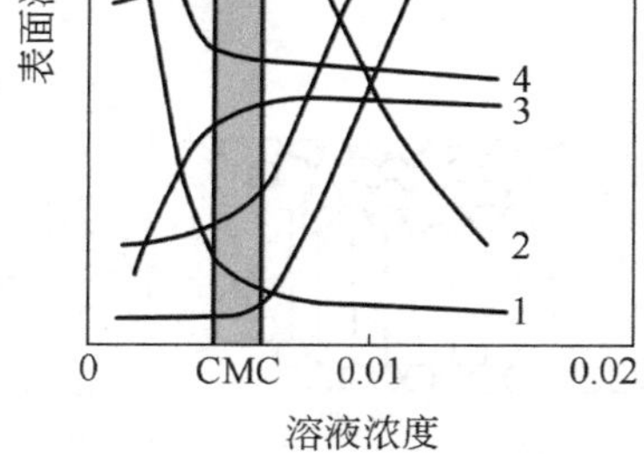

图 6-5　十二烷基硫酸钠的水溶液性质与浓度的关系

1—界面张力；2—摩尔电导率；3—渗透压；4—表面张力；5—电导率；6—可溶性；7—密度；8—洗涤力

能的必然结果。据研究，每 1mol—CH_2—基团发生缔合，体系自由能将降低 2～5kJ。

用胶束理论可以对表面活性剂溶液的性质做出合理的解释。

在 CMC 以下，溶液中基本上是单个表面活性剂分子，由于溶液中表面活性剂浓度很低，水面上积聚的表面活性剂数量不多，表面张力也下降不多；随着表面活性剂浓度的增加，表面吸附量也逐渐增大，表面张力急剧下降，当表面上再也挤不下更多的分子，表面形成一层单分子膜后，表面张力便不再下降。而此时的浓度可能正是开始形成胶束的浓度，也是各种性质开始与理想性质发生偏离时的浓度。当浓度超过 CMC 后，单个表面活性剂分子的浓度基本上不再增加，而胶束浓度或胶束数目增加，胶束的形成使溶液中的质点数目减少，因此依数性（如渗透压等）的变化减弱，表面活性剂在成胶束后，增溶效率大大增加，洗涤力随之加强；而电导率是与离子型表面活性剂电离程度有关的，随着溶液浓度的增加，电离度下降，所以摩尔电导率下降，但溶液中总的离子数是增加的，所以电导率增加；当表面活性剂形成胶束时，溶液中纯溶剂区域增多，电离的离子数增加，从而使电导率增大，但摩尔电离度因胶束中离子间存在排斥力而大大降低。

二、胶束形态

离子型表面活性剂在水溶液中可以形成多种胶束（图 6-6）。在 CMC 以下较高浓度时，溶液中除了单个表面活性剂离子外，还可以形成小型胶束，如二聚体或三聚体等［图 6-6(a)］；浓度稍超过 CMC 时，产生大型球形胶束［图 6-6(b)］，组成胶束的分子或离子数可达几十到几百，在特殊的情况下可达几千，胶束分子量也从几千、几万可以大到几十万。当浓度远远高于 CMC 时，可以发现球形胶束变为棒状、层状或盘状胶束［图 6-6(d) 和 (c)］，成为液晶态。

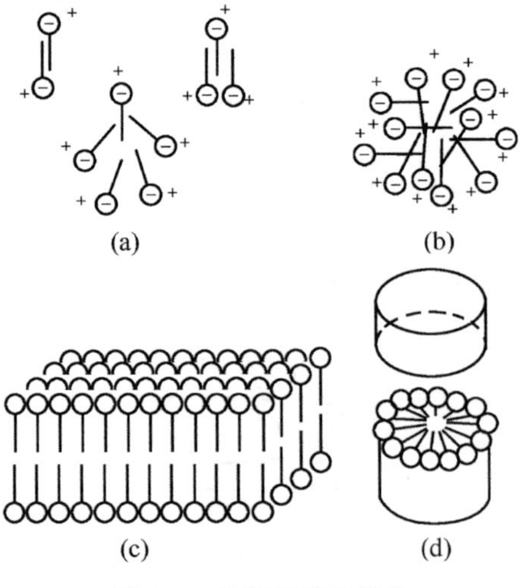

图 6-6 各种形状的胶束

(a) 几种小型胶束；(b) 球形胶束；(c) 层状胶束；(d) 棒状胶束

非离子型表面活性剂在水中形成的胶束一般认为是球形，由于其亲水性基为聚乙二醇基，比离子型的亲水基大得多，因此其球形胶束的外层聚乙二醇外壳相当厚，而内核则很小。非离子型表面活性剂胶束的分子聚集数一般大些，例如，聚氧乙烯（$n=6$）十二烷基醚的胶束数在25～50℃时为2000～5000。

由于胶束内部是亲油基团，因此，一些不溶于水的有机液体可以溶于胶束内部，这种现象称为溶化或乳化。而胶束使有机物在水溶液中溶解度增大的作用称为增溶作用。

临界胶束浓度是表面活性剂的重要参数之一。根据图6-5可知，在CMC时，溶液的许多性质如表面张力、去污力、渗透压、电导率等都发生突变，因此可以利用这些参数随浓度的变化情况来确定CMC值。采用的方法不同，测得的CMC值也有差别，但突变点总落在一个狭小的浓度范围内。常用的方法有表面张力法、电导法、折射率法和染料增溶法等。

研究表明，胶束与单体之间的平衡非常快，胶束对憎水分子有良好的增溶能力；胶束的热容与压缩性与液态的碳氢链相似；表面活性剂分子的偏摩尔体积测定表明，胶束内核中的碳氢链比一般液态碳氢链的排列还要松散些。根据这些现象，20世纪30年代，Hartley提出，胶束内核的分子链排列不是规整有序的，而是与液体相似，无规而松散。而胶束与水的界面则存在着水化层，主要是极性基团所形成的水化层，如果是离子型表面活性剂则还存在着双电层，包括紧密吸附层和扩散层。由于分子热运动会引起胶束表面的波动，所以胶束与水的界面也是一个动态的界面。

三、表面活性剂胶束化机理

胶束体系是热力学平衡体系，可以用热力学的方法加以研究，包括最小表面能原理和熵驱动原理。表面活性剂分子由于疏水部分链较长，其疏水部分不能与水分子形成氢键，因此表面活性剂溶解时会破坏大量水分子间的氢键，导致体系自由能升高。为了降低体系自由能，在浓度低于CMC的稀溶液中，表面活性剂将倾向于在溶液表面富集，产生正吸附，这样不仅能使体系的表面能降低，也使水和表面活性剂间的界面张力降低，从而降低体系的自由能；而在浓度高于CMC时，表面活性剂在溶液表面的富集达到饱和，体系的表面能已达到最低，此时，只有当表面活性剂分子形成胶束以避免更多的疏水链段与水接触时，才能使体系的界面能降低。因此，胶束化过程就不可避免了。通过对体系自由能的分析、计算可以验证形成胶束才是使体系稳定的途径。

根据热力学模型，有两种处理方法。一种是相分离模型，另一种是质量作用模型。

相分离模型把表面活性剂单分子与胶束间的转变看成是相变，把胶束与单体间的平衡看作是相平衡，其实验根据是很多表面活性剂溶液的性质在胶束形成时的变化与溶液中形成新相类似，都随浓度的增加发生突变。虽然一般胶束的聚集数并不大，不能看作一个宏观的相，但可以适当地把胶束看作是微相或准相。CMC为未聚集的表面活性剂的饱和浓度，相分离就在CMC时开始。表面活性剂浓度超过CMC以后，未缔合的表面活性剂浓度保持不变。利用相分离模型可以得出胶束形成的标准自由能变化为：

对于非离子型表面活性剂：$\Delta G_m^\ominus = RT\ln CMC$ (6-2)

对于1-1型离子型表面活性剂：$\Delta G_m^\ominus = 2RT\ln CMC$ (6-3)

不过相分离模型并不确切。因为①对于真正的相分离而言，体系的相关性质与浓度的关系应为突变，但实际上表面活性剂溶液的性质在CMC区域中的变化是连续的；②如果是真正的相分离，在平衡时，表面活性剂在两相中的化学势相等，其CMC应恒定，在CMC以上溶液的表面张力也应恒定，但实际上，不少表面活性剂如$C_{12}H_{25}SO_4Na$溶液的表面张力在CMC后仍在下降。

质量作用模型认为单个表面活性剂分子与胶束处于缔合-解离平衡之中，胶束形成就是一种广义的化学反应-缔合过程。先后发展了单级平衡和多级平衡两种模型。

单级平衡模型是把胶束形成看作一种简单的化学反应，即由n个单体直接生成含n个单体的胶束。根据反应过程的自由能变化与平衡常数间的关系，可以推出自由能变化与表面活性剂浓度间的关系，与式(6-2)和式(6-3)相同。

而多级平衡模型则将胶束的形成看成是由许多步骤组成的复杂过程。n个单体在溶液中同时聚集在一起的概率不大，所以采用多级平衡模型可以更好地描述胶束形成的规律。多级平衡模型从$1+1=2$开始，逐级逐步得到含有n个单体的胶束，每一步都建立相应的平衡，从而推导出整个过程的自由能变化，结果表明，对于非离子型表面活性剂为$\Delta G_m^\ominus = RT\ln CMC$，对于1-1型离子型表面活性剂为$\Delta G_m^\ominus = 2RT\ln CMC$，与式(6-2)和式(6-3)也完全一致。

通过热力学分析，在自由能变化与临界胶束浓度间建立了关系，给出了CMC的热力学意义。

四、影响CMC值的因素

1. 表面活性剂的化学结构

表6-2是几组典型的表面活性剂CMC值。通过比较，可以看出化学结构对CMC的影响。

表6-2 部分活性剂的CMC

组别	表面活性剂	CMC/(mol/L)
Ⅰ	$C_8H_{17}SO_4Na$	1.4×10^{-1}
	$C_{12}H_{25}SO_4Na$	8.7×10^{-3}
	$C_{16}H_{33}SO_4Na$	5.8×10^{-4}

续表

组别	表面活性剂	CMC/(mol/L)
Ⅱ	$C_8H_{17}N(CH_3)_3Br$ $C_{12}H_{25}N(CH_3)_3Br$ $C_{16}H_{33}N(CH_3)_3Br$	2.6×10^{-1} 1.6×10^{-2} 9.2×10^{-4}
Ⅲ	$C_8H_{17}O(CH_2CH_2O)_6H$ $C_{12}H_{25}O(CH_2CH_2O)_6H$ $C_{16}H_{33}O(CH_2CH_2O)_6H$	9.9×10^{-3} 8.7×10^{-5} 1.0×10^{-6}
Ⅳ	$C_{12}H_{25}COOK$ $C_{12}H_{25}SO_3Na$ $C_{12}H_{25}NH_3Cl$ $C_{12}H_{25}N(CH_3)_3Br$ $C_{12}H_{25}N(C_6H_5)_3Cl$	1.3×10^{-2} 1.0×10^{-2} 1.0×10^{-2} 1.6×10^{-2} 1.5×10^{-2}
Ⅴ	$C_{12}H_{25}O(CH_2CH_2O)_6H$ $C_{12}H_{25}O(CH_2CH_2O)_9H$ $C_{12}H_{25}O(CH_2CH_2O)_{12}H$ $C_{12}H_{25}OC_6H_4O(CH_2CH_2O)_6H$	8.7×10^{-5} 1.0×10^{-4} 1.4×10^{-4} 2.5×10^{-4}
Ⅵ	$C_{16}H_{33}SO_4Na$ $C_{12}H_{25}CH(C_3H_7)SO_4Na$ $C_8H_{17}CH(C_7H_{15})SO_4Na$	5.8×10^{-4} 1.7×10^{-3} 4.3×10^{-3}
Ⅶ	$C_9F_{19}COOK$ $C_9H_{19}COOK$	1.0×10^{-3} 1.0×10^{-1}

① 同系物中，当亲水基相同时，亲油基的烷基越长，CMC 值越小（表 6-2 中第Ⅰ组、第Ⅱ组和第Ⅲ组），其关系可用下式表示：

$$\lg[CMC]=a-bN \tag{6-4}$$

式中，N 为烷基中的碳原子数；a、b 均为同系物的特定常数。对离子型表面活性剂而言，$a=1.25\sim1.92$，$b=0.265\sim0.296$；而非离子型表面活性剂，$a=1.81\sim3.3$，$b=0.488\sim0.544$。

② 当亲油基中的烷基相同时，非离子型表面活性剂的 CMC 比离子型表面活性剂的小得多（第Ⅲ组与第Ⅰ、Ⅱ组相应者比较）；

③ 当亲油基烷基相同时，无论是非离子型表面活性剂还是离子型，不同的亲水基对 CMC 影响较小，但亲水性强的 CMC 较大（第Ⅳ、Ⅴ组）；

④ 分子中原子种类和个数皆相同的表面活性剂，亲油基支化链长者，其 CMC 也大（第Ⅵ组）；

⑤ 含氟表面活性剂的 CMC 值比同类型相同碳原子数的表面活性剂小得多，可达百分之一（第Ⅶ组）。事实上，全氟烃不仅疏水，而且疏油，它只亲空气。

可见，CMC 的大小取决于表面活性剂分子的双亲结构，尤其与亲油基的性质及其空间排列密度有关，因此，改变亲油基的密度可以改变 CMC 值和表面张力。疏水基的疏水性不同，其 CMC 值也不同。疏水性越大，CMC 值越小。各种疏水基的疏水性强弱次序为：

氟化烃＞聚硅氧烷＞脂肪族烃＞含脂肪族支链的芳烃＞芳烃＞含弱亲水基的疏水基

分子的形态对 CMC 及其性能也有影响。亲水性在疏水基端部者比在中间附近的洗涤力强，而润湿力和渗透力差；分子量大者宜做洗涤剂、乳化分散剂，分子量小者则宜做润湿剂、渗透剂。

2. 添加剂

除了结构本身的因素以外，杂质对 CMC 值也有很大影响。我们把能显著提高表面活性剂的表面活性，而本身并无活性的物质称为添加剂。

无机盐即是一种添加剂。由图 6-7 可见，NaCl 可以明显提高十二烷基硫酸钠的表面活性，其 CMC 值随盐浓度提高不断降低，并符合下式：

$$\lg[\mathrm{CMC}]=A-K_0\lg c_i \tag{6-5}$$

式中，A 是与表面活性剂有关的常数；c_i 为表面活性剂反离子浓度；K_0 为胶团反离子缔合度常数。无机盐加入后，新的离子间的相互作用使相邻表面活性剂分子间的静电斥力减弱，易于靠近而形成胶束，CMC 值相应降低。高价盐离子比低价离子在降低 CMC 上更为有效。由界面电理论可知，盐效应对非离子型表面活性剂的作用则不明显。

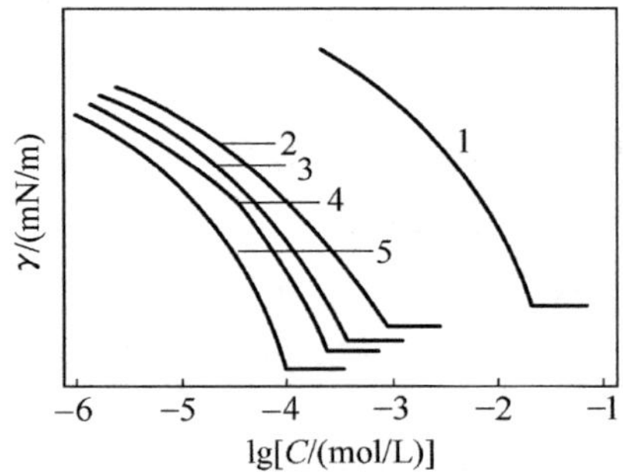

图 6-7　NaCl 对 $C_{12}H_{25}SO_4Na$ 水溶液表面张力的影响

NaCl 浓度：1—0.01mol/L；2—0.1mol/L；3—0.3mol/L；4—0.5mol/L；5—1.0mol/L

表面活性剂在表面上吸附时，由于极性头之间有静电斥力，分子间总存在一定距离，达不到饱和吸附。如果加入某些极性有机物如醇、酮、酸、酰胺等，则这些物质会插入空位，从而使表面张力降得更低。

但是，无论是无机盐还是极性有机物都不能加入过多，否则不仅不会使表面张力降低，反而会使之上升。

3. 混合表面活性剂

同系表面活性剂混合后，其界面性质常常介于两种化合物之间，混合物的 CMC 值与单个的 CMC 值有如下关系：

$$\frac{1}{CMC_m^{(1+K_0)}}=\frac{x_1}{CMC_1^{(1+K_0)}}+\frac{x_2}{CMC_2^{(1+K_0)}} \tag{6-6}$$

式中，x 代表摩尔分数；K_0 为反离子缔合常数，对于非离子型表面活性剂 $K_0=0$。

例：已知表面活性剂 $C_8H_{17}O\ (CH_2CH_2O)_6H$ 的 $CMC_1=9.9\times10^{-3}$mol/L，$C_{12}H_{25}O\ (CH_2CH_2O)_9H$ 的 $CMC_2=1.0\times10^{-4}$mol/L。①当等摩尔混合两种表面活性剂时，混合物的 CMC 值为多少？②若要获得 CMC 为 5.0×10^{-3}mol/L 的乳化剂，如何用这两种表面活性剂进行配制？

解：① 由式(6-6) 可知，由于这两种表面活性剂均为非离子型表面活性剂，其 $K_0=0$，所以，

$$\frac{1}{CMC_m}=\frac{x_1}{CMC_1}+\frac{x_2}{CMC_2}=\frac{0.5}{9.9\times10^{-3}}+\frac{0.5}{1.0\times10^{-4}}=5.051\times10^3$$

所以，$CMC_m=1.98\times10^{-4}$。

② 设需要第一种表面活性剂 $C_8H_{17}O\ (CH_2CH_2O)_6H$ 的摩尔分数为 x，则：

$\frac{1}{CMC_m}=\frac{x}{CMC_1}+\frac{1-x}{CMC_2}$，代入相关数据，解方程，得 $x=0.99$。即 $C_8H_{17}O(CH_2CH_2O)_6H$ 的摩尔分数为 0.99，而 $C_{12}H_{25}O(CH_2CH_2O)_9H$ 的摩尔分数为 0.01。

当离子型与非离子型表面活性剂混合时，由于非离子型表面活性剂可以隔开离子型表面活性剂间的静电斥力，使表面层中表面活性剂的密度增加，因而表面活性更大，CMC 值会明显降低。如 $C_8H_{17}O(CH_2CH_2O)_6H$ 与 $C_{12}H_{25}SO_4Na$ 混合后，其 CMC 比任一个组分的 CMC 都低（图 6-8）。

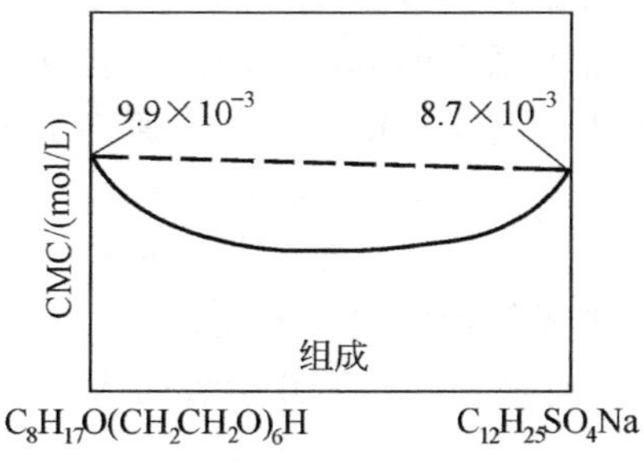

图 6-8 混合表面活性剂的 CMC

与以往的习惯想法相反，阴离子与阳离子型表面活性剂混合，也有可能会大大提高表面活性。这是由于两种不同类型的离子型表面活性剂间存在着强烈的相互作用，使胶束中表面活性剂的密度大为增加，既促进离子间的缔合，也增大了亲油基间的相互作用，其结果是在表面更易产生吸附，在体相内更易生成胶团。这种作用在两者以等当量相混合时，最为强烈。

对离子型表面活性剂而言，离子浓度增大时每个胶束所含的平均分子数（聚

集数）增多，反离子的离子半径越大则聚集数也越多；对非离子型表面活性剂而言，聚集数随亲水基增大而减少。

此外，温度对表面活性剂的 CMC 值也有影响。温度上升时，离子型表面活性剂的 CMC 值有所增加，这是因为其溶解部分增多，形成胶束更难了；而非离子型表面活性剂的 CMC 值则略有降低，因为，非离子型表面活性剂的 CMC 值本身较低，在很低的浓度下，形成胶束较难，而升高温度则可以加速分子间的碰撞概率。

五、HLB 值

表面活性剂是由亲水性基团和亲油性基团所组成的，因此它既有亲水的性质，也有亲油的性质，表征其亲水性和亲油性相对强弱的参数便是 HLB 值。

HLB 值是美国 Atlas Powder 公司的 W. C. Griffin 在 1949 年首先提出的，从而将定性的概念引申为定量化的数据。所谓 HLB 值，即亲水亲油平衡（hydrophile-lipohile balance）值，是以人为定义石蜡的 HLB＝0，油酸的 HLB＝1，油酸钾的 HLB＝20，十二烷基硫酸钠的 HLB＝40 作标准来测定或计算的。HLB 越大，亲水性越强；HLB 越小，亲油性越强。

HLB 不仅与表面活性剂的水溶性有关，而且与乳化、润湿、渗透、分散、增溶等行为也密切相关。因此，根据 HLB 值的大小，可以方便地选择不同场合所需应用的表面活性剂。

1. HLB 值的测定

测定 HLB 值的方法有很多，有临界胶束浓度法、基数法、浊点法、色谱法、乳化法、光谱法、表面张力法，以及介电常数法等。由于 HLB 值还没有从分子结构的角度给出合理的能量关系上的解释，因此，各种方法所依赖的关系仅是经验方程，有一定的应用范围，切不可随意使用。原则上 HLB 值可以表示为：

$$\mathrm{HLB}=\frac{\text{亲水基的亲水性}}{\text{亲油基的亲油性}}$$

而亲水性和亲油性的度量则需依赖实验测定或计算。

Griffin 认为 HLB 值具有加和性，即几种表面活性剂混合时，混合物的 HLB 值应为：

$$\mathrm{HLB}=\mathrm{HLB}_1\omega_1+\mathrm{HLB}_2\omega_2+\mathrm{HLB}_3\omega_3+\cdots \tag{6-7}$$

式中，ω_i 为第 i 个表面活性剂的质量分数。

乳化法测定 HLB 值即是以此为基础的。每一种油在水中乳化时，只有用一个具有最适当 HLB 值的表面活性剂来乳化才能制得稳定的乳液。这样，利用某种油来做乳化实验，由于它所要求的 HLB 值是已知的，此时用一种已知 HLB 值的表面活性剂与待测 HLB 值的表面活性剂按不同配比进行混合，在某一个配比时，对油的乳化情况最佳，于是按式(6-7) 即可求得未知表面活性剂的 HLB 值。

乳化各种油所需的 HLB 值如表 6-3 所示。

表 6-3 乳化各种油所需的 HLB 值

油相	苯甲酮	苯二甲酸二乙酯	月桂酸	亚油酸	油酸	十二醇	十醇	苯
O/W	14	15	16	16	17	14	14	15
油相	CCl_4	棉籽油	蓖麻油	氯化石蜡	煤油	松油	蜂蜡	
O/W	16	7.5	14	8	14	16	9	
油相	硅油	芳烃矿物油	烷烃矿物油	矿脂	羊毛脂	石蜡	邻二氯苯	
O/W	10.5	12	10	7～8	12	10	13	
W/O	—	4	4	4	8	4	4	

例：棉籽油要求 HLB 为 7.5，已知司盘 80（失水山梨醇单油酸酯）的 HLB＝4.3，将它与待测的表面活性剂混合，对棉籽油进行乳化实验，结果表明，在质量比为 7∶3 时，乳化最佳。求待测的表面活性剂的 HLB 值。

解：由题意得，

$$7.5=4.3\times 7/(3+7)+x\times 3/(3+7)$$

解得 $x=15.0$，所以待测表面活性剂的 HLB 值为 15.0。

浊度法是在常温下将表面活性剂加入一定量的水中，然后根据观察到的不同现象来估计其 HLB 值。表 6-4 列出不同现象对应的 HLB 值的大致范围。

表 6-4 浊度法测 HLB 值的估算值

加入水后的现象	HLB	加入水后的现象	HLB
不分散	1～4	稳定的乳色分散体	8～10
分散性不好	3～6	半透明至透明分散体	10～13
剧烈振荡后，形成乳色分散体	6～8	透明溶液	＞13

2. HLB 值的计算

① 质量分数法　质量分数法适合于非离子型表面活性剂的 HLB 值的计算。这类表面活性剂的亲水性随$\leftarrow\!\!\left(CH_2CH_2O\right)\!\!\rightarrow$或多元醇单元的增长而增强，因而 HLB 值应与亲水基所占的分数成正比，即：

$$HLB=\frac{亲水基分子量}{总分子量}\times 20 \tag{6-8}$$

$$=亲水基质量分数\times 20$$

显然，对于不含亲水基的烃类化合物，HLB＝0，而不含亲油基的聚乙二醇醚则 HLB＝20，这两类化合物均不是表面活性剂，因此，对于聚乙二醇类表面活性剂，其 HLB 值在 0～20 之间。

例 1：试估算聚氧乙烯（5）十八醇醚的 HLB 值。

解：聚氧乙烯(5)十八醇醚的结构为 $C_{18}H_{37}O(CH_2CH_2O)_5H$，由式(6-8) 可得：

$$HLB=\frac{M_{O(CH_2CH_2O)_5H}}{M_{C_{18}H_{37}}+M_{O(CH_2CH_2O)_5H}}\times 20=\frac{237}{253+237}\times 20=9.7$$

例 2：试估算吐温 80 的 HLB 值。

解：吐温 80 即聚氧乙烯失水山梨醇单油酸酯，为多元醇脂肪酸酯，其亲水基应包括聚氧乙烯和多元醇两部分。其结构式为 $C_6H_8O[O(C_2H_4O)_xH][O(C_2H_4O)_yH][O(C_2H_4O)_zH]OCOC_{17}H_{33}$，其中 $x+y+z=20$。分别计算亲水基和总的分子量如下：

聚氧乙烯分子量$=(C_2H_4O)_{20}+H_3=883$，多元醇分子量$=M[(C_6H_8O)O_3]=160$，总的分子量$=C_{18}+H_{33}+O_1+883+160=1308$，则：

$$HLB=\frac{883+160}{1308}\times 20=15.9$$

Griffin 提出，对多元醇脂肪酸酯的 HLB 值可由下式算出：

$$HLB=20\left(1-\frac{S}{A}\right) \tag{6-9}$$

式中，S 为酯的皂化值；A 为回收的酸的酸值。

例 3：已知吐温 20 的皂化值为 46，酸值（A）为 276，试估算其 HLB 值。

解：吐温 20 即聚氧乙烯失水山梨醇单月桂酸酯，根据已知条件，可以利用式（6-9）来计算其 HLB 值：

$HLB=20\times(1-S/A)=16.7$，该值与商品数据相同。

② Davies 基数法　Davies 把 HLB 值看成是表面活性剂分子中各结构基团贡献的总和，这些基团对 HLB 分别有特定的贡献值，称为基数，这样只要将分子中各基团的基数代入下式进行加和，就可得到该物质的 HLB 值：

$$HLB=7+\sum(\text{亲水基的基数})+\sum(\text{亲油基的基数}) \tag{6-10}$$

表 6-5 是常见的几种基团的基数值。

表 6-5　各种基团的基数

亲水基	基数	亲油基	基数
$-SO_4Na$	38.7	—CH—	−0.475
—COOK	21.1	$-CH_2-$	−0.475
—COONa	19.1	$-CH_3$	−0.475
$-SO_3Na$	11.0	═CH—	−0.475
—N(叔胺)	9.4	$-CF_2-$	−0.870
酯(失水山梨醇环)	6.8	苯环	−1.662
酯(自由)	2.4	$-CH_2CH_2CH_2O-$	−0.15
—COOH	2.1	$-(CH_3)CH-CH_2-O-$	−0.15

续表

亲水基	基数	亲油基	基数
—OH(自由)	1.9	$-CH_2-CH(CH_3)-O-$	−0.15
—O—	1.3	$-CF_3$	−0.870
—OH(失水山梨醇环)	0.5		
$\leftarrow CH_2CH_2O \rightarrow$	0.33		

例 4：运用 Davies 基数法计算十二烷基磺酸钠和十二烷基硫酸钠的 HLB 值。

解：由表 6-5 数据，十二烷基磺酸钠的 HLB 值为：

$$HLB=7+11.0+12\times(-0.475)=12.3$$

十二烷基硫酸钠的 HLB 值为：

$$HLB=7+38.7+12\times(-0.475)=40.0$$

式(6-10) 对阴离子型表面活性剂、司盘、吐温及其他多元醇类表面活性剂很适用。但对平平加型、OP 类表面活性剂计算值则偏低。

Davies 基数法对于大部分体系都比较实用，但对于分子量很大的表面活性剂则有很大的误差。例如对于聚醚型表面活性剂 F127，其分子式为 $HO(CH_2CH_2O)_{99}(CH_2CH(CH_3)O)_{65}(CH_2CH_2O)_{65}H$（也有文献给出的 PEO 嵌段数不是 99，而是 100，这里按 99 计算），那么按照 Davies 基数，EO 为 0.33，PO 为−0.15，则 $HLB=0.33\times2\times99+(-0.15)\times65=55.6$，明显偏大。此时按照质量分数法计算得到 $HLB=(2\times99\times40+18)\times20/(2\times99\times40+65\times52+18)=14.0$，则比较符合实际。

六、HLB 的应用

表面活性剂的用途极为广泛，不同的场合所需的界面活性不同，所运用的表面活性剂的 HLB 值也不同。表面活性剂的性能和用途随所运用的场合而有所变化和侧重，如表 6-6 所示。通过选择具有合适的 HLB 值的表面活性剂来制造各种产品并提高品质，已在纺织、切削抛光、清洁剂、涂料、医药和化妆品等方面得到了广泛的应用。

表 6-6　不同 HLB 值的表面活性剂的不同用途

HLB 范围	用途	HLB 范围	用途
1～3	消泡剂	10～15	润湿剂，铺展剂
3～6	W/O 型乳化剂	13～15	洗涤剂
8～18	O/W 型乳化剂	15～18	增溶剂

然而，HLB 值与性质间的关系不是绝对的，不能盲目相信，否则是十分危险的。因为，一方面，HLB 本身是由相当粗糙的经验方法得出的；另一方面，

表面活性剂的性质也并非仅由 HLB 值所决定。因此，在对使用什么样的表面活性剂心中完全没有把握的时候，考虑 HLB 值是有参考价值的；而在详细选择最佳表面活性剂时单靠 HLB 值就意义不大了。这时需要考虑一些具体的影响因素。一些常用的表面活性剂的 HLB 值见表 6-7。

表 6-7 常用表面活性剂的 HLB 值

表面活性剂	俗名	HLB	表面活性剂	俗名	HLB
失水山梨醇三油酸酯	Span 85	1.8	乙二醇脂肪酸酯	Emcol EO-50	2.7
失水山梨醇三硬脂酸酯	Span 65	2.1	丙二醇脂肪酸酯	Emcol PO-58	3.4
失水山梨醇倍半油酸酯	Arlacel 83	3.7	二乙二醇脂肪酸酯	Emcol DP-50	5.1
失水山梨醇单油酸酯	Span 80	4.3	二乙二醇单月桂酸酯	Atlas G-2124	6.1
失水山梨醇单硬脂酸酯	Span 60	4.7	四乙二醇单硬脂酸酯	Atlas G-2147	7.7
失水山梨醇单棕榈酸酯	Span 40	6.7	烷基芳烃磺酸盐	Atlas G-3300	11.7
失水山梨醇单月桂酸酯	Span 20	8.6	*N*-十六烷基-*N*-乙基吗啉基乙基硫酸盐	Atlas G-263	25～30
聚氧乙烯脂肪酸酯	VN-430	9			
聚氧乙烯月桂醚	Brij 30	9.5	聚醚 L31	PluronicL31	3.5
聚氧乙烯(4)失水山梨醇单硬脂酸酯	Tween 61	9.6	聚醚 L61	PluronicL61	3
聚氧乙烯(5)失水山梨醇单油酸酯	Tween 81	10.0	聚醚 L81	PluronicL81	2
聚氧乙烯(20)失水山梨醇三硬脂酸酯	Tween 65	10.5	聚醚 L42	PluronicL42	8
聚氧乙烯(20)失水山梨醇三油酸酯	Tween 85	11	聚醚 L62	PluronicL62	7
聚氧乙烯(4)失水山梨醇单月桂酸酯	Tween 21	13.3	聚醚 L72	PluronicL72	6.5
聚氧乙烯(20)失水山梨醇单硬脂酸酯	Tween 60	14.9	聚醚 L63	PluronicL63	11
聚氧乙烯(20)失水山梨醇单油酸酯	Tween 80	15	聚醚 L64	PluronicL64	15
聚氧乙烯(20)失水山梨醇单棕榈酸酯	Tween 40	15.6	聚醚 F68	PluronicF68	29
聚氧乙烯(20)失水山梨醇单月桂酸酯	Tween 20	16.7	聚醚 F88	PluronicF88	24
聚氧丙烯硬脂酸酯	Atlas G-3608	8	聚醚 F108	PluronicF108	27
聚氧乙烯单油酸酯	PEG400	11.4	聚醚 L35	PluronicL35	18.5
聚氧乙烯单月桂酸酯	PEG400	13.1	十二烷基硫酸钠		40
聚氧乙烯蓖麻油	Atlas G1794	13.3	油酸钠		18
聚氧乙烯烷基酚醚	Igepal CA-630	12.8	油酸钾		20

第三节 表面活性剂的作用

表面活性剂在涂料中有非常重要的作用，在塑料、橡胶、纤维、胶黏剂等高分子工业中也同样应用广泛，已成为这些工业中重要的助剂之一，其用量很少，却可以显著地改变其加工及使用性能。近年来，在不断涌现的大量的新材料、新产品中，表面活性剂也扮演着非常重要的角色，可以说材料的开发和应用与各种表面活性剂的调节作用密切相关。

表面活性剂的两亲结构使之既可以在水溶液中形成胶束，也可以在有机溶剂中形成胶束，因此表面活性剂具有增溶、乳化、润湿、分散和去污等作用。同时表面活性剂上的亲水基团尤其是离子基团对电荷具有一定的传导能力，因此它还具有抗静电作用。本节着重介绍这些作用的机制或模型，以及具有这些作用的表面活性剂和相关助剂品种，同时对能够调节体系流变性能、力学性能、表面光泽和改善其他性能的表面活性剂及相关助剂也一并加以简单介绍。

一、增溶作用

苯在水中的溶解度很小，室温下仅有 0.07%，但是在肥皂水里却有相当大的溶解度。例如，100g 10%的油酸钠溶液可以溶解约 9g 的苯。这种溶解度增大的现象叫作增溶作用。发生增溶作用时，体系是稳定的，这与乳液或其他胶体溶液不同。无论用什么方法，达到平衡后的增溶结果是一样的。但增溶也不是真正的溶解，因为增溶后对溶液的依数性影响很小，这说明增溶时质点的数目并没有显著的增加，因此，有理由认为增溶作用与胶束有关，实验证明，只有在 CMC 以后增溶作用才明显地表现出来。

1. 增溶模型

图 6-9 是几种增溶模型。根据“相似相溶”的规律可以说明被增溶物在胶束中位置及溶解机制。增溶的方式大致有以下几种：

① 在胶束中心的溶解［图 6-9(a)］ 这是非极性烃类物质的增溶方式。

② 在活性剂分子间的溶解［图 6-9(b)］ 这是极性的长链有机物如高级醇、胺、脂肪酸等穿插在胶束的表面活性剂分子中间而溶解。

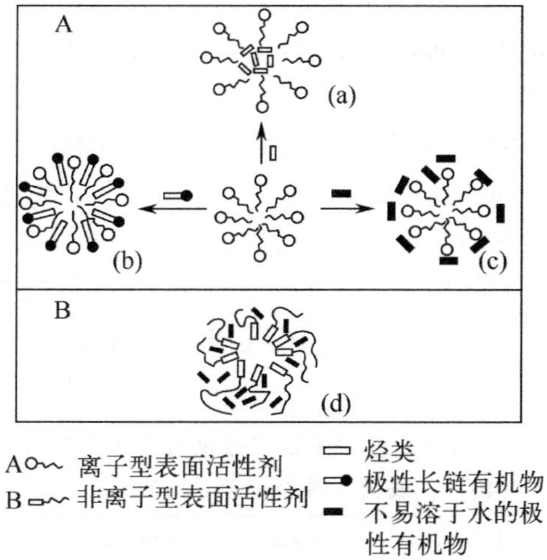

图 6-9 增溶模型

③ 在胶束表面的溶解［图 6-9(c)］ 这是一些既不易溶于水也不溶于油的有机物如某些染料、苯二甲酸二甲酯等即易吸附于胶束表面亲水基部分而溶解。

④ 在聚氧乙烯链间的溶解［图 6-9(d)］ 这是非离子型表面活性剂对极性有机物的增溶方式。如对苯酚、苯等的增溶。

增溶量通常(d)＞(b)＞(a)＞(c)。不过，事实上（a）和（b）、（c）和（d）常同时发生。球状胶束的直径及层状胶束的层间距在增溶后都有不同程度的增加。

2. 影响增溶作用的因素

（1）表面活性剂的结构

对于同系离子型表面活性剂，碳氢链越长，增溶能力越大；而在碳原子数相同时，直链型表面活性剂比支链型增溶能力大；二价金属盐比一价盐有较大的增溶能力。图 6-10 为脂肪酸钾水溶液对 Orange OT 的增溶作用。可见，脂肪链越长，增溶量越大。

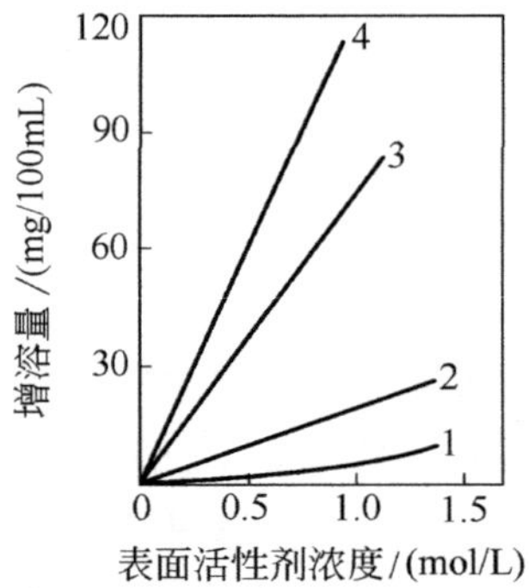

图 6-10 几种表面活性剂对 Orange OT 的增溶作用

1—$CH_3(CH_2)_6COOK$；2—$CH_3(CH_2)_8COOK$；3—$CH_3(CH_2)_{10}COOK$；4—$CH_3(CH_2)_{12}COOK$

对于非离子型表面活性剂，当亲油基长度增加或聚氧乙烯链缩短时，增溶能力增加。当表面活性剂具有相同的亲油链长时，不同类型表面活性剂增溶顺序为：非离子型＞阳离子型＞阴离子型，因为在极稀溶液中非离子型表面活性剂有较低的 CMC，因而增溶能力较强，而阳离子型表面活性剂形成的胶束分子堆积较松，因而比阴离子型表面活性剂的增溶效果好。

具有侧链结构的表面活性剂，其侧链长度越接近主链或亲水基团越靠近疏水基中部则增溶量越大，而且有超过总碳数相同的直链型表面活性剂的倾向，见表 6-8。

表 6-8 支链型表面活性剂的增溶效果与直链型表面活性剂比较

（40℃，表面活性剂浓度：0.164mol/L）

脂肪酸盐	$C_{12}H_{25}CH(C_2H_5)COONa$	$C_{10}H_{21}CH(C_4H_9)COONa$	$C_6H_{13}CH(C_6H_{13})COONa$	$C_{15}H_{31}COONa$
增溶量/(g/100g)	1.3	1.4	2.6	2.2

(2) 被增溶物的结构

脂肪烃和烷芳烃的增溶量随链长的增加而减少，稠环芳烃的增溶量随分子量增大而减少。一般极性化合物比非极性化合物易于增溶；芳香族比脂肪族化合物易于增溶；支链化合物比直链化合物易于增溶。但需注意，上述规律可能会因表面活性剂种类的变化而有所改变。图 6-11 表示被增溶物的分子体积与增溶量的关系，分子体积越大的增溶量越小，有芳环的物质则具有较大的增溶量。

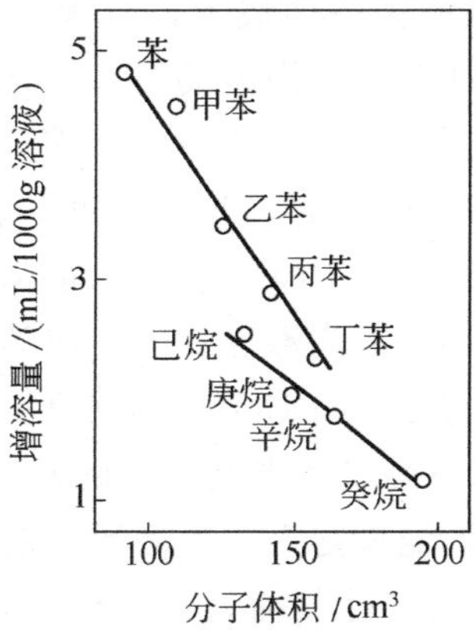

图 6-11　被增溶物的分子体积与增溶量的关系

(3) 电解质

电解质的加入可以降低离子型表面活性剂亲水基团间的静电斥力，从而降低其 CMC，容易形成胶束，并增大胶束的尺寸，因而有利于增强表面活性剂的增溶作用。中性电解质也可以使非离子型表面活性剂胶束的聚集数增加而使烃类的溶解度增大。但对于极性物质穿插于表面活性剂中间的增溶方式［图 6-9(b)］而言，电解质的加入会因极性基团间隔变窄而不利于其增溶。图 6-12 即反映了十四烷基酸钾水溶液中电解质的加入对正己烷和辛醇增溶的影响。可见，加入电解质可以提高非极性物质的增溶量，但极性物质的增溶量反而下降。

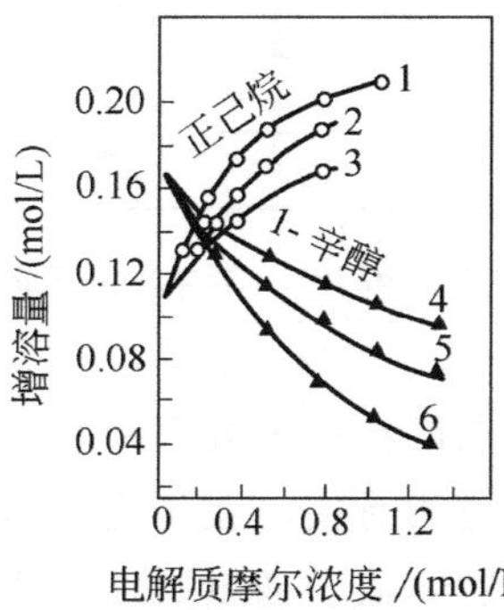

图 6-12　电解质对增溶量的关系

1,6—KCl；2,5—K_2SO_4；3,4—$K_4[Fe(CN)_6]$

非极性物质的增溶作用还因极性物质的加入而显著增强。例如，长链醇、胺等均可促进十四烷酸钾水溶液对正己烷的增溶，这是因为这些极性物质本身也在表面活性剂胶束中进行了穿插式增溶，从而增大了胶束体积。

(4) 温度

对于离子型表面活性剂，升高温度可以增加其自身的溶解度，使其 CMC 值升高。如棕榈酸钠（$C_{15}H_{31}COONa$）在冷水中几乎不溶，在 70℃的热水中则可溶解 20%。其溶解度与温度的关系曲线上，出现一个转折点，该点称为 Krafft 点，它相当于离子型表面活性剂水合固体的熔点，该点也正是 CMC 形成的临界点。在 Krafft 点以下，温度升高，溶解度增加不多，因而有助于形成胶束，可以加强其增溶能力；但在 Krafft 点之上，升高温度，表面活性剂的溶解度显著增加，此时会大大增加表面活性剂的 CMC 值，反而不利于其增溶。

对于非离子型表面活性剂，升高温度往往会使其溶解度下降，$Ca(OH)_2$、聚氧乙烯等均是如此。如壬酚与 10mol 环氧乙烷的加成物溶于冷水形成透明溶液，但当加热至 65℃左右时，溶液突然变成似牛奶的白浊液，突变的温度称为浊点。这是临界相分离的温度，在此温度之上，表面活性剂溶液静置时将出现相分离情况。可见，对于非离子型表面活性剂而言，在浊点以下，升高温度可以降低其 CMC 值，因而有利于其增溶。但若温度升高到浊点之上，则由于表面活性剂本身不能溶解，而无法形成胶束，因而就没有增溶能力了。对同系非离子型表面活性剂而言，亲水基越大，浊点越高；亲水基一定时，亲油基长度越长则浊点越低，这是非离子型表面活性剂的亲水基羟基和醚氧键的水合程度随温度上升而降低，变得不溶的缘故。表 6-9 是几种非离子型表面活性剂的亲水基大小与浊点间的关系。

表 6-9 聚氧乙烯壬酚醚（$C_9H_{19}C_6H_4OR$）的 HLB 值与浊点的关系

表面活性剂亲水基 R	HLB 值	浊点/℃	表面活性剂亲水基 R	HLB 值	浊点/℃
$-(C_2H_4O)_8$	12.2	23.9	$-(C_2H_4O)_{30}$	17.1	109
$-(C_2H_4O)_{10}$	13.2	62.5	$-(C_2H_4O)_{35}$	17.5	109.5
$-(C_2H_4O)_{11}$	13.7	73.6	$-(C_2H_4O)_{50}$	18.2	111
$-(C_2H_4O)_{13}$	14.5	90.0	$-(C_2H_4O)_{86}$	18.9	109
$-(C_2H_4O)_{17}$	15.5	99.5			

就被增溶物的性质而言，升高温度一般有利于非极性物质的增溶，但并不一定会增加极性物质的溶解度。

目前表面活性剂的增溶作用已在许多方面得以应用，例如，乳液聚合、采油工业以及洗涤过程等都与增溶作用有关。在生理过程中，增溶作用也具有重要的意义，如小肠不能直接吸收脂肪，需要通过胆汁对脂肪的增溶而将其吸收。增溶作用在化妆品及药物领域内也非常重要。为了配制透明、均匀稳定的制剂，必须加入适当的表面活性剂。而非离子型表面活性剂 CMC 较小，且与蛋白质的配伍性较好，所以常被用作增溶剂。

二、乳化作用

乳液聚合的单体通常与介质不能混溶，因此在聚合反应时，首先要在体系中形成大量的胶束，使单体能在水中增溶，在水性引发剂进入胶束后引发聚合，从而形成聚合物乳胶。乳液聚合中所用的乳化剂和分散剂品种很多，主要有脂肪酸皂、松香皂、十二烷基苯磺酸钠、烷基二苯醚二磺酸钠、高级饱和醇或烷基醚硫酸酯盐等阴离子型表面活性剂，以及烷基酚环氧乙烷加成物、高级醇环氧乙烷加成物等非离子型表面活性剂，前者适于得到细粒子的乳液，后者适于得到粗粒子的乳液，同时，有利于提高乳液的化学稳定性。要使涂膜光泽好，要求乳液粒度越小越好，且粒径应均匀，表面活性剂的选择就很重要，一般将不同类别的表面活性剂混合使用效果更好。目前常用的主要乳化剂见表 6-10。表 6-11 则是工业上针对不同聚合物类型所用的乳化剂。有关内容将在下一章乳液中详细讨论。

表 6-10　常用的乳化剂

品种	结构	特性
脂肪酸皂 松香皂	RCOONa 松香酸及其混合物	碳原子数 12～20，多为 16～18，歧化后使用
烷基(苯)磺酸钠类 (ABS、LAS)	$RC_6H_4SO_3Na$；RSO_3Na	碳原子数平均为 12～13，相同碳原子数时，LAS 较 ABS 的 CMC 低，增溶量大
烷基硫酸钠(AS)	RSO_4Na	碳原子数 12～14，可用天然醇和人工合成醇，生物分解性好
烯烃磺酸钠(SAS)	RSO_3Na	仲碳被磺化，生物分解性好
烷基醚磺酸钠(AES)	$RO(EO)_nSO_3Na$	多与非离子型乳化剂并用，碳原子数多为 12～18，胶束分子数 5～20
丁二酸二烷基酯磺酸钠	CH_2COOR | $NaO_3SCHCOOH$	亲水基位于亲油基中间的这种结构润湿能力强
聚氧乙烯烷(芳)基醚	$RO(EO)_nH$ $R'C_6H_4O(EO)_nH$	R 多为 C_{12}～C_{18} 链，R′多为 C_8～C_{12}，胶束内分子数大于 15～20
聚乙烯醇	PVA	亲水性单体乙酸乙烯酯常用的分散稳定增稠剂，分子量较高

表 6-11　乳液聚合用乳化剂

聚合物	乳化剂类型	乳化剂品种
合成橡胶	阴离子型	脂肪酸皂、松香酸皂、ABS、LAS、AS、萘磺酸甲醛缩合物
聚氯乙烯	阴离子、非离子型	AS、ABS、LAS、SAS、丁二酸二烷基酯磺酸钠、聚氧乙烯(n=30～40)烷芳醚

续表

聚合物	乳化剂类型	乳化剂品种
聚乙酸乙烯酯	聚合物/非离子型	聚乙烯醇/聚氧乙烯($n=30\sim50$)烷芳醚
聚丙烯酸酯	阴离子型/非离子型	AES、AS、PEG/聚氧乙烯($n=30\sim50$)烷芳醚
聚甲基丙烯酸酯	阴离子型/非离子型	AS、AES、丁二酸二烷基酯磺酸钠/聚氧乙烯($n=30\sim50$)烷芳醚
聚乙烯-乙酸乙烯酯	非离子型/阴离子型	聚氧乙烯($n=20\sim40$)烷芳醚/AES
聚偏氯乙烯	阴离子型	AES、丁二酸二烷基酯磺酸钠

三、润湿作用

1. 润湿与反润湿

水可以在玻璃表面铺展，但却不能润湿石蜡。这是因为水和玻璃都是极性的，它们之间可以产生强烈的相互作用；而石蜡是非极性的，因而不能被极性的水所润湿。但是，如果在水中加入一些表面活性剂，水就能在石蜡上铺展开。这就是表面活性剂的润湿作用。反之，先用阳离子型表面活性剂的稀溶液处理玻璃表面，玻璃反而会变得难以润湿了，这种现象被称为反润湿作用。润湿性的变化可以用图 6-13 来表示。润湿作用的实质是降低液相的表面张力，减小了接触角，从而满足发生铺展的条件，而反润湿作用则正好相反。

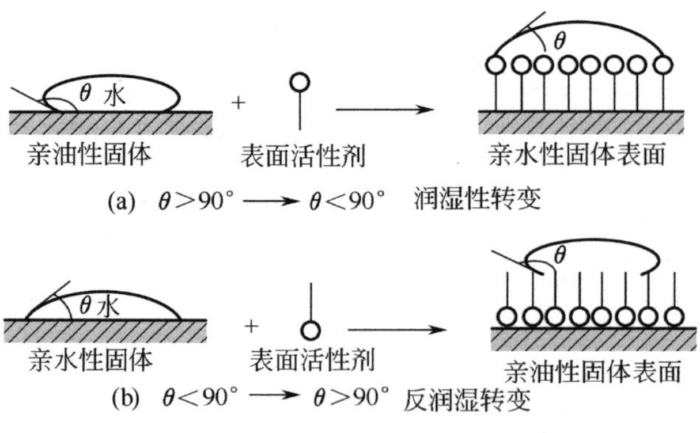

图 6-13 润湿与反润湿的转化作用

能使固体表面产生润湿转化的表面活性剂称为润湿剂。通常所用的润湿剂都是阴离子型和非离子型的。如 OT（二正辛基磺化丁二酸钠）等就是很好的润湿剂。

而反润湿转化所用的表面活性剂通常是阳离子型的。因为水中的高能固体表面多带有负电荷，吸附阳离子表面活性剂后可以形成亲油的疏水表面。

当固体是多孔性物质时，润湿作用便成为渗透作用。渗透与润湿是一个问题的两个方面，其原理是一致的，区别仅仅在于研究对象的不同。因此，能够改善渗透性的表面活性剂就称为渗透剂。

实验表明，分子量小的、具有分支的或者亲水基团处于中间位置的表面活性剂具有较强的润湿能力。在直链型表面活性剂中，C_{12}～C_{14} 的润湿性和渗透性较好，表面活性剂的润湿性和渗透性一般随着浓度的增加而增大。温度升高时，界面活性剂的润湿和渗透能力将有所下降，而短链型降低得更为明显。所用的温度应接近浊点。一般的经验是，对于中性和碱性的溶液，用阴离子型渗透剂较好；中性至酸性的溶液，采用非离子型渗透剂较好。需要注意的是，强酸性溶液不能用硫酸酯盐，强碱性溶液不能用带酯基的盐，以防止其分解。

2. 矿物浮选

要让一粒固体质点浮在一种液体的表面上，这粒固体质点周围弯月面向上的总拉力必须和该质点的重力相平衡。例如，一根涂蜡的针可以漂浮于水面，是因为涂蜡后固液接触角 $\theta>90°$，使向上的拉力大于针的重力（图 6-14）。一旦水中加入洗涤剂，针便会沉入水中。因此，固体能否漂浮在液面的表面取决于接触角 θ 的大小，而 θ 的大小会随表面上是否有油脂、溶液中是否有表面活性剂等条件很快发生变化，因此漂浮条件同样也是可以控制的。

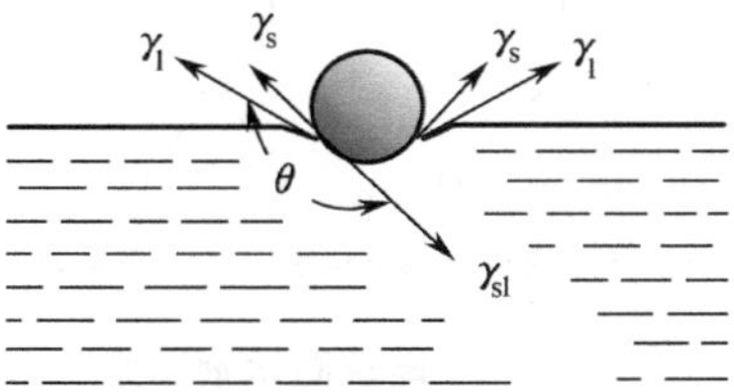

图 6-14　涂蜡的针漂浮于水面时的界面张力情况

有些金属如 Cu、Mo 等在岩矿中的含量很低，必须将其富集以利于冶炼，工业上常用的富集方法就是浮选法。浮选的过程为，先将岩矿粉碎（平均粒径 0.1～0.01mm），然后倾倒入水池，因一般岩石（属于硅酸盐类）易被水所润湿而沉于池底。为了使矿苗与岩石分开，需事先加入一定的表面活性剂作浮选剂（如硫化矿可用有机黄原酸盐 ROCSSNa，氧化物和碳酸盐矿可用长链脂肪酸等）。浮选剂离子中的极性部分容易吸附于矿苗的表面上，而将非极性的—R 链伸出外面，使矿苗表面变得具有憎水特性，θ 值变大。通入气体鼓泡时，由于一般气体基本上是属于非极性的，矿苗便黏附于气泡而被浮上水面（图 6-15）。为了使气泡稳定，尚需加一些粗甲酚或松木油作起泡剂和稳泡剂。

有效的浮选法要求接触角至少达到 50°～75°，通常只需很小的表面覆盖度（如 5%）就能达到要求，所以浮选剂的用量相当小。

3. 防水

塑料薄膜和油布制成的雨衣，其最大缺点是不透气，穿久了很不舒服。若将纤维织物用防湿剂处理，可使水、布间的接触角 θ 变大，此时，只有在很大压力下才能将水挤过来（图 6-16）。当纤维织物织得较紧密时，更是如此。这种布的好处在于水不能透过，而空气却可以透过。

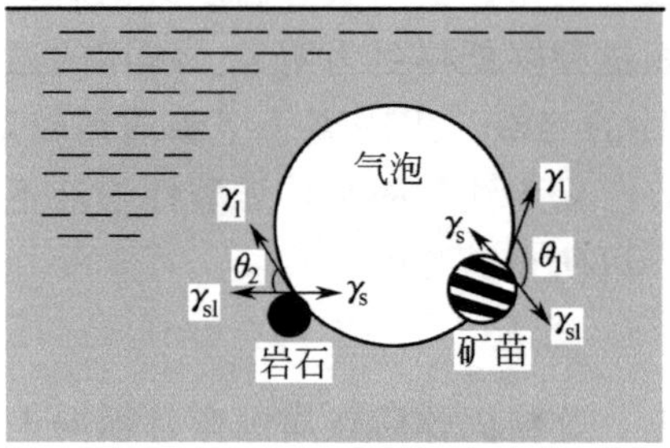

图 6-15　浮选法原理示意图

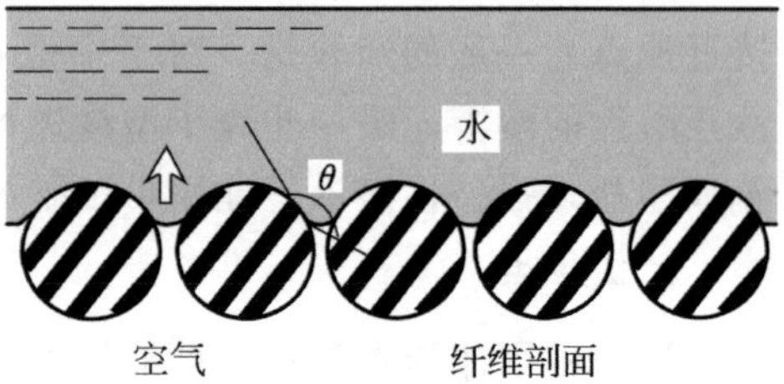

图 6-16　防雨布防水原理

防水材料包括各种蜡、石油残渣、沥青、多价金属皂和各种聚硅氧烷。对于氧化硅和玻璃，二甲基二氯硅烷可与其表面的—OH 反应而得到烷基化表面（图 6-17），所以是一种很好的防水剂。

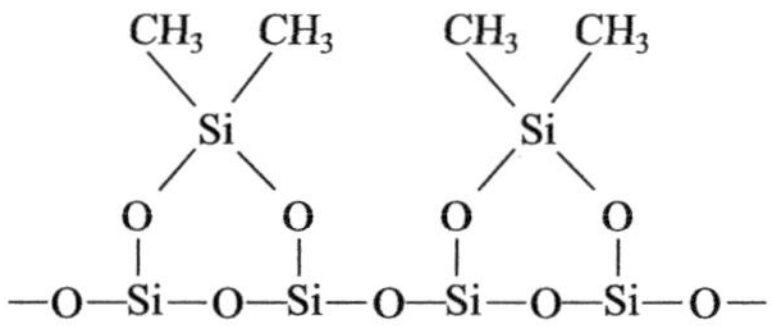

图 6-17　硅烷防水剂示意

4. 其他应用

在采油业中，表面活性剂的润湿作用也有很大的用途。原油贮于地下砂岩的毛细孔中，需要用注水法将它“驱赶”出来。为了增加水对砂岩的润湿性，常在水中加入润湿剂使之成为“活性水”，从而提高注水的驱油效率，增加原油产量。如 1982 年美国用这种方法进行三次采油，生产的原油总计为 1900 万吨。

在纺织品染整时，需在染料溶液或染料分散液中使用渗透剂，使染料均匀迅速地渗透到织物中；织物漂白时，也常使用非离子型表面活性剂来改善漂白液对织物的渗透能力。

植物或虫体的表面一般是疏水性的。若在农药中加入少量润湿剂，可以增强农药对植物枝叶或害虫的润湿性，在水分蒸发后，可以留下薄薄一层农药，使之与枝叶或害虫间充分接触，否则药水会聚成液滴而流失，不能有效地发挥作用。

在制药方面，表面活性剂的润湿能力起着重要的作用。人的皮肤是一层极性-非极性的水-油层，因此，在外用油膏内必须加入某些合适的表面活性剂以增加油基的极性和润湿能力，使药物与皮肤能更紧密地接触，增强药物的释放和穿透力，同时也增加基质的可洗性；在口服药中，很多片剂都要加入崩解剂，其作用是增加药物的润湿性，加速水的渗入，从而使片剂容易崩解成小颗粒，释放出药物，表现出疗效。吐温 80、月桂酸硫酸钠等对某些片剂即具有良好的崩解作用。

四、分散作用

1. 颜料的分散过程

固体粉末均匀地分布在某一种介质中的现象称为分散。颜料分散是把颜料粉碎成细小的颗粒，均匀地分布到连续相中，以期得到一个稳定的悬浮体的过程，它是涂料制造技术的重要环节。在涂料生产中颜料分散与颜料、树脂、溶剂三者的性质及其相互间的作用有关。

在将大块固体粉碎并分散至介质内的过程中，通常需要添加表面活性剂，在此过程中，表面活性剂依次起着研磨促进剂、润湿剂、分散剂和稳定剂等作用。

在研磨过程中，由于粒子比表面积增大，体系表面能升高，粒子有聚集的趋势；同时粒子间还具有范德华力的吸引，因此用球磨机等研磨方法将固体磨细的效率不高，当磨到一定程度时，粒子的聚集作用与分散作用相平衡，粒子不再变细。如果加一些表面活性剂作稳定剂，例如，在涂料工业中研磨色料时加入某些金属皂类，便可以防止粒子的聚集长大而得以继续研细，从而提高研磨效率。在非水颜料分散中，油酸二胺、钛酸丁酯等就具有这种作用。

研细的颜料粉末在涂料体系中的分散是相当复杂的。研细的颜料粒子为初级粒子［图 6-18(a)］，它们通常会吸附潮气，即使是疏水的也是如此，通过吸附水层的毛细压力作用而黏附在一起，它可以有以下几种形态：一种是二级粒子，它是点对点或边对边的接触，如果其中包封有空气则称附聚体［图 6-18(b)］；如果其内部已均为液体所占据，则称絮凝体［图 6-18(c)］。二级粒子联结比较松散，可视为特殊的初级粒子，通过机械力作用可以再分散。另一种是三级粒子，它是

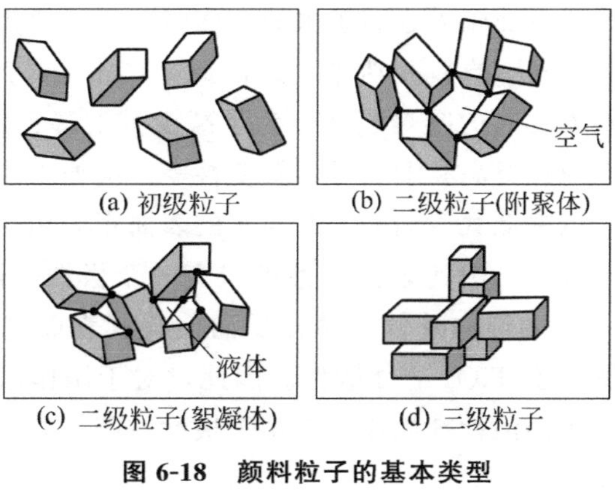

图 6-18　颜料粒子的基本类型

初级粒子通过面对面的接触并紧密黏结在一起形成的聚集体［图 6-18(d)］。聚集体一般不能被打散，因而也难以分散。

颜料粒子的分散一般认为有润湿、粉碎、稳定三个相关过程。润湿是指用树脂或添加剂取代颜料表面上的吸附物如空气、水等，即固/气界面转变为固/液界面的过程；粉碎是指用机械力把凝聚的二次团粒分散成接近一次粒子的细小粒子，构成悬浮分散体；稳定是指形成的悬浮分散体在无外力作用下，仍能处于分散悬浮状态。

我们知道，润湿性包括铺展、浸渍和黏附三种润湿行为，其所需条件各不相同。对于铺展润湿而言，条件最为苛刻，要求液体的 $\gamma_l \leqslant \gamma_c$（固体的临界表面张力）。在第五章中介绍了分散自发的必要条件是接触角小于 90°，但由于分散时需经历铺展润湿过程，因此，实际上，对接触角的要求可能更严格，即接触角须等于 0°。浸润是分散的重要条件，利用表面活性剂可以改善分散相与分散介质间的润湿性，从而改善其分散性。

2. 颜料的表面改性

根据涂料体系中颜料和介质的特性，可将涂料分为以下 6 种分散体系：①亲水性颜料分散在水性料液中；②亲水性颜料分散在油性料液中；③亲油性颜料分散在水性料液中；④亲油性颜料分散在油性料液中；⑤亲水性颜料和亲油性颜料分散在水性料液中；⑥亲水性颜料和亲油性颜料分散在油性料液中。在颜料分散时，常需对颜料进行表面改性。

(1) 无机颜料

多数无机颜料如 TiO_2、ZnO、$BaSO_4$、$PbCrO_4$ 等易于在粒子表面吸附一个分子层的水分子。在水介质中，它们本身能自动分散，但由于无机粒子的表面能通常都很高，存在明显的絮凝趋势，因此在实际应用中，往往还加入表面活性剂以减小絮凝功，增加其分散性。例如，将表面极性的亲水性 TiO_2 粉末分散于水中时，虽然其极性是匹配的，且颜料的表面张力高于水的表面张力，其分散性较好，但由于颜料粒子的表面张力远高于水的表面张力，二者相差很大，因此其界面能较高，在溶剂中 TiO_2 的絮凝功很大。因此，在水中，水不仅润滑了 TiO_2 的沉降通道，还存在着较高的凝聚趋势。为了减少其沉降、絮凝和凝聚的趋势，针对介质体系，可以通过提高黏度、设计触变性等方法加以改进，对颜料粒子也需要进行表面处理，以降低其表面能，并与水的表面张力相匹配。当界面能趋于零时，絮凝功也趋于零。一般的表面活性剂只有一个极性基团，它易于在 TiO_2 表面吸附，使得非极性端伸向外侧，这样反而使得其表面张力低于水的表面张力，造成反润湿，影响了 TiO_2 的分散性。因此，对于用作水性分散体系的极性颜料，其改性所用的表面活性剂应该具有多个极性基团，以便在改性后，其表面仍被极性基团所包覆。

当亲水性 TiO_2 粉末需在苯、汽油等非极性溶剂内分散时，由于氧化钛表面能很高，表面张力很低的非极性溶剂很容易润湿其表面，应该说，它也可以在这类溶剂中分散。但同样由于二者间的界面能很高，絮凝就不可避免。为此，必须利用表面活性剂来改善颜料与溶剂间的润湿性及分散性。图 6-19 反映了氧化钛表面用十八烷胺处理前后，在苯中的沉淀量与十八烷胺在其表面吸附量间的关系。当氧化钛吸附十八烷胺时，极性的氨基指向氧化钛表面，而非极性的十八烷基向外伸出，从而使之成为亲油性表面而具有苯可润湿性，同时降低 TiO_2 粒子间的絮凝趋势。

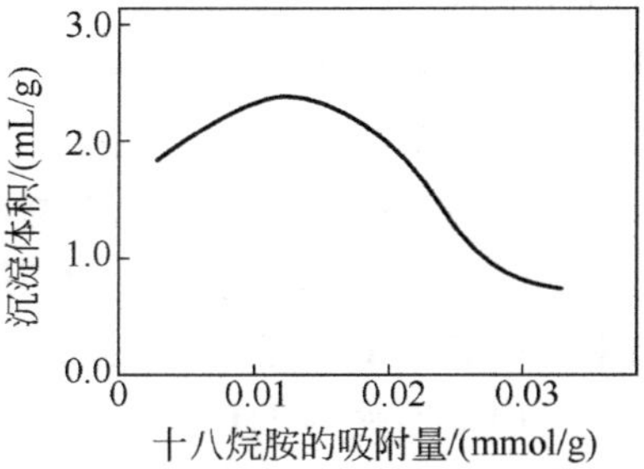

图 6-19　氧化钛沉淀体积的变化

对于需要改善水润湿性的场合，则同样需要对颜料进行表面处理。例如，亲油性的有机颜料需在水中分散时，由于水的表面张力高于颜料粒子的表面张力，因此，固体表面不能被水润湿。对于这样的分散体系，可以先对颜料进行表面处理，使之转化为亲水的表面，或者在水中加入表面活性剂如十二烷基磺酸钠等，也可以使水能较好地润湿低能表面。

（2）有机颜料

对于亲油性颜料在非极性溶剂中的分散，也同样存在着分散性不够的问题，其原因常常是二者的表面张力不匹配。如果颜料的表面张力较高，而分散介质的表面张力较低，其润湿性是可以的，但这样的体系存在絮凝甚至凝聚的趋势，为此，通过表面处理使二者的表面张力匹配，尽量使界面张力趋于零，则可达到较好的分散状态。而若颜料的表面张力低于分散介质，则介质无法润湿颜料，颜料难以在介质中分散。此时，表面改性就必不可少了。改性后需使颜料的表面张力不低于分散介质，同时，也不能太高，以免产生较高的界面能而导致絮凝或凝聚。

可见，在颜料分散的过程中，针对不同的分散体系，应该采取不同的表面改性措施。

3. 颜料表面改性方法

（1）运用酸碱作用

改性所用的表面活性剂通常需根据颜料所带电性、颜料表面和酸碱基的相互作用特性及润湿分散剂的类型加以考虑。具有碱性表面的颜料应使用阴离子型表面活性剂；具有酸性表面的应使用阳离子型表面活性剂；具有两性表面的颜料和填料，阴离子型及阳离子型表面活性剂都能产生化学吸附层。但两种类型的表面活性剂不能同时使用，否则它们之间会优先发生反应，失掉作用力。所以必须分开使用，先用阳离子型的后用阴离子型的或先用阴离子型的再用阳离子型的。

例如，对于带有负电荷的 TiO_2 而言，采用带有正电荷的碱性基团如胺类表面活性剂较好；而对于带正电荷的 $CaCO_3$ 而言，则采用带有负电荷的酸性基团如磺酸盐、硫酸盐等表面活性剂较好。再如，将表面呈酸性的炭黑分别分散于呈酸性的醇酸树脂和采用三聚氰胺或羟乙基乙烯亚胺（HEEI）改性的呈碱性的醇酸树脂中制成涂料，发现随着碱性基团的增加，光泽上升，且胺的种类不同，光泽也不同。用碱性强的 HEEI 改性的醇酸树脂配制的涂料，其光泽最高，没有改性的呈酸性的醇酸树脂涂料光泽最低，说明树脂中的碱性基团对于酸性炭黑的分散是有利的。反过来，如果将碱性颜料酞菁蓝 A 分别分散在具有不同酸碱特性的醇酸树脂中，可以发现，在用碱性强的 HEEI 改性的醇酸树脂中，随碱含量的提高，光泽下降，说明碱性强的醇酸树脂对碱性酞菁蓝 A 的分散是不利的，树脂中的酸因优先与树脂中的碱性基团发生作用，很难与颜料的碱基作用，颜料表面形成不了足够的吸附层，所以涂料的贮存稳定性不好，涂膜的光泽下降。但用三聚氰胺改性的醇酸树脂就不同，随碱性基团的增加，其光泽没有显著的变化，说明三聚氰胺虽然也是碱性的，但较酞菁蓝 A 弱，不会影响树脂与颜料表面之间的吸附作用，因此对光泽无影响。测定体系的屈服值，其结果同样证明酸碱相互作用的存在。

（2）运用静电作用

颜料粒子在体系中的稳定性取决于其动力学性质。一般的颜料分散体容易产生絮凝，使分散体的结构黏性增大。如果树脂或添加的分散剂能够吸附在颜料的表面上，形成一定厚度的吸附层，颜料粒子就不易产生凝聚体，在分散体系内形成的结构黏性差，其屈服值也低。如果粒子带有电荷，其双电层可以使粒子间隔离，增加粒子的分散性和稳定性。前已述及，颜料粒子的表面处理需要考虑其表面电性来选择适当的表面活性剂，而其稳定性同样会受到其表面电性的影响。

在涂料中颜料的带电情况受其本身的电荷效应、树脂种类、表面活性剂类型等因素制约。当体系中 pH、树脂类型和表面活性剂种类变化时，无机颜料所带电性也会发生变化，例如，在酸性树脂溶液中颜料易带正电，而在碱性树脂溶液中可带负电等；在不同的 pH 条件下也可以产生不同的表面电荷，表 6-12 给出了部分无机颜料的等电点，及其在中性的水中所带的电性。加入离子型表面活性剂后，可以改变正负电荷的相对平衡，使其动电势发生变化。选用离子型表面活性剂的通则是：电离度大，且吸附力足够强。而有机颜料则不因树脂和表面活性剂不同而改变所带电性，如大多具有电子给体基团的有机颜料通常易带正电，而具有电子受体基团的易带负电。

表 6-12　部分无机颜料的等电点

颜料	pH	pH=7 时电性	颜料	pH	pH=7 时电性
氧化锑 Sb_2O_5	0.3	负	赤铁矿 Fe_2O_3	5.2	负
硅胶 SiO_2	1.8	负	锐钛型 TiO_2	6.2	负
石英 SiO_2	2.2	负	磁赤铁矿 Fe_2O_3	6.7	负
金红石型 TiO_2	4.7	负	铬绿 Cr_2O_3	7.0	中性
高岭土 $Al_2Si_2O_5(OH)_4$	4.8	负	氧化锌 ZnO	9.0	正
水合氧化铝 $Al_2O_3 \cdot 3H_2O$	5.0	负	黄丹 PbO	10.3	正

在非水介质中，树脂在颜料粒子表面的吸附对颜料粒子的分散稳定性起重要作用。当固体颜料和树脂溶液混合时，树脂就会以吸附键吸附在颜料的表面。表面吸附层厚度越厚，其分散稳定性越高，它是提高涂料产品质量的重要因素。无机颜料与各种官能团相互作用的规律是：当颜料表面呈酸性时，胺＞羧酸＞醇＞苯酚；当颜料表面呈中性时，羧酸＞胺＞苯酚＞醇；当颜料表面呈碱性时，羧酸＞苯酚＞胺＞醇。

无机颜料的分散剂从离子特性上看包括阴离子型表面活性剂、阳离子型表面活性剂、两性离子型表面活性剂和非离子型表面活性剂，从分子量的大小看则包括低分子表面活性剂和大分子表面活性剂。常用的有：

① 聚电解质，如聚丙烯酸钠（聚合度为 12～18 较佳）、聚（苯乙烯-*co*-顺丁二酸）铵等。

② 聚磷酸盐，如三聚磷酸钾（KTPP）、焦磷酸钾（TKPP）、偏磷酸钠等。其用量少，分散性好，可以与颜料表面分子反应，生成不溶性的磷酸盐而附着。但缺点是会促进霉菌的生长繁殖，有起霜性，尤其是钠盐，易引起聚磷酸盐粗粒现象。所以在选用时应慎重考虑。

③ 多元胺及氨基醇，如亚丙基二胺、2-氨基-2-甲基-1-丙醇（AMP-95）等。其中部分氨基吸附于颜料，而其他极性基团也指向水，因此分散性较好。链长增加，分散性也相应增加。同时，其吸水性强，极性基团间的相互作用大，具有触变性。但多元胺刺激性较大，易引起皮炎等疾病。

（3）HLB 匹配

表面改性用表面活性剂还可以运用与 HLB 值相匹配的原则来选择（表 6-13）。有机颜料的品种很多，既可以是疏水的也可以是亲水的。固体颜料是否亲水可以用简单的挤水法来检验，方法是将待试的少量固体样品分散于少量水中，再加入与水等量的烃类溶剂（如石油溶剂），振荡后观察粒子是在水相还是流向油相，再做相反过程，即先分散于烃类溶剂再加入水，这样便可估计其相对的亲水性或疏水性。

表 6-13　部分颜料及其 HLB 值

颜料	HLB	颜料	HLB
BON 红，深	6～8	酞菁蓝（绿相）	14～16
甲苯胺红，中	8～10，14～15	灯黑	10～12
甲苯胺黄	9～11	铁黑	13～15，10～12
联苯胺黄	9～11	铁红	13～15
酞菁绿（蓝相）	10～12	炭黑	14～15
酞菁蓝（红相）	11～13	钼橙	16～18
喹吖啶酮紫	11～13	TiO_2	17～20
酞菁绿（黄相）	12～14	铬黄（中）	18～20
喹吖啶酮红	12～14	铁黄	＞20
偶氮黄	13～15		

不同的有机颜料品种所选用的表面活性剂不同，而且通常具有一定的专一性。总之，颜料在漆料中分散，首先是树脂对颜料表面的润湿。分散效率取决于界面张力和接触角。界面张力越大的体系，分散越难。采用润湿防水剂可以降低树脂和颜料间的界面张力，降低接触角。在溶剂型涂料中加入润湿防水剂还可以提高研磨效率，增加涂膜光泽，改善流平性；在相同黏度下使用，能提高颜料的体积浓度，提高填充性；因为分散剂加入后可降低黏度，因此在相同体积浓度下使用，则可降低体系黏度，改善流动性；同时还可改善贮存稳定性，提高颜料着色力、遮盖力，防浮色、防流挂。

五、去污作用

1. 洗涤去污

利用表面化学原理可以从固体表面除去污垢，所用表面活性剂则称为洗涤剂。

一个良好的洗涤剂应当具有以下特性：

① 具有良好的润湿性，以使洗涤剂能密切接触待洗物表面；

② 能将污物从附着表面移入液相；

③ 能防止已进入液相内的污物重新沉积在清洁的表面上或生成浮渣。

因此，在选择洗涤剂时要综合考虑各种因素的影响。烃链较短的表面活性剂扩散性能好，而长链的表面活性剂胶体稳定性好，则有较好的去污能力和分散特性，一般而言，十二烷基苯磺酸盐具有很好的综合效果，但由于含苯、萘等芳环结构以及支链结构，不能为生物所降解，目前在许多国家已被禁用，而代之以直链脂肪族同系物。肥皂和高级醇硫酸钠、月桂醇聚氧乙烯醚和壬基酚聚氧乙烯醚等阴离子型和非离子型表面活性剂在洗涤剂中都占有重要地位。

由于需要清洗的固体多种多样，而污物也是五花八门，可能是液体，也可能是固体，可能是极性的，也可能是非极性的；基底与洗涤剂之间的作用也不尽相同，因而洗涤的机理是很复杂的，这里仅从表面能的变化上简要地分析一下污物的清除过程。

如图 6-20 所示，固体污物与固体表面之间的黏附功可由下式表示：

$$W_{SD}=\gamma_{DW}+\gamma_{SW}-\gamma_{SD} \tag{6-11}$$

式中，下标 S、D、W 分别表示固体、污物和水。洗涤剂的作用是降低 γ_{DW} 和 γ_{SW}，从而降低黏附功 W_{SD}，这样污物可以在机械搅动时更易脱离表面而被除去。

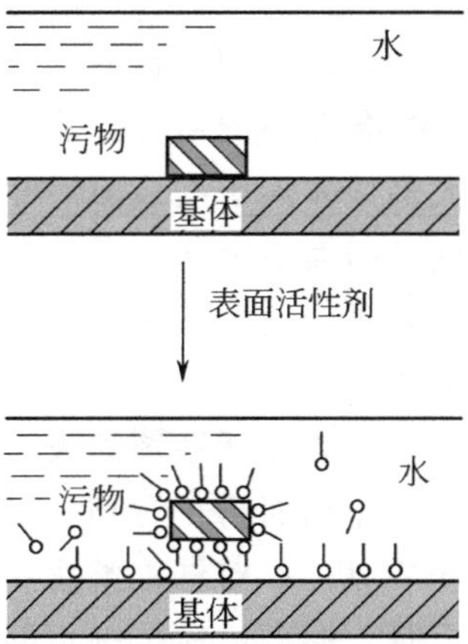

图 6-20 污物粒子自固体表面的脱离

对液体污物，其清除过程可视为接触角现象。大多数油脂很容易润湿织物，并不同程度地在表面上铺展成连续层。洗涤剂的加入可以降低固-油-水三相边界的接触角 θ。如果 $\theta=0°$，则污渍油滴可以自发地从固体基体上除去；如果 $\theta<90°$，油可以完全靠机械方法或水力除去［图 6-21(a)］；当 $\theta>90°$时，则只有一部分油可被机械方法除去，而另一些将继续附着于基体上［图 6-21(b)］，这就要靠增溶作用或其他方法清除。一般浓度增高至 CMC 的 10～100 倍时，可增溶大量油污。因此，浓的表面活性剂溶液往往有非常好的洗涤效果。而且洗涤温度接近浊点时，效果最好。

可以看出，能够吸附在基体-水和污物-水界面上的表面活性剂将是最好的洗涤剂。而吸附在空气-水的界面会引起表面张力下降、增加起泡性的效应并不能反映洗涤剂的洗涤效果。非离子型洗涤剂通常具有较好的去污能力，但却是很差

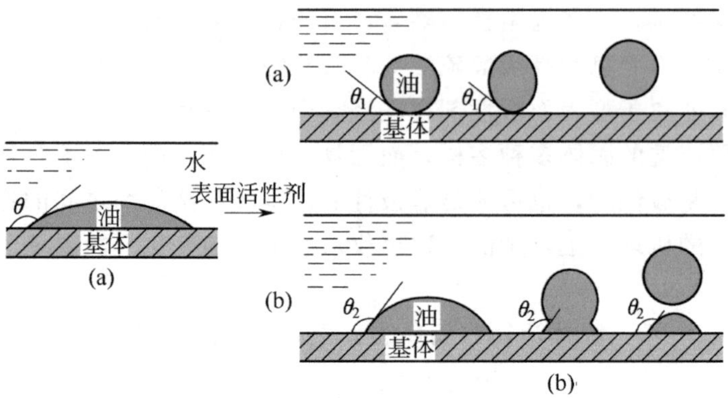

图 6-21 从固体表面清除油污

(a) 基体/污物体系与纯水接触；(b) 洗涤剂降低了接触角
在机械力作用下清除油滴：(a) θ_1<90°；(b) θ_2>90°

的起泡剂，不过，人们心理上总趋向于把去污和起泡两种性质联系起来，在一定程度上阻碍了非离子型洗涤剂的广泛应用。目前，这种状况已有所改变。非离子型表面活性剂具有 CMC 低、洗涤力强的特点，在低浓度下仍有很强的洗涤力；洗涤时泡沫少，便于下水；大多数非离子型表面活性剂是液体，易于制成液状产品；由于不带电荷，无离子性，因而对硬水、酸、碱都稳定。因此，用非离子型表面活性剂做成洗涤产品，是非常合适的。就洗涤力方面看，当浓度在 CMC 以下时，浓度增加，洗涤能力提高；但在 CMC 以上时，浓度再增加，对洗涤能力已没有什么贡献了，洗涤能力仅与表面活性剂的表面活性有关，与胶束无关。不过，胶束的存在，可以通过增溶作用而防止污物再沉积。毋庸置疑，非离子型表面活性剂作洗涤剂时也有一些缺点，如对纤维类物品洗涤后手感不好，温度升高时，会出现浊点，使洗涤力下降，温度适应范围不够宽等。

在洗涤剂中往往还含有大量的无机盐和少量的添加剂，占 30%～80%。其作用是增进洗涤效果，因此称为助洗剂。如以往所用的各种磷酸盐等，由于基体和污物在水中带负电，双电层的存在使其相互排斥，但如果溶液中存在钙、镁等多价阳离子，则可降低其动电势，而且在基体和污物间搭桥，使污物更易沉积。同时，这些阳离子在表面活性剂与基体和污物间也可搭桥，阴离子型表面活性剂就会包覆于污物、基体上，使基体与污物表面憎水，更加难以分离。磷酸盐则可消除由阳离子带来的不利影响。少量的钙、镁等高价阳离子可和磷酸盐形成沉淀而被消除，同时，其本身呈高价负电，因此可加强基体和固体污物的双电层，使其间的斥力加大，从而加强洗涤效果。其他如盐酸盐、硫酸盐可以使表面活性剂的 CMC 下降，硅酸盐、碳酸盐用于调节 pH，使洗涤环境呈碱性，防止脂肪酸盐变成脂肪酸而沉淀；羧甲基纤维素钠可吸附于基体和污物表面，加厚水合膜，增加负电性，防止污物再沉积。有的产品中还加入多种酶，如蛋白酶以分解蛋白质、脂肪酶以分解脂肪等。其他如漂白剂、漂白活化剂、金属离子螯合剂、香料、柔软剂等也都是不同洗涤产品中可以添加的助剂。目前，随着环境保护的意识加强，磷酸盐行将消退，代之以沸石等新一代助剂，多年的应用证明，它完全可以与含磷洗涤剂媲美。

2. 杀菌、防污

在各种高分子材料中，天然高分子及其衍生物、部分合成高分子化合物含有微生物所必需的营养物，为微生物（霉菌和细菌）生长发育提供了良好的营养条件。细菌和霉菌在一定的温度、湿度和不存在抑制物质时就会繁殖，以至破坏材料。在涂膜的组成中，也存在相同的问题。在海洋运输和海洋作业设备、器具上，还要考虑防止海洋生物的污损作用，包括在潮湿环境中使用或受水浸润的表面防止细菌、霉菌的附着和繁殖；对于在大气环境中使用的物体表面，要防止各种化学物质沾污而伴随的变化和老化作用。

涂料用防霉、杀菌、防污剂的选择必须考虑其效能及毒性问题，它的主要作用是防止涂料贮存时腐败变质及涂装后涂膜长霉而影响使用性能。涂料用防霉、杀菌剂必须满足以下几点：①要求有广谱的抗微生物活性、药效高、活性长久，对各种霉菌、细菌有广泛的致死或抑制作用，且使用浓度要低；②安全性大、对人体无毒或低毒；③加入涂料中不与其他组分起化学变化，成膜后不影响其物理性能；④挥发性低，在涂料中相容性好，容易分散，而在水中不溶或难溶；⑤具有耐紫外线、耐热、抗氧等性能；⑥对金属或各种材料不腐蚀、不产生电蚀；⑦价廉易得，使用方便。

（1）防霉、杀菌剂

目前所采用的涂料防霉、杀菌剂可归纳为以下几种类型：

① 取代芳烃类。如五氯苯酚及其钠盐、四氯间苯二腈（TPN，商品名为 Nopcocide N-96)、邻苯基苯酚、溴乙酸苄酯等。

② 杂环化合物。如 2-(4-噻唑基)苯并咪唑（TBZ)、苯并咪唑氨基甲酸甲酯(BCM)、2-正辛基-4-异噻唑啉-3-酮（商品名 Skane M-8)、1,2-苯并异噻唑啉酮、5,6-二氯苯并噁唑酮、8-羟基喹啉等；其中 2-正辛基-4-异噻唑啉-3-酮是典型的表面活性剂。

③ 胺类化合物。如二硫代氨基甲酸酯、*N*-(氟代二氯甲基硫代）邻苯二甲酰亚胺、*N*,*N*-二甲基-*N*-苯基-(*N*-氟代二氯甲硫基)-磺酰胺、二硫化四甲基秋兰姆（TMTD)、水杨酰苯胺等。阳离子型表面活性剂也具有杀菌作用。

④ 有机金属化合物。如有机汞、有机锡。很多国家已禁止生产和使用有机汞杀菌剂，有机锡主要用于船底防污漆；美国虽然仍部分使用有机汞杀菌剂，但其使用量已大幅度下降，有机锡主要取代氯化亚铜用于船底防污涂料中。

⑤ 其他防霉、杀菌剂。包括磺酸盐和醌类化合物以及无机盐系，如 α-羟丙基甲酰磺酸盐、四氯苯醌、偏硼酸钡和氧化锌等。

(2) 防污剂

防污剂实际是防止海洋生物的污损的助剂。将一个干净的表面放置于海水中时，多糖、脂质和蛋白质等有机物就会在几分钟内积聚其上，堆积成膜，通常将其称为条件膜。这种吸附是可逆的，仅依赖于分子间作用力。条件膜形成后，在24h内漂浮的细菌和硅藻等微生物就会附着在条件膜上。这些附着的细菌和藻类又会分泌出新的细胞外聚合物（EPS)，以进一步提高它们与材料表面或条件膜之间的固定能力，从而形成由水、有机物、微生物和细胞外代谢物组成的生物膜。这个过程是不可逆的，称为微结垢过程。由于生物膜的存在为小型多细胞污损生物（如硅藻孢子）提供了良好的生存条件，所以在几天之内表面就会因为这些小型污损生物的覆盖而在表面形成一层黏液层，造成初期生物污损。黏液层的形成会进一步加剧生物污损的产生。这一黏液层为大型多细胞物种和大型海洋生物的幼虫的附着提供了丰富的食物和营养。藤壶、贝类等大型污损生物能够在数日内附着在其上并生长，复杂的生物群落慢慢在表面形成，几个月后会形成大面积污损，这个过程为宏观结垢。此过程可以在1～2个月内完成。有机体在表面附着长达数年，并难以清除。当然，由于海洋环境的多样性和海洋生物习性的复杂性，并非所有海洋污损生物的附着物都经过上述所有过程。例如，大型绿藻石莼的孢子和藤壶的幼虫可以附着在没有生物膜和黏液层的无污染表面上。

为了保护海洋船舶免受生物污染，从公元前200年的热沥青、焦油和油脂涂覆木舟，到使用薄铅板、薄铜层，再到18世纪后期，引入了砷、硫和汞等有毒物质保护船体，以及20世纪中叶三丁基锡（TBT）的发现与应用，防污措施经历了从物理保护到化学保护的变化。而随着环保意识的增强，物理保护又重回人们的视野。

防污剂的效果大致可分为药物效果和物理效果两方面。用药物防止污损是采用涂料中的防污剂渗毒方法，抑制细菌生长或切断海洋浮游生物从幼虫到成虫之间的一系列连锁反应的生态步骤，达到防止污损生物附着的目的。减少海洋生物污损的物理方法有两种。一是生物和涂膜间相斥作用，如适当改变表面的化学结构，使涂膜表面张力低于25mN/m，即可减少生物污损。二是增加表面光滑性，被附着表面光滑性对生物体的附着有极大的影响，被附着表面与水滴的接触角越大，则附着就越困难。为了维持表面光滑，涂膜中可添加可溶性物质，如添加松香、纤维素、蛋白质等天然高分子，或聚乙二醇、聚酰胺、聚丙烯酸等亲水性高分子，或者添加甜菜碱、磷酰胆碱等两性离子型高分子等，对贻贝的附着有明显的抑制作用，帮助防污剂的渗出和维持表面光滑。鲨鱼和贝壳等不易被黏附，其皮肤或表面都具有特定的微结构。仿鲨鱼皮结构的仿生防污技术在21世纪初期也有了很大的发展。

防污剂通常包括无机和有机防污剂两类，无机防污剂大多是重金属氧化物及其盐类，如氧化亚铜、氯化亚铜、硫氰酸亚铜、氧化锌等；有机防污剂包括重金属有机化合物（如双三丁基氧化锌、三苯基氯化锡、三苯基乙酸铅）、农药（如四氯间苯二腈、二氯二苯基三氯乙烷即DDT等）、有机锡聚合物（如甲基丙烯酸三丁基锡和丙烯酸三丁基锡共聚物）、天然腐殖酸的氯化衍生物等。目前，具有“长效低毒”和“一剂多功能”特点的防污剂正在研究和开发中，有些产品已经走上了应用的舞台。

随着环境保护法规的严格实施，在防污涂料领域中，水性防污涂料成为人们关注的焦点。根据海洋污损生物的附着机理，针对性地遏制污损生物附着过程的方法有：①赋予涂层较低的表面能，使大分子蛋白以及海洋微藻难以附着的污损释放型水性低表面能防污涂料，如采用有机硅和有机氟低表面能防污涂料；②通过树脂分子主链或侧链在海水中降解导致涂层不断脱落，致使附着在涂料表面的海洋生物跟随涂层一起脱落而实现防污效果的自抛光型水性防污涂料，如丙烯酸自抛光树脂和聚氨酯自抛光树脂；③在涂层表面形成一层水合层，阻止海洋中的大分子蛋白和藻类对涂层表面的贴附趋势，保持基材表面干净整洁，藤壶类大型污损生物难以集聚在涂层表面的污损阻抗型水凝胶海洋防污涂料；④改变涂层表面的pH环境，使海洋生物无法在涂层表面附着生存，达到防污效果的强碱释放型水性硅酸盐防污涂料。但水性防污涂料相对于油性防污涂料而言，还存在着固化时间长、成膜状态差、附着力差以及防污时效短等局限。通过改进合成机制、利用纳米材料增强水性涂料的综合性能以及综合多种防污机制去制备水性防污涂料等方法，有望提升水性防污涂料的防污能力和力学性能，从而实现人们对防污涂料绿色环保的需求。

六、抗静电作用

1. 静电的产生

当两种不同的物体相互接触摩擦时，由于物体的表面势不同，电子会从一种物体表面转移至另一物体表面，于是失去电子的一方带正电而得到电子一方带负电。研究表明，分子中含有极性基团越多的物质如尼龙、聚氨酯等越容易带正电；介电系数大的物质也容易带正电。玻璃、塑料等材料的带电顺序如下：

（+）玻璃、聚氨酯、毛发、尼龙、羊毛、蚕丝、黏胶纤维、棉、硬橡胶、乙酸纤维素、有机玻璃、维尼纶、聚丙烯、聚酯、聚丙烯腈、聚氯乙烯、氯乙烯丙烯腈共聚物、聚乙烯、聚四氟乙烯（—）。

按照这一序列，两种物体摩擦时，位于前面的物质带正电，而位于后面的带负电，两者间隔越远，摩擦后所产生的静电量也越多。由于高分子材料导电性差，产生的静电泄漏很慢，所以在材料表面会积蓄很多的静电荷。尽管这种带电现象在某些行业得到了应用，如静电喷涂、静电除尘、静电植绒等，但在其他行业的生产、使用过程中，静电现象却成为一类大公害。例如，塑料制品带上静电后，不仅容易吸附灰尘，影响洁净和美观，而且还会影响其使用性能，吸尘的唱片放送时会产生“沙沙”声或“爆点”杂声，严重损害音质；在电影胶片涂布乳剂的生产过程中，静电放电会导致火花曝光；静电放电会严重干扰仪器、仪表正常运行的精确性和灵敏度；电子工业中静电及其放电会导致器件击穿和失效；而在塑料生产加工过程中，塑料表面的静电在严重时静电压可达几千伏甚至几万伏，不仅影响生产进行和产品质量，而且直接影响人身安全；在有易燃易爆物质存在时，静电引起的火花甚至会导致着火或爆炸。

2. 静电的消除

在涂料工业中，不同类型的涂料，对电性能的要求也各不相同。如绝缘漆就要求具有高击穿电压以及高表面电阻和体积电阻。在这一类涂料中，抗静电剂的使用似乎并不十分重要。但是，在高级家具漆以及装饰性涂料中，涂膜的低表面电阻能使涂膜表面不被灰尘沾污，提高装饰性能。电子仪器及高精密仪器、仪表的表面涂层，尤其忌讳尘污沾染。在这些方面所使用的涂料，应具备良好的抗静电性能，涂膜表面不会过多地积累静电荷尘埃，造成失灵、失效。消除和防止塑料带静电的方法有以下几种。

① 降低电荷发生量　如选择两种处于静电序列表中不同位置的物质进行组合，使两者的静电相互抵消，则可达防静电目的。如将 40%正电的尼龙同 60%负电的聚酯相混纺，与金属铬摩擦时可以不带电；而将尼龙含量提高到 70%时，可以在与棉花摩擦时不起电。但由于摩擦对象千差万别，所以，这种方法并不实用。

② 促进电荷泄漏　这种方法是使高分子绝缘体表面具有导电性。可以使材料的整体具有导电性，如在聚合物中引入极性化或离子化基团进行结构改性，在材料中添加金属、石墨或金属氧化物、导电聚合物等导体或半导体，也可以单使材料的表面具有导电性，如增加空气湿度，利用氧化、水解、电晕放电、等离子体处理等反应进行表面改性，或利用抗静电剂进行改性。这里仅从抗静电剂角度出发，探讨抗静电剂的结构特点。

3. 抗静电剂的类型

抗静电剂绝大多数是表面活性物质，表面活性物质分子由亲水基和亲油基两部分组成，其防静电的原理在于其亲油基可以在高分子表面定向排列，亲水部分则指向空气，并可以吸附空气中的水分，从而提高高分子表面电导率，起到防静电的效果。由于表面活性剂同带电体表面间的距离接近于分子间相互作用的距离，为电荷迁移提供了必要的通路，因此可以发挥防静电剂的功能。

按照表面电阻率来分，小于或等于 $10^5\,\Omega/cm$ 的一般作为可导性材料；表面电阻率在 $10^{14}\,\Omega/cm$ 以上的合成材料一般作为绝缘材料。表面电阻率在 10^5 ～

$10^{9}\,\Omega/cm$ 之间的材料能充分地逸散静电荷，而一般表面电阻率在 $10^{9}\sim10^{14}\,\Omega/cm$ 之间的可视为抗静电材料。在既要绝缘又要抗静电的应用场合，材料的表面电阻率要尽可能地选择在此范围内，这需要选用适当类型的抗静电剂。

目前广泛应用的抗静电剂主要分为阳离子型、阴离子型、两性离子型和非离子型四类。

阳离子型抗静电剂包括长链烷基的季铵盐、胺类、咪唑啉等阳离子型以及鳞盐、锍盐类等阳离子型表面活性剂。阳离子型抗静电剂的抗静电效果非常好，但热稳定性比较差，常作外用型抗静电剂使用。

阴离子型抗静电剂包括高级脂肪酸盐、烷基磷酸酯盐、烷基硫酸酯盐和磺酸酯盐类等阴离子型表面活性剂，广泛用作合成纤维油剂组分，能赋予良好的抗静电性和柔软性。

两性离子型抗静电剂包括甜菜碱型、咪唑型等表面活性剂，它既具有阳离子活性剂的作用，又具有阴离子活性剂的作用，并且能与这两种离子型表面活性剂配合使用，与高分子材料有较好的相容性。两性型抗静电剂具有较好的高温性能，是优良的内部抗静电剂。

非离子型抗静电剂包括脂肪酸多元醇酯类、环氧乙烷衍生物等非离子型表面活性剂。虽然非离子型抗静电剂没有离子型抗静电剂的抗静电效能显著，但是非离子型抗静电剂毒性低，热稳定性好，作为内部抗静电剂，加工性好，是主要的塑料用内部抗静电剂。

而非表面活性剂的甘油、聚乙烯醇等虽然吸湿性极强，却几乎没有防静电的效果。

由于离子型抗静电剂更可以通过离子导电性泄漏电荷，符合离子导电机理，所以目前用得最多。一般而言，季铵盐类阳离子型表面活性剂具有良好的防静电性能，其次是两性离子型表面活性剂，而聚氧乙烯烷基胺型非离子表面活性剂效果再差一些。

用表面涂布法进行改性时，由于表面活性剂多为强吸湿性、高水溶性物质，因而容易受水洗流失和分子排列逆转等因素影响而破坏亲水层的连续性，使防静电性能下降，因此，可采用两种方法克服这一缺点。一是采用高分子型表面活性剂如丙烯酸的季铵盐酯类聚合物替代小分子表面活性剂，它可以形成坚韧的连续薄膜，粘接性好，经水洗不易脱落，迁移性也小；二是采用内部共混法来提高抗静电的时效。将具有一定迁移性的表面活性剂同高分子材料共混，成型后，表面活性剂将向高分子表面迁移，形成均匀的防静电层。这样，尽管高分子表面层会时常脱落，但材料内部所含的表面活性剂将不断地向表面迁移而形成完整的连续层，从而使其抗静电时效延长。

由于表面活性剂中低表面张力部分易集聚于表面，离子传导性下降，因此必须针对不同体系的不同极性而选择不同类型的表面活性剂。对于非极性材料，选择一般的离子型表面活性剂作为抗静电助剂，可以使离子型基团指向空气，达到泄漏静电的目的；但对于极性的高分子材料，极性端与高分子作用较强，则把非极性端指向空气，反而会影响静电的消除，此时选择多极性端的表面活性剂作抗静电剂方具有较好的效果。

目前，工业上常用的抗静电组分还包括非表面活性剂，如石墨化炭黑、金属粉末、无机半导体、共轭型导电高分子等，作为添加成分与高分子基体材料混合，如制备导电涂料，可以选择银粉等金属与极性的丙烯酸树脂进行混合，也可以选择石墨等非极性导体与聚丙烯等非极性聚合物混合。在制备这种内置式的导电或抗静电体系时，相容性是非常重要的，相容性太好，抗静电剂分子在树脂分子中很难移动，理想的抗静电剂应能充分地从树脂内不断地迁移到树脂表面，构成导电层。若两者的相容性太差，又会造成抗静电剂很快迁移至表面，既影响制品的外观又难以保持持久的抗静电效果，同时相容性不好，还会造成加工性能下降甚至难以加工成型。选择适当的表面改性剂对这些导电颗粒进行表面处理，方能获得持久稳定的力学性能和抗静电性能。

4. 影响因素

对于内部抗静电剂而言，表面浓度的高低也完全取决于其与树脂的相容性。单靠亲水基在空气中的取向所形成的单分子导电层，是不会有多大抗静电效果的。有人曾以不同浓度的抗静电剂涂覆于塑料表面，结果是当抗静电剂分子在表面有 10 层以上时，由于亲水基的取向性，方能产生优良的抗静电效果。

一般来说，纯水所具有的电阻率大约为 $10^8\Omega/cm$，比大多数纯的聚合物要低 8～10 个数量级。因此，聚合物表面若含有一定量的水分，也就是说在一定的湿度下，非极性聚合物也会表现出一定的表面导电能力。电解质的存在会形成水合离子，可提高水的导电能力。当树脂中含有离子型抗静电剂时，由于亲水基的吸湿作用，表面可以产生离子化基团，从而可以提供离子导电的途径。而非离子型抗静电剂，虽然没有离子可供导电，但由于吸湿作用，也可使聚合物中的杂质或电解质产生离子化倾向，构成泄漏电荷通道。因此，经过抗静电剂处理的合成材料的抗静电效果与所处的环境温度、湿度关系很大，湿度越大，温度越高，抗静电效果越好。若环境的温度仅仅在室温附近小幅度变化是不会对抗静电效果产生多大影响的。相对湿度却与抗静电剂作用效果有密切关系。以非离子型的聚氧乙烯烷基胺为例，当相对湿度在 15%～50%间变化时，表面电阻值可相差 10～1000 倍。

抗静电剂向表面的迁移性与树脂的玻璃化转变温度 T_g 有很大关系。在树脂的 T_g 以上，靠聚合物分子微观布朗运动，抗静电剂分子激烈地向表面移动，容易渗出；而在 T_g 以下，聚合物分子链段呈冻结状态，抗静电剂分子几乎是封闭在聚合物分子链之间，不易产生向表面的移动。T_g 较低的塑料有非晶聚乙烯和非晶聚丙烯等聚烯烃、软质 PVC 等，在这些树脂中，抗静电剂容易向表面迁移。T_g 较高的塑料，如聚苯乙烯、ABS 树脂、硬质 PVC、聚甲基丙烯酸酯、聚碳酸酯、PET 等，在室温时，抗静电剂在这些树脂中的渗出性不好，然而在成型加工时，抗静电剂会析出被模具吸附，又从模具表面向制品表面转移，从而在制品表面形成一个抗静电剂层。那些与树脂相容性不好的抗静电剂，在热加工时尤其会以这种方式转移到制品表面。T_g 较高的聚合物表面的抗静电剂，一旦因水洗而丧失，一般需要进行热处理，加热到玻璃化转变温度以上，使聚合物分子运动加剧，促进抗静电剂向表面迁移，才能恢复抗静电效果。

在塑料加工和涂料的调制中，还要加入其他类型的添加剂，这些添加剂的存在也会对抗静电性能产生不同程度的影响。例如，在与润滑剂并用（特别是与外部润滑剂作用）时，由于润滑剂优先于抗静电剂迁移到制品表面，所形成的润滑剂表面膜层影响了抗静电剂的析出。同样，颜料的分散性和填料的吸附性，都会影响抗静电剂的作用效果，特别是含卤阻燃剂往往会抵消抗静电剂的作用效果。此外，不同类型的添加剂如阳离子型和阴离子型相互复合等，也会互相抵消抗静电作用效果。

七、流变作用

能够改善多分散体系流变性能的助剂称为流变改性剂，也称为流变剂。一般来说，流变剂能够改善涂料的稳定性和涂装性，提高涂膜质量，如可以防止涂料贮存过程中颜料和填料的沉淀，避免涂装过程中涂料的溅落和流挂，改善涂膜的流平性能等。

根据其所起作用的不同，流变剂可分成触变剂、增稠剂、流平剂、防缩孔剂等多种改变流动特性的助剂类型。

触变剂实际上可分为触变性流变剂和假塑性流变剂两种。二者之间的差别在于外加剪切力撤除后体系结构恢复的速度。这一种特性是涂料流动和流平的主要影响因素。假塑性流体的流动性与时间无关，因此假塑性流变剂具有极快的结构恢复速度，在外加剪切力去除后几乎可以立即恢复结构黏度，因而有利于涂料的防沉降和防流挂。但其用量过高时会对流动和流平产生不利的影响，并进而影响涂膜质量，如刷痕过重、喷涂时雾化不良等。典型的假塑性流变剂是气相二氧化硅、可溶性蓖麻油和聚烯烃浆等。触变性流体具有依时性，因此触变性流变剂在外加剪切力去除后能够显示与时间相关的结构恢复速度，用之于涂料中既能得到满意的抗流挂性，又不会损失流动性和流平性，在涂料中的应用效果优于假塑性流变剂。这类流变剂主要有有机黏土和氢化蓖麻油基有机蜡等。触变性与填料的形状有关，粒子纵横比越大，尺寸越小，触变性效果就越好。

在水性体系中，触变剂通常以增稠剂的形式出现，因此，常单列成为独立的一种助剂。

在涂料涂布的过程中，为了提高其流平性，防止出现缩孔等缺陷，还会添加相应的流平剂、防缩孔剂等针对性很强的流变助剂。

流变剂可以控制涂料、油墨、乳液或颜料悬浮液的流动特性，在水性涂料或溶剂型涂料体系中，不论低剪切黏度（沉淀、流挂、流平等）还是高剪切黏度（施工和分散过程等），不管是提高中黏度涂料黏稠度，还是使涂料具有假塑性或触变性，都可以运用流变剂来实现。选择合适的流变剂是涂料配方的关键步骤之一。

1. 触变剂

触变剂的种类很多，包括合成高分子类、天然及其改性高分子、气相二氧化硅、有机黏土、有机蜡类和金属有机物胶体等。

① 合成高分子类　包括缔合型和非缔合型。缔合型流变剂通常是非离子物质，不依靠离子基团来实现增稠，主要有溶胀型乳液聚丙烯酸多羟基酯（HASE）、疏水改性乙氧基聚氨酯（HEUR）及疏水改性聚醚等。HASE 增稠剂有优秀的抗飞溅能力，可以和其他种类增稠剂联合使用；HEUR 是较晚出现的一类缔合增稠剂。非缔合型流变剂则通常是带有酸性基团的大分子，如（甲基）丙烯酸均聚物、（甲基）丙烯酸酯和（甲基）丙烯酸、马来酸的共聚物等，为碱溶胀性或碱可溶性乳液 ASE。在较高的 pH 条件下，这类高分子中的羧酸基团可以电离而产生羧酸根离子，使大分子链受同性电荷的斥力而伸展，体系黏度大大增加。这类流变剂可以提高屈服值，具有良好的低剪切黏度和胶体结构，稳定时间长，抗流挂、抗沉积、抗微生物性能佳。ASE 增稠剂推荐用于水性室内外涂料，适合在辊涂施工的结构性水性涂料中使用，通常和纤维素酯配合使用。

② 天然及其改性高分子　主要有改性纤维素类、改性淀粉类和天然胶等。如在纤维素或淀粉中引入羧甲基、羟乙基、甲基、乙基、甲基羟乙基、甲基羟丙基、乙基羟乙基，以及疏水改性的羟乙基、疏水改性的乙基羟乙基等基团。这类流变剂也包括非缔合型和缔合型两类。非缔合型的亲水性较好，又有离子型和非离子型之分，离子型的有羧甲基纤维素（CMC）、羧甲基淀粉及两性离子型的胍胶等；非离子型的品种繁多，如羟乙基纤维素（HEC）、乙基羟乙基纤维素（EHEC）等。缔合型是经疏水改性的衍生物，包括疏水改性的羟乙基纤维素（HMHEC）或疏水改性的乙基羟乙基纤维素（HM-EHEC）等，疏水基团附着在水溶性骨架上，其增稠机理为同时具有长链缠绕和疏水缔合作用。纤维素产品主要功能包括增稠、乳化、分散、稳定、悬浮、链接、流变改进、保护胶体、水分保持、粘接、成膜和表面活化等。对于水性涂料而言，增稠和流变的关系是非常密切的。水分保持特性可以保持涂料湿膜中的水分，防止底层吸水过快，以便保持较好的流平性能，同时在涂刷第二层时，有较长干燥时间。天然胶包括植物胶和动物胶，一般难溶于水，如阿拉伯胶、黄芪胶、黄原胶、瓜尔胶、角豆胶和

角叉胶等，其中黄原胶组分耐 pH 性能优越，黏度基本不受酸或碱的影响，目前用于一些特殊的水性涂料体系中；瓜尔胶和角豆胶均受到纺织工业的青睐，也是口香糖胶基的成分。

③ 气相二氧化硅　它是较早使用的触变性流变剂，目前其性能已有了较大提高。气相二氧化硅为固体粉末，是球形微粒的集合体，球形颗粒表面有硅羟基，能够吸附水分子和极性液体。当气相二氧化硅分散于基料溶液中时，相邻球形颗粒之间的硅羟基因氢键结合而产生疏松的晶格，形成三维网络结构，产生凝胶作用和很高的结构黏度。在受到剪切力作用时，氢键作用被破坏，网络结构相应被破坏，凝胶作用消失，黏度下降。剪切力去除后，氢键重构，体系又能恢复原来的网络结构。气相二氧化硅在使用时易受涂料溶剂的影响，在非极性溶剂中的效果较好。在极性溶剂中，液体分子和二氧化硅颗粒间的吸引力增大，很难形成疏松的网络结构，需要采用特殊处理的用于极性溶剂的气相二氧化硅。气相二氧化硅可用于防锈涂料、厚浆涂料和装饰涂料等，以提高黏度，防止颜料沉降，改善涂膜流挂。其缺点是在涂料贮存中黏度和触变性有下降趋势。

④ 有机黏土　有机黏土是有机改性的层状硅酸盐衍生物，包括多种蒙脱石和膨润土。蒙脱石是八面体黏土矿物，具有特定离子特性的晶体结构，表面为负离子，边缘为正离子。有机蒙脱石流变剂本身在水性体系中有很好的效果，可以协助悬浮，改善涂刷和流平性，提高遮盖力，多用于建筑涂料，可以和 HEC 一起使用。通过表面改性后，其衍生物可以和溶剂体系相容，使溶剂型涂料逐渐增稠、稳定。有机黏土是由薄层团聚体组成的胶束，可以作为粉体加入涂料原料(比如和原料一起分散)，或者通过高剪切搅拌预分散成浆状。一般需要加入极性溶剂作为分散过程的化学促进剂。膨润土也具有层状的微观结构，改性后薄片两面都附聚有大量的有机长链化合物，经分散并活化后，相邻薄片边缘上的羟基靠水分子连接，从而形成触变性的网络结构，外观则成凝胶状。如果没有水分子，则不能形成凝胶结构。有机膨润土在使用时最好先制成凝胶，即先在剪切力的作用下，使溶剂或树脂溶液进入毛细孔隙中而将附聚的薄片堆润湿，使附聚的薄片堆解聚，这时体系的黏度显著增大。在剪切条件下加入活化剂，使薄片间的距离加大。继续剪切把薄片充分分散，即得到活化的触变结构，即膨润土凝胶。在涂料的生产过程中在颜料投料阶段将凝胶投入。最常用的活化剂是分子量低的醇类，例如，甲醇和乙醇。分子量低的酮，尤其是丙酮，也可以用作活化剂，但其气味较大，闪点较低，限制了其在工业涂料中的应用。

⑤ 有机蜡类　这类触变性添加剂常见品种有：蓖麻油衍生物（HCO 蜡）、聚酯-氨基产品、聚氨基类有机蜡等，主要用于溶剂型涂料，可以提高流动和流平性，防止颜料沉积、沉降。氢化蓖麻油是由蓖麻油加氢制得的一种蜡状固体，经过处理，便可作为涂料的触变剂使用，主要用于增稠、防沉和防流挂。它是12-羟基硬脂酸三甘油酯，在脂肪酸链上有羟基，因此具有一定程度的极性。在

非极性溶剂中能够溶胀凝胶化，溶胀粒子间因氢化蓖麻油分子中的极性基团而产生微弱的氢键结合，形成有触变性的网络结构，改善颜料悬浮性，控制流挂而不牺牲流动和流平性。通常不与涂料其他组成起反应，对涂料耐久性无不良影响，不泛黄，并赋予贮存稳定性和重现性。氢化蓖麻油在使用时也需要进行活化处理，即先用基料溶液将氢化蓖麻油流变剂粉末分散，在搅拌状况下，将基料溶液和氢化蓖麻油粉末混合物升温至43～53℃，该过程需持续20～30min，使颗粒充分溶胀。然后在搅拌的情况下冷却至常温，得到具有触变性能稳定的流变结构。在活化的过程中，温度的控制是主要的。如果超过最高活化温度，在冷却时搅拌不够，则氢化蓖麻油就不能形成触变性的凝胶网络而会析出“晶粒”。同样，活化温度低且活化持续时间不够，也会出现这种情况。当活化不好起“晶粒”时，可以按正确的活化方法重新活化。聚氨基有机蜡作为流变改进剂，必须先润湿解团聚，按照梯级温度分散，才能进入活化状态。聚氨基有机蜡是HCO蜡的氨基改性产品，对溶剂和热适应性更好。剪切（搅拌）一段时间，可以使结构改变，出现长链缠绕效果，从而减少颜料和填料相互碰撞的概率，减少或消除颜料沉积。和有机黏土相比，用蓖麻油衍生物和聚氨酯改性有机黏土具有更大时间相关性，所以流动、流平性更好。

⑥ 金属有机物胶体　铝酸盐、钛酸盐和锆酸盐等金属有机物胶体作为基料（或共黏料）广泛用于不同涂料中，其目的是改善涂料的某些性能，如良好的附着力或良好的耐热性等。加入乳胶涂料中，特别是非离子型乳化剂稳定的乳胶涂料中，这种流变改进剂作为一种可逆胶凝剂，使涂料具有假塑性或触变性。在平滑涂料等应用中用阴离子型增稠剂合成钛酸酯时，钛酸盐和羧甲基纤维素结合是最好的，它能获得具有触变性的凝胶结构。

2. 增稠剂

在涂料及胶乳涂装与涂布过程中，在施工后不希望液体有很高的流动性以避免流挂等缺陷，一般需要增加其黏度，使涂料在低剪切速率下建立触变结构。增稠剂和触变剂便是为此目的而添加的。

增稠剂是针对水性体系而言的，因为亲水性的高分子物质溶于水后可以形成黏度极高的溶液，称为亲水性胶体，因此水溶性或水分散型高分子化合物一般都可以作为水性涂料的增稠剂。其增稠效果受许多因素影响，因而针对不同的体系应采用不同的增稠剂。根据来源不同可将增稠剂分为无机类和有机类，有机类中又包括天然高分子类、半合成高分子类和合成高分子类三种（如表6-14所示）。理想的增稠剂应具备如下特点：①用量少，增稠效果好；②不易受酶的侵袭及温度、pH值的影响，不会使颜料絮凝，贮存稳定性好；③保水性好，无明显的起泡现象；④对涂膜性能如耐水性、耐碱性、耐擦洗性、光泽、遮盖力等无副作用。

表 6-14 增稠剂主要品种

类别	品种示例
无机类	有机膨润土、有机改性水辉石、水性膨润土、气相二氧化硅等
天然有机高分子及其衍生物	阴离子型：羧甲基纤维素钠、羧甲基淀粉、阿拉伯胶、藻朊酸、海藻酸钠等
	阳离子型：阳离子淀粉等
	两性离子型：干酪素、明胶、大豆蛋白等
	非离子型：甲基纤维素等烷基纤维素、羟乙基纤维素、羟丙基甲基纤维素、可溶性淀粉、甲基淀粉等
合成有机高分子	阴离子型：聚(甲基)丙烯酸盐、(甲基)丙烯酸共聚物、顺酐共聚物、巴豆酸共聚物等
	阳离子型：氨基聚合物、聚丙烯酰胺、聚乙烯基吡咯烷酮、聚乙烯基吡啶、聚氨酯等
	两性离子型：两性树脂等
	非离子型：聚乙烯醇、低分子聚乙烯蜡、聚醚、聚乙烯基甲醚、脲烷聚合物等
螯合型偶联剂	钛酸酯偶联剂等

① 膨润土和气相二氧化硅等　常用有机胺进行改性得有机膨润土，如膨润土用二甲基十八烷基羟乙基铵改性后在涂料工业中可用作防沉剂、触变剂和防流挂剂。

② 天然高分子及其衍生物类　如树胶、淀粉、蛋白质及纤维素等天然高分子及其衍生物，如羧甲基纤维素，由于易降解使黏度降低，因此仅用于低黏度涂料中；羟乙基纤维素效果较好，混溶性佳，但流平性差，飞溅性大，结构黏度过大。但此类增稠剂极易腐败和霉变，因此应用受到限制。

③ 合成有机高分子类　如聚丙烯酸类在乳胶粒子和颜料间可以搭桥形成网状，使黏度上升，同时，由于带有电荷，也使体系黏度增加。其特点是效率高，流平性好，生物稳定，与色浆配伍性优良；缺点是对 pH 敏感，只在碱性条件下起作用，耐水性不理想。再如聚氨酯类，其形成胶束后，可与聚合物分子缔合成网状，使黏度增加；而且一个分子可以贯穿几个胶束，使水的迁移性降低。其优点是分子量小，具有良好的流动性和优良的流平性，光泽好，疏水性、洗刷稳定性、防飞溅性和耐划伤等皆佳，还具有生物稳定性。

④ 钛酸酯偶联剂　以氨基醇螯合的钛酸酯偶联剂可用于水性涂料作结构型的增稠剂。它的施工性如抗流挂、抗滴落、抗飞溅和流平性方面优于纤维素醚类。典型的产品有二（三乙醇胺）二异丙醇钛酸酯。但目前品种较少、使用量有限。

增稠剂的增稠作用机理有以下方面：①添加适量增稠剂时，增稠剂分子能吸附在涂料体系中颜料和树脂等粒子表面形成包覆层，并发生膨胀，这就增加了粒子的体积，使粒子对流动产生更大的阻碍作用，黏度升高；②在水性涂料中，增稠剂主要溶解于水相中，使体系的黏度升高；③增稠剂分子的支链与颜料及树脂相互缠结，发生物理交联而产生网络结构，使体系具有结构黏度；④增稠剂分子的支链上接有疏水性的非离子型表面活性剂的片断，这些片断在水中随意地互相缔合形成许多胶束或微胞，与此同时，这些片断还能与涂料中其他组分如憎水性表面活性剂、颜料和树脂等的疏水基部分缔合，形成更多的胶束或微胞。当这类缔合作用达到动态平衡时，缔合了的疏水性片断能互换位置而使微胞处于游动状态，使涂料在受高剪切作用时，这些微胞间的链在一定程度上能防止断裂，涂料仍具有稳定黏度而不致流挂和溅落，而且在低的或没有剪切作用的情况下也具有良好的流动性和流平性。不同的增稠剂具有其中一种或几种作用，从而达到增稠的目的。

3. 流平剂

涂料在施工后，最终希望形成平整光滑而均匀的涂膜。但如何在涂料丧失流动性之前能完成流平，除去刷痕或滚痕等施工印迹，防止出现橘皮、缩孔、针孔、流挂等各种涂膜缺陷，首先需要对涂料的制造、配方、工艺等进行优选，其次需要添加适当的流平助剂来防止和解决涂料成膜后出现的弊病。

加入防缩孔剂、流平剂的目的是使涂膜平整光滑，防止出现弊病，因此首先应了解各种流平不良现象，包括形成缩孔的原因。在第四章中我们已经讨论了各种流平不良现象的成因及其对策。根据流平不良的成因，选择流平剂和防缩孔剂时应考虑：①降低涂料与底材之间的表面张力，使涂料与底材具有良好的润湿性，并且不会与引起缩孔的物质之间形成表面张力梯度；②调整溶剂蒸发速率，降低黏度，改善涂料的流动性，延长流平时间；③在涂膜表面形成极薄的单分子层，以提供均匀的表面张力。现将主要类型的防缩孔、流平剂的作用原理分述如下。

① 溶剂类　在溶剂型涂料中常以芳烃、酮类、酯类或多官能团的高沸点溶剂混合物为主要成分用作优选溶剂，它调整了溶剂的挥发速率，使涂料在干燥过程中具有平均的挥发速率及溶解力。如果只增加溶剂以降低黏度来改善流平性，其结果将使涂料的固体分含量下降并导致流挂等弊病；或者保持溶剂含量，只加入高沸点溶剂以调整挥发速率来改善流平，其结果是延长了干燥时间，故此两方案均不理想。只有通过调整溶剂配方，采用高沸点溶剂混合物，显示各种递增特性（挥发指数、蒸馏曲线、溶解能力）才较为理想。在常温干燥涂料中，因溶剂蒸发快，涂料黏度过大而妨碍流动。此时，使用溶剂类流平剂是很有效的。

② 长链树脂　主要以相容性受限制的长链树脂为主要组成物。常用的有聚丙烯酸酯类、乙酸丁酯纤维素类等。其作用是降低涂料与底材之间的表面张力而提高润湿性。由于其分子量较低，同涂料的树脂不完全相混容。因其表面张力较低，可以从树脂中渗出，使被涂物体润湿，及早排除被涂固体表面所吸附的气体分子。因为这种被吸附的气体分子若被排除的时间过迟，涂料黏度会迅速上升，阻碍气体排除。这样就会在固化涂膜表面形成凹穴、缩孔和橘皮等缺陷。此类长

链树脂可用作粉末涂料、合成树脂涂料和乳胶涂料的流平剂。

③ 长链硅树脂　该类以相容性受限制的长链硅树脂为主要成分。常用的有聚二苯基硅氧烷、聚甲基苯基硅氧烷、聚醚改性有机硅和反应性有机硅等。这类物质具有控制表面流动的效果，起到改善流平的作用。而且当溶剂挥发后，硅树脂在涂膜表面形成单分子层，它是一层极薄而光滑的膜，从而改善涂膜的光泽。另外，硅油本身是一种表面活性剂，它又可以提高涂膜对底材的润湿性，从而改善流平性。

④ 氟系表面活性剂　氟系表面活性剂对很多树脂和溶剂也有很好的相容性和表面活性，对改善润湿性、分散性和流平性是很有效的，其主要成分为多氟化多烯烃。它可应用在水溶性氨基烘漆中，还可用在溶剂型漆中调整溶剂挥发速率，充当溶剂类流平剂。

八、调节力学性能作用

1. 增滑作用

家电、汽车、家具等装饰性要求较高的制品在连续化生产过程中，都要经过组装工序，该过程不可避免会因物理接触而导致涂膜的轻微划伤；而在其使用过程中，在清扫灰尘杂物时也会产生涂膜的微小划伤。这些划伤不仅影响涂膜外观，而且易为水分侵入提供方便，导致涂膜的破坏。为了防止和避免划伤，有必要对涂膜表面增滑。对于金属预涂卷材、黏合板、建筑木工板而言，在连续化涂装过程中，受存放场地的限制，往往需要在涂膜尚未固化完全时就堆积存放，使得涂膜间或涂膜与被涂物背面间有可能粘连和附着，导致擦伤。添加增滑剂能不同程度地避免或减少粘连和擦伤，达到防划伤的目的。

涂料添加增滑剂并涂布固化以后，该增滑剂能浮在涂膜表面（最佳状态能全部浮在涂膜表面）、降低涂料的表面张力，使涂膜具有非常低的表面阻力，从而降低涂膜对第二个表面的摩擦系数，减小表面摩擦力，保护涂膜并抵抗划伤。

涂料用增滑剂一般包括三大类型。

① 脂肪烃类　如液体石蜡、凡士林、合成蜡等。合成蜡为低分子量的聚乙烯或聚丙烯，平均分子量为1000～6000，其软化点、硬度和耐磨耗性均比天然蜡高，而聚丙烯蜡更高些。它们既可单独使用，也可与抗粘连性、耐磨耗性好的烷烃链蜡合并使用。在表面增滑方面，以聚丙烯蜡为好；就相容性而言，聚乙烯蜡适用范围更广，尤其是低分子量聚乙烯在印刷油中用时，广泛用于改变油墨表面的性能。聚乙烯蜡、聚丙烯蜡在木工用涂料中用于提高防划伤、抗粘连，还有消光效果。但其增滑效果和表面光滑感比聚硅氧烷类增滑剂低，因此在涂料工业中，常将二者混合使用。

② 硅烷类　有机硅增滑剂有甲基硅油、聚甲基苯基硅氧烷，以及聚醚改性

有机硅、聚酯改性有机硅和带有—NCO、—NH_2、—COOH或双键等反应性基团的反应性有机硅等。其中聚醚改性有机硅的使用最为普遍，它与涂料基料相容性好，副作用小，不易引起涂膜弊病，而且添加量选择范围宽，不仅具有良好的增滑、防划伤效果，还具有一些附带功效，但其耐热性不如聚酯改性的有机硅产品。聚硅氧烷类的增滑效果比聚乙烯蜡好，但在用量过大时，易产生缩孔、缩边等涂膜缺陷。

③ 脂肪酸酰胺类　如油酸酰胺等不饱和脂肪酸酰胺。这类增滑剂广泛应用于纸张、塑料薄膜和涂层的防粘连。对纸张、塑料薄膜和涂层进行涂渍处理，可以使脂肪酸酰胺的脂肪链在表面定向排列，从而改善纸张、薄膜或涂层的爽滑性和抗粘连性能。而脂肪酰胺通过酰胺基团在非极性薄膜表面的定向排列，也可以改善油墨在经放电处理后的聚乙烯、聚丙烯薄膜上的附着力。它可以改进树脂与玻璃纤维间的结合力，也可作为塑料和橡胶制品注塑时的脱模剂和颜料分散剂等。

2. 防滑与耐磨

与增滑相反，为了便于行走和作业安全，在地面、甲板、攀援设施等场合使用的涂料，其表面必须具有防滑性。一些编织袋或容器表面光滑，在盛满物品堆积存放时易出现滑坡现象，其表面也需经过防滑处理。

防滑剂的作用与增滑剂正好相反，需要提高涂膜的摩擦系数。因此，在涂料中添加的防滑剂经涂布固化以后，应能稍凸出于涂膜表面，呈微浮雕型，机械地赋予涂膜层表面以适当的粗糙度，妨碍或抵抗其他物面在其上的移动，达到防滑的效果。防滑性要求涂膜在表面有水或有油等潮湿的情况下也具有一定的防滑性。

此外，涂膜在使用过程中，会因各种摩擦因素而导致涂膜磨损变薄、露底，直至涂膜破损，失去对底材的保护作用和装饰效果。因此，涂膜需要具备相当的耐磨性。涂膜的耐磨性受涂膜的组成包括树脂类型、颜填料品种及其用量等多方面因素的影响，与涂膜的许多性能有关，包括硬度、耐划伤性、内聚力、拉伸强度、弹性模量和韧性等，一般认为韧性比硬度对涂膜耐磨性的影响更大。

添加耐磨剂可以在一定程度上提高涂膜的耐磨性能。其方法是，添加的耐磨剂在施工固化后，能均匀地分布并微凸出于涂膜表面，当涂膜发生摩擦行为时，其磨损部分首先是涂膜表面上凸出的耐磨剂部分，从而保护涂膜免受或少受摩擦磨损，延长涂膜的使用周期。

由此可见，防滑剂和耐磨剂使用目的虽然不同，但其作用方式相近，因此防滑剂通常也是耐磨剂，添加耐磨剂获得耐磨性的同时也获得一定的防滑性。按照不同的使用要求，防滑剂或耐磨剂需加工成不同形状和不同粒径大小，不同的是作为耐磨剂使用时，其粒子的粒径要小得多。从结构特点上看，防滑剂和耐磨剂都不是表面活性剂，按其材质可分为两类：

① 有机高分子类　如橡胶、聚乙烯、聚丙烯、聚氯乙烯、聚氨酯、聚酰胺、

聚酰亚胺等惰性高分子粒子。作为防滑剂和耐磨剂使用时，高分子粒子必须是惰性的，不能与涂料基料起化学反应，而且不溶于涂料所用的溶剂。

② 无机材料类　如硅石砂、石英砂、玻璃片、金刚砂、铝、云母、铅粉、云母状氧化铁等常用作防滑剂；而玻璃纤维、玻璃薄片、石粉、金属薄片等常用作耐磨剂。

3. 增塑剂

增塑剂可以削弱聚合物分子之间的作用力，降低聚合物的软化温度、熔融温度和玻璃化转变温度，从而使之具有高温流动性和使用柔韧性。

较好的增塑剂，应该与聚合物的相容性好，自身挥发性小、迁移性小，增塑效果明显；耐热、耐光、耐寒性、耐候性好；耐水、耐油、耐溶剂，且耐燃性好、耐菌性好、绝缘性好；无色、无味、无臭、无毒，价廉易得。实际上要求一种增塑剂具备以上全部条件是不可能的。因此在大多数情况下，是把两种或两种以上增塑剂混合使用。

增塑剂的增塑机理一般认为是增塑剂插入聚合物大分子之间，削弱了分子间的作用力，它有三种方式。①隔离作用。增塑剂介于大分子之间，增大其间的距离，从而削弱分子间的作用力。这常用来解释非极性增塑剂加入非极性聚合物中的增塑作用。②屏蔽作用。增塑剂的非极性部分遮蔽聚合物的极性基，使相邻聚合物分子的极性基不发生作用。③偶合作用。增塑剂的极性基团与聚合物分子的极性基团偶合，破坏原来聚合物分子间的极性联结，从而削弱其作用力。

增塑剂通常是难挥发的高沸点液体有机化合物，少数是低熔点固体，一般不与聚合物发生化学反应，但应与聚合物有良好的相容性。

按照增塑剂与树脂相容性的大小，可将增塑剂分为主增塑剂、辅助增塑剂和增量（增塑）剂三类。主增塑剂与树脂有良好的相容性，质量相容比例可达1：1（增塑剂：树脂），能够单独使用；辅助增塑剂与树脂的相容性差，质量相容比例低于1：3（增塑剂：树脂），一般不能单独使用，需与适当的主增塑剂配合，以增加其相容性；增量剂与树脂的相容性更差，质量相容比例低于1：20（增塑剂：树脂），但其与主增塑剂或辅助增塑剂有良好的相容性，使用这类增塑剂获得的增塑效率是有限的，但有改善某些性能，降低成本的作用。

根据增塑剂的化学结构可将其分为以下几大类：

① 低分子多酯类　包括芳香二酯（如邻苯二甲酸酯类等）、脂肪二酯（如己二酸酯类、壬二酸酯类、癸二酸酯类等）、偏苯三酸酯类、多元醇衍生物等；

② 低分子单酯类　包括短链酯（如柠檬酸酯、马来酸酯、富马酸酯等）和长链酯（如硬脂酸酯、油酸酯等）；

③ 环氧酯类　如环氧大豆油、环氧硬脂酸丁酯、环氧硬脂酸辛酯等；

④ 低聚物类　分子量为1000～6000，包括聚酯（如聚己二酸己二醇或丙三

醇酯等聚酯类)、聚醚类等；

⑤ 无机酸酯类　如磷酸酯、磺酸衍生物类等；

⑥ 石蜡类　如石蜡、氯化石蜡等。

其中邻苯二甲酸酯类的用量最大，约占增塑剂总产量的80%。

九、调节光泽作用

1. 光泽的来源

光泽是物体表面对光的反射特性。当物体表面受光线照射时，由于表面光滑程度不同，光线朝一定方向反射能力也不同。表面产生光泽必须有两个条件：①其表面主要为直射光线照射；②有部分反射光亮度。光线投射到物体表面，一部分被物体吸收，一部分反射和散射，还有部分透过涂膜被基体折射，再透过涂膜反射出来。表面越是平整则反射部分越大，光泽值越大；如果表面凹凸不平，非常粗糙，则散射部分相应增大，光泽值就很低。

物体表面粗糙程度对光线的镜面反射影响最大。在一个非常光滑的表面上，如果粗糙度（τ）为光波的1/4，达0.1μm时，则因散射而产生能察觉到的镜面反射光就减少。从微表面理论可以计算出视觉能感受到光亮的表面的粗糙度（τ）可按下式计算：

$$\tau=\frac{\lambda}{\cos\theta} \tag{6-12}$$

式中，λ 是入射光波长；θ 是入射角。

经计算可知，入射角为20°时，有光亮感觉的表面最大粗糙度（τ）接近0.6μm，而入射角为60°时，其 τ 值为1.1μm。涂膜表面越平整，其 τ 值越小。当 $\tau<0.1\mu m$ 时，则涂膜表观光滑平整，呈高光泽；当 $\tau>1.1\mu m$ 时，则涂膜的光泽就低。

因此，要想获得高光泽表面或者在原有基础上提高光泽，则应采取一切可能的手段，降低涂膜表面的粗糙度，添加增光剂是增光的有效措施；而制造低光泽或平光涂料，则应提高涂膜表面凹凸不平的程度，添加消光剂是消光的有效措施。

增光和消光是用于控制装饰性涂料表面光泽的重要方法。不同的被涂物体，因其不同的使用目的和环境，除了防护作用、色彩要求外，对所涂表面涂层的光泽性能也有不同的要求。例如，希望轿车、飞机的外壳表面光泽越高越好，以显示它们的豪华和高贵气质；学校、医院则要求室内光线柔和，以提供安静、舒适和优雅的环境，经适当消光的表面涂层最为适宜；军事装备和设施为隐蔽、保密和安全的目的，还有某些仪器部件对光学性能的特殊要求，其表面涂层是半光，甚至无光的。针对不同的要求，添加消光剂或增光剂可以获得不同表面光泽的涂膜。但在调节涂膜表面光泽时，要保持涂层原有的物理化学性能。

2. 消光剂

消光剂通常是折射率接近树脂的一些有机物或颜料，它可以使涂膜透明无白雾。主要有金属皂，如硬脂酸铝、硬脂酸钙、硬脂酸锌和硬脂酸镁盐；有改性油消光剂，如桐油中加入橡胶的混合物；有体质颜料，如硅藻土、高岭土、氢氧化铝、蒙脱土、碳酸钙、石棉粉和二氧化硅；还有各种蜡，如棕榈蜡、蜂蜡、羊毛脂、地蜡、合成蜡等。

3. 增光剂

增光剂主要是那些能提高颜填料在涂料中分散性、改进涂膜流平性和降低涂膜表面张力的表面活性剂，它可以降低表面粗糙度，增加光反射、直射，如润湿分散剂、流平剂、有机硅体系等。

对于那些特别容易凝聚的炭黑及有机颜料，良好的润湿分散是成膜后高光泽的重要条件。例如，炭黑在多羟基树脂里润湿、分散十分困难，不添加助剂时，60°角测得光泽为72%，而添加0.9%的Disperbyk-101后，光泽增加到80%，在有机颜料着色的双组分聚氨酯涂料中添加润湿型助剂后，光泽由78%增加到80%以上。

有机胺类衍生物和非离子型表面活性剂可用来改善乳液涂料里颜料的润湿、分散状况，提高光泽。如大洋公司的SN-Lustor-416和SN-Lustor-417，其增光效应参见表6-15。

表6-15　增光剂的增光作用

增光剂	用量/%	光泽(60°)/%
空白	0	45.0
SN-Lustor-416	0.5	60.5
SN-Lustor-417	0.5	62.5

流平型的增光剂一般由高沸点的真溶剂组成。它能使涂料在成膜前溶剂的挥发速率接近理想状态，防止溶解力大的真溶剂先蒸发完，又能促进涂膜在干燥前有良好的流平性。一些聚合物如丙烯酸酯低聚物、丁基纤维素等可改进涂膜表面的流平状况。如BYK-354系聚丙烯酸酯的高沸点芳烃和二丙酮醇溶液，只需添加涂料的0.5%～1.5%（质量分数）就可防止出现橘皮、促进流平，它与烘干型涂料体系相容性极好，脱气性也好。

因涂料对基材或底漆表面润湿不良，即涂料的表面张力高于被涂面，会产生橘皮、缩孔等弊病。采用硅油或有机硅改性聚合物来降低涂料体系的表面张力，可以得到高光泽的涂膜表面。例如，BYK-301适用于气干涂料、水性涂料和烘干型涂料的增光；BYK-330适用于硝基涂料、酸固化涂料体系的增光；烘干型涂料、聚氨酯涂料、环氧树脂涂料和高固体分涂料可添加BYK-344来提高光泽，同时提高涂膜的耐磨、耐擦洗和表面的润滑性。氨基醇酸、丙烯酸树脂体系常采用 BYK-303 来增光。有机硅体系助剂用量通常只有涂料总量的 0.1%～0.3%（质量分数）。

十、其他作用

1. 润滑剂

在塑料成型加工中，存在两种摩擦阻力，一种是熔体内分子间的内摩擦，一种是熔体与加工机械表面的外摩擦，它们严重地阻碍了熔体流动，降低产量并影响产品的外观，因此，通常需要添加润滑剂降低界面的黏附力以改善塑料加工时的流动性和脱模性。根据不同的目的，还可以分为防粘连剂、脱模剂、爽滑剂、光泽剂等。

能够减小聚合物分子内分子间作用力、降低其内摩擦力，从而改善流动性的物质称为内部润滑剂，主要有高级脂肪醇、脂肪酸酯和液体石蜡等。能在加工机械和聚合物间形成界面膜而降低两者间的摩擦，防止聚合物粘连于机械表面的物质称为外部润滑剂，主要有高级脂肪酸、脂肪酰胺和石蜡类化合物等。

2. 催干剂

应用催干剂可缩短涂膜的干燥时间，通常采用 Co、Mn、Ce 等离子作主催干剂，用 Zn、Ca、Zr、Pb 及稀土金属离子作助催干剂，有机酸链长为 6～8 个碳，并且具有侧链结构，易溶于油中。如 α-乙基己酸盐、环烷（戊）酸盐、C_7～C_9 脂肪酸盐、妥尔油脂肪酸盐等。

3. 防结皮剂

防结皮剂主要用于气干型涂料，阻止表皮氧化结皮，因此，防结皮剂主要是酚、肟等抗氧化剂。如丁醛肟、甲乙酮肟等，可用作醇酸涂料、环氧涂料的防结皮剂，又可作为油性涂料的调和漆和防锈漆等的抗氧剂，以及合成树脂涂料清漆和磁漆的抗氧剂。

4. 防发花、浮色助剂

在选好树脂和溶剂、达到良好的混溶性、合适的黏度以后，还需采用一些助剂防发花、浮色。它包括颜料润湿剂、涂料流平剂和增稠剂。

5. 稳泡剂

在制备泡沫塑料时，采用发泡剂可以使聚合物中产生大量的气泡，如果不能很好地控制其生长过程，则一些气泡可以持续增长并达到泡壁材料的破裂极限，最终导致泡孔互通，使整个结构瘪塌，或者泡孔中气体渐渐外溢而扩散到大气中使结构塌陷。因此在制造泡沫塑料过程中，必须加入稳泡剂，控制泡孔的增长和稳定。

稳泡剂是一类表面活性剂，它可以降低孔壁的表面张力，促进泡孔维持一定的正压，使泡孔既不破裂又不塌陷。

稳泡剂主要是用有机硅树脂衍生物制成的有机硅系表面活性剂等。

6. 消泡剂

在涂料的生产和使用过程中，大多会产生泡沫。为了控制整个生产中和刷涂阶段所产生的气泡，必须添加消泡剂。

消泡剂有硅油类（对水性泡沫和非水性泡沫均有突出的消泡效果）、醇类（如2-乙基己醇、聚二醇等）、磷酸酯类（如磷酸三辛酯、磷酸三丁酯等，在低浓度下即有较好的效果）、$C_6 \sim C_{10}$ 脂肪酸烷基酯、脂肪酰胺、金属皂（如硬脂酸钙、棕榈酸镁等）以及松子油、羊毛脂和松节油等。

此外，表面活性剂还可以用作附着力改进剂、防粘连剂、防缩水剂、防絮凝剂和黏度调节剂、防沉淀剂、防霉剂等，聚硅氧烷和含氟聚合物等助剂可以赋予涂膜出色的疏水疏油、防涂鸦和防指纹等性能。

实践思考

1. 什么是表面活性物质？什么是表面活性剂？它们在结构上各有什么异同？
2. 试举出五种以上的表面活性剂的用途。
3. 解释CMC、HLB的含义。
4. 比较下列表面活性剂的CMC值大小。

   （1）十二烷基硫酸钠，十六烷基碳酸钠，十八烷基硫酸钾

   （2）吐温20，吐温80
5. 温度对离子型表面活性剂和非离子型表面活性剂的CMC值和增溶性有何影响？
6. 试计算下列化合物的HLB值。

   （1）月桂酸 $C_{11}H_{23}COOH$

   （2）硬脂酸钠 $C_{17}H_{35}COONa$

   （3）山梨醇单油酸酯 $C_{17}H_{33}COOC_6H_8(OH)_5$

   （4）十二烷基硫酸钠 $C_{12}H_{25}SO_4Na$

   （5）全氟辛酸钾 $C_7F_{15}COOK$
7. 计算聚氧乙烯失水山梨醇单月桂酸酯 [$C_{11}H_{23}COOC_6H_8(OC_2H_4)_XOH(OC_2H_4)_YOH(OC_2H_4)_ZOH$]($X+Y+Z=15$) 的HLB值。已知，其皂化值 $S=46$mg KOH/g，酸值 $A=276$mg KOH/g（月桂酸）。
8. 计算硬脂酸（$M=284$）分别与8mol和40mol的环氧乙烷（$M=44$）缩聚后所得表面活性剂的HLB值。
9. 将72%吐温60[聚氧乙烯失水山梨醇单硬脂酸酯(HLB=14.9)]与28%司盘60[失水山梨醇单硬脂酸酯(HLB=4.7)]混合，求混合物的HLB值。

10. 试说明棉布用表面活性剂处理后可以制成防雨布的原理。

11. 影响表面活性剂增溶作用的因素有哪些?

12. 如何判断固体粉末在液体中的分散性?

13. 为什么有机颜料（染料）在水体系中分散时常必须进行表面处理?

14. 无机颜料在有机溶剂中可以铺展润湿，所以其分散时不必进行表面处理，对吗? 为什么?

15. 简述矿物浮选的原理。

16. 表面活性剂去污作用的基本原理是什么? 非离子型表面活性剂在去污方面有何优缺点?

17. 涂料助剂中很多都是表面活性剂，也有一些是表面活性物质，试举例说明。

第七章

泡沫与乳液

在以液体为分散介质的分散体系中，分散相除了固体外，还可以是气体或液体。当气体或液体以超微粒子状态分散于液相分散介质中时，便形成了特殊的胶体分散体系，其动力学特性，如布朗运动、扩散行为、沉降特性、流动特性、光学特性和带电特性与固体分散相的多分散体系基本相似，但气体分散相的密度比固体分散相低得多，液体分散相一般也比固体低，因此，在分散相与分散介质的密度差方面与固体分散相形成的体系有很大差别，导致其在沉降、光散射、流动特性等与密度有关的行为上与固体分散相体系相比会有一些变化。这里对这两种体系稍做讨论。

第一节　泡沫

通常把由液体或固体薄膜包围着气体的结构叫作“泡”，而把由很多气泡所组成的疏松堆积体称作“泡沫”。例如，香槟、皂角苷水溶液在振动或搅拌下可以形成液体泡沫；饼干、泡沫玻璃等则为固体泡沫；而在泡沫选矿时，则会形成多相泡沫。泡沫是气体作为分散相的多分散性体系，但气泡的尺寸变化范围很宽，有些体系中气泡的尺寸很小，分布也很均一，但有些体系则不然。这里不对其尺寸做限定，只介绍其一般的行为特点和有关原理。

泡沫在日常生活及工业生产中有很多用途。在日常生活中，我们吃着“泡沫”（如面包、馒头、蛋糕等），喝着“泡沫”（如啤酒、汽水等），用着“泡沫”（如海绵、泡沫衬垫等），孩子们还喜欢玩着“泡沫”（如吹肥皂泡）。泡沫可以帮助我们清洁（如洗涤剂、泡沫浴、剃须膏等），帮助我们搭建房屋（泡沫塑料、泡沫水泥等），还可以帮助我们灭火，在矿山企业，泡沫还可以帮助我们进行选矿。但有时泡沫也有其不利的一面，如在生产过程中形成的大量泡沫会造成误工和浪费，烧锅炉、浓缩溶液、减压蒸馏等过程中，起泡则是有害的，在造纸业、食品业以及医药业中，往往消泡比发泡更为重要，而生活中使用合成洗涤剂时所产生的带有大量泡沫的水更造成了环境的污染。

因此，首先必须对泡沫的形成及其特性要有所了解，然后，才能根据需要合理地使用泡沫或消除泡沫。本节仅涉及液体泡沫。

一、泡沫及其应用

当搅拌洗涤剂的水溶液时，气体会高度分散在液相中，产生被液膜隔开的气泡。因此，液体泡沫实际上是气体分散在液体中的分散体系。它属于一类粗分散体系。

1. 泡沫的产生与稳定性

泡沫的产生既可以从体系内部发生，如溶剂的汽化、体系内化学物质间发生反应生成了气体等；也可以自外部产生，如机械搅拌等。当气体通过液体开始生成气泡时，每一个新生成的气泡都是小球形，彼此之间被厚厚的液膜隔开。由于气体和液体间的密度相差很大，所以在液体中生成的气泡总是很快地上升至液面。泡沫生成后，其内部包含的液体由于受重力和曲面压力的作用，会从膜间排出，使球形小泡靠得更近。由于排液，气泡壁逐渐变薄，气体可以通过气泡壁相互渗透，气压高的小泡逐渐消失，气泡压力趋于相等，泡的大小逐渐均匀，并且形成泡沫变形多面体的密堆积。无论是双泡还是四泡的堆积都是不稳定的，直至最终形成三界面的稳定结构（图 7-1）。

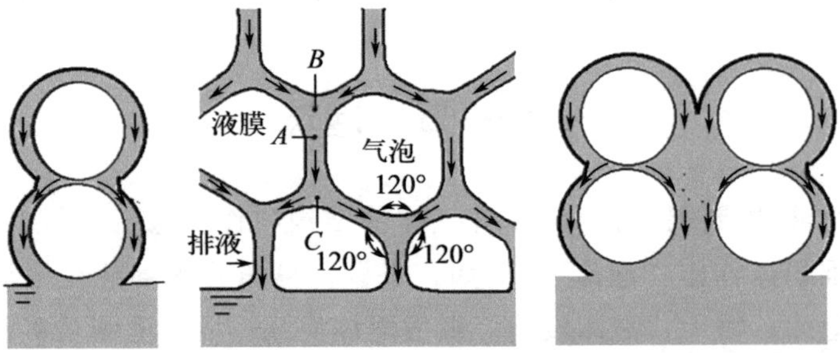

(a) 双泡结构　　(b) 三泡结构　　(c) 四泡结构

图 7-1　泡沫结构示意图

泡沫上薄液膜的表面能很高，例如，面积为 $100cm^2$、厚度为 $10^{-4}cm$ 的液膜，其体积只有 $10^{-2}cm^3$，而它作为一个球形液滴，表面积仅为 $0.2244cm^2$，也就是说，液膜的表面能比液滴高约几百倍。因此，泡沫是热力学不稳定体系，有自发破裂、降低体系能量的趋势。

除此之外，液膜内存在着排液过程，它也是液膜不稳定的主要来源。如图 7-1 所示，由于液膜棱边交角处由曲率很小的表面所包围，与相对平坦的壁面相比，气泡相交的圆角处（*B* 点）周围气泡内的附加压力大于壁面处（*A* 点）周围泡孔内的附加压力，导致交角处有扩张的趋势，而壁面处有收缩的趋势，因而液膜将从平坦的壁面处流向圆角，壁面处的液膜便变薄。在重力作用下，上部相距更远处的液膜再迁移进来以补充，再从壁面流向圆角，导致液膜内排液过程不断进行，使液膜变薄。同时，重力、表面蒸发作用也使液膜变薄。当液膜排液至厚度在 10.0nm 以下时，液膜中的分子运动通常足以使其破灭，气泡结构遭到破坏。例如，新生成的肥皂泡膜很厚，随着排水的进行，膜变薄，当光线在膜的前后两个面上的反射光发生干涉时，便可以出现美丽的七彩条纹，最后出现黑膜时，膜厚仅有 4.5nm 左右。

泡沫在形成过程中，表面积被扩展得相当大，因而很容易破灭，可见泡沫是一个热力学不稳定体系。但是，有些泡沫却能较为长久地存在。通常，泡沫的稳定性取决于以下几个因素。

（1）表面张力

由于泡沫的表面积很大，因而液体的表面张力越低，产生泡沫所需的能量也就越小，也就越容易形成泡沫体系。但是低表面张力对泡沫的稳定性贡献不大，例如，乙醇、正丁烷等一些纯有机液体等，其表面张力比肥皂水的表面张力还低，却不能生成稳定的泡沫。因此，低表面张力并不是泡沫稳定存在的决定性因素。实际上，只有当表面膜有一定的机械强度，能形成多面体的泡沫时，低表面张力才有助于泡沫的稳定。

（2）膜的回弹性

所谓回弹性是指膜在受到外界干扰产生变形时的恢复能力，它是通过表面张力梯度产生的作用，即 Marangoni 效应来实现的，它使泡沫的液膜表现出一种对抗膜形变的弹性，用 Gibbs 弹性模量 E 来表示：

$$E=\frac{2\mathrm{d}\gamma}{\frac{\mathrm{d}A}{A}}=\frac{2\mathrm{d}\gamma}{\mathrm{d}\ln A} \tag{7-1}$$

式中，γ 为泡沫液膜的表面张力；A 为泡沫液膜的表面积。当液膜受到扰动时，液膜表面积变化量为 $\mathrm{d}A$，表面张力的变化量为 $\mathrm{d}\gamma$。对于纯液体，当表面积发生变化时，表面张力并不改变，即 $\mathrm{d}\gamma=0$，因此，$E=0$，没有回弹性，因而不能形成稳定的泡沫。各种纯液体之所以不能形成稳定的泡沫，其原因就在于它们缺乏表面弹性。

当泡沫受到冲击时，局部表面因拉伸而变大，使吸附于表面的表面活性剂浓度变小，于是该区域表面张力相应也增大，这样就使表面又具有收缩的趋势；同时，由于液体有流动性，表面活性剂分子与薄层液体一起，从表面张力低的区域流向表面张力高的区域，从而使表面张力下降到原来的数值，液膜厚度也复原。这种回弹性赋予气泡膜耐突然破裂的机制，其特征是由表面活性剂给予的。对于含有表面活性剂的体系，式(7-1) 可进一步写成：

$$E=\frac{4RT\Gamma^2}{c}\times\frac{1+\frac{\mathrm{d}\ln\gamma}{\mathrm{d}\ln c}}{h+2\frac{\mathrm{d}\gamma}{\mathrm{d}c}} \tag{7-2}$$

式中，h 为液膜的平均厚度；Γ 为表面吸附量。以 E 对浓度 c 作图，曲线如图 7-2 所示。可见，回弹性与膜厚成反比，膜厚增加，回弹性降低；在回弹性与表面活性剂浓度间存在着一个最大回弹性的浓度 $c_{\max}$，在此浓度以下，由于表面吸附量较小，所以，浓度增加时，表面吸附量增加，回弹力也增加（图 7-3）；而

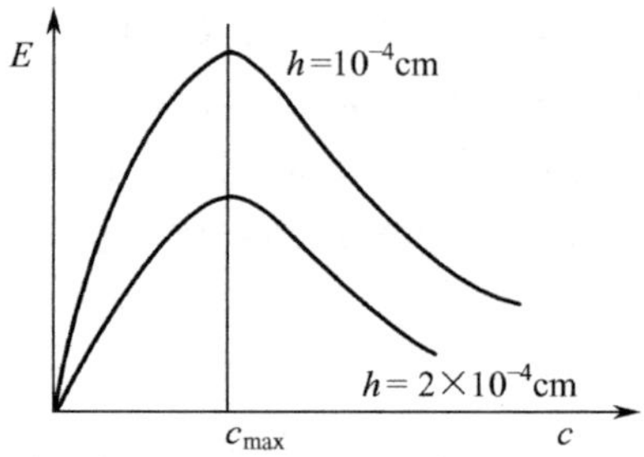

图 7-2　液膜弹性模量与表面活性剂浓度的关系

在 c_{max} 以上时，表面活性剂在表面的吸附已达饱和，因此，溶液内部表面活性剂的浓度也较高。当表面积增加时，溶液内部的表面活性剂分子可以很快补充到新鲜表面上，这样，虽然变形区的吸附分子密度与表面张力可以复原，但液膜不能复原，所以回弹性反而下降（图 7-4）。一般而言，c_{max} 与 CMC 大致相等。

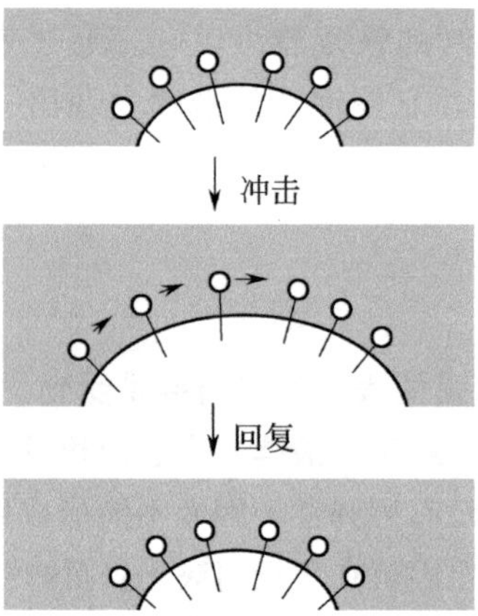

图 7-3　液膜的回弹过程

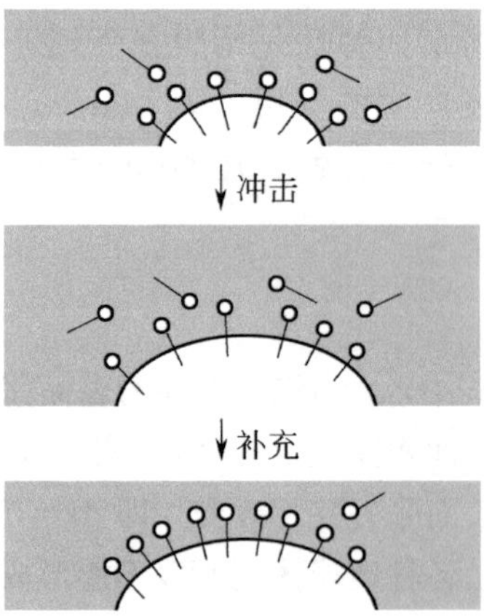

图 7-4　浓度过高时，回弹性下降

（3）表面黏度

表面黏度对液膜的强度有很大的影响。表面黏度越大的体系，形成的液膜强度也越高，泡沫的寿命就越长，泡沫也越稳定。表 7-1 是不同种类 1%表面活性剂溶液的黏度及其所产生的泡沫的寿命比较。在初始形成泡沫时，气泡的大小不一，小气泡内的压力比大气泡内的压力大，因而气体将从压力高的小气泡透过膜向相邻的大气泡中扩散，这势必造成小气泡逐渐变小而至消失，大气泡逐渐胀大而至破裂。而表面黏度大的液膜，分子排列紧密，气体难以透过，因而形成的泡沫就稳定；同时表面黏度大的液膜排液速度较慢，这也有助于泡沫的稳定。例如，用月桂酸作发泡剂，用月桂酸钠作稳泡剂，由于二者间具有强烈的分子间作用力，可以形成分子紧密排列的、牢固的混合膜，表面黏度高，是强度很高的单分子层，因而可以大大提高泡沫的稳定性。这种混合膜有时又称为刚性膜。

表 7-1 不同种类 1%表面活性剂溶液浓度及其所产生的泡沫的寿命比较

表面活性剂	Triton X-100	Santomerse 3	E 607L	月桂酸钾	十二烷基硫酸钠
黏度/(Pa·s)	1.1×10^{-3}	3×10^{-3}	4×10^{-3}	39×10^{-3}	55×10^{-3}
泡沫寿命/s	60	440	1650	2200	6100

(4) 表面电荷

当采用离子型表面活性剂时，这些离子将定向地吸附于泡沫液膜的内外两个表面上，相同电荷的亲水基团在液膜内形成带电表面层，反离子分布在表面膜附近，形成两个双电层（图 7-5）。当液膜被挤压变薄时，带电表面层间的静电排斥作用明显增加，因而可以阻止液膜进一步变薄，有助于泡沫的稳定。

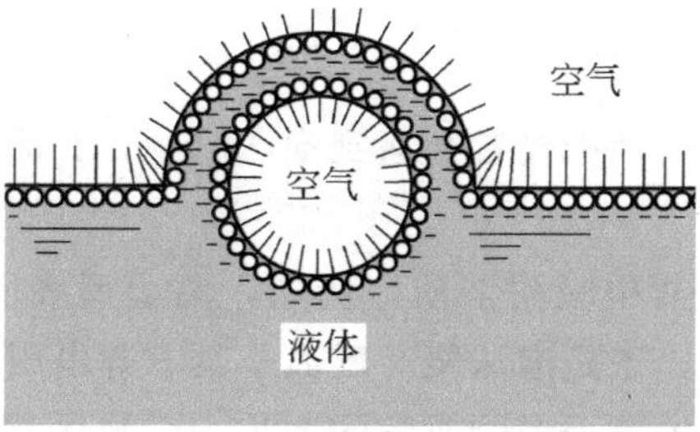

图 7-5 离子型表面活性剂在泡上形成双电层

2. 发泡剂与发泡作用

我们都有这样的经验，搅动水而产生的气泡很快就会破灭；而在水中加点肥皂粉、牛奶或鸡蛋后，却可以产生相对持久的泡沫。一般要得到稳定的泡沫，必须加入发泡剂。所谓发泡剂，就是能够产生大量稳定泡沫的物质，它们大多是表面活性剂。表面活性剂的水溶液就是典型的易产生泡沫的体系。黏度较高的蛋白质溶液及其他一些水溶性高分子溶液也容易产生稳定持久的泡沫。

常用的发泡剂有以下几类。

(1) 表面活性剂类

一般阴离子型表面活性剂起泡能力最强，其中以十二烷基硫酸钠、十二烷基磺酸钠及肥皂等最为常用，具有良好的起泡性能；而非离子型表面活性剂的起泡能力则较差。

(2) 可溶性高分子类

这类物质降低表面张力的作用并不显著，但其分子间除有范德华力外，还存在大量的离子键、氢键、CTC 相互作用，或是芳香环间作用等强相互作用力，因此所生成的薄膜相当坚固，泡沫十分稳定。其典型代表是蛋白质，在水溶液中具有很强的稳泡能力。

(3) 固体粉末

一些不为液体所润湿的固体粉末可以浮集于气泡周围，既防止气泡的合并，也阻止了液膜中液体从紧密堆积的粉末中流失。

发泡剂的类型是决定起泡能力的主要因素，同时温度、水的硬度、溶液的pH值等环境条件对起泡能力也有重要影响。发泡剂作用也只有在搅拌的条件下才能表现出来。在生成泡沫的过程中，发泡剂所起的作用主要是：

① 使液膜具有一定的强度。表面活性剂分子定向吸附于液膜表面上，形成具有一定机械强度的单分子层保护膜或带电荷的双电层，阻止了排液过程的进行。

② 增加膜中液体的黏度，使排液速率降低；同时也有利于提高膜的强度，从而提高泡沫的稳定性。

③ 降低表面张力，使体系表面自由能降低，从而降低发泡所需的能量；同时增加了泡沫对气流和机械振动的稳定性。

3. 泡沫的应用

在工业生产与日常生活中经常会遇到泡沫问题，其应用十分广泛。

(1) 泡沫分离

泡沫的液膜能从溶液中吸附溶质，例如，离子型表面活性剂在气-液界面上定向后形成带电双电层，于是泡沫便对反离子具有静电引力。利用这一性质可将溶液中某些带相反电荷的离子型物质随同泡沫一起与体相分离。特别是对那些浓度很稀、含量很少的物质，如含金、银等贵金属离子的溶液就可以用此法进行富集。这对提取海水中重要的铜、金、锌、铀等元素是很有意义的；而用泡沫对矿石进行浮选，可以将所需的少量矿苗与大量的硅酸盐分离开来。利用各种表面活性剂形成泡沫能力的不同，分段收集泡沫则又可以达到分离各种表面活性剂的目的；在制糖工业中，利用泡沫分离法可以将杂质除去，从而达到精制纯化的目的。

(2) 日用

在修面剃须时，人们常先涂上肥皂泡沫，它可以抵抗变形和扩大表面，减少胡子的揉曲性能，使胡子很容易被刮掉。泡沫浴在水中能生成丰富的泡沫，具有良好的去污能力，使皮肤清洁，还能促进血液循环，其主要成分为泡沫型表面活性剂，如烷基硫酸钠、十二烷基硫酸三乙醇胺、烷基苯聚氧乙烯醚等，以及泡沫稳定剂和香精、色料、黏度控制剂等。

在食品工业中，泡沫也有大量的应用，如冰淇淋、蛋糕、馒头、面包、发酵乳饮料及啤酒、充气糖果等，都涉及泡沫的应用，所用发泡稳泡剂有蔗糖脂肪酸酯类、蛋白质类、纤维素衍生物类、植物胶类及香料、可可粉等多种固体粉末。

此外，泡沫在保温隔热、防撞填充包装、吸声隔声、座垫床垫材料制备，以及灭火、驱油等技术方面都有很大的作用。

二、消泡及其应用

泡沫的形成也常会给人们带来烦恼和危害。例如，在涂料涂装过程中如果产生泡沫，既影响涂膜的美观，又降低了涂膜的保护作用。再如在烧锅炉、浓缩溶液和减压蒸馏中，起泡和泡沫也是十分有害的；家庭中广泛使用合成洗涤剂，起泡给下水处理也带来了困难。在这些情形下，消泡就显得更加重要了。

1. 消泡方法

消泡的方法主要有以下两种：

① 物理消泡法　这是改变泡沫存在的条件而破坏泡沫的方法。如改变温度和压力、机械搅拌击破泡沫，也可以用 X 射线或紫外线辐照法、气流冲击法、离心分离法等进行消泡。

② 化学消泡法　使用化学消泡剂进行消泡，即通过改变液体的 pH 值、盐析或添加与发泡剂能起化学反应的试剂等方法来达到消泡的目的。

在这些方法中，消泡剂或消泡剂与机械消泡相结合的方法较为常用。

2. 消泡剂与消泡作用

当把丁醇加入皂角苷水溶液泡沫中时，可以发现泡沫明显被破坏，因此，丁醇对稳定的泡沫具有破坏作用。然而含有丁醇的皂角苷水溶液，起泡力却无明显减小。这一个现象表明，醇的破泡能力强，抑泡能力弱。与此相反，硅油对皂角苷泡沫没有破泡能力，却有很强的抑泡能力。因此消泡作用实际上可分为破泡作用和抑泡作用两种形式。在市场上还可以经常见到脱泡剂。脱泡剂的作用是使分散在涂料中的微泡尽快上升到表面，但同时它也具有消泡的能力。

具有破泡能力的物质称为破泡剂，而具有抑泡能力的物质称为抑泡剂。在大多数情况下这二者很难区分，统称为消泡剂。实际体系很少会同时使用抑泡剂、脱泡剂和消泡剂，通常只要选择一种适宜的就足够了。

水性和油性体系所用的消泡剂是不同的。它受到涂料体系的性质、化学组成、界面性质不同等因素的影响。水体系本身具有较高的表面张力，可以使用具有较高表面张力的消泡剂；而溶剂型本身的表面张力较低，则消泡剂的表面张力应更低。

常用的消泡剂有：

① 低级醇类　C_8 以下的各种醇，具有暂时破泡性能，因而在工业生产中用于泡沫增多时喷淋，但它并不是很好的消泡剂。

② 磷酸酯类　如磷酸三丁酯等，是常用的一类消泡剂。

③ 油脂类　如脂肪酸及其酯。特点是无毒，但消泡能力并不很强。

④ 聚醚类　这是一类非离子型表面活性剂，如聚氧乙烯聚氧丙烯丙二醇醚，其结构特点是疏水链与亲水链在分子中间隔出现，消泡效果良好。

⑤ 聚硅氧烷类　这一类消泡剂具有良好的抑泡能力，而且无毒性，已被广泛地应用于纤维、涂料、金属、无机药品及发酵等工业部门。其消泡能力与分子量有关。一般当分子量很低时，与涂料的相容性好，这将导致泡沫的稳定，反而不能消泡。而分子量过高，则相容性太差，又会使涂膜产生缺陷，如锤纹漆的制

作就是采用完全不相容的高分子量的聚硅氧烷作助剂的。因此，对不同的体系，可通过调节化学组成或分子量来控制相容性，达到消泡的目的。如用聚醚接枝或嵌段，可使表面张力有所增加，可用于极性溶剂体系。而将氟与硅结合的全氟有机硅消泡剂，表面张力极低，消泡作用很强。

⑥ 卤化物　包括卤代烃、混合卤代烃等，主要用于润滑油和机油的消泡。

消泡剂破泡的原理有以下几种：

① 消泡剂在发泡液面上铺展　按照铺展的条件，若使消泡剂能在液膜表面铺展，则其表面张力应低于原液膜的表面张力。用易于铺展和吸附的消泡剂分子取代液膜上的发泡剂分子，而消泡剂只能形成强度很差的膜，所以泡沫易破裂。与此同时，由于消泡剂在铺展过程中带走邻近表面层的部分溶液使泡沫液膜变薄而最终破灭。

② 消泡剂在膜表面迅速吸附　当泡沫的液面受到扰动表面积变大时，能迅速吸附溶液中的消泡剂，表面分子由表面张力低处向高处迁移的过程不易再进行，使膜丧失回弹力，从而降低泡沫的稳定性。

③ 降低泡沫体系的黏度　降低黏度可以引起泡沫排液速率的增加，同时增加膜对空气的渗透性，加速泡沫的合并，从而加速泡沫的破裂。

总之，消泡的作用正好与起泡作用相反。因此，在选择消泡剂时就要考虑到以上因素。但具体哪一种消泡剂好，尚需要具体分析。

在涂料配方中总是要用流平剂的，而流平剂基本上都具有稳泡作用。要消除这种泡沫，就应该选用表面张力比流平剂更低的消泡剂，它可以破坏流平剂的稳定作用，这就是为什么流平剂要与消泡剂配合使用的原因。而流平性好的流平剂通常稳泡性也强，则消泡剂的用量也要相应增加。但用量过多会产生缩孔，出现副作用，影响涂膜性能。此外，相容性不好会使涂料变浑。对生产中易起泡的涂料，可分段添加消泡剂，如在研磨粉碎时，添加廉价的、效率不高的产品，而在调漆时，再加高效消泡剂，可防止运输施工中产生泡沫，起到较好的作用。

3. 消泡应用

① 造纸业　木材或棉麻、纸草等原料经脱树脂处理后可以制成纸浆，纸浆在抄造过程中易引起空气在水中分散，形成泡沫，使脱水速率下降，纸张质量也受到影响。因此，需加入表面活性剂以消泡。其作用是促进气泡间的合并，加快气泡上升，并在表面予以消泡。所用消泡剂的 HLB 值大多在 2～4 之间，组分主要为脂肪醇（酸）聚氧乙烯醚（酯）、高级脂肪酰胺等。通常以多组分的配合物消泡效果较好，各种消泡剂间具有协同效应，可以增强消泡能力。

② 食品加工业　在对植物食品原料尤其是含高淀粉、高糖分的原料进行加工清洗时或者以发酵法进行食品加工时，往往会产生大量的泡沫，造成浪费；在煎炸食品时，当所用的油混有食品成分时也会起泡，在高温下会喷溅而伤人，在

明火作业时，甚至会酿成火灾等事故，因此也需要在加工体系中加入一定量的消泡剂，如脂肪酸酯类和有机硅类等。例如，在蛋白质的浓缩过程中常加入司盘80作消泡剂，司盘20则用于奶粉的干燥处理，在发酵食品中常用油脂进行消泡等。此外，聚乙二醇类也是常用的食品消泡剂。

③ 涂料　在水性涂料的生产和使用过程中，均会产生气泡而影响涂膜外观和性能，这就需要加入少量的消泡剂加以控制。所用消泡剂必须易于在泡膜表面上扩展，在泡液中不溶或难溶，以利于其在表面的富集而减少用量，同时消泡剂还不能破坏乳液，不能在涂膜上形成鱼眼或缩孔。一般涂料所用消泡剂有聚硅氧烷和脂肪酸烷基酯等品种。例如，氧乙烯氧丙烯共聚物可用于水性和极性溶剂分散的体系，脂肪酸酯可用于纸张用涂料和乳胶涂料等，而非离子型复合物则用于聚乙酸乙烯酯及其共聚物乳胶漆。选择涂料用消泡剂应十分谨慎，配选不当涂膜即会出现缩孔、失光或色差等弊病。

第二节　乳液

一、乳液及其应用

一种液体以极小的液滴形式均匀分散于另一个与它不相混溶的液体之中，这样形成的分散体系就叫作乳液，也称乳状液。通常以小液滴形式存在的相叫作分散相，而另一相叫作连续相或分散介质。在大多数情况下，在乳液中，除了上述两种液体外，还存在着第三种物质，它可以使两种液体所形成的乳液保持稳定，这种物质叫作乳化剂。例如，每天早晨，你手中的那杯牛奶就是一个典型的乳液，它是脂肪在水中的分散体系，脂肪是分散相，水为分散介质，而蛋白质则发挥着乳化剂的稳定作用。在日常生活和工农业生产中，乳液有着广泛的应用。

1. 乳液类型

乳液中液滴的直径一般为0.1～100μm，液滴大小不同，会导致光散射作用的差异，因而外观上也就有差别（表7-2），通常将液滴直径在1.0～100μm的白色或蓝白色液体分散体系称为乳液，将液滴直径在0.1μm以下的分散体系称为微乳液。

表7-2　颗粒大小对乳液外观的影响

名称	颗粒大小	乳液外观
乳液	大颗粒小球 ＞1μm 1～0.1μm	二相可区别 乳白色 蓝白色
微乳液	＜0.1～0.05μm ＜0.05μm	灰色半透明 透明

通常所遇到的乳液，总有一相是水，另一相是非极性液体，通称为“油”，因而按照液体的物性可以将乳液分为两种类型，一种是油分散于水中，成为水包油型乳液，以“O/W”表示，如牛奶就是奶油分散在水中所形成的O/W型乳液；另一种是水成为液滴状分散于油中形成油包水型乳液，以“W/O”表示，如奶油就是与牛奶相反的油包水型乳液。在生成乳液时，是O/W型还是W/O型，将受很多条件的影响，如使用的乳化剂种类、水和油的体积比、振动及在乳化时的机械条件、乳化时所用器具的内壁同油和水的润湿程度等。Bancroft规则指出，在没有乳化剂时，一般大量存在的液体构成连续相，同时润湿器壁的液体也容易形成连续相；而在有乳化剂的情况下，乳液的类型则由乳化剂的性质决定，通常，如果乳化剂是水溶性的，那么水就成为连续相；反之则由油形成连续相。

区分乳液的类型可以用以下简单的方法：

① 稀释法　O/W型可以被水稀释，而W/O型可以被油稀释。把一滴乳液滴入水中，能扩散时就是O/W型，如果依然浮在表面上，就是W/O型。

② 染色法　把仅能溶于某一相的染料加入乳液中，看是否能将整个乳液染色，例如，把油溶性的红色苏丹Ⅲ撒在乳液表面上，振荡后，如果整个液体呈红色，则该乳液是W/O型；反之，对于O/W型乳液，则只能使液滴染色。

③ 电导法　由于油和水的导电能力有很大差别，所以可用电导测定来区分乳液类型。在乳液中插入电极，并在电路中接一盏灯，若是W/O型，电导小，灯不亮；而若灯亮则是O/W型。但是，用离子型乳化剂稳定的W/O型乳液，有时导电能力也较大，因此，在利用此法时要慎重。

此外，还有折射率、荧光、纸上润湿等鉴别方法。鉴定时，往往数法并用，才能获得正确的结论。

2. 乳化剂

乳液由于分散相液滴很小，具有很高的界面自由能，属于热力学不稳定物系。因此，必须加入可以降低其界面自由能、对乳液起稳定作用的乳化剂，方可得到稳定的乳液。乳化剂的种类很多，常用的可分为四大类型：

① 表面活性剂类　有阴离子型（如羧酸盐、磺酸盐等）、阳离子型（如胺类、季铵盐类等）、两性离子型（如氨基酸型、甜菜碱型等）及非离子型（如聚氧乙烯类、多元醇类等）。

② 大分子类　主要有动物胶、植物胶及人工合成的水溶性聚合物等。

③ 天然乳化剂　包括磷脂类（如卵磷脂等）、甾醇类（如羊毛脂等）、水溶性胶类（如阿拉伯胶、胍胶及多糖化合物）等。

④ 固体粉末　任何固体，只要其溶解度足够小，颗粒足够细，就可以用作乳化剂，这种以固体粉末稳定的乳液称为Pickering乳液。但最终形成哪种类型的乳液则主要取决于固体粉末的表面性质。如$Mg(OH)_2$、$Al(OH)_3$、SiO_2等是

O/W 型乳化剂；而 $Ca(OH)_2$、$Zn(OH)_2$、石墨等则是 W/O 型乳化剂。

在制备乳液时，乳化剂的选择是一个关键。选用亲水性强的乳化剂可以制得 O/W 型乳液，而用亲油性强的乳化剂可以制得 W/O 型乳液。因此，首先要了解乳化剂的亲水或亲油能力。对于表面活性剂，通常可以参考其 HLB 值加以选择。例如，HLB 值在 3～8 间的表面活性剂，可以用作油包水型的乳化剂；而 HLB 值在 8 以上的，则可以用作水包油型的乳化剂。

3. 乳化剂的乳化作用

乳液由于其具有庞大的界面面积，表面能很高，液滴具有很大的聚结倾向以减少表面能，因而从本质上讲，它是具有一定分散度的热力学不稳定体系。但它在乳化剂的作用下，能够稳定地存在，说明乳化剂对乳液的稳定性起着重要的作用。在乳液中，乳化剂分子聚集在油-水界面上，将亲水基伸向水中，把亲油基伸入油中，形成定向排列。这样，一方面可以降低油水的界面张力，使体系表面能下降而趋于稳定；另一方面，由于乳化剂分子在油-水界面上的定向排列，形成了一层具有一定机械强度的坚韧的保护膜，将分散的液滴相互隔开，防止了液滴的聚集变大［图 7-6(A)］；如果乳化剂是离子型的，还可以在液滴表面形成双电层，静电斥力也可以使液滴相互分离［图 7-6(B)］；至于固体粉末，它在液-液界面上有三种不同的位置：易为水相润湿的大部分处于水相中；易为油相润湿的大部分处于油相中；若其亲水性与亲油性差不多，则处于两种液体的中间。如果它能为外相所润湿，而只稍微为内相润湿，则颗粒在液滴的表面可以形成一层非常坚固而稳定的膜，因此可使形成的乳液稳定地存在［图 7-6(C)］。

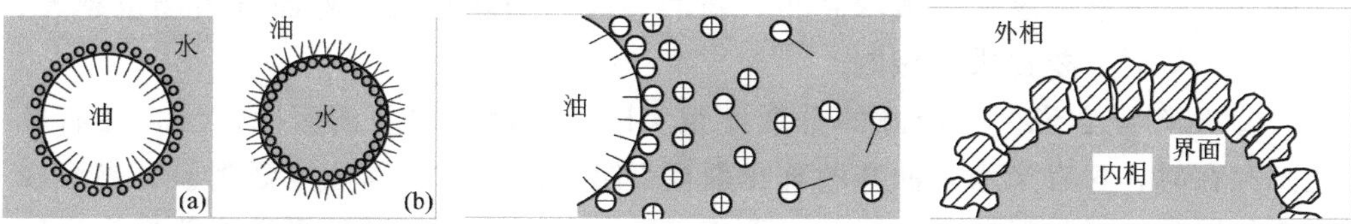

(A)　　(B)　　(C)

(a) 一价离子形成 O/W；
(b) 二价离子形成 W/O

图 7-6　乳化剂的稳定作用

(A) 乳化剂定向排列起稳定作用；(B) 界面双电层的稳定作用；(C) 固体粉末的稳定作用

一般来说，下列各种因素均有利于乳液的稳定性。

① 界面张力小，有利于降低体系界面自由能。由于液滴与连续相间的界面能取决于液滴界面自由能和界面面积，界面面积与液滴的尺寸密切相关，而界面自由能则取决于乳化剂对两相的融合能力，融合能力越强，则界面张力越低，总界面能也就越小。

② 界面膜的机械强度要高，并富有弹性。液滴聚沉时要经过液滴间碰撞接触，如果接触部分的膜物质被挤走，便会发生聚结。显然，排列不紧密的膜物质

容易被挤走，其稳定性就较差，而紧密排列的膜则具有较高的稳定性。如十六烷基磺酸钠与十六烷基醇混合制成的乳化剂在烃与水的界面上能形成紧密排列的混合膜，所以所得的乳液是相当稳定的；但若用油醇来代替十六烷基醇，则因为其在烃-水界面上形成的膜排列不紧密而导致乳液稳定性很差。

③ 双电层的排斥作用。当离子型乳化剂加入乳液中时，液滴的双电层导致液滴间相互排斥，减少了碰撞的概率，但是其横向斥力也会使膜物质不能紧密排列，为此，可以将离子型乳化剂与非离子型乳化剂混合使用，同时增加水相的电解质浓度，就可以形成致密的复合膜。

④ 分散相的体积相对要小，使液滴间碰撞、接触概率降低。

⑤ 液滴大小要均一。因为大液滴比小液滴更不稳定，在同一个体系中，大液滴将要继续增大，而小液滴将会消失，这个过程继续下去，将导致乳液的最终破坏。如果液滴大小比较均一，这种破坏将大为减少。

⑥ 高黏度。黏度高的乳液可以大大减慢液滴的分层、聚结等过程的速度，如果在体系中能形成弱的胶体网状结构，那么这种乳液就可以非常稳定。

在以上这些稳定性因素中，在液滴表面能形成具有一定机械强度的保护膜是主要原因，而降低界面张力对乳液的稳定性所起作用较小。静电斥力只在稀乳液的情况下才起作用。

根据乳液稳定的原理和乳化剂的乳化作用，人们对乳化也提出一些学说。典型的有：

① 界面张力学说　将液体以液滴状态分散至另一相液体中时，需要提供庞大的能量。分散度越大，液滴越小，新的界面面积就越大，界面自由能也越大。所以在分散时需要提供机械能。

② 吸附膜学说　当液滴的分散度很大时，界面有很强的吸附能力，在有乳化剂存在时，含有亲水亲油基的乳化剂被吸附在液滴的周围形成吸附膜。界面吸附膜像屏障一样阻碍液滴的合并。乳化剂的稳定性取决于界面膜的附着性和牢固性。根据 Langmuir 理论，该定向膜主要是单分子层膜，界面张力降低和具有一定机械强度的膜的形成使乳液得以稳定。界面膜厚薄不一，单分子层吸附的厚度仅有几个纳米，而多分子层吸附则可达亚微米量级。界面膜越厚，乳液越稳定。

③ 分子定向排列学说　乳化剂是两亲结构，在油-水界面上极性基团指向水，非极性基团指向油，从而降低界面张力，增强乳液的稳定性。同时，乳化剂分子紧密地定向排列在油-水界面上，形成一层保护膜，也阻止了液滴的自动聚集，使乳液趋于稳定。

④ 双电层学说　绝大多数稳定的乳液界面都带电，静电斥力是液滴聚结的阻力，是乳液稳定的原因之一。一般规律是，界面电荷越大，就表示界面膜分子排列得越紧密，于是界面膜强度亦将越大。这种因素与界面带电因素都有防止液滴聚结的能力，从而使乳液的稳定性获得提高。

4. 决定乳液类型的因素

① 相体积比　根据密堆积理论，对于尺寸相同的刚性球形粒子而言，其密堆积的最大体积分数为 74.02%。因此，如果把分散相看成是大小均一的刚性球形液滴，则其在密堆积时，液滴体积分数应小于 74.02%。如果体积分数大于 74.02%，乳液就会被破坏变形。可见，如果水的体积分数小于 26%，体系就只能形成 W/O 型乳液；如果水的体积分数大于 74%，则只能形成 O/W 型乳液；若水的体积分数介于 26%～74%之间，则 O/W 型和 W/O 型两种乳液都有可能。当然，由于液滴尺寸大小不一，且可以变形，因此，该临界密堆积的体积分数值与实际有一定的误差。

② 楔形理论　1929 年 Harkins 提出大头冲外的楔形乳液稳定性理论。从几何角度讲，胶束外侧表面积大，内侧表面积小，故而乳化剂在界面层呈“大头”朝外、“小头”向里的几何形状时，符合表面积最小、界面吉布斯函数最低的要求，界面膜更为牢固。对一价碱金属皂类而言，其亲水端为大头，因此作为乳化剂时，容易形成 O/W 型乳液；而二价、三价金属皂类，由于每个极性基团带两个或三个非极性长链，因此其极性基团为小头，非极性基团为大头，故而容易形成 W/O 型乳液。同周期同价离子相比，碱金属离子如 Cs^+、K^+ 和 Na^+ 等脂肪酸盐，极性基较大，到 Ag^+ 等过渡金属时，极性基变小，则又容易形成 W/O 型乳液了。

③ Bancroft 规则　1913 年，Bancroft 提出根据乳化剂的溶解特性来判断乳液类型，即乳化剂在哪一相中的溶解度大，哪一相就是连续相。将乳化剂分别在水相和油相中的溶解度之比定义为分配系数，因此，分配系数比较大的就容易得到 O/W 型乳液。分配系数越大，O/W 型乳液越稳定。这一个经验规则可用界面张力或界面能的变化规律来定性解释。油溶性大的乳化剂在油界面上有较低的界面张力，易形成 W/O 型乳液；水溶性的乳化剂则易形成 O/W 型乳液。Bancroft 规则和能量因素在判断乳液类型时有相当广泛的应用。但它只能定性地适用于某些只在一相中可溶而在另一相中难溶或不溶的乳化剂，如果乳化剂在两相中都溶解，就难以判断了。另外，对于有支链结构的乳化剂，也时常会出现例外的情况。

④ 润湿性　当固体粉末作为乳化剂来稳定乳液时，只有润湿固体的液体能大部分处于外相，因此对固体有润湿性的液体是外相。例如，当水对固体粉末的接触角 $\theta<90°$时，固体粉末大部分被水润湿，因此，易形成 O/W 型乳液；反之则易形成 W/O 型乳液。当 $\theta=90°$时，形成的乳液就不够稳定。对于制备乳液的容器而言，如果器壁更为亲水，则水更容易成为外相，所以更易制备 O/W 的乳液。反之，容器器壁更亲油的话，则更易制备 W/O 型乳液。

⑤ 聚结速率理论　1957 年 Davies 提出聚结速率理论。这一种理论认为，当

油、水和乳化剂一起振荡或搅拌时，油、水都将被打碎形成液滴，搅拌停止后，油滴和水滴都会发生聚结。此时，形成乳液的类型就取决于油滴和水滴自身聚结速率的竞争。聚结速率快的液体将形成连续相，聚结速率慢的则被分散。因此，如果水滴的聚结速率远大于油滴的聚结速率，则形成 O/W 型乳液，反之形成 W/O 型乳液。如果两相聚结速率相近，则体积分数大的相将构成外相。

⑥ 双界面张力　一个界面膜有两个面，因此会有两个界面张力，即 $\gamma_{膜-水}$ 和 $\gamma_{膜-油}$。在形成乳液时，界面会趋向于向界面张力高的一边弯曲以降低其面积，从而降低界面自由能。因此，当 $\gamma_{膜-水} < \gamma_{膜-油}$ 时，得到 O/W 型乳液；当 $\gamma_{膜-水} > \gamma_{膜-油}$ 时，得到 W/O 型乳液。

⑦ 黏度　在制备乳液时，油相与水相黏度相差较大时，黏度低的更容易被打散而成为分散相，黏度高的相则容易成为外相。

5. 乳化方法及分散粒径的大小

制备乳液的方法有两种：一种是将液体以微小粒径分散于另一种液体中，称分散法，工业上多采用这种方法来制备乳液；另一种方法是将液体以分子状态溶解于某一种液体中，然后使其适当地聚集而成乳液，称凝聚法，较少应用。乳液的制备通常采用均质器、胶体磨、连续煮浆器、射流混合或超声波乳化等现代技术。

用简单的机械搅拌只能制得分散度较低的乳液。当使用搅拌器剧烈搅拌时，生成的液滴大小与界面张力 γ、介质密度 ρ、搅拌器转速 ω 等有关，这些因素可以用韦伯数 W_e 来描述：

$$W_e = \frac{\omega^2 D^3 \rho}{\gamma} \tag{7-3}$$

式中，D 为搅拌器直径。液滴的直径 d 与韦伯数间符合以下关系：

$$\frac{d}{D} = 0.081(1 + 4.47\phi) W_e^{-0.6} \tag{7-4}$$

式中，ϕ 为分散相在容器中所占的体积分数。

例：在制备乳液时，已知界面张力 $\gamma = 30\text{mN/m}$，搅拌器直径 $D = 1.0\text{cm}$，介质密度 $\rho = 1.0\text{g/cm}^3$，若分散相体积分数 $\phi = 10\%$，求①当转速为 12000r/min 时乳液的粒径；②若需制备 0.5μm 粒径的乳液，需要转速为多少？

解：① 转速 $\omega = 12000\text{r/min} = 1256/\text{s}$，根据式(7-3) 可得：

$$d = 0.081(1 + 4.47\phi)\left(\frac{\gamma^3}{\omega^6 D^4 \rho^3}\right)^{\frac{1}{5}} \tag{7-5}$$

由题意，$\left(\frac{\gamma^3}{\omega^6 D^4 \rho^3}\right)^{\frac{1}{5}} = \left(\frac{(30 \times 10^{-3})^3}{1256^6 \times (1 \times 10^{-2})^4 \times (1.0 \times 10^3)^3}\right)^{\frac{1}{5}} = 1.47 \times 10^{-5}(\text{m})$

则 $d = 0.081 \times (1 + 4.47 \times 0.1) \times 1.47 \times 10^{-5} = 1.72 \times 10^{-6}(\text{m})$

② 因为 $d=0.5\mu m=5\times10^{-7}m$，而根据式(7-5)，

$$\left(\frac{\gamma^3}{\omega^6 D^4 \rho^3}\right)^{\frac{1}{5}}=\frac{d}{0.081(1+4.47\phi)}=\frac{5\times10^{-7}}{0.081\times(1+4.47\times0.1)}=4.27\times10^{-6}$$

$$则\ \omega=\left[\frac{\gamma^3}{(4.27\times10^{-6})^5\times D^4\times\rho^3}\right]^{\frac{1}{6}}$$

$$=\left[\frac{(30\times10^{-3})^3}{(4.27\times10^{-6})^5\times(1\times10^{-2})^4\times(1.0\times10^3)^3}\right]^{\frac{1}{6}}$$

$$=3520.0(s^{-1})$$

利用机械法可以连续制备大粒径的乳液。然而在制备粒径在 1μm 以下的微乳液时就必须借助于表面活性剂来加以稳定，且一般的搅拌机难以达到所要求的转速。常用的乳化方法有以下几种。

① 乳化剂添加法　包括乳化剂在油相法（乳化剂先加入至油相，然后再与水相混合的方法）、乳化剂在水相法（先将乳化剂加于水相，然后将两相混合），以及交互添加法（在搅拌下逐渐将油相和水相交互加于乳化剂中，使两相混合）等。前两种方式最为常用，而第一种方法所制得的乳液粒子较细。

② 逆转乳化法　这种方法常用来制备小粒子的 O/W 乳液。它是先将表面活性剂与油相混合，然后再加水。在水较少时，先形成油包水型体系；逐步加水后，油包水体系向液晶形式过渡，转变为双连续相；表面活性剂分布从油包水形式转变为层状分布；再加水则形成油在表面活性剂中的凝胶状乳液，继续加水，连续相便从双连续相向水相转变，最终得到 O/W 型乳液。该种乳化方法中形成层状液晶相是十分重要的，若油与表面活性剂相组合不形成液晶，则有可能得不到微乳液。在实际乳化中，对表面活性剂种类、乳化温度、搅拌条件及水相加入速度等诸多条件的选择也必须严格加以控制，以获得高稳定性的乳液。

③ 相转变乳化法　非离子型表面活性剂的 HLB 值随温度升高而降低，因此在某一温度以下，可能该表面活性剂是亲水的，而在此温度以上，则又可能是亲油的，利用其亲水亲油特性的变化可以制备细粒子的乳液。例如，在壬基酚聚氧乙烯与环己烷及水构成的乳液体系中，若三者比例为 3∶48.5∶48.5，在 72℃时，体系达临界相转变温度，放置 5h 后，油、表面活性剂和水发生三相分离，在低于 72℃时，形成 O/W 型乳液，在高于 72℃时则形成 W/O 型乳液，在三相共存区域，界面张力最低，在此温度下进行乳化可以形成非常细小的粒子。

④ 凝胶乳化法　将亲油性表面活性剂混入氨基酸（或其盐）的水溶液的凝胶中，先使油相分散，然后再加入水使之乳化，从而可得到含水量较大的稳定的 W/O 乳液。其中经历了凝胶的过程，所以称为凝胶乳化法。

此外，还有表面活性剂相乳化法等。

在这些方法中还加入多元醇或氨基酸等第四种物质以增加乳液的稳定性。各

种方法由于乳化条件不同，制得的乳液在性质上也有很大的差异。任一种乳化法均不能制备所有类型的乳液。

6. 乳液的应用

（1）乳液聚合

单体在水介质中由乳化剂分散成乳液状态进行聚合，称为乳液聚合。它由单体、水、水溶性引发剂、乳化剂等组成，乳化剂常用 O/W（水包油）型阴离子表面活性剂，HLB 值在 8～18 范围内。大多数情况下，乳化剂浓度超过 CMC 值 1～3 个数量级，这样在溶液中大部分乳化剂处于胶束状态，加入不溶于水的单体后，由于增溶作用，小部分单体进入胶束的疏水内层，胶束因此而增大；大部分单体经搅拌将分散成细小的液滴，一般其尺寸不小于 1μm，液滴周围吸附了一层乳化剂分子，极性基伸向水层，形成带电保护层，乳液得以稳定（图 7-7）。

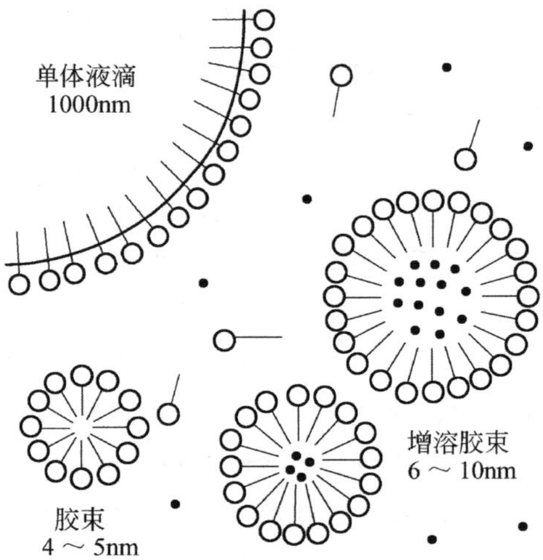

图 7-7 乳液聚合体系示意图

——○表示乳化剂分子；●表示单体

引发剂溶于水，分解产生的自由基不可能进入单体液滴引发聚合，而水相中单体浓度很低，也不是乳液聚合的主要场所。典型的乳液聚合中，胶束浓度为 10^{17}～10^{18} 个/cm^3，远远超过单体液滴数（10^{10}～10^{12} 个/cm^3），胶束比表面积比单体液滴要大得多，因此有利于捕捉来自水相的自由基，这样绝大部分聚合发生在胶束内。

聚合分三个阶段进行。三个阶段的速率变化如图 7-8 所示。

第一阶段为乳胶粒数目不断增加，聚合速率也不断增加的加速期。水相中的自由基扩散进入胶束内引发聚合，不断形成乳胶粒，同时水相中单体也可引发聚合，吸附乳化剂分子形成胶粒。随着聚合进行，水相中单体进入胶束，补充消耗的单体，单体液滴中的单体又溶解于水中，单体液滴逐渐缩小，乳胶粒体积不断

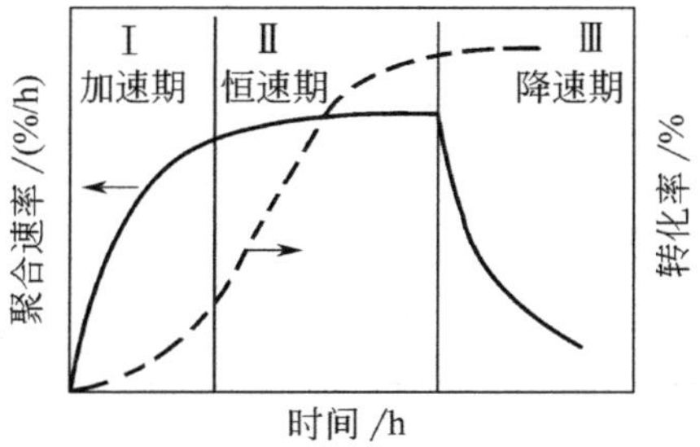

图 7-8　乳液聚合速率示意图

增大，为保持稳定，必须从溶液中吸附更多的乳化剂分子；当乳化剂浓度低于CMC值时，未成核的胶束变得不稳定而重新溶解分散于水中，直至消失，聚合第一阶段结束。在此阶段，乳化剂的作用是形成胶束，增溶单体，构成聚合反应场所，以及对被单体膨胀的聚合物粒子的分散稳定作用。

第二阶段为乳胶粒数目不变，聚合速率恒定的恒速期。胶束消失后，乳胶粒数目不再增加，单体液滴仍不断地向乳胶粒提供单体进行聚合，乳胶粒体积继续增大，直至单体液滴消失，乳胶粒径可达 50.0～150.0nm。在此阶段，反应速率与单体从单体液滴的扩散速率无关，只取决于单体的增溶量和引发剂自由基侵入聚合物粒子的速率。此时，乳化剂的作用功能与第一阶段成核期一样，起单体的增溶和聚合物乳胶粒子的分散稳定作用。可见反应速率将因乳化剂的种类和浓度的不同而有很大变化。

第三阶段为聚合速率逐渐下降的降速期。单体液滴消失后，乳胶粒内的单体浓度随聚合的继续进行而逐渐降低，聚合速率下降。乳胶粒径最终可达 50～200nm。从单体液滴开始消失时起，反应速率与乳胶粒子中的单体浓度成正比，而不断减少的单体则只残留在乳胶粒子中。

乳液聚合以水作分散介质，乳液黏度与聚合反应进行程度无关，利于搅拌和散热，聚合速率快，产物分子量高，也比较均匀，并可以在较低的温度下聚合，有价廉、安全和质优等特点，尤其对于直接应用胶乳的场合，如乳胶漆、胶黏剂和皮革纸张织物等的处理剂，乳液泡沫橡胶等，更宜采用乳液聚合。

一般来说，如果乳化剂在聚合温度下可以形成胶束则可能引发聚合反应，能满足该条件的通常为具有碳原子数 10～12 以上链长的品种。此外，乳化剂还应选择能在上述聚合反应过程中和聚合结束后赋予分散稳定性、不与单体和引发剂等其他添加剂相互作用、对聚合物物性没有影响或最好还能带来好的影响的品种。但是迄今为止尚不存在选择乳液聚合用乳化剂的统一标准，各种乳化剂体系的选择仍然需要通过反复试验以判断优劣。研究发现，不同种类的单体进行乳液聚合各有其最佳的 HLB 范围。表 7-3 给出不同乳液聚合物与乳化剂 HLB 值的对应关系，但是需要指出的是这只能做粗略参考。

表 7-3　不同聚合物乳液的最佳 HLB 值范围

聚合物	温度/℃	最佳 HLB 范围
聚苯乙烯		13.0～16.0
聚乙酸乙烯酯		14.5～17.5
聚乙酸乙烯酯	70	15～18
聚甲基丙烯酸甲酯		12.1～13.7
聚丙烯酸乙酯		11.8～12.1
聚丙烯酸乙酯	40	13.7
聚丙烯酸乙酯	60	15.5
聚丙烯腈		13.3～13.7
聚甲基丙烯酸甲酯/丙烯酸乙酯(50/50)		11.95～13.05
聚丙烯酸丁酯	40	14.5
聚丙烯酸丁酯	60	15.5
聚丙烯酸-2-乙基己酯	30	12.2～13.7

在选择乳化剂时，可按照如下经验法则来考虑：优先选用离子型乳化剂；选择与被乳化物质结构类似的乳化剂；能溶于被乳化物质中的乳化剂；将离子型和非离子型乳化剂复合使用；使用对单体有更大增溶能力的乳化剂；选择具有低 CMC 值的乳化剂；不会干扰乳液聚合反应并有良好的聚合稳定性和贮存稳定性的、价格低廉的乳化剂。工业上按不同聚合物类型所用的乳化剂如表 6-11 所示。

当乳液聚合产物用作乳胶漆时，尚需加入适当的颜料和其他助剂。乳液聚合涂料树脂有聚乙酸乙烯酯树脂、聚苯乙烯树脂以及聚苯乙烯-丁二烯橡胶等。表 7-4 是乳液聚合配方设计的简单说明，丁苯橡胶乳液聚合的典型配方见表 7-5。

表 7-4　乳液聚合配方设计表

<table>
<tr><th colspan="2">组分</th><th>作用</th><th>规格</th><th>质量份</th></tr>
<tr><td>硬单体</td><td>乙酸乙烯酯、苯乙烯、
甲基丙烯酸甲酯、丙烯腈等</td><td>提高硬度</td><td>聚合级</td><td rowspan="4">100</td></tr>
<tr><td>软单体</td><td>丙烯酸丁酯、丙烯酸己酯、
丙烯酸乙酯等</td><td>内增塑，增加韧性</td><td rowspan="3">98.5%～99%</td></tr>
<tr><td rowspan="2">功能单体</td><td>甲基丙烯酸酯、丙烯酸酯</td><td>耐久性、抗污染性</td></tr>
<tr><td>甲基丙烯酸、丙烯酸、
N-甲基丙烯酰胺等</td><td>交联，附着力</td></tr>
<tr><td colspan="2">水</td><td>分散介质</td><td>去离子水</td><td>100～120</td></tr>
<tr><td>引发剂</td><td>$K_2S_2O_8$、$(NH_4)_2S_2O_8$
或 $K_2S_2O_8$-$FeSO_4$</td><td>引发聚合</td><td>工业或试剂级、CP</td><td>0.1～0.8</td></tr>
<tr><td>缓冲剂</td><td>Na_2HPO_4、$NaHCO_3$</td><td>调节 pH</td><td>CP</td><td>0.3～1.5</td></tr>
</table>

续表

组分		作用	规格	质量份
乳化剂	阴离子型 LSNa、Ms-1、 非离子型 OP、JFC、Span 等	乳化、稳定	工业级	1～2 1～3
保护胶	PVA、PMA-Na	稳定系统	工业级	1～5
链转移剂	十二硫醇/CCl_4	控制分子量	工业级	1～3

表 7-5　丁苯橡胶乳液聚合配方举例

组分		质量份	
		热胶	冷胶
单体	苯乙烯 丁二烯	29 71	30 70
引发剂	过硫酸钾 过氧化氢对孟烷	0.3	 0.08
主还原剂	硫酸亚铁		0.03
络合剂	乙二胺四乙酸盐		0.035
副还原剂	次硫酸钠与甲醛缩合物		0.08
乳化剂	硬脂酸钠(皂片) 歧化松香皂	5	 4.5
分散剂	萘磺酸与甲醛缩合物		0.15
分子量调节剂	十二硫醇	0.5	0.18
缓冲剂	$Na_3PO_4 \cdot 12H_2O$		0.5
水		200	200

(2) 乳液涂料（乳胶漆）

普通涂料有油性和水性两种类型。前者溶剂挥发时，干性油通过复杂的氧化和聚合反应，可以形成光滑而结实的涂膜，但这种涂料价格昂贵，易造成环境污染；水性涂料则价格便宜，操作方便，但是涂层不光滑，容易损坏。采用乳液涂料便可以克服这两种缺点。乳液涂料有 O/W 型和 W/O 型两种，一般是指 O/W 型，而油墨则正相反。乳液涂料涂膜效果同普通溶剂型涂料一样，所以常可取代溶剂型涂料，节省有机溶剂，防止空气污染，且有干燥快、保色好、抗碱抗水和施工方便等特点。

乳液涂料是由乳液基料、颜料及填料以及各种助剂所组成的。助剂有增稠剂、保护胶、润湿剂和分散剂、消泡剂、成膜助剂、流平剂、防冻剂、防霉剂、防腐剂、杀菌剂以及缓冲剂、干燥剂等。乳液基料又称载色液，可以是合成乳液（如上述乳液聚合方法直接合成而得），也可以将聚合物树脂溶液乳化而得。

如表 7-6 所示，从 O/W 型乳液涂料配方可以看出其成膜过程。在整体配方中，亲水性物质所占比例很小，故形成的涂膜是疏水性的，在乳液涂料中成为油相，而不溶于水的颜料则在水相中分散；涂料施工后，水相中的水分挥发，乳胶粒子相互靠近并聚集，在毛细压力的作用下，乳胶粒子挤压变形，乳化剂在涂膜中重新分布，油性成分铺展并聚结，最后形成完整的涂膜，而原来在水相中分散的颜料转而进入油相中。

表 7-6　乳液涂料配方举例　　单位：质量份

乳液基料成分	水	乳化剂(油酸胺/蛋白质)	其他亲水成分	植物油或矿物油	催干剂、防腐剂
组成	50～60	2～5	1～2	30～50	0～1
乳液涂料成分	乳液基料	颜料	添加剂		
组成	40～50	30～40	20		

乳液与颜料混合时，通常有两种方法：一是色浆法，适用于平壁状饰面涂料等薄层涂料的制造；二是干着色法，适用于立体花纹饰面涂料、砂壁状饰面涂料等厚层涂料制造。色浆法是将颜料分散剂、润湿剂、增稠剂等水溶液、水及其他组分用捏合机或搅浆机预混合，再用胶体磨或砂磨机将颜料二次粒子解聚、分散，调制成颜料浆。把颜料浆移到搅浆机中，然后把根据需要预先加有增塑剂和成膜助剂的乳液加进去，进行混合，加水调节黏度，这样就制得乳胶涂料，最后经过滤、装罐即得成品。

当需要制备防火涂料时，可以在涂料配方中加入防火组分，如以尿素、三聚氰胺作发泡剂，硫酸铵、磷酸铵作助发泡剂，并配以高碳有机物提供发泡层的碳架即可。表 7-7 是聚丙烯酸酯乳液涂料的配方示例。

表 7-7　聚丙烯酸酯乳液涂料的配方示例

组分	底漆腻子	白色内用面漆	外用水泥表面漆	外用木器底漆
金红石型 TiO_2	7.5	36	20	15
$CaCO_3$	20	10	20	16.5
云母粉	—	—	—	2.5
二异丁烯马来酸酐共聚物	0.8	1.2	0.7	0.8
OP	0.2	0.2	0.2	0.2
羟乙基纤维素	—	—	—	0.2
甲基纤维素	—	—	0.2	—
消泡剂	0.2	0.5	0.3	0.2
防霉剂	0.1	0.1	0.8	0.2
乙二醇	—	1.2	2.0	2.0
松油醇	—	—	—	0.3
聚丙烯酸酯共聚乳液 50%	34	24	40	40

续表

组分	底漆腻子	白色内用面漆	外用水泥表面漆	外用木器底漆
碱溶丙烯酸酯共聚乳液 45%	2.8	1.5	—	—
水	34.4	25.3	15.8	22.1
氨水	8～9	8～9	8～9	9.4～9.7
基/颜比	1∶1.5	1∶3.6	1∶2	1∶1.7

涂料用聚合物乳液由于多半使用低分子乳化剂及保护胶体进行稳定，在成膜过程中它们会滞留于涂膜内部，这样往往造成涂膜耐水性及其他抗性的下降，平整度及光泽变差，对温度敏感，易于沾尘。另外这些乳化剂又是具有很高表面活性的物质，所以乳液及制漆体系极易起泡，这样就给生产加工及施工带来困难。涂料生产中通常以消泡剂来防止起泡。消泡剂效果有限，而且难以持久，用量不当易产生缩边缩孔。涂膜中这些气泡和缩孔处正是涂膜最薄弱之处，涂层的破坏往往从这里引起，使其丧失装饰及保护功能。此外，含这类乳化剂的工厂废水处理也是一个不易解决的难题。

为了消除这些弊病，20 世纪 60 年代中期起开展了无皂乳液聚合法的研究。如采用乙酸乙烯酯、丙烯酸甲酯等较亲水的单体通过硫酸盐引发，可以进行不用乳化剂的无皂乳液聚合；以离子型或非离子型的特殊的水溶性单体进行共聚，以及采用水溶性聚合物如聚乙烯醇、羟乙基纤维素等的聚合。

反应型乳化剂是一类新型的乳化剂，它对单体有乳化能力，又可通过本身结构中存在的双键参与自由基共聚反应进入聚合物链中，从而使生成的粒子得以分散稳定。属于这种类型的乳化剂有：丙烯酸类衍生物［如 $R^1CH{=}C(R^2)CONHSO_3M$、$RCH_2{=}C(R^1)COO(C_2H_4O)_nR^2$ 等］、衣康酸衍生物［如 $CH_2{=}C[(CH_2)_nCOOR]COO(CH_2)_nSO_3M$、$CH_2{=}C(CH_2COOR)COOCH_2CH(OH)CH_2SO_3M$ 等］、马来酸或富马酸衍生物和烯丙醇衍生物等。

（3）化妆品乳液

化妆品是最古老的乳液之一，希腊人早在公元 2 世纪就将 O/W 乳液用于化妆。大多数化妆品如雪花膏、冷霜、乌发乳等都是 O/W 型乳液，不但外观漂亮，而且成本很低。其优点是可以同时有效地供给皮肤必要的油性成分和水性成分，保持皮肤的柔软性和润湿性。改变油相和水相的种类、配比及乳液类型，可以任意改变油感、润湿感等，而且用后易于洗净。因为乳液在本质上属于热力学不稳定体系，因此，它就有稳定性问题。在制成品到消费者使用期间，制成品的稳定性至少要能保证 2～3 年，因而化妆品所用的表面活性剂必须能长时间地稳定乳液，而且在日照、受热等条件下不会变性。同时，产品必须卫生安全，对皮肤无毒无害。由于表面活性剂渗透力强，而且会促进其他原料渗透，因而其用量必须绝对控制。表 7-8 是几种化妆品的配方。

表 7-8　几种化妆品配方举例

化妆品	成分	质量分数/%
雪花膏	油/蜡(矿物或植物油/蜂蜡等)	0～10
	硬脂酸/蜡及其他乳化剂	10～25
	碱或胺(硼砂或氢氧化钙)	0～2
	甘油	0～5
	水	60～80
	保护剂、香料	酌用
冷霜	油(蜡、凡士林、羊毛脂、角鲨烷等)	40～60
	单油酸甘油酯、聚乙二醇单油酸山梨酯等或蜂蜡/硼砂	0～20
	水	30～45
	防腐剂、香料	酌用
护发素	石蜡/橄榄油	5～10
	乳化剂	30～40
	水	50～55
	防腐剂、香料	适量

(4) 农药

为了使少量农药能均匀地分散在大面积的农作物上，达到经济有效的目的，杀虫剂一般都配制成乳剂使用，通常为 O/W 型。这种乳液必须能在现场经简单搅拌或振荡而制成，而喷到农作物上时又必须能立刻破乳而使农药有效成分形成液膜而不致流失。这样在选择乳化剂时就要谨慎从事，多数配方中采用非离子型表面活性剂，也可运用非离子型与阴离子型表面活性剂的混合物，用量 10%～15%，但对于油性溶剂，乳化剂用量可降低至 2.5%～3.0%，如表 7-9 所示。

表 7-9　农药乳液配方举例

成分	质量分数/%	成分	质量分数/%
Baycid(药剂)	5.5	DDT(药剂)	25
水	79.5	二甲苯	73.5
Sorpol-3080(乳化剂)	15	复合乳化剂	1.5

(5) 其他

奶油、蛋黄酱、麦淇淋等都是食品乳液的典型例子。常用的食品乳化剂有脂肪酸甘油酯、脂肪酸山梨醇酯、脂肪酸蔗糖酯、蛋白质、大豆磷脂等。当然，食品工业很少单独使用表面活性剂，经过巧妙组合可以获得满意的效果。

许多口服药和注射药也采用乳液，如乳白鱼肝油、各种外用油膏以及一些注射剂等，都做成乳液，其疗效大大超过单纯使用药剂。

在纤维纺纱时，用 O/W 乳液处理，可减少机械与纤维间的摩擦，防止断裂，并可减少静电效应，改善润湿性，有些表面活性剂还可起到防霉防蛀的效果；皮革鞣制后，需用 O/W 型乳液来“上油”，使油脂和高分子等进入皮革纤维内，提高皮革的牢度和柔软性，改善拉伸性能。

把铺路用的沥青制成乳液，可以降低黏度，改善其与石子的润湿性能，施工时既快又平，还可在常温下铺路，减少刺激性，改善劳动条件。

高速切削时用 O/W 型乳液作润滑剂，传热速度快，冷却效果好，可以迅速洗去切屑，不沾工具。

此外，在危险品运输中，乳液也有重要的用途。

二、破乳与乳液涂料成膜

从热力学的观点看，乳液本身是不稳定的，即使最稳定的乳液，其中也包含着不稳定因素，在受到某些因素干扰时，很容易被破坏。乳液涂料在贮存、运输过程中，特别需要防止乳液的不稳定因素，在乳液涂料施工成膜过程中，也需要对乳液的稳定性进行研究，以获得最佳的涂膜特性。

1. 乳液不稳定类型

乳液的不稳定性有三种情形，即分层、转相和破乳。有时，这三种情形间是相关的，例如，在破乳前可先分层或者分层与转相同时发生。

（1）分层

乳液放久后是经常会遇到分层现象的。未经匀化的牛奶会分为两层，分层后，乳液并未被破坏，而是变成了两个组成比例不同的乳液，上层为含乳脂较多（约35%）的奶油，下层是含乳脂较少（约 8%）的稀牛奶。乳液涂料在贮存过程中也常会出现分层（即分水）现象。分层后，涂料上下两层的性质完全不同，远远偏离了当初的设计目标。如果用这种白漆来调色生产彩色乳液涂料，则由于分层，亲水的颜填料倾向于进入亲水层，使得开罐效果极为难看。但对于尚未产生硬块沉淀的疏松分层体系，通过搅拌可以使之重新分散。

乳液的分层现象是由重力的作用引起的，如果分散相的密度小于分散介质的密度，液滴就会上升；反之，液滴则下沉。在乳液中液滴的运动速率 v 可用式(2-11) 表示。显然液滴的半径越小，也就越稳定。例如，当液滴密度为 $0.8g/cm^3$、半径为 $0.1\mu m$，分散介质水的黏度为 $0.0011Pa \cdot s$ 时，可算得它在水中的上升速率约为 $4\times10^{-7}cm/s$。可见，其分层速度是很慢的，这就是某些乳液能长期稳定存在的重要原因。

一些研究表明，在乳液涂料配方中，采用聚丙烯酸钠盐等高分子分散剂代替小分子分散剂可以更好地吸附于粒子表面，使之具有更好的分散稳定性，当分散剂用量达到最小用量（即乳液涂料黏度达到最低时的分散剂用量）的 1.5 倍以上时才能形成饱和吸附；不同应用场合的乳液涂料应使用不同的分散剂种类，如 Orotan-1288 为丙烯酸均聚物，用于内墙乳液涂料，而 Orotan-731A 为丙烯酸共聚物，用于外墙乳液涂料；而为了兼顾乳液涂料的贮存稳定性和施工性能，保证乳液涂料丰满度高、流平性好，则应使用多种类型的增稠剂进行合理搭配。颜料体积浓度选择在临界颜填料体积浓度附近，也可以降低乳液涂料分层的概率。

如果希望乳液分层，则可以采用高速离心分离器来加速此过程。也可以加入分层剂来加速分层，例如，在处理天然橡胶时，就是加入电解质来加大分层速度的。

(2) 转相

转相是针对乳液类型而言的。在一定条件下，一种乳液由 O/W 型变成 W/O 型或者由 W/O 型变成 O/W 型的现象叫作转相，也被称为变型。转相的许多方面至今仍不十分清楚，其机理可由图 7-9 来表示。例如，为胆甾醇和十六烷基硫酸钠的混合膜所稳定的 O/W 乳液因有负电荷而更加稳定［图 7-9(a)］。但当加入高价正离子（如 Ba^{2+}、Ca^{2+} 等）时，表面的电荷被中和，因而油珠聚集在一起，界面膜上的分子重新排列，将水相包围以形成不规则的水珠［图 7-9(b)］，油珠结合成连续相，转相过程就完成了［图 7-9(c)］。

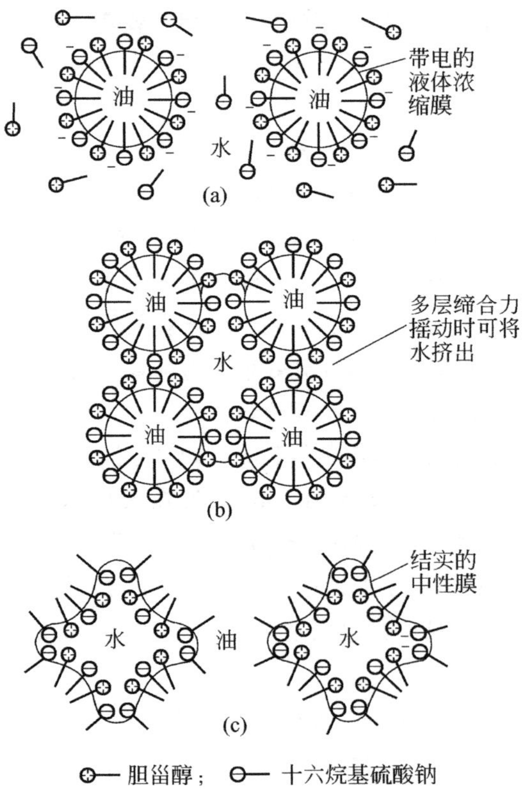

图 7-9　O/W 乳液转相机理示意图

(a) 乳液为胆甾醇和十六烷基硫酸钠的混合物，表面的负电荷使体系更加稳定；
(b) 表面电荷为高价离子所中和，界面膜的重新排列导致形成不规则的水滴；
(c) 油珠聚结成连续相，完成转相过程

转相受到多种因素的影响，这些因素主要有如下几点。

① 相体积。改变乳液的相体积可以引起转相。如果把液滴看作是均匀的刚性球体，则其密堆积体积约占总体积的 74%，其余 26%是空隙，即外相。因此，内相的体积如果超过 74%，乳液就会转相。多数乳液大体如此。但是，实际上由于乳液的液滴既不是刚性球，也不是均匀的，因而例外的情况很多。例如，石蜡在皂类溶液中形成的 O/W 型乳液，当内相体积高达 99%时，才引起转相。而且，如果把转相过程看成是可逆现象，则它还存在着“滞后现象”，即在 O/W 型乳液内逐渐加入油时，加到一定浓度后，乳液转相成为 W/O 型。再改变加法，即将水加入油中，这时乳液又将向 O/W 型转相，但是，它不会完全遵循原来的路径恢复原状。这就是转相滞后现象（图 7-10）。

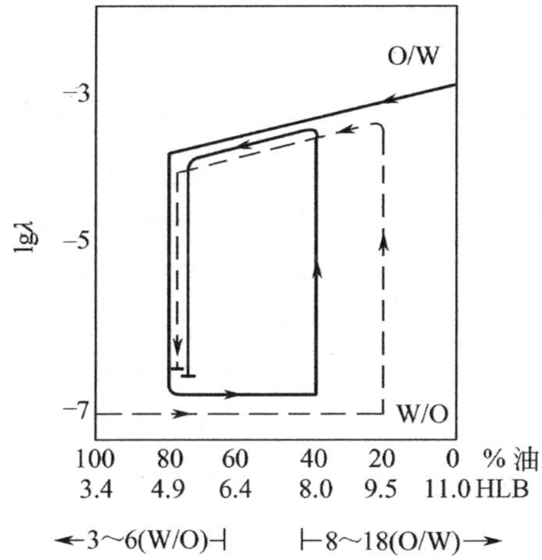

图 7-10 油-水体系的转相滞后现象

② 乳化剂类型。不同的乳化剂可以稳定不同类型的乳液，因而改变乳化剂类型，可以使乳液的类型相应地发生转变。如把适量的钙盐加进由钠皂稳定的 O/W 型乳液中，由于生成的钙皂可以稳定 W/O 型乳液，因此可以引起转相；又如氧化硅粉末可以稳定 O/W 型乳液，若向其中加入足够的炭黑、钙皂或镁皂等，由于同样的原因也可以使乳液转相而成 W/O 型。

③ 温度。温度升高时，轻轻摇动由钠皂稳定的苯-水体系乳液可使之从 O/W 型转变为 W/O 型。而降低温度并静置半小时后，体系又会转变回来。可见温度改变可以引起乳液转相。

此外，乳化剂的浓度和电解质种类都影响乳液转相。

（3）破乳

破乳是乳液被完全破坏，它可以与分层或转相同时发生。破乳一般由两步完成。第一步是絮凝，即分散相液滴聚集成团，但各个液滴仍然独立存在。第二步是聚结，即各个液滴相继合并成大滴，液滴数目逐渐减少直至乳液完全被破坏。

许多乳液都会产生“凝胶”现象，乳胶粒子在重力或浮力的作用下下沉或上浮。它可以通过简单的搅拌而重新分散。但是，当乳液长时间静置或暴露于温度波动剧烈的环境中时，乳液就会产生分层现象。乳胶粒子若比水轻，则上浮于表面聚集而结皮；若比水重，则沉于底部形成细密的沉淀，这种结果是不可逆的。在高度稀释的乳液中，由于体系黏度下降和乳化剂浓度降低，这种现象更容易发生。通常，在乳胶粒子表面吸附的乳化剂与溶液或胶束中的乳化剂间是处于动态平衡的，当体系稀释时，这种平衡被打破，体系的稳定性被动摇。此时需要提高乳化剂浓度方可重建稳定性。乳液存放的期限与粒子大小、体系的黏度、环境条件等因素有关，同时还要防止酯、酰胺、环氧等基团因长期放置而产生水解等化学反应。例如在环氧树脂乳液涂料长期放置过程中，环氧基团就有可能发生水解生成 α-二醇，使其后期交联固化反应不完全。环氧基在酸性条件下降解较快，因此可在中性或弱碱性条件下贮存。

对于非离子型乳化剂，在温度升高时会出现浊点，导致体系稳定性下降，在温度升高的同时，也使粒子的动能提高，相互间碰撞概率增大，絮凝的可能性增加，易出现破乳而团聚的现象。但当温度过低时，对未加防冻剂的乳液影响很大。乳液稳定性的指标中有一项即冻融稳定性。在低温下，乳液冻结；温度升高，乳液又融化。该过程会影响乳液的稳定性。冻胶消融后，轻则造成乳液表观黏度上升，重则导致乳液破乳凝聚。其原因是水在结冰时会发生体积膨胀，对聚结在冰之间的乳胶粒子产生巨大的压力，迫使其相互靠近，甚至产生聚结。所以在低温乳液聚合或在贮存、运输过程中涉及低温条件时应注意防冻，可以加入乙二醇、丙二醇及其衍生物、松油醇、苯甲醇或甘油等防冻剂。

体系固含量对乳液的稳定性也有影响。当固含量过高时，胶粒间的碰撞概率增大，容易发生团聚破乳；而固含量过低的体系，也会因体系黏度较低而稳定性不足。

2. 破乳方法

在某些情况下，我们需要破坏乳液，设法使各组分进行分离。例如，在分析乳液组成时，首先需要将乳液破乳，将各种成分进行分离，然后进行分析；油井中喷出的原油中含有水，它以乳液的形式存在，会严重腐蚀石油设备，因此要除去原油中的水，必须先破坏乳液；在采用橡胶胶乳制作手套、胶管等产品时，也需要利用破乳方法来成型。常用的破乳方法主要有以下几种：

① 电解质破乳　用于以双电层稳定的稀乳液，电解质加入后降低了液滴的静电斥力，使它们容易相互碰撞而聚结。电解质中起破乳作用的是与液滴电性相反的离子，其价数越高，破乳能力越大。

② 改变乳化剂类型破乳　把足量的高价盐类加入 O/W 型乳液中，由于高价金属离子可以稳定 W/O 型乳液，从而使 O/W 型乳液发生转相并继而被破坏。但其用量必须准确掌握，其效果才明显。

③ 破坏保护膜破乳　对于具有坚韧保护膜的乳液，可以用表面活性更强但

碳氢链更短，不能形成坚韧保护膜的物质替代原有的乳化剂，由此来破坏保护膜，使乳液聚结。常用的顶替剂有戊醇、异戊醇等。

④ 破坏乳化剂　加入某些化学试剂，使之与乳化剂反应，改变乳化剂原有特性，从而失去其稳定作用，导致乳液被破坏。如在皂类乳化剂稳定的乳液中加入无机酸，使皂类变成脂肪酸而析出，乳液随之而破坏。通过加酸破坏橡胶树浆而得到橡胶也是同样原理。

⑤ 升高温度　温度升高可以增加乳液液滴的布朗运动，同时也降低其界面黏度，从而加速乳液聚沉，使之被破坏。

⑥ 高压电破乳　对于 W/O 型乳液可采用高压电法破乳。微小的水滴在高压电作用下发生极化而彼此吸引联结，最后变成较大的水滴，在重力作用下分离出来。

此外还有离心法、微生物法等破乳方法。工业破乳时，一般将几种方法联合使用以增强破乳效果。

3. 乳液涂料成膜过程

乳液涂料成膜的过程实际上也涉及破乳，但与油水两相形成的乳液相比，这种聚合物乳液的破乳和成膜还有其复杂性。这里就乳液涂料的成膜过程进行分析，讨论乳液涂料成膜的一般规律。

乳液涂料干燥成膜主要是通过凝聚和融结来完成的，根据水分的蒸发速率不同可将其分为三个阶段：

① 初期干燥阶段　此阶段从初始干燥起到聚合物乳液体积剩余 60%～70%。在这一个阶段，乳胶粒子和颜填料颗粒在乳化剂的保护下，具有动力学和电学稳定性。随着水分的蒸发，粒子间逐渐靠拢，但它们均可以自由运动。水分的蒸发过程与水在乳化剂溶液中的蒸发相仿，接近恒速蒸发过程。

② 胶粒接触聚集阶段　随着水分的进一步蒸发，乳胶粒子和颜填料颗粒间开始相互接触，挤压变形，其表面吸附层被破坏，并趋向于不可逆地聚集在一起。在此阶段，随水-空气界面减少，水的蒸发速率降低，最终为初期速率的 5%～10%，一般认为，涂膜表干即为该阶段结束，此时涂膜的水分含量为 2%～3%，黏度可达 100Pa·s 以上。

③ 干燥成膜阶段　在此阶段，残留的助剂逐渐挥发，残余的水分通过扩散向表面迁移，并通过表面毛细孔蒸发，聚合物链间相互扩散聚结，膜性质逐渐改善，最后形成均匀而性能良好的膜。由于水分需在膜中扩散，因此，水的蒸发速率受水在膜中的扩散速率控制，随着涂膜的逐渐干燥，水在膜中进行传递的速率、水的蒸发速率也进一步降低。

乳液涂料的成膜条件有两个：①水分的蒸发；②施工时环境温度和基层温度必须高于乳液涂料的最低成膜温度（MFT）。

水分不挥发，乳液涂料就不会成膜。而水分挥发的速率，就乳液涂料来说，与其所含的成膜助剂和助溶剂等有关；就其施工应用来说，不仅与周围环境温度、相对湿度有关，而且与基材的温度、含水率和吸水性有关。因此，为了综合平衡诸因素，水分挥发速率不能太快，也不能太慢。乳液涂料表干在 2h 以内是比较快的，然后完全成膜的时间则较长，视环境条件而定，短的需 1 天，长的需要 4 周以上。在第三阶段，如果水分穿过膜的传递速率低于表面蒸发速率，涂膜表面将形成封闭的外壳，它将阻止内部的水分进一步蒸发，在这种情况下，很难形成完全干燥的涂膜；反之，如果通过表面传递的水量足以补充由于蒸发而损失的水分，则能防止形成封闭的外壳。因此，降低水从表面的蒸发速率可以防止形成封闭外壳。水分透过膜的扩散速率随聚合物体系不同而不同，例如，聚乙酸乙烯酯乳液中的水分蒸发速率就高于苯丙乳液和丁苯乳液。

如果环境温度低于乳液涂料的 MFT，体系也不会形成这种封闭外壳。但此时乳胶粒子在溶剂挥发后相互聚集在一起，聚合物相互扩散作用很弱，颜填料与聚合物间也不能很好地融合，因此往往只能获得非连续膜。这种非连续膜强度很差，呈现粉化、脆性的特点。只有当环境温度高于 MFT，聚合物界面分子链才能通过相互缠绕使涂膜形成完整连续的膜层，其性能进一步被提高。

需要说明的是，乳液涂料的 MFT 是指乳液涂料形成不开裂的、连续涂膜的最低温度。它不同于乳液涂料用乳液（包括成膜助剂）的 MFT。一般来说，尽管乳化剂有一定的降低乳液 MFT 的作用，但受颜填料的影响，乳液涂料的 MFT 高于其所用的乳液的 MFT。当温度低于 T_g 时，由于聚合物链段运动被冻结，相互间无法进行扩散，因此形成的乳胶膜是脆性的。可见，MFT 应高于 T_g。

一些乳液涂料为了提高强度，在聚合物结构中配置了较多的硬单体，使其 T_g 高于室温，这就导致体系的 MFT 过高而不能成膜。此时，可以通过添加成膜助剂来充当临时增塑剂，降低 T_g 和 MFT。成膜助剂通常是高沸点的溶剂，它与聚合物有良好的相容性，使聚合物的 T_g 降低；它在水中溶解度很小，易为乳胶粒子所吸附；它可以软化聚合物胶粒表面，促进聚合物粒子的受压变形；其挥发速率比水低，成膜前可以保留在乳液涂料涂层中，成膜后会慢慢挥发，促进乳胶粒子的塑性流动和弹性变形，改善其聚结性能，并在挥发完全后使聚合物的 T_g 恢复至原始值。在整个成膜过程中，由于水和成膜助剂的挥发，乳液涂料的 MFT 会逐步升高，因此需要设计合适的配方，使环境温度始终高于体系的 MFT，这样才能形成良好的涂膜。常用的成膜助剂有乙二醇、丙二醇及其缩合衍生物，甲基苄醇、松节油、十氢萘等。但也应注意，成膜助剂是有机污染的主要来源，应限量使用。

乳液涂料中的乳化剂在水分挥发完之后，将从水相转入油相，即形成与水相中相反的胶束，将结构中的亲油基部分指向外侧，而亲水性部分指向内部。大多数非离子型乳化剂的胶束能与聚合物混溶而进入涂膜本体，但保护胶体和离子型乳化剂大多不能与聚合物混溶，所以只是夹杂在涂膜本体之中，从而对涂膜的光泽有较大的影响。在聚结过程中，在涂膜的表面可以检测到过量的乳化剂；而若涂膜与底材间具有较高的界面张力，则在界面处也会聚集较多的乳化剂。适量的乳化剂可以提高无机颜填料与树脂间的相容性，从而提高涂膜的性能。但由于乳化剂对体系起增塑作用，含量过多会导致涂膜硬度下降，过量的乳化剂还会向表面迁移，使表面光泽变差、硬度下降。

体系中存在的乳化剂对涂膜的耐水性有影响。如果乳化剂可以在体系中溶解，则水分会引起涂膜的溶胀，极端情况下会使涂膜脱皮；而当乳化剂只是分散在涂膜中时，加入水可以看到发白的现象。如果这种瞬时的影响不会导致涂膜的蜕变破裂，那么水溶性的物质会被连续洗出，这样实际上反而会提高涂膜的最终耐水性。多孔底材往往会吸收乳化剂，因此其耐水性也得以提高。对于非多孔性的表面，则应使体系中水溶性组分的含量降至最低。但作为分散剂的聚电解质会被颜料极强烈吸收，其制成的涂料也具有较好的耐水性。

乳液涂料成膜的主要动力有固体颗粒间水溶液所产生的毛细压力、缩水表面产生的收缩力以及聚合物间的范德华力、固体表面张力等。Visschers 在对乳液涂料参数做了基本假定后，估算了乳液涂料膜层干燥时各种作用力的典型值，如表 7-10 所示。

表 7-10　乳液涂料膜层干燥时各种作用力的大小

类型	作用力	力/N	类型	作用力	力/N
促使聚结	缩水表面产生的力	2.6×10^{-7}	阻碍聚结	弹性变形抗力	1.0×10^{-7}
	凹液面水的毛细压力	1.1×10^{-7}		静电斥力	1.8×10^{-10}
	范德华力	5.5×10^{-12}			
	重力	6.4×10^{-17}			

由表 7-10 可以看出，在乳液涂料成膜过程中，主要的动力是缩水表面产生的力和凹液面水产生的毛细压力，而成膜的阻力不是乳胶粒子间的静电斥力，而是聚合物抵抗弹性变形的应力，它与成膜动力在同一数量级。因此，成膜过程实际上是由缩水表面产生的收缩力和毛细压力共同克服弹性变形抗力而使乳液涂料聚结成膜的。

4. 破乳的其他应用

从油井采出的原油常常含有盐水，形成油包水型乳液，不仅不能直接进炼油厂加工，而且在输油过程中会腐蚀管道等设备。因此，必须首先进行破乳，将极大部分盐水释出。通常原油容许含水量不得超过 1%。

原油破乳脱水是在油田进行的，工艺很多，主要采用高压静电场法和化学破乳法脱水。后者主要采用加亲水性表面活性剂的方法。由于原油中水珠界面存在胶质、树脂、皂类等表面活性物质，构成了稳定的界面膜，因此，破乳所用的表面活性剂应具有下列特性：

① 能将原有的乳化剂从界面上顶替出来，而加入的表面活性剂又不会形成

牢固的界面膜；

② 能使固体粒子被某一相完全润湿，从而易于脱离界面而进入该相中，进而破坏保护层；

③ 能使胶态物分散，将它们从界面上除去。

常用的原油破乳剂有阴离子型表面活性剂、非离子型或二者的混合物。在20世纪20年代初，主要应用普通肥皂、环烷酸盐、氧化煤油等做破乳剂；随后，采用磺化型表面活性剂破乳。20世纪50年代以来，主要使用聚氧乙烯加成物，如烷基酚聚氧乙烯醚等。从业者已开发出多种特殊表面活性剂和各种均聚物作为原油破乳剂，如以聚氧乙烯-聚氧丙烯嵌段共聚物为主体的聚醚型、含硅非离子型等，用量少，收效大。破乳效率与表面活性剂的HLB值有很大关系，它随着加成物中聚氧乙烯的分子数增加而上升，以壬基酚聚氧乙烯（29）醚的脱水性最佳，其HLB值在16～18之间时显示出较高的脱水效率。

石油开采和加工过程中还会产生大量含油污水（如原油开采的采出水、炼油厂废水等），这些污水以水包油（O/W）或油包水（W/O）乳液形式存在，直接排放会造成严重污染，且原油资源也会浪费。对污水中的油相进行分离，实现原油回收和污水净化（达标后可循环利用或排放）。常用的破乳方法有化学破乳剂（如聚醚类、胺类）破乳、电破乳和离心分离破乳等。

工业废水和生活污水中常含有乳化态的油脂和胶体颗粒等污染物，常规过滤难以去除，需通过破乳实现固液或液液分离。例如，对餐饮废水进行破乳处理，以分离废水中的乳化油脂（如地沟油），避免管道堵塞，同时回收油脂资源；对印染废水进行破乳处理，去除水中的乳化染料、助剂，降低废水COD（化学需氧量），提高后续生化处理效率；某些电镀废水中含重金属的乳液，可通过破乳使重金属离子随固相沉淀分离。常用破乳方法包括添加无机絮凝剂（如明矾、硫酸亚铁）或有机破乳剂（如聚丙烯酰胺）进行破乳、气浮法破乳等。

在食品加工领域，可以通过酶解或酸处理破坏牛奶乳液，使酪蛋白凝固制作奶酪；乳制品加工时，通过破乳从牛奶中提取脂肪，以制备黄油；对油料（如大豆、花生）的乳化提取液进行破乳，可以分离油脂与水相，提高出油率；在饮料制作中，通过破乳去除果汁、啤酒中的乳化杂质（如胶体颗粒），以改善产品透明度和稳定性等。常用的破乳方法包括离心分离破乳、加热破乳和酶解（如凝乳酶）破乳等。

在生物制品或药物制备中，乳液的破乳可用于分离提纯目标成分（如蛋白质、油脂类药物）。如从细胞培养液的乳液中破乳，分离提取蛋白质、核酸等生物活性物质；在维生素、抗生素的提取过程中，通过破乳分离油相中的有效成分；通过破乳测试评估药物乳液的稳定性，确保药效，从而实现对乳液型药物的质量控制等。常用破乳方法有膜分离法（如超滤法）破乳、有机溶剂萃取法破乳、冷冻破乳等。

在纺织品加工业中，乳化剂常用于浆料、染色助剂等，但后续需通过破乳去除残留的乳化物质，保证织物质量。例如对织物浆液进行破乳退浆以去除织物上的乳化浆料（如淀粉乳液），避免影响后续染色或整理；对染色废水进行破乳，以分离废水中的乳化染料和助剂，降低废水色度和污染负荷等。常用破乳方法有酸析法（通过调节 pH 值来破坏乳化平衡）和混凝沉淀法等。

在金属切削、轧制过程中所使用的乳化液（如切削液、冷却液），因长期使用而失效，需通过破乳处理实现油、水、杂质的分离，便于资源回收或废水达标排放；对废乳化液进行破乳处理，以分离其中的矿物油、金属碎屑，回收油相再利用，水相经处理后排放；对金属表面进行清洗时，通过破乳去除零件表面残留的乳化油污，提高后续涂装或电镀的附着力等。常用破乳方法有化学破乳剂（如阳离子表面活性剂）破乳和电化学破乳等。

破乳技术的核心是破坏乳液的稳定结构，其应用本质是通过分离实现资源回收（如原油、油脂）、污染治理（如废水净化）或工艺优化（如食品加工、医药提纯）。不同领域需根据乳液的类型（O/W 或 W/O）、成分及处理目标的不同选择合适的破乳方法，以达到高效分离的目的。

实践思考

1. 泡沫本身稳定与破坏的因素是什么？试说明理由。
2. 为什么发泡能力大的表面活性剂去污能力不一定强？
3. 举例说明泡沫的应用及消泡的应用。
4. 乳液稳定的条件是什么？
5. 乳液的不稳定性有哪几种形式？
6. 举例说明乳液的应用及破乳的应用。
7. 在直径 2m 的反应器中，使异丁烷在 98% 硫酸中分散成平均直径为 200μm 的液滴，搅拌器直径为 0.7m，温度为 20℃，分散相占容器的体积分数为 $\phi=0.40$，已知硫酸/异丁烷的界面张力为 51.4mN/m，98% 硫酸的密度为 $1.83g/cm^3$，求搅拌器转速。
8. 什么是 Marangoni 现象？如何使之得以强化？
9. 为什么表面活性剂浓度过高，反而会使液膜的回弹性下降？
10. 消泡剂的作用是什么？有哪些类型？
11. 什么是乳液？有哪些类型？如何区别这些类型？
12. 简述乳液聚合的三个阶段。
13. 简述乳液涂料成膜过程。

参考文献

[1] 周祖康，顾惕人，马季铭. 胶体化学基础 [M]. 北京：北京大学出版社，1987.

[2] 陈宗淇，戴闽光. 胶体化学 [M]. 北京：高等教育出版社，1985.

[3] Hiemenz P C. 胶体与表面化学原理 [M]. 周祖康，马季铭，译. 北京：北京大学出版社，1986.

[4] 米勒尔，尼奥基. 界面现象——平衡和动态效应 [M]. 杨承志，金静芷，译. 北京：石油工业出版社，1992.

[5] 杨孔章，贝小来，曹宗顺. 界面与膜及其应用 [M]. 北京：科学出版社，1989.

[6] 段世铎，谭逸玲. 界面化学 [M]. 北京：高等教育出版社，1990.

[7] 葛修齐. 涂料基础理论——界面化学与胶体化学 [M]. 上海：上海科大，1984.

[8] 崔国文. 表面与界面 [M]. 北京：清华大学出版社，1990.

[9] 肖 D T. 胶体与界面化学导论 [M]. 张中路，张仁佑，译. 北京：化学工业出版社，1989.

[10] S. 吴. 高聚物的界面与粘合 [M]. 潘强余，吴敦汉，译. 北京：纺织工业出版社，1987.

[11] 巴顿 T C. 涂料流动和颜料分散 [M]. 2 版. 郭隽奎，王长卓，译. 北京：化学工业出版社，1988.

[12] 赵承琛. 表面活性剂物理化学 [M]. 北京：北京大学出版社，1984.

[13] 赵国玺. 界面化学 [M]. 屏东：复文书局，1981.

[14] 北原文雄，玉井康胜，等. 界面活性剂应用实务 [M]. 赖耿阳，译. 台南：复汉出版社，1979.

[15] 王果庭. 胶体稳定性 [M]. 北京：科学出版社，1990.

[16] 贝歇尔 P. 乳状液理论与实践 [M]. 2 版. 北大化学系胶化教研室，译. 北京：科学出版社，1978.

[17] 郑忠. 胶体科学导论 [M]. 北京：高等教育出版社，1989.

[18] 傅献彩，陈瑞华. 物理化学（下册）[M]. 北京：高等教育出版社，1979.

[19] 印永嘉. 物理化学简明教程（下册）[M]. 北京：人民教育出版社，1984.

[20] Pierce Percy E. 涂膜的缺陷 [J]. 钱伯荣，译. 涂料技术，1993(1)：43；(2)：41；(3)：57.

[21] 吴树森. 应用物理化学（第一分册）——界面化学与胶体化学 [M]. 北京：高等教育出版社，1993.

[22] Vjemann J. 汽车工业用的水性涂料 [J]. 陈士杰，译. 涂料与应用，1994，24(3)：31.

[23] 刘程，等. 表面活性剂应用大全 [M]. 北京：北京工业大学出版社，1992.

[24] 侯万国，孙德军，张春光. 应用胶体化学 [M]. 北京：科学出版社，1998.

[25] 郑忠，李宁. 分子力与胶体的稳定和聚沉 [M]. 北京：高等教育出版社，1995.

[26] 桂一枝. 高分子材料用有机助剂 [M]. 北京：人民教育出版社，1981.

[27] 钱逢麟，竺玉书. 涂料助剂——品种和性能手册 [M]. 北京：化学工业出版社，1990.

[28] Calbo L J. 涂料助剂大全 [M]. 朱传棨，段质美，王泳厚，译. 上海：上海科学技术文献出版社，2000.

[29] 徐秉恺，张彬渊，任宗发，等. 涂料使用手册 [M]. 南京：江苏科学技术出版社，2000.

[30] 苏青峰，夏义本，王林军，等. 复合抛光对 CVD 金刚石薄膜表面光洁度的改进研究 [J]. 无机材料学报，2006(2)：499-502.

[31] Kruyt H R. Colloid Science [M]. New York：Eiseviar，1，1952.

[32] Speller F. Corrosion，causes and prevention [M]. New York：McGraw-Hill，1951：168.

[33] 梁治齐，李金华. 功能性乳化剂与乳状液 [M]. 北京：中国轻工业出版社，2000.

[34] 胡传炘，宋幼慧. 涂层技术原理及应用 [M]. 北京：化学工业出版社，2000.

[35] 王光国. 聚苯胺涂料的防腐蚀机理及应用前景 [J]. 全面腐蚀控制，2003，17(5)：26-28.

[36] 宣兆龙，易建政，杜仕国. 金属防腐涂料的研究进展 [J]. 现代化工，1999，19(4)：21-24.

[37] 任中京. 颗粒测试技术的进展与展望 [J]. 过程工程学报，2004，4(z1)：1-6.

[38] 林宣益. 乳胶漆的成膜机理 [J]. 中国涂料，2004(5)：43-45.

[39] 曹同玉，刘庆普，胡金生. 聚合物乳液合成原理：性能及应用 [M]. 3 版. 北京：化学工业出版社，2022.

[40] 刘国杰. 水分散涂料 [M]. 北京：中国轻工业出版社，2004.

[41] 焦学瞬，贺明波. 乳状液与乳化技术新应用 [M]. 北京：化学工业出版社，2006.

[42] 瓦尔森 H，芬奇 C A. 合成聚合物乳液的应用 [M]. 第 1～3 卷. 成国祥，经桴良，曹同玉，等译. 北京：化学工业出版社，2004.

[43] 沈慧芳，傅和青，黄洪，等. 成膜助剂在乳胶漆中作用分析 [J]. 合成材料老化与应用，2004，33(2)：41-43.

[44] 陈素平，徐玲，张先进，等. 乳胶漆贮存过程中分层因素 [J]. 上海涂料，2001(5)：41-45.

[45] 肖永清. 低碳环保性能电泳涂料的发展 [J]. 上海染料，2021，49(1)：20-25.

[46] 魏国荣. 浅谈电泳涂装工艺原理及管理 [J]. 广西农业机械化，2019(6)：44.

[47] Sen S，Chatterjee A，Ramakanth D，et al. Recent advances in cathodic electrodeposition coatings with special reference to resin materials：A comprehensive review [J]. Progress in Organic Coatings，2024，190：108387.

[48] Standeven H. The development of decorative gloss paints in Britain and the United States C. 1910-1960 [J]. Journal of the American Institute for Conservation，2006，45(1)：51-65.

[49] Akafuah N K，Poozesh S，Salaimeh A，et al. Evolution of the automotive body coating process—A review [J]. Coatings，2016，6(2)：24.

[50] Learner T. A review of synthetic binding media in twentieth-century paints [J]. The conservator，2000，24(1)：96-103.

[51] Streiberger H J，Dössel K F. Automotive paints and coatings [M]. Weinheim：John Wiley & Sons，2008.

[52] Besra L，Liu M. A review on fundamentals and applications of electrophoretic deposition (EPD) [J]. Progress in Materials Science，2007，52：1-61.

[53] Bobic B，Mitrovic S，Babic M，et al. Corrosion of metal-matrix composites with aluminium alloy substrate [J]. Tribology in industry，2010，32(1)：3-11.

[54] Davoodi F，Akbari-Kharaji E，Danaee I，et al. Corrosion behavior of epoxy/polysulfide coatings incorporated with nano-CeO_2 particles on low carbon steel substrate [J]. Corrosion，2022，78(8)：785-798.

[55] Mirzaee M，Rezaei Abadchi M，Fateh A，et al. Investigation of corrosion properties of modified epoxy and polyurethane organic coating on steel substrate [J]. Progress in Color，Colorants and Coatings，2022，15(1)：25-36.

[56] Abdou M I，Ayad M I，Diab A S M，et al. Studying the corrosion mitigation behavior and chemical durability of $FeTiO_3$/melamine formaldehyde epoxy composite coating for steel internal lining applications [J]. Progress in Organic Coatings，2019，133：325-339.

[57] Suleiman R K，Kumar A M，Adesina A Y，et al. Hybrid organosilicon-metal oxide composites and their corrosion protection performance for mild steel in 3.5% NaCl solution [J]. Corrosion Science，2020，169：108637.

[58] 黄建中. 中国汽车腐蚀与其防护对策 [J]. 汽车工艺与材料，1995(04)：4-6.

[59] Mathews A. How the auto industry sits in theelectrogalvanising driving seat [J]. Steel Times International，1987，11(3)：52.

[60] 张欣睿，陈庶民，王毅忠，等. 光子计数探测器技术应用进展 [J]. 2024，21(2)：179-183.

[61] 顾丽萍，丁志扬. 水性纳米电泳涂料技术及其在车辆电泳涂装的应用 [J]. 化工设计通讯，2019，45(5)：162-163.

[62] 郭宁子，刘丽，岳瑞齐，等. 激光衍射法测定西格列他钠粒径分布 [J]. 中国药物警戒，2024，21(2)：147-151.

[63] 邵帅，董磊，纪宽，等. 水性防污涂料的研究进展 [J]. 化学通报，2023，86(9)：1053-1059.

[64] 李亚雯. 建筑及市政涂料 VOC 含量限值标准建议与展望 [J]. 涂料工业，2021，51(7)：60-64，69.

[65] 谢德明，陆彬，余嘉伟. 汉高自泳涂料 Aquence 930 的检测与维护 [J]. 浙江工业大学学报，2020，48(5)：495-499.

[66] 郭燕鹏，王小妹.水性自泳涂料及涂装技术进展 [J].涂料工业，2007，37(10)：56-58，66.

[67] 敬丽霞，谢克难，廖立，等.环氧型水性自泳漆的研制 [J].四川化工，2014，17(4)：1-3.

[68] 张万.空气过滤器粒子计数法试验结果的影响因素分析 [J].汽车零部件，2019(12)：88-90.

[69] 陈君华，彭开美，丁秋莉，等.阴极电泳涂料研究动向 [J].电镀与涂饰，2019，38(8)：386-392.

[70] 许文彬，杨行甲，任全凯，等.简述客车涂料研究和应用的新进展 [J].上海涂料，2023，61(3)：80-83.

[71] 彭菊芳，庄振宇.新颁系列强制性国家标准对水性涂料要求解读 [J].涂层与防护，2021，42(7)：1-10.

[72] 刘洋，米薇，李红梅，等.电喷雾-差分电迁移率-粒子计数法绝对定量分析牛血清白蛋白 [J].分析测试学报，2020，39(6)：789-794.

[73] 鄂忠敏.电泳涂料性能提升空间还很大 [J].涂层与防护，2019，40(10)：58-60.

[74] 程时远，闫翠娥.表面活性剂在乳液聚合中的应用 [J].湖北化工，1995(2)：19-23.

[75] 刘引烽.特种高分子材料 [M].北京：化学工业出版社，2017.

[76] Kevin Golovin，Abhishek Dhyani，M. D. Thouless，and Anish Tuteja. Low-interfacial toughness materials for effective large-scale deicing [J]. Science，364(6438)：371-375.

[77] Xiang Sun，Yumeng Guo，Rong Zhang，et al. A Self-Replenishing Lubricant Slippery Coating with Low Interfacial Toughness for Enhancing Large-Scale Deicing Efficiency. [J] ACS Applied Materials & Interfaces，2025，17(20)：30081-30093.

[78] Bingfeng Li，Kefan Huang，Shuaiya Xue，et al. Robust Slippery Liquid-Infused Porous Surfaces with Fast Self-Replenishment Properties for Anticontaminant，Anti-Icing，and Anticorrosion Applications on Magnesium Alloys [J]. ACS Appl. Mater. Interfaces，2025，17，12：19105-19116.

实践思考参考解答

说明：本解答或采用 cgs 单位制，其与 SI 制的换算关系如下：

长度 1m＝100cm；质量 1kg＝1000g；力 1N＝10^5dyn；能量 1J＝10^7erg；黏度 1Pa·s＝10p(泊)；表面张力 1N/m＝10^3dyn/cm；表面能 1J/m^2＝10^3erg/cm^2。

第一章　绪论

1. 界面主要有哪几种类型？为什么一般不存在气-气界面？

   答：物质三态间两两接触可以形成 5 种界面，即气-液界面、气-固界面、液-液界面、液-固界面和固-固界面。

   通常不存在气-气界面，因为不同的气体分子间是分子水平混合的均匀体系。只有发生冲击波等气浪时才存在气-气界面。

2. 试分析涂料体系中可能存在的界面类型。简要说明学习界面化学对于涂料工业发展的意义。

   答：涂料体系中可能存在的界面类型：涂料是一个非常复杂的多分散体系，也是一个多相复合体系。涂料一般由成膜物质、挥发分、颜料和助剂四种组分构成。成膜物质（高分子）在分散介质（挥发分）中可以是高分子溶液，也可以是高分子的分散体系；颜料通常是不溶性的分散体系，而助剂根据所用类型不同，有的形成溶液、有的形成分散体系，而属于表面活性剂的助剂则将形成缔合胶束的形式。分散体、缔合胶束与分散介质溶液之间会形成各种界面。

   学习界面化学对于涂料工业的意义：了解各种现象中的界面原理，发挥界面化学原理的特殊作用，以理论解决实际问题。可以举例说明，从略。

3. 边长为 0.01m 的立方体，其表面积为多少？其球度值 S 为多少？由它所组成的分散相分散程度（比表面积）又是多少？

   答：(1) $A=6\times 1^2(\mathrm{cm}^2)=6(\mathrm{cm})^2=6\times 10^{-4}(\mathrm{m}^2)$

   (2) 等体积球的半径：$R=\left(\dfrac{3V}{4\pi}\right)^{1/3}=\left(\dfrac{3}{4\pi}\right)^{1/3}a=0.62(\mathrm{cm})$；

   球的表面积 $A'=4\pi R^2=4\pi\left(\dfrac{3}{4\pi}\right)^{2/3}a^2=4.84(\mathrm{cm}^2)$

   所以球度值 $S=\dfrac{A'}{A}=\dfrac{4\pi\left(\dfrac{3}{4\pi}\right)^{2/3}a^2}{6a^2}=\left(\dfrac{\pi}{6}\right)^{1/3}=0.806$

   (3) 分散度 $\sigma=\dfrac{A'}{V}=\dfrac{6a^2}{a^3}=\dfrac{6}{a}=6(\mathrm{cm})^{-1}=600(\mathrm{m}^{-1})$

4. 近似计算 1kg 平均粒径为 0.30μm、密度为 4.16g/cm^3 的金红石型 TiO_2 颜料

粒子的表面积。

答：$A_0=\pi d^2=\pi\times(0.3\times10^{-4})^2(\text{cm}^2)=2.83\times10^{-9}(\text{cm}^2)$

粒子个数 $n=\dfrac{W}{W_0}=\dfrac{1\times10^3}{\dfrac{1}{6}\pi d^3\rho}=\dfrac{1\times10^3}{\dfrac{1}{6}\pi(0.3\times10^{-4})^3\times4.16}=1.700\times10^{16}$

$A=nA_0=1.700\times10^{16}\times2.83\times10^{-9}=4.81\times10^7(\text{cm})^2=4.81\times10^3(\text{m}^2)$

5. 已知某种色素炉黑颜料密度为 1.80g/cm³，若其比表面积 σ 为 190m²/g，试计算其平均粒径。

答：$\sigma_W=\dfrac{A}{W}=\dfrac{nA_0}{nV_0\rho}=\dfrac{\pi D^2}{\dfrac{1}{6}\pi D^3\rho}=\dfrac{6}{D\rho}$，所以 $D=\dfrac{6}{\sigma_W\rho}=\dfrac{6}{190\times10^4\times1.80}(\text{cm})=$

$1.754\times10^{-6}(\text{cm})=1.754\times10^{-8}(\text{m})=17.54(\text{nm})$

第二章　涂料的动力学稳定性与应用

1. 胶体分散体系有何特点？

答：胶体分散体系是高度分散的体系，其特点是粒子小，界面面积大，界面能高；热力学不稳定，动力学稳定。

2. 在碱性溶液中用 HCHO 还原 $HAuCl_4$ 以制备金溶胶，反应可表示为：

$HAuCl_4+5NaOH\longrightarrow NaAuO_2+4NaCl+3H_2O$

$2NaAuO_2+3HCHO+NaOH\longrightarrow 2Au+3HCOONa+2H_2O$

其中 $Na^+AuO_2^-$ 是稳定剂，写出胶团结构式。

答：$[(Au)_m\cdot nAuO_2^-,(n-x)Na^+]^{x-}\cdot xNa^+$，也可以画出结构模型，从略。

3. 某溶胶中粒子的平均直径为 4.2nm，设其黏度和纯水相同，$\eta=0.001\text{Pa}\cdot\text{s}$ (0.01p)。试计算：(1) 25℃时胶体粒子的扩散系数；(2) 在 1s 内由布朗运动而引起的粒子沿 X 轴的平均位移。

答：(1) $D=\dfrac{RT}{N_0}\times\dfrac{1}{6\pi\eta r}=\dfrac{8.314\times10^7\times298}{6.022\times10^{23}}\times\dfrac{1}{6\times\pi\times0.01\times2.1\times10^{-7}}$

$=1.04\times10^{-6}(\text{cm}^2/\text{s})$

(2) $\overline{X}=\left(\dfrac{RT}{N_0}\times\dfrac{t}{3\pi\eta r}\right)^{1/2}$

$=\left(\dfrac{8.314\times10^7\times298}{6.022\times10^{23}}\times\dfrac{1}{3\times\pi\times0.01\times2.1\times10^{-7}}\right)^{1/2}$

$=1.44\times10^{-3}(\text{cm})$

或：$\overline{X}=\left(\dfrac{RT}{N_0}\times\dfrac{t}{3\pi\eta r}\right)^{1/2}=(2Dt)^{1/2}=(2\times1.04\times10^{-6}\times1)^{1/2}$

$=1.44\times10^{-3}(\text{cm})$

4. 25℃下一种悬浮体中，球形粒子和漆料间的密度差为 2.0g/cm³，若以高度相差 1cm 处某指定体积内粒子数相差 2 倍作为悬浮体开始沉降的标志，忽略布朗运动的影响，试计算临界沉降粒子半径 r^*，并求这种粒子与半径为 20μm 的粒子在黏度为 0.1Pa·s(1.0p) 的漆料中沉降 1.0cm 所需的时间。根据所计算的结果讨论布朗运动对涂料体系中颜料粒子悬浮体的影响，以及在小粒子情形下对沉降作用的影响。

答：(1) $n_h = n_0 \exp\left[-\dfrac{\widetilde{V}gh(\rho-\rho_0)}{RT}\right]$，

所以 $$\widetilde{V}=\frac{RT\ln\dfrac{n_0}{n_h}}{gh(\rho-\rho_0)}=\frac{8.314\times10^7\times298\times\ln2}{980\times1\times2.0}=8.76\times10^6(\text{cm}^3)$$

$$r*=\left(\frac{3V}{4\pi N_0}\right)^{1/3}=\left(\frac{3\times8.76\times10^6}{4\pi\times6.022\times10^{23}}\right)^{1/3}=1.514\times10^{-6}(\text{cm})$$

(2) $v=\dfrac{2r^2(\rho-\rho_0)\omega^2x}{9\eta}$，

$r*=1.514\times10^{-6}$cm 时，$t=\dfrac{s}{v}=\dfrac{9\eta s}{2r^2(\rho-\rho_0)g}=\dfrac{9\times1\times1}{2\times(1.514\times10^{-6})^2\times2.0\times980}=$

$1.0\times10^9(\text{s})=11574(\text{d})=31.7(\text{a})$

$r^*=20\times10^{-4}$cm 时，　$t=\dfrac{s}{v}=\dfrac{9\eta s}{2r^2(\rho-\rho_0)g}=\dfrac{9\times1\times1}{2\times(20\times10^{-4})^2\times2.0\times980}=$

$574.0(\text{s})=9.57(\text{min})$

5. 在某内径为 2cm 的管中盛油，使直径为 0.1588cm 的钢球从其中落下，下降 15cm 需 16.7s。已知油和钢球的密度分别为 0.96g/cm^3 及 7.65g/cm^3，试计算在实验温度下油的黏度。

答：$v=\dfrac{2r^2(\rho-\rho_0)g}{9\eta}$，

$$\eta=\frac{2r^2(\rho-\rho_0)g}{9v}=\frac{2\times(0.1588/2)^2\times(7.65-0.96)\times980}{9\times15/16.7}=10.23(\text{p})$$

6. 浓甘油在 20℃下的黏度为 1.50Pa·s(15.0p)，必须加热至什么温度，其黏度才降至 0.10Pa·s(1.0p)?

答：从黏度-温度列线图中可以查到，温度为 56℃时，体系黏度可降至 1.0p。

7. 一种聚酯树脂溶于苯乙烯［$\eta_0=8.8\times10^{-4}$Pa·s(0.0088p)］中，当质量浓度分别为 50%和 80%时，黏度分别为 0.0531Pa·s(0.531p) 和 2.47Pa·s (24.7p)，求该树脂在 60%和 100%质量浓度下的黏度值。

答：$\lg\eta_r=\dfrac{c}{K_a-K_bc}$，代入两种浓度下的黏度值，可以解得 K_a 和 K_b 值：

$$\begin{cases} \lg \dfrac{0.531}{0.0088} = \dfrac{0.5}{K_a - 0.5K_b} \\ \lg \dfrac{24.7}{0.0088} = \dfrac{0.8}{K_a - 0.8K_b} \end{cases} \longrightarrow \begin{cases} K_a = 0.3623 \\ K_b = 0.1629 \end{cases}$$

$c=60\%$时，$\lg\eta_r = \dfrac{0.6}{0.3623 - 0.6 \times 0.1629} = 2.27$，$\eta_r = 185.3$，$\eta_{60} = \eta_r \times \eta_0 = 185.3 \times 0.0088 = 1.63(p)$

$c=100\%$时，$\lg\eta_r = \dfrac{1}{0.3623 - 1 \times 0.1629} = 5.015$，$\eta_r = 1.035 \times 10^5$，$\eta_{100} = \eta_r \times \eta_0 = 1.035 \times 10^5 \times 0.0088 = 911(p)$

8. 非牛顿流体有哪几种类型？举例说明其特点。

答：非牛顿流体包括两大类：一类体系的黏度与时间无关，包括

① 塑性流体（宾汉流体）：存在屈服应力，剪切应力小于屈服应力时，体系不能流动；只有剪切应力超过屈服应力后，体系才能发生流动；发生流动后，剪切应力与剪切速率成线性关系。

② 假塑性流体：剪切速率随剪切应力的增大而增加，而体系黏度随剪切应力或剪切速率的增大而减小。

③ 胀流体：剪切速率随剪切应力的增大而增加，体系黏度随剪切应力或剪切速率的增大而增加。

另一类体系黏度与时间有关，包括触变体（黏度随时间下降）和震凝体（黏度随时间增大）。

9. 某种室外房屋白漆，当切变速率为 $800s^{-1}$ 时，测得其黏度为 1.00Pa·s (10.0p)，而当切变速率为 $10000s^{-1}$ 时，测得黏度为 0.40Pa·s(4.0p)。试计算这一白漆的屈服值和塑性黏度。

答：代入两种剪切速率下的黏度值，得两种状态下的剪切应力值：

$\sigma_1 = \eta_1 \dot{\gamma}_1 = 10 \times 800 = 8000(\text{dyn/cm}^2)$

$\sigma_2 = \eta_2 \dot{\gamma}_2 = 4.0 \times 10000 = 40000(\text{dyn/cm}^2)$

因宾汉流体黏度方程为 $\sigma - \sigma_y = \eta_p \dot{\gamma}$，则 $\begin{cases} 8000 - \sigma_y = \eta_p \times 800 \\ 40000 - \sigma_y = \eta_p \times 10000 \end{cases}$

将下式两边乘以 0.08，再与上式相减得 $\sigma_y = \dfrac{8000 - 3200}{1 - 0.08} = 5217(\text{dyn/cm}^2) = 521.7(\text{Pa})$

两式直接相减得：$\eta_p = \dfrac{40000 - 8000}{10000 - 800} = 3.48(p) = 0.348\ (\text{Pa}\cdot\text{s})$

10. 为什么聚丙烯酸钠可以用作水性体系的增稠剂？为什么 TiO_2 等无机氧化物的分散体系常表现为胀流体性质？试从其结构上加以分析。

答：聚丙烯酸钠在水溶液中发生电离，产生带电的大分子离子和对应的小离子 Na^+。Na^+ 向纯溶剂区迁移后，使聚合物链带有净负电荷，这种聚集在链上的净负电荷使聚合物链间产生相互斥力，导致聚合物链伸展，从而增大了体系的黏度。

TiO_2 等无机氧化物表面存在着大量羟基，羟基间存在着强烈的氢键相互作用，导致体系中 TiO_2 粒子间相互碰撞聚集，形成絮凝结构，从而增大了体系的黏度。（也可以从界面能方面解释：TiO_2 表面张力远大于水，导致 TiO_2 与水的界面张力很大，界面能很高，所以 TiO_2 在水中会趋向于絮凝。当施以剪切力时，粒子间碰撞概率增大，促进了粒子间的相互碰撞形成絮凝结构，从而体系黏度会随着剪切力的增大而增大。）

11. 为什么曙光、晚霞为橙红色而晴空、碧海却呈蓝绿色？

答：太阳光中可见光部分包含了赤、橙、黄、绿、蓝、靛、紫多重光色，其中红光波长最长，而紫光波长最短。当太阳光透过大气层时，波长较短的紫光散射衰减较多，透射后“剩余”的日光中颜色偏于波长较长的红光，因此，我们在早晚角度很低时观察日出、日落，看到的太阳光就是橙红色的，这种偏于红色的阳光再通过天空中散射粒子散射后仍然是波长较长的光居多，因此，曙光、晚霞大多偏于红、橙、黄等色彩；而且越接近地平线，霞的色彩越偏于红色。在接近天顶方向，阳光穿过低层大气较少，波长较短的光衰减相对少些，“剩余阳光”中仍有一些蓝、绿色光，因而有时能看到蓝、绿色霞光。有时，高层大气散射的蓝光与低层大气散射的红光“重叠”进入人的眼睛，就会看到显示紫色的天空。一般来讲，在日出日落方向上，从地面向天顶，霞的色彩排列是接近地面为红色，渐次变为橙、黄、绿、蓝各种颜色。也正因为如此，我们观察天空时，阳光中短波长的紫光、蓝光和绿色的光容易被散射到我们的眼中，就使天空呈现出蓝色。大海表层存在着大量的微小颗粒，当阳光照在海面上时，由于长波长的光容易传入海水中，而短波长的紫光、蓝光则易被细小的颗粒所散射，因此我们所看到的海水就是蓝色的了。江河水中颗粒物较大，被折射反射的程度高，散射光很弱，则失去了蓝色。

12. 将浓度为 0.0015g/mL 的 Fe_2O_3 溶胶先稀释 1 万倍，再放在超显微镜下观察，在直径和深度各为 0.04mm 的视野内数得粒子的数目平均为 4.1 个，设粒子的密度为 $5.2g/cm^3$，且粒子为球形，试计算其直径。

答：在观察区域内的浓度与体系浓度应一致，即 $c=\dfrac{W}{V}=\dfrac{nV_0\rho}{V}=\dfrac{n\left(\dfrac{1}{6}\pi d^3\right)\rho}{\pi R^2 h}$，

$$因此，d=\left(\frac{6\pi R^2hc}{n\pi\rho}\right)^{1/3}=\left(\frac{6R^2hc}{n\rho}\right)^{1/3}$$

$$=\left[\frac{6\times 0.002^2\times 0.004\times\left(\dfrac{0.0015}{10000}\right)}{4.1\times 5.2}\right]^{1/3}=8.77\times 10^{-6}(cm)$$

第三章　涂料的电稳定性与应用

1. 胶粒为什么会带电？何时带正电？何时带负电？

答：胶体分散体系由分散相和分散介质组成，分散相粒子可能由于电离、吸附、溶解、取代或极化等而带电。如①电离作用：分散相粒子表面分子发生电离，小离子进入液体后，分散相粒子便带上了电荷；②离子吸附：分散相表面在电解质溶液中对正负离子的吸附作用不同，吸附某种离子后，分散相表面的净电荷过剩，从而带上相应的电荷。分散相粒子通常易吸附与其组成相似的离子；③离子溶解：电解质的正负离子在极性介质中的溶解度不同，因而可以使电解质表面带上电荷；④离子取代：晶格中某种离子被带不同电量的同性离子所取代从而导致分散相粒子带电；⑤偶极子定向吸附：粒子表面吸附了偶极分子，虽然不能使表面带电，但是它将对界面周围的电荷分布产生重大影响。此外，由于两相对电子的亲和力不同，也会导致电子从介电常数大的一方流向小的一方，仿佛摩擦带电一样，使界面带电。

当体系 pH 达到等电点 pI 时，胶粒不带电。pH 大于 pI 时，胶粒带负电；pH 小于 pI 时，胶粒带正电。

2. (1) 直径为 1μm 的石英粒子在水中于电势梯度为 1.0 V/cm 的电场中运动，其运动速率为 3.0×10^{-3}cm/s，试计算石英-水界面上的ζ电势（设 $\eta=1\times10^{-3}$Pa・s，水的相对介电常数 $D=78.5$）。

(2) 采用 (1) 中的ζ电势的数值，求其在电势梯度为 1.0V/cm 的电场下，由于电渗作用，水流过半径为 0.05cm 的石英毛细管的速率（用 mL/s 表示）。

答：(1) $u=\dfrac{v}{E}=\dfrac{D\zeta}{4\pi\eta}$，

所以 $$\zeta=\frac{4\pi\eta v}{DE}=\frac{4\pi\times0.01\times3.0\times10^{-3}}{78.5\times\frac{1}{300}}=1.44\times10^{-3}(\text{Vesu})=0.432(\text{V})$$

(2) $$v=\frac{D\zeta E}{4\pi\eta}=\frac{78.5\times1.44\times10^{-3}\times\frac{1}{300}}{4\pi\times0.01}=3.0\times10^{-3}(\text{cm/s})$$

电渗流量 $Q=vA=v\pi r^2=3.0\times10^{-3}\times\pi\times0.05^2=2.355\times10^{-5}(\text{mL/s})$

3. 在两个充有 0.001mol/L KCl 溶液的容器之间是一个 AgCl 多孔塞，塞中细孔道充满了 KCl 溶液，在多孔塞两侧放两个电极接以直流电源，问溶液将向什么方向移动？当以 0.1mol/L KCl 来代替 0.001mol/L KCl 溶液时，溶液在相同电压之下流动速率变快还是变慢？如果用 $AgNO_3$ 溶液代替 KCl 溶液，液体流动方向怎样？

答：(1) AgCl 多孔塞吸附 KCl 中的 Cl^- 而带负电，溶液中富含 K^+ 而带正电，因此，在通电后，液体应向阴极移动。

(2) 以高浓度 KCl 替代低浓度 KCl 时，电解质浓度提高导致胶粒双电层厚度降低，ζ电位随之降低，溶液移动速率变慢。

(3) 如果用 $AgNO_3$ 代替 KCl，胶粒将吸附 $AgNO_3$ 中的 Ag^+ 而带正电，溶液中富含 NO_3^- 而带负电，因此，在通电后，溶液应向阳极移动。

4. 下列电解质对某溶液的聚沉值（mmol/L）分别为：

$c_{NaNO_3}=300$　　$c_{Na_2SO_4}=295$　　$c_{MgCl_2}=25$　　$c_{AlCl_3}=0.5$

问此溶胶的电荷是正还是负？

答：当阳离子不同时，聚沉值变化更大，因此可判断该溶胶带负电。

5. 现有 $Al(OH)_3$ 溶胶，在加入 KCl 使其最终浓度为 80mmol/L 时恰能聚沉，加入 $K_2C_2O_4$ 时，仅需 0.4mmol/L 即能聚沉。问 (1) $Al(OH)_3$ 溶胶电荷是正还是负？(2) 为使该溶胶聚沉，大约需要 $CaCl_2$ 的浓度为多少？

答：(1) 由于阴离子价数对聚沉值影响很大，可以判断该 $Al(OH)_3$ 溶胶带正电。

(2) 因为 KCl 聚沉值为 80mmol/L，即 Cl^- 浓度为 80mmol/L 时可使溶胶聚沉。而每摩尔 $CaCl_2$ 可产生 2mol Cl^-，故需 $CaCl_2$ 浓度为 40mmol/L。

6. 精朊（一种蛋白质）的等电点 pI=12，试问由此可以在精朊的化学组成方面得出什么结论？

答：等电点 pI=12，说明该化合物在偏碱性条件下才能达到电中性，而偏碱性条件可以抑制氨基电离，故该精朊的化学组成中氨基多于羧基。

7. 25℃时，一水性分散体分散在 $MgSO_4$ 浓度为 10^{-4}mol/L 的溶液中，试计算与粒子相联系的双电层厚度。已知 25℃水的相对介电常数是 78.5，若微粒表面电势为 160mV，求距固体表面 20nm 处的电势 φ。

答：(1) $\kappa=2.90\times10^8 Z\sqrt{C/D}=2.90\times10^8\times2\times\sqrt{10^{-4}/78.5}=6.55\times10^5$ (cm^{-1})

故 $\delta=\kappa^{-1}=1.53\times10^{-6}$(cm)

(2) $y_0=\dfrac{1}{25.69}Z\varphi_0=\dfrac{2\times160}{25.69}=12.46$，$e^{y_0/2}=507.8$，$\dfrac{(e^{y_0/2}-1)}{(e^{y_0/2}+1)}\approx1$。

所以 $\kappa x=\ln\dfrac{(e^{y_0/2}-1)(e^{y/2}+1)}{(e^{y_0/2}+1)(e^{y/2}-1)}\approx\ln\dfrac{e^{y/2}+1}{e^{y/2}-1}$。

$x=20$nm 时，$\kappa x=6.55\times10^5\times20\times10^{-7}=1.31$

则 $\dfrac{e^{y/2}+1}{e^{y/2}-1}=e^{1.31}=3.706$，可解得 $e^{y/2}=\dfrac{3.706+1}{3.706-1}=1.739$，

$y=2\ln1.739=1.107$，

所以 $\varphi=\dfrac{25.69y}{Z}=\dfrac{25.69\times1.107}{2}=14.22$(mV)

8. 试计算 25℃时与下列水溶液接触的带负电的固体表面的双电层厚度：

(1) 0.01mol/L KCl

(2) 0.001mol/L KCl

(3) 0.001mol/L K_2SO_4

(4) 0.001mol/L $MgCl_2$

对正负离子不同价时取反离子价数和浓度来计算。

答：(1) $\delta=\kappa^{-1}=(2.90\times10^8 Z\sqrt{C/D})^{-1}=(2.9\times10^8\times1\times\sqrt{10^{-2}/78.5})^{-1}=(3.273\times10^6)^{-1}=3.06\times10^{-7}$(cm)

(2) $\delta=\kappa^{-1}=(2.90\times10^8 Z\sqrt{C/D})^{-1}=(2.9\times10^8\times1\times\sqrt{10^{-3}/78.5})^{-1}=(1.035\times10^6)^{-1}=9.66\times10^{-7}$(cm)

(3) $\delta=\kappa^{-1}=(2.90\times10^8 Z\sqrt{C/D})^{-1}=(2.9\times10^8\times1\times\sqrt{2\times10^{-3}/78.5})^{-1}=(1.464\times10^6)^{-1}=6.83\times10^{-7}$(cm)

(4) $\delta=\kappa^{-1}=(2.90\times10^8 Z\sqrt{C/D})^{-1}=(2.9\times10^8\times2\times\sqrt{1\times10^{-3}/78.5})^{-1}=(2.070\times10^6)^{-1}=4.83\times10^{-7}$(cm)

9. 阳离子型电泳涂料与阴离子型电泳涂料的结构上有何差别？二者在涂装过程中有哪些异同？

答：阳离子型电泳涂料中成膜树脂所带电荷与阴离子型电泳涂料相反，前者树脂所带电荷为阳离子，后者树脂所带电荷为阴离子。

阳离子型电泳涂料与阴离子型电泳涂料涂装机理基本相似，都包括电离（水解）、电解、电泳、电沉积和电渗五个过程。不同之处在于树脂所带电荷性质不同，电泳方向不同，待涂件所在电极不同，电极反应不同。其主要区别如下：

不同点		阴离子型电泳涂料	阳离子型电泳涂料
成膜物质所带电荷		负电荷	正电荷
成膜物质电泳方向		阳极	阴极
待涂件电极		阳极	阴极
电极反应	阳极	$Fe \longrightarrow Fe^{2+} + 2e^-$（或 $Fe^{3+} + 3e^-$） $4OH^- \longrightarrow 2H_2O + O_2\uparrow + 4e^-$ $2OH^- \longrightarrow O_2\uparrow + 2H^+ + 4e^-$ $2RCOO^- + Fe^{2+} \longrightarrow Fe(RCOO)_2\downarrow$ $2RCOO^- \longrightarrow R\text{-}R + CO_2\uparrow + 2e^-$ $H^+ + RCOO^- \longrightarrow RCOOH\downarrow$	$4OH^- \longrightarrow 2H_2O + O_2\uparrow + 4e^-$ $2OH^- \longrightarrow O_2\uparrow + 2H^+ + 4e^-$ $2RCOO^- \longrightarrow R\text{-}R + CO_2\uparrow + 2e^-$ $H^+ + RCOO^- \longrightarrow RCOOH\downarrow$
电极反应	阴极	$RNH_3^+ + e^- \longrightarrow RNH_2 + H$ $2H \longrightarrow H_2\uparrow$ $2H^+ + 2e^- \longrightarrow H_2\uparrow$ $RNH_2 + H_2O \longrightarrow RNH_3^+ + OH^-$	$RNH_3^+ + OH^- \longrightarrow RNH_2 + H_2O$ $2H^+ + 2e^- \longrightarrow H_2\uparrow$ $RNH_2 + H_2O \longrightarrow RNH_3^+ + OH^-$

10. 试比较电泳涂料和自泳涂料在涂装机理方面的区别。写出其各自的优缺点。

答：以阳极电泳涂料为例，与自泳涂料比较如下：

涂料类型	阴离子型电泳涂料	自泳涂料
成膜物质特点	成膜物质带负电荷，向阳极方向泳动，待涂工件为阳极	成膜物质带负电荷，向富含阳离子的方向泳动，待涂工件为活泼金属
涂装机理（反应）	电极反应 待涂工件表面： $Fe \longrightarrow Fe^{2+} + 2e^-$（或 $Fe^{3+} + 3e^-$） $4OH^- \longrightarrow 2H_2O + O_2\uparrow + 4e^-$ $2OH^- \longrightarrow O_2\uparrow + 2H^+ + 4e^-$ $2RCOO^- + Fe^{2+} \longrightarrow Fe(RCOO)_2\downarrow$ $2RCOO^- \longrightarrow R\text{-}R + CO_2\uparrow + 2e^-$ $H^+ + RCOO^- \longrightarrow RCOOH\downarrow$ 阴极表面： $RNH_3^+ + e^- \longrightarrow RNH_2 + H$ $2H \longrightarrow H_2\uparrow$ $2H^+ + 2e^- \longrightarrow H_2\uparrow$ $RNH_2 + H_2O \longrightarrow RNH_3^+ + OH^-$	体系中的氧化还原反应： $Fe + 2HF \longrightarrow Fe^{2+} + 2F^- + H_2\uparrow$ $Fe + 2FeF_3 \longrightarrow 3Fe^{2+} + 6F^-$ $2Fe^{2+} + H_2O_2 + 2HF \longrightarrow 2Fe^{3+} + 2H_2O + 2F^-$ 涂料沉积反应： Fe^{2+} + 胶乳/颜料 ⟶ Fe-胶乳/颜料↓ 反应终止：$Fe^{3+} + 3F^- \longrightarrow FeF_3$
优点	① 自动化。适合连续化、大规模的自动化操作，可以大大提高劳动生产率。经济效益高，成本低 ② 安全环保。80%是水，无火灾隐患 ③ 泳透力强。对边、角、内腔、缝隙等同样能获得良好的保护层。所以适用于造型及结构复杂的金属工件的涂装 ④ 涂层致密，厚度均匀可控。湿膜含水率低，可显著缩短烘干时间，缩短周期，提高工效 ⑤ 外观好，无流挂 ⑥ 利用率高。工作液固体含量低，带出损失小，超滤工艺的使用更加提高了电泳漆的利用率，可达98%以上 ⑦ 质量稳定。电泳涂装工艺参数易于调整，涂装质量稳定。防腐、抗石击性能佳	① 不用通电，工件烘烤温度低，槽液不必冷却，能耗小 ② 安全环保。无重金属离子和VOC排放，安全环保。烘烤时不需闪蒸时间，污染小，不易爆 ③ 泳透力高。涂膜均匀，不会产生边缘效应和屏蔽效应 ④ 涂层致密，不溶于酸和碱，耐水性优良 ⑤ 直接适用于清洁的金属表面，不需磷化层等，处理简单；控制参数少，槽液管理、工艺控制都简便易行。涂装时挂具不用清洗，减轻清除工作量 ⑥ 涂装设备简单占地少，设备投入与运行费用低 ⑦ 涂装效率与电泳涂料相当；漆料利用率优于电泳漆，且不需要超滤回收设备
缺点	① 电泳和后期干燥耗能高，不够节能 ② 设备一次性投资大，工艺环节多，管理复杂，技术要求高 ③ 有边缘效应和屏蔽效应；阳极电泳漆不耐碱 ④ 底材有限，仅适用于导电性被涂物。不适于对水或对高温敏感的材质	① 色彩单调。再涂装有一定的选择性。一般仅用作底漆 ② 只能在钢铁表面涂装，不适宜镀锌板、铝板及其他材料 ③ 电解质利用率低，其浓度需要保持稳定 ④ 需采用强酸和强氧化剂，涂装过程中槽液参数不稳定，需不断跟踪调整

11. 根据第二章和第三章的内容，总结涂料体系的稳定性来源。如何提高涂料体系的稳定性？

答：涂料体系能够稳定的主要原因在于树脂和颜填料粒子尺寸较小，具有较强的扩散能力和布朗运动、较低的沉降速率和较长的沉降平衡时间；也在于成膜物质在分散介质中具有一定的带电性质，粒子的双电层阻止了粒子间的相互碰撞长大。此外，涂料体系在贮存时常具有的高黏度也防止了粒子的沉降，从而使涂料体系具有较高的稳定性。

根据稳定性来源可以看出，动力学稳定性取决于粒子的大小；电稳定性取决于双电层厚度。因此减小粒子尺寸、降低体系电解质浓度来提高双电层厚度、提高体系黏度都可以提高涂料体系的稳定性。

第四章　液体的界面现象及在涂料中的应用

1. 为什么自由液滴必成球形？

答：因为物体表面分子受力不均，有尽量向内部迁移以减小表面积、降低表面能的趋势。由于球形在各种形状中具有最小表面积，体系最稳定，因此在没有外力的作用下，自由液滴为球形。

2. （比）表面功、（比）表面自由能和表面张力的意义和单位有什么异同？

答：意义：（比）表面功是在一定温度、压力和恒定组成下，体系增加单位表面积时外界需对体系所做的非膨胀功，其单位为 erg/cm^2 或 J/m^2；

（比）表面自由能是在一定温度、压力和恒定组成下，体系增加单位表面积时所增加的自由能，其单位为 erg/cm^2 或 J/m^2；

表面张力是在液体表面存在的垂直作用于单位长度线段上，沿液体切线方向指向液体内侧的力，单位是 dyn/cm 或 N/m。

异：这三个物理量意义不同，单位也不同；

同：数值相同，量纲也一致。

3. 液体的分子间有作用力，其表面有表面张力，这两种力有何联系？

答：液体表面张力是由表面分子所受分子间作用力不平衡引起的。分子间作用力大，则表面张力也大。分子间作用力是微观作用，表面张力则是分子间作用力的宏观表现。但二者又有所不同，表面分子的分子间作用力合力垂直于表面指向液体内部，而表面张力则与液体表面相切，是单位长度的力，二者方向、单位、意义皆不同。

4. 乙酸丁酯 25℃时的表面张力为 25.2mN/m，试估计在其沸点（125℃）时的表面张力值。已知乙酸丁酯的摩尔体积为 $131.7cm^3/mol$，并假定其不随温度而改变。

答：根据 $\gamma\widetilde{V}^{2/3}=k(T_c-T-d)$，由 25℃下表面张力值代入可得临界温度 T_c：

$25.2\times131.7^{2/3}=2.2\times(T_c-298-d)$，解得 $T_c-d=\dfrac{25.2\times131.7^{2/3}}{2.2}+298=$

594.5(K)

则 125℃ 下的表面张力为 $\gamma=\dfrac{k(T_c-T-d)}{\widetilde{V}^{2/3}}=\dfrac{2.2\times(594.5-398)}{131.7^{2/3}}=$

16.7(mN/m)

$$或：\gamma_2=\frac{k(T_c-T_2-d)}{\widetilde{V}^{2/3}}=\frac{k\left(\frac{\gamma_1\widetilde{V}^{2/3}}{k}+T_1-T_2\right)}{\widetilde{V}^{2/3}}=\gamma_1+\frac{k(T_1-T_2)}{\widetilde{V}^{2/3}}=25.2+\frac{2.2\times(25-125)}{131.7^{2/3}}=16.7(\text{mN/m})$$

5. 在下图的装置上喷出两个大小不一的肥皂泡，然后打开活塞使两泡相通，试问会发生什么情况？最后两边的肥皂泡各成什么样子？试绘出简图，并讨论。

答：由于肥皂泡受到附加压力的作用，附加压力的大小 $\Delta p=\frac{4\gamma}{r}$，方向指向泡的内部。

两个肥皂泡大小不一，小的所受附加压力大，大的受附加压力小，因此打开活塞后，小的泡受压大而往大泡侧迁移，直至两泡的曲率半径一样。

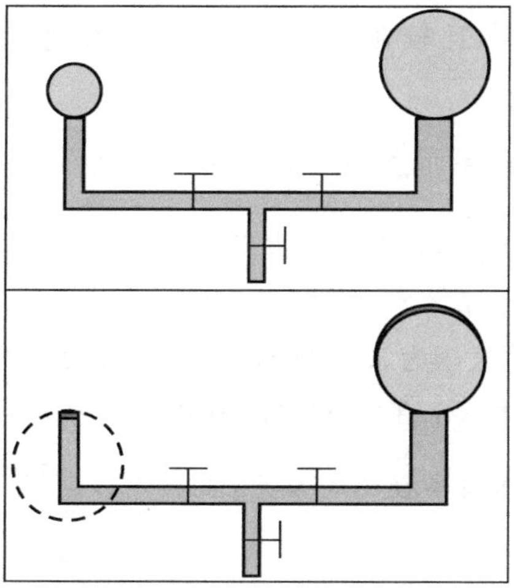

6. 在正常沸点时，如果水中仅含直径为 1.0μm 的空气泡，问空气泡内的附加压力为多少？欲使这样的水开始沸腾需过热多少摄氏度？已知水在 100℃时的表面张力为 $\gamma=58.9$mN/m，摩尔汽化热 $\Delta H=4.0656\times10^4$J/mol。

答：空气泡中的附加压力 $\Delta p=\frac{2\gamma}{r}=\frac{2\times58.9}{(1/2)\times10^{-4}}=2.356\times10^6\ (\text{dyn/cm}^2)=2.356\times10^5(\text{Pa})$

大气压 $p_0=1.013\times10^5$Pa，$p=p_0+\Delta p=1.013\times10^5+2.356\times10^5=3.369\times10^5(\text{Pa})$

根据 Clausius-Clapeyron 方程 $\ln\frac{p_2}{p_1}=\frac{\Delta H}{R}\left(\frac{1}{T_1}-\frac{1}{T_2}\right)$

$$T_2=\left(\frac{1}{T_1}-\frac{R}{\Delta H}\ln\frac{p_2}{p_1}\right)^{-1}=\left(\frac{1}{373}-\frac{8.314}{4.0656\times10^4}\times\ln\frac{3.369\times10^5}{1.013\times10^5}\right)^{-1}$$

$=(2.435\times10^{-3})^{-1}=410.7(\text{K})=137.6(℃)$

7. 为什么城市中的雾比农村的雾难消失？

答：由于城市中污染比农村大，空气中存在大量颗粒物，成雾粒子由水在固体颗粒物表面凝结而成，粒子较大，其饱和蒸气压较低，挥发较慢；而农村空气中颗粒物少，成雾粒子单纯由水蒸气凝结而成，尺寸小，挥发性较大。所以有时城市的雾会更难散去。

8. 为什么有云未必成雨？如何使云变成雨？

答：云由水汽凝结而成。空气中的水汽上升到高空，因高空温度较低而凝聚成水滴，若温度低于0℃，则多余的水汽会凝为小冰晶。当这些小水滴和小冰晶逐渐增多并达到人眼能辨认的程度时即为云。但云层中的水滴或冰晶很小，无法克服气流产生的浮力。只有当液滴变大，可以克服气流所产生的浮力时才有可能变成雨。若想使云变成雨，需要增大凝结核。向云中喷洒成核剂，可以人为增大凝结核，使水滴克服上升的气流阻力从天而降成雨。

9. 由曲率半径的正负号，比较在一定温度下，凸液面、凹液面与平面液体的饱和蒸气压的相对大小。

答：$\ln\dfrac{p_r}{p}=\dfrac{2\gamma M}{RT\rho r}$，对于凸液面，曲率半径为正（$r>0$），$p_r>p$，且半径越小，$p_r$越大；对于凹液面，曲率半径为负（$r<0$），$p_r<p$，且半径越小，$p_r$越小。故$p_凸>p_平>p_凹$。

10. 25℃时，水的饱和蒸气压为3.168kPa，求在该温度下，比表面积为1.0m²/g的圆球形水滴的蒸气压（水在25℃时的表面张力为71.79mN/m）。

答：圆球形比表面积与半径的关系为：$\sigma=\dfrac{A}{W}=\dfrac{4\pi R^2}{\dfrac{4}{3}\pi R^3\rho}=\dfrac{3}{R\rho}$

比表面积为1.0m²/g的水滴半径为$R=\dfrac{3}{\sigma\rho}=\dfrac{3}{1\times10^4\times1}=3\times10^{-4}(\text{cm})$，

饱和蒸气压满足关系：$\ln\dfrac{p_r}{p}=\dfrac{2\gamma M}{RT\rho r}$，所以

$p_r=p\exp\left(\dfrac{2\gamma M}{RT\rho r}\right)=3.168\times\exp\left(\dfrac{2\times71.79\times18}{8.314\times10^7\times298\times1\times3\times10^{-4}}\right)=$

$3.169(\text{kPa})$

11. 今有形状各异但管径均匀一致且相同的毛细管插入水中，左边第一根毛细管中的弯月面是毛细上升的平衡位置结果，第二根内表面完全涂蜡成为疏水毛细管，第三根在第一根液面一半处涂蜡，第四根一半处半径扩大了2倍，第五根在一半液面处折断，第六根在不足原液面处开始变为弯管。试画出其他毛细管中液面应在的平衡位置和形状。

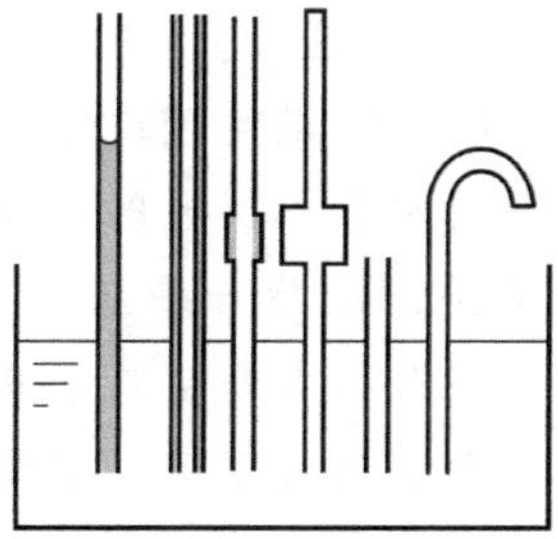

答：弯月面曲率半径与高度位置满足方程 $\rho gh=\dfrac{2\gamma}{r}$。

设第一根液面上升高度为 h_1，液面的曲率半径为 r_1。那么，

若第二根完全不润湿，即 $r_2=r_1$，则 $h_2=-h_1$；

若第三根在一半液面处涂蜡，即 $h_3=h_1/2$，则 $r_3=2r_1$；

若第四根在一半液面处扩大半径，即 $h_4=h_1/2$，则 $r_4=2r_1$；

若第五根在一半液面处折断，即 $h_5=h_1/2$，则 $r_5=2r_1$；

若第六根在液面下弯曲，即 $h_6<h_1$，则液面向下形成凸液面，半径满足 $\rho gh_6=\dfrac{2\gamma}{r_6}$。

12. 试计算密度为 0.7893g/cm^3，表面张力为 22.75mN/m 的乙醇在半径为 0.2mm 的毛细管中上升的高度（假定管壁可被液体完全润湿），将此毛细管洗净烘干后插入甲苯（密度为 0.87g/cm^3）上升高度是 2.90cm，求甲苯表面张力。

答：(1) 因为 $\rho gh=\dfrac{2\gamma}{r}$，所以，$h=\dfrac{2\gamma}{\rho gr}=\dfrac{2\times 22.75}{0.7893\times 980\times 0.02}=2.94(\text{cm})$

(2) 同理，$\gamma=\dfrac{\rho ghr}{2}=\dfrac{0.87\times 980\times 2.90\times 0.02}{2}=24.7(\text{dyn/cm})$

13. 一滴重张力计的滴口外径为 0.548cm，5min 内从该滴重张力计收集 12 滴溶剂，称重为 0.362g，计算溶剂的表面张力。

答：$\gamma=\dfrac{Wg}{2\pi r}=\dfrac{\dfrac{0.362}{12}\times 980}{2\pi\times\dfrac{0.548}{2}}=17.17(\text{dyn/cm})$

若进行校正：$\widetilde{V}^{1/3}=\left(\dfrac{0.362/12}{1}\right)^{1/3}=0.311$，$\dfrac{r}{\widetilde{V}^{1/3}}=0.88$，查表得 $f=0.6$。则

$\gamma'=\dfrac{Wg}{2\pi rf}=\dfrac{\gamma}{0.6}=28.62(\text{dyn/cm})$

14. 25℃下分别用三种方法测定 1×10^{-4}mol/L 的油酸钠（一种表面活性剂）水溶液的表面张力，其结果如下：(1) 毛细管上升法，$\gamma=43$mN/m；(2) 滴

重法，$\gamma=50$mN/m；（3）静滴法，$\gamma=40$mN/m。试解释三种方法得出不同结果的原因，问哪种方法所得结果比较符合实际？

答：毛细管法液体表面在毛细管中上升时，液体的表面积不发生变化，因此表面张力不发生变化；滴重法液体一滴滴滴落，每一滴都会生成新的表面，因此，低表面张力物质来不及在表面富集，故而测得的表面张力值偏高；采用静滴法测定时，液体表面长期暴露，低表面张力物质已在表面充分富集而降低表面能，因此其表面张力最小。可见，毛细管方法比较符合实际，也要根据需要选择。

15. 在19℃时，丁酸水溶液的表面张力及浓度的关系可以准确地表示为：$(\gamma_0-\gamma)/\gamma_0=b\ln(1+c/a)$

式中，γ_0 为纯水的表面张力，$\gamma_0=72$mN/m；c 为丁酸浓度；a、b 为常数。

（1）求此溶液表面吸附量 Γ 与浓度的关系。

（2）已知 $b=0.182$，$a=0.051$mol/L，试求 $c=0.20$mol/L 时的吸附量 Γ。

（3）丁酸在溶液表面的饱和吸附量 Γ_∞ 为多少？

（4）假定饱和吸附时表面全部被丁酸分子占据，计算每个丁酸分子的截面积。

答：（1）因为 $\dfrac{\gamma_0-\gamma}{\gamma_0}=b\ln\left(1+\dfrac{c}{a}\right)$，所以 $-\dfrac{d\gamma}{dc}=b\gamma_0\dfrac{1/a}{1+\dfrac{c}{a}}=\dfrac{b\gamma_0}{a+c}$

$$\Gamma=-\frac{c}{RT}\left(\frac{d\gamma}{dc}\right)_T=-\frac{c}{RT}\times\frac{b\gamma_0}{a+c}=\frac{b\gamma_0}{RT}\times\frac{c}{a+c}$$

（2）$\Gamma=\dfrac{b\gamma_0}{RT}\times\dfrac{c}{a+c}=\dfrac{0.182\times72}{8.314\times10^7\times292}\times\left(\dfrac{0.20}{0.051+0.20}\right)$

$=4.30\times10^{-10}$（mol/cm^2）

（3）$\Gamma_\infty=\dfrac{b\gamma_0}{RT}=\dfrac{0.182\times72}{8.314\times10^7\times292}=5.40\times10^{-10}$（mol/cm^2）

（4）$A_0=\dfrac{1}{\Gamma_\infty N_0}=\dfrac{RT}{N_0 b\gamma_0}=\dfrac{8.314\times10^7\times292}{6.023\times10^{23}\times0.182\times72}=3.076\times10^{-15}$（cm^2）

16. 25℃时，将少量的某表面活性物质溶解于水，当溶液的表面吸附达到平衡后，用一个很薄的刀片快速刮去0.1mm厚的已知面积的该溶液表面层，测得其中表面活性物质吸附量为 3×10^{-10}mol/cm^2。已知水在25℃的表面张力为72mN/m，假定在很稀的浓度范围内，溶液的表面张力与浓度呈线性关系，试计算该溶液的表面张力。

答：设溶液的表面张力与浓度关系为 $\gamma=\gamma_0-bc$，所以，$\Gamma=-\dfrac{c}{RT}\left(\dfrac{d\gamma}{dc}\right)_T=\dfrac{bc}{RT}$，则 $bc=\Gamma RT$，所以，$\gamma=\gamma_0-bc=\gamma_0-\Gamma RT=72-3\times10^{-10}\times8.314\times$

$10^7 \times 298 = 64.6(\text{dyn/cm})$

17. 涂料施工中表面张力梯度会引起哪些现象？在涂膜中可采取什么措施来防止这类弊病？

答：涂料施工时存在的表面张力梯度会引起贝纳德旋涡产生橘皮、发花等弊病，也会引起缩孔、厚边（画框）、凹凸表面等涂膜缺陷问题。

要防止这类弊病，首先要消除或减弱表面张力梯度，如加入少量表面活性剂，降低表面层的表面张力，在受热、溶剂挥发等过程中，尽量不会改变涂层表面的表面张力值。在涂料配方中，尽量使各组分的表面张力一致。

就不同的缺陷而言，除了上述措施外，还有一些特殊的方法。如对于贝纳德旋涡，要防止溶剂挥发太快；对于发花或浮色，则还要注意颜料的粒度和密度尽量一致。对于缩孔，则要防止低表面张力物质造成的污染，也可以适当提高黏度；对于厚边和凹凸表面，则需提高溶剂的表面张力，使之与成膜物质尽量一致。

18. 已知水和辛醇的表面张力分别为72.0mN/m和27.0mN/m，水-辛醇的界面张力为9.0mN/m，试计算（1）水在辛醇表面的起始铺展系数；（2）辛醇在水面的起始铺展系数；（3）水和辛醇的内聚功；（4）水和辛醇之间的黏附功；由此判定水在辛醇表面及辛醇在水表面能否铺展。

答：（1）水在辛醇表面的起始铺展系数 $S_{w/o} = \gamma_o - \gamma_w - \gamma_{wo} = 27 - 72 - 9 = -54(\text{dyn/cm}) < 0$，不可铺展；

（2）辛醇在水表面的起始铺展系数 $S_{o/w} = \gamma_w - \gamma_o - \gamma_{wo} = 72 - 27 - 9 = 36(\text{dyn/cm}) > 0$，可铺展；

(3) $W_{cw} = 2\gamma_w = 2 \times 72 = 144(\text{erg/cm}^2)$，$W_{co} = 2\gamma_o = 2 \times 27 = 54(\text{erg/cm}^2)$；

(4) $W_a = \gamma_w + \gamma_o - \gamma_{wo} = 72 + 27 - 9 = 90(\text{erg/cm}^2)$；

（5）水在辛醇上的铺展功 $S_{w/o} = W_a - W_{cw} = 90 - 144 = -54(\text{erg/cm}^2) < 0$，不可铺展；

辛醇在水上的铺展功 $S_{o/w} = W_a - W_{co} = 90 - 54 = 36(\text{erg/cm}^2) > 0$，可铺展。

19. 试利用等张比容基团加和法，估算聚甲基丙烯酸甲酯的表面张力和溶度参数。已知其密度为1.012g/cm³（140℃），$n=4.2$。

答：聚甲基丙烯酸甲酯结构：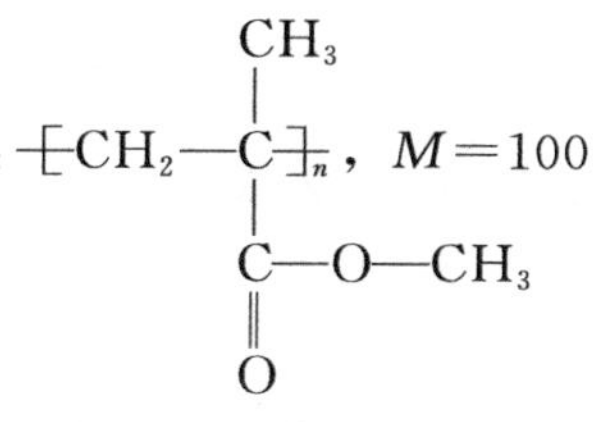，$M=100$

$$[P] = 5\text{C} + 8\text{H} + 2\text{O} + 1(=) = 5\times7.2 + 8\times16.2 + 2\times20.0 + 23.3 = 228.9$$

$$\gamma = \left(\frac{[P]}{M}\rho\right)^n = \left(\frac{228.9}{100}\times1.012\right)^{4.2} = 34.06(\text{dyn/cm})$$

$$\gamma = \frac{0.2575\delta^2}{\rho^{1/3}}, \delta = \left(\frac{\gamma\rho^{1/3}}{\lambda}\right)^{1/2} = \left(\frac{34.06 \times 1.012^{1/3}}{0.2752}\right)^{1/2} = 11.15(\mathrm{H})$$

20. 在两支水平放置的毛细管中间各有一段液体，一个完全润湿，另一个完全不润湿。当在其右端加热时，管中的液体各向哪个方向移动？

答：能润湿毛细管的液体在管中形成凹液面，其受到的附加压力向外拉；而不能润湿毛细管的液体在管中形成凸液面，其所受附加压力向内挤压。当在毛细管右端加热时，右侧液体的表面张力降低，附加压力减小，润湿性液体向右侧的拉力减小，液体向左侧移动；不能润湿毛细管的液体向左的挤压力减小，液体向右侧移动。

第五章　固体的界面现象及在涂料中的应用

1. 固体表面有什么特点？为什么它具有显著的吸附特性？

答：固体表面结构特点有：(1) 表面能高；(2) 分子迁移困难；(3) 表面不均匀程度高。为了降低表面能，固体表面具有显著的吸附特性。

2. 若吸附过程 $X_2 + 2S \underset{k_{-1}}{\overset{k_1}{\rightleftharpoons}} 2XS$ 服从 Langmuir 模型，证明吸附等温式为：

$Kp=[\theta/(1-\theta)]^2$，其中 $K=k_1/k_{-1}$

答：因为吸附质占两个 S 位置，所以吸附速率 $r_a = k_1 p(1-\theta)^2$

脱附时两个 XS 都可以脱附，所以解吸附速率 $r_d = k_{-1}\theta^2$

达到平衡时，$r_a = r_d$，则 $k_1 p(1-\theta)^2 = k_{-1}\theta^2$，得证。

3. 液氮温度时，N_2 在 $ZrSiO_4$ 上的吸附符合 BET 公式，今取 17.52g 样品进行吸附测定，数据如下：(p_0=101325Pa)

p/mmHg	吸附体积（已算成标准状况）/mL	p/mmHg	吸附体积（已算成标准状况）/mL
10.4	8.16	190.3	13.73
20.8	8.96	256.0	15.10
76.0	11.04	391.2	18.02
112.0	12.16	471.2	20.32
157.6	13.09	576.0	23.84

注：1mmHg=133.322Pa。

(1) 计算形成单分子层所需 N_2 的体积。

(2) 每克样品的比表面积（已知每个 N_2 分子的截面积为 $0.162nm^2$）。

答：(1) 根据 BET 方程 $\frac{p}{V(p_0-p)} = \frac{1}{V_m K} + \frac{K-1}{V_m K} \times \frac{p}{p_0}$，对数据重新组合，得下表

p/p_0	$\frac{p}{V(p_0-p)}$	p/p_0	$\frac{p}{V(p_0-p)}$
0.014	1.700	0.250	24.33
0.027	3.140	0.337	33.64
0.100	10.06	0.515	58.90
0.147	14.21	0.620	80.29
0.207	19.99	0.758	131.3

作 $\frac{p}{V(p_0-p)}-\frac{p}{p_0}$ 图，得直线，直线的斜率 $\alpha=\frac{K-1}{V_m K}=0.094$；

直线的截距 $\beta=\frac{1}{V_m K}=0.00066$，

因此，形成单分子层所需的 N_2 体积为：$V_m=\frac{1}{\alpha+\beta}=10.56(\text{mL})$

(2) 样品的表面积为：$A=\frac{V_m}{V_0}N_0A_0=\frac{10.56}{22400}\times 6.022\times 10^{23}\times 0.162\times 10^{-14}=$ $4.60\times 10^5(\text{cm}^2)=46.0(\text{m}^2)$

样品的比表面积为 $\sigma=\frac{A}{W}=\frac{46.0}{17.52}=2.63(\text{m}^2/\text{g})$

4. 在 291K 时，用木炭吸附丙酮水溶液中的丙酮数据如下：

吸附量 $X/(\text{mmol/g})$	0.208	0.618	1.075	1.50	2.08	2.88
溶液浓度 $c/(\text{mmol/L})$	2.34	14.65	41.03	88.62	177.69	268.97

试用 Freundlich 经验公式计算公式中的常数 k 和 n。

答：根据 Freundlich 方程 $X=kc^{\frac{1}{n}}$，对数据重新组合，得下表

$\lg X$	−0.682	−0209	0.0314	0.176	0.318	0.459
$\lg c$	0.369	1.166	1.613	1.948	2.250	2.430

作 $\lg X$-$\lg c$ 图，得直线，直线的斜率 $\frac{1}{n}=0.556$，$n=1.8$；

直线的截距 $\lg k=-0.85$，$k=0.14$

5. 25℃时，水在石墨上的接触角是 86°，试计算其黏附功及铺展系数。已知 25℃下水的表面张力是 72.0mN/m。

答：$W_a=\gamma_s+\gamma_l-\gamma_{sl}=\gamma(1+\cos\theta)=72\times(1+\cos 86°)=77.0(\text{erg/cm}^2)$，

$S_{W/G}=\gamma_G-\gamma_W-\gamma_{W/G}=\gamma_W(\cos\theta-1)=72\times(\cos 86°-1)=-67.0(\text{erg/cm}^2)$

6. 试讨论表面粗糙程度对液体润湿性的影响。

答：表面粗糙度对液体润湿的影响可以从式(5-35) 来说明：因为粗糙度因子

是表面实际面积与表面理想面积之比，因此它是大于1的数。它又是粗糙表面接触角余弦与平整表面接触角余弦之比。因此，当接触角小于90°时，接触角余弦大于0，则粗糙表面的接触角应小于平整表面的接触角，即液体润湿性提高；而当接触角大于90°时，接触角余弦小于0，此时粗糙表面的接触角应大于平整表面的接触角，即液体的润湿性降低，或者说，体系变得更不润湿。

7. γ_c 的含义是什么？为什么通常测得的 γ_c 值总是低于固体表面张力 γ_s 值？

答：γ_c 是固体的临界表面张力，是能使液固接触角刚好为0的液体的最大表面张力。它表示凡表面张力大于 γ_c 的液体都不能在固体表面上铺展，只有当液体的表面张力低于 γ_c 时，液体才能在固体表面铺展，使接触角等于0。

固体的临界表面张力是固体表面张力与液固界面张力之差，由于液固界面张力是大于等于0的，因此，测得的固体临界表面张力总低于固体表面张力。

8. 在用乙醇/水混合溶液测定高分子的临界表面张力时，发现许多高分子的临界表面张力总是在26mN/m左右，试解释其原因。

答：由于乙醇的表面张力很低，易于吸附于各种界面处，并通过相互的氢键作用，使物质表面转化为乙醇吸附分子的表面。因此，在测定高分子临界表面张力时，其结果均与乙醇分子的表面张力相近。

9. 厨房里的金属器具及陶瓷等物品很容易被油污沾染，为什么？不粘锅的原理是什么？

答：油污属于低表面能物质，因此容易被金属器具及陶瓷等高表面能物质表面吸附以降低体系的表面能。

不粘锅的原理是在金属或陶瓷锅的表面黏附一层具有极低表面张力的涂层（通常是含氟化合物），使锅的表面从高表面能转化而为极低表面能，所有表面张力比其高的液体都不能在锅的表面铺展润湿，这就是不粘锅的基本原理。目前更多的不粘锅还引入了粗糙表面结构，更增强了不润湿效果。

10. 为了净化含有非极性和弱极性有机物的水，你选择哪种吸附剂？为什么？（1）活性炭；（2）硅胶。

答：对于净化含有非极性和弱极性有机物的水，可以选择非极性的吸附剂活性炭。因为非极性吸附剂活性炭对非极性或弱极性物质有较好的相容性和吸附能力。

硅胶在含有非极性有机物的水中更容易吸附水，无法起到净化作用。

11. 为什么无论颜料表面张力比介质高或低，在分散时往往都需进行表面处理？

答：对于高表面张力的无机颜料，无论是在具有较高表面张力的水等介质中分散，还是在低表面张力的有机溶剂中分散，由于颜料的表面张力远大于介质的表面张力，介质均可以在颜料表面润湿，但颜料粒子间的相互作用很大，具有絮凝的趋势。

对于低表面张力的有机颜料（染料），因其无法被高表面张力的水润湿，因此无法良好分散，需要做表面处理，使其表面张力与水接近而易被润湿分散；而低表面张力的有机颜料在低表面张力的溶剂中分散时，一般也很难达到表面张力的匹配，颜料粒子间有絮凝的倾向。

可见，无论颜料粒子的表面张力比介质高或低，为了减少颜料粒子间的絮凝趋势，要提高颜料的分散性，都需要对颜料粒子进行表面处理。

12. 粒径为 20μm 的 TiO_2 颜料在潮湿的空气中吸附水时，两个粒子间的毛细压力为多少？若粒子的密度为 4.16g/cm³，计算毛细压力与粒子自重之比。

答：$F_A = -2.30R\gamma = -2.30 \times (10 \times 10^{-4}) \times 72.8 = -0.167(\text{dyn})$

$$F_W = \frac{4}{3}\pi R^3 \rho g = \frac{4}{3}\pi \times (10 \times 10^{-4})^3 \times 4.16 \times 980 = 1.708 \times 10^{-5}(\text{dyn})$$

毛细压力与自重之比为：$\left|\frac{F_A}{F_W}\right| = \frac{0.167}{1.708 \times 10^{-5}} = 9.78 \times 10^3 \approx 10000$

13. 将粒径 3μm、间隙为 3μm 的密堆积颜料粉末直接倒入液体涂料基料中。已知该基料的表面张力为 30mN/m，黏度为 2.8Pa·s，若接触角为 0°，试计算 1 昼夜后，基料在颜料中的渗透深度；若颜料在槽中共有 7cm 厚，完全润湿需多长时间？

答：基料 1 昼夜后在颜料粒团中的渗透深度为：

$$L = \left(\frac{r\gamma\cos\theta}{2\eta}t\right)^{\frac{1}{2}} = \left(\frac{1.5 \times 10^{-4} \times 30 \times 1}{2 \times 28} \times 24 \times 3600\right)^{\frac{1}{2}} = 2.635(\text{cm})$$

若将颜料完全浸透，则所需时间为：

$$t = \frac{2L^2\eta}{r\gamma\cos\theta} = \frac{2 \times (7/2)^2 \times 28}{(1.5 \times 10^{-4}) \times 30 \times 1} = 1.52 \times 10^5(\text{s}) \approx 1.76(\text{d})。$$

提示：厚度除以 2，表示涂料可以从周围向内渗透，只需要渗透一半的距离。

14. 利用表面化学原理，说明粘接过程对胶黏剂的要求。

答：粘接过程涉及胶黏剂在被粘物表面铺展润湿过程、胶黏剂与被粘物间的粘接强度。铺展润湿过程要求胶黏剂的表面张力应不大于被粘物表面张力，快速铺展能力则要求体系有较低的黏度，而粘接强度则要求胶黏剂与被粘物间具有较高的黏附功，它要求胶黏剂有较高的表面张力。

因此，从表面化学原理看，粘接过程对胶黏剂的要求是胶黏剂表面张力应与被粘物固体临界表面张力相等，以同时满足铺展润湿和高黏附功的条件。提高表面粗糙度可以增强铺展润湿性和提高黏附功。

15. 分散过程的自发条件与浸渍润湿条件相似，是否可以认为只要润湿角小于 90°就可以了呢？为什么？

答：不可以。分散过程尽管总的自由能变化与浸渍润湿相仿，但因为分散前后需经历黏附润湿、浸渍润湿和铺展润湿三个基本过程，因此，必须满足三个过程中的各自条件。由于铺展润湿要求接触角等于 0°，因此分散过程的自发条件是润湿角等于0°。

16. 很多无机晶体粉末都很容易吸潮而粘连结块，试解释原因。

答：无机晶体粉末通常具有较高的表面能，易于吸附空气中的水分子形成吸附层。吸附水分子后，粒子间产生巨大的毛细压力，导致粒子间相互挤压靠近而粘连结块。

17. 乳胶漆成膜时的表面化学原理是什么？

答：随着溶剂逐渐挥发，乳胶漆中的乳胶粒子相互靠近。当溶剂很少时，粒子间残存的溶剂形成的凹液面产生了巨大的附加压力，从而挤压乳胶粒子变形，乳胶膜被破坏，相互融合而成膜。残存的溶剂也被挤压到胶膜外，通过进一步挥发、烘烤而除去。

第六章 表面活性剂

1. 什么是表面活性物质？什么是表面活性剂？它们在结构上各有什么异同？

答：能使体系表面张力下降的物质就是表面活性物质。能显著降低体系表面张力并在低浓度时即可达到平衡的物质就是表面活性剂。

结构相同点：都具有双亲结构——既有亲水基，也有疏水基。

结构不同点：表面活性物质疏水链长较短，表面活性剂疏水链长较长（6个碳原子以上）。

2. 试举出五种以上的表面活性剂的用途。

答：表面活性剂可以用作润滑剂、乳化剂、洗涤剂、增溶剂、分散剂、起泡剂、柔软剂、润湿剂等。

3. 解释CMC、HLB的含义。

答：CMC是临界胶束浓度。表面活性剂浓度达到CMC值时，表面活性剂在表面通常会达到吸附平衡，体系表面张力达到最低。

HLB是亲水亲油平衡值。以石蜡的HLB＝0，油酸的HLB＝1，油酸钾的HLB＝20，十二烷基硫酸钠的HLB＝40作标准来测定或计算。HLB越大，亲水性越强。

4. 比较下列表面活性剂的CMC值大小。

(1) 十二烷基硫酸钠，十六烷基碳酸钠，十八烷基硫酸钾

(2) 吐温20，吐温80

答：(1) 十二烷基硫酸钠＞十六烷基碳酸钠＞十八烷基硫酸钾（疏水链长增大，CMC值减小）

(2) 吐温20＞吐温80（吐温20是十二烷基，吐温80是十八烯基，疏水链长增加，CMC值减小）

5. 温度对离子型表面活性剂和非离子型表面活性剂的CMC值和增溶性有何影响？

答：对CMC值的影响：温度升高，离子型表面活性剂的溶解度增大，胶束排

列更加混乱，其 CMC 值增大。非离子型表面活性剂水溶液往往是 LCST 型的，温度升高不利于其溶解，表面活性剂趋于相互聚集，从而降低其 CMC 值。

对增溶性的影响：转折点以下，温度升高，无论对离子型还是非离子型，增溶能力都提高；在转折点处及以后，升高温度，则增溶能力都下降。

6. 试计算下列化合物的 HLB 值。

(1) 月桂酸 $C_{11}H_{23}COOH$

(2) 硬脂酸钠 $C_{17}H_{35}COONa$

(3) 山梨醇单油酸酯 $C_{17}H_{33}COOC_6H_8(OH)_5$

(4) 十二烷基硫酸钠 $C_{12}H_{25}SO_4Na$

(5) 全氟辛酸钾 $C_7F_{15}COOK$

答：(1) 月桂酸 $C_{11}H_{23}COOH$　　$HLB=7+2.1+11\times(-0.475)=3.9$

(2) 硬脂酸钠 $C_{17}H_{35}COONa$　　$HLB=7+19.1+17\times(-0.475)=18.0$

(3) 山梨醇单油酸酯 $C_{17}H_{33}COOC_6H_8(OH)_5$

$HLB=7+5\times1.9+2.4+(17+6)\times(-0.475)=8.0$

(4) 十二烷基硫酸钠 $C_{12}H_{25}SO_4Na$　　$HLB=7+38.7+12\times(-0.475)=40.0$

(5) 全氟辛酸钾 $C_7F_{15}COOK$　　$HLB=7+21.1+7\times(-0.870)=22.0$

7. 计算聚氧乙烯失水山梨醇单月桂酸酯 [$C_{11}H_{23}COOC_6H_8(OC_2H_4)_XOH(OC_2H_4)_YOH(OC_2H_4)_ZOH$]($X+Y+Z=15$) 的 HLB 值。已知，其皂化值 $S=46$mg KOH/g，酸值 $A=276$mg KOH/g (月桂酸)。

答：聚氧乙烯失水山梨醇单月桂酸酯，$M=1006$，其中极性基团部分 $M_p=851$

(1) 用皂化值法计算：$HLB=20\times(1-S/A)=16.7$

(2) 用 Davies 基数法计算：$HLB=7+3\times1.9+15\times0.33+1.3+6.8+(11+6)\times(-0.475)=15.0$

(3) 用质量分数法计算：$HLB=(851/1006)\times20=16.9$

8. 计算硬脂酸 ($M=284$) 分别与 8mol 和 40mol 的环氧乙烷 ($M=44$) 缩聚后所得表面活性剂的 HLB 值。

答：$H(OCH_2CH_2)_n—OCOC_{17}H_{35}$，含 8mol 环氧乙烷：$M_1=636$；含 40mol 环氧乙烷：$M_2=2044$

(1) Davies 基数法计算：$HLB_1=7+1.9+8\times0.33+2.4+17\times(-0.475)=5.87$

$HLB_2=7+1.9+40\times0.33+2.4+17\times(-0.475)=16.43$

(2) 质量分数法计算：$HLB_1=(369/636)\times20=11.6$

$HLB_1=(1777/2044)\times20=17.4$

9. 将 72%吐温 60 [聚氧乙烯失水山梨醇单硬脂酸酯 (HLB=14.9)] 与 28%司盘 60 [失水山梨醇单硬脂酸酯 (HLB=4.7)] 混合，求混合物的 HLB 值。

答：$HLB=HLB_1\times\omega_1+HLB_2\times\omega_2=14.9\times0.72+4.7\times0.28=12.0$

10. 试说明棉布用表面活性剂处理后可以制成防雨布的原理。

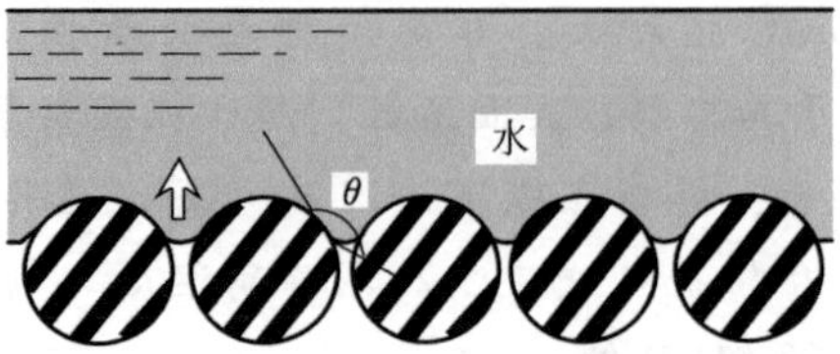

答：棉布主要成分是纤维素，其表面含有大量羟基。采用表面活性剂处理后，棉布表面亲水性基团将吸附表面活性剂极性端而将表面活性剂的疏水端留在表面，从而使棉布表面转变成疏水表面。雨水在疏水表面所形成的接触角大于90°，受附加压力的影响，当孔隙不是足够大或压力不足时，雨水是无法透过棉纤维间的孔隙的，从而可以制成防雨布。

11. 影响表面活性剂增溶作用的因素有哪些？

答：(1) 表面活性剂的结构：CMC越小，增溶量越大；疏水链越长，增溶能力越大；直链型＞支链型；二价金属盐＞一价盐；非离子型＞阳离子型＞阴离子型。亲水基团越靠近疏水基中部，增溶量越大。(2) 被增溶物的结构：疏水性越大，增溶量越少；一般极性化合物＞非极性化合物；芳香族＞脂肪族化合物；支链＞直链。(3) 电解质：加入电解质可以提高非极性物质的增溶量，但不利于极性物质的增溶。(4) 温度：对于离子型表面活性剂，其溶解度与温度的关系有一个突升的转折点（Krafft点），在Krafft点以下，温度升高，溶解度增加不多，易于形成胶束，增溶能力提高；在Krafft点之上，升高温度，表面活性剂的溶解度显著增加，表面活性剂的CMC值大大提高，不利于其增溶。对于非离子型表面活性剂，其溶解度与温度的关系有一个突降的转折点（浊点），在浊点以下，升高温度可以降低其CMC值，有利于其增溶；温度高于浊点，则因表面活性剂本身不能溶解而无法形成胶束，增溶能力大幅降低。就被增溶物的性质而言，升高温度一般有利于非极性物质的增溶，但并不一定会增加极性物质的溶解度。

12. 如何判断固体粉末在液体中的分散性？

答：可用固体在液体中形成的沉淀致密性来判断。在相同沉淀质量下，若形成的沉淀比较致密则表明原体系分散性好，粒子间不存在絮凝；形成疏松沉淀的体系，固体粉末分散性较差，粒子间有絮凝。

13. 为什么有机颜料（染料）在水体系中分散时常必须进行表面处理？

答：有机颜料（染料）通常表面张力较低，水无法在颜料表面铺展润湿，因此，分散性不佳。通过表面处理，提高颜料粒子的表面张力，可以提高其铺展润湿性。同时降低水与颜料粒子间的界面张力，也减少了粒子的絮凝。

14. 无机颜料在有机溶剂中可以铺展润湿，所以其分散时不必进行表面处理，对吗？为什么？

答：不对。无机颜料表面张力高，有机溶剂可以在其表面铺展润湿，但因二者表面张力差别大，界面张力高，导致颜料粒子具有强烈的絮凝趋势，也不利于分散。因此为了降低二者的界面张力，也需要对无机颜料做表面处理，使二者表面张力尽量接近以降低界面张力，减小颜料粒子的絮凝。

15. 简述矿物浮选的原理。

答：矿物浮选是以适当的浮选剂从岩矿中富集矿苗的方法。浮选剂为特定的表面活性剂（如硫化矿可用有机黄原酸盐 ROCSSNa，氧化物矿和碳酸盐矿可用长链脂肪酸等），其极性端可以选择性地吸附于矿苗而不是矿石表面，使矿苗具有疏水特性。当通入气体鼓泡时，矿苗便黏附于气泡浮出水面而富集。

16. 表面活性剂去污作用的基本原理是什么？非离子型表面活性剂在去污方面有何优缺点？

答：表面活性剂去除固体污物的原理主要是表面活性剂能在污物与基体表面之间吸附，从而降低污物与基体的黏附功，便于在机械力作用下去除污物；在去除液体污物时，表面活性剂能在污物表面、基体表面及污物-基体界面处吸附，降低基体表面张力，提高油污表面张力，从而提高了污物在基体表面的接触角，便于油污在机械力作用下去除。同时，表面活性剂形成的胶束可以对污物起到增溶作用而便于污物去除；而表面活性剂在污物表面的吸附则防止了污物在基体表面的再次沉积。

水中的基体、污物通常会带有负电，阴离子型的表面活性剂因静电斥力反而不易吸附，非离子型表面活性剂的吸附力较强，且其 CMC 远小于离子型表面活性剂的 CMC，有更好的增溶效果，用量少；且因不带电荷，对各种水都稳定，因此洗涤效果更好。缺点是不适于较高温度下使用，洗涤后手感不好等。

17. 涂料助剂中很多都是表面活性剂，也有一些是表面活性物质，试举例说明。

答：涂料助剂有很多种。大多具有两亲结构，因此通常都具有表面活性。

属于表面活性剂的有：乳化剂、颜料表面处理剂、颜料润湿分散剂、流平剂、部分防霉杀菌剂、抗静电剂、增光剂、有机消光剂、增滑剂、润滑剂、催干剂、稳泡剂、触变剂、增稠剂、手感剂等。

属于表面活性物质的有：消泡剂、增塑剂、有机金属杀菌剂和防污剂、溶剂型流平剂等。而无机防滑剂、耐磨剂等则是非表面活性物质。

第七章　泡沫与乳液

1. 泡沫本身稳定与破坏的因素是什么？试说明理由。

答：泡沫稳定性因素有 4 点。（1）表面张力：表面张力越低，产生泡沫所需的能量也就越小，就越容易形成泡沫体系。但是低表面张力并不是泡沫稳定存在的决定性因素。（2）膜的回弹性：回弹性是指当泡沫液膜受扰动表面积增大时，液体表面有重新收缩的趋势。通常含表面活性剂的体系才有回弹性。

当泡沫液膜受扰表面积增大时，表面所含表面活性剂浓度降低，液膜表面张力增大，从而产生收缩表面积的趋势。回弹性与膜厚成反比，表面活性剂浓度也存在着一个最大回弹性的浓度 c_{max}，在此浓度以下，当浓度增加时，表面吸附量增加，回弹力也增大；而在 c_{max} 以上时，当表面积增加时，溶液内部的表面活性剂分子可以很快补充到新鲜表面上，液膜不能复原，回弹性反而下降。(3) 表面黏度：表面黏度大的液膜，分子排列紧密，形成的液膜强度较高，气体难以透过，液膜排液速度较慢，因而形成的泡沫就稳定。(4) 表面电荷：离子型表面活性剂定向地吸附于泡沫液膜的内外两个表面上，形成两个双电层。当液膜被挤压变薄时，带电表面层间的静电排斥作用明显增加，可以阻止液膜进一步变薄，因而有助于泡沫的稳定。

当上述稳定性因素被破坏时，泡沫将被破坏。因此采用低表面张力但回弹性差、不致密、低黏度、无双电层的消泡剂，通过其迅速在表面吸附来替代稳定剂就可以使泡沫失去稳定性而破泡。

2. 为什么发泡能力大的表面活性剂去污能力不一定强？

答：发泡能力与液膜回弹性、致密程度及双电层对液膜变薄的阻止作用有关。因此，离子型表面活性剂通常具有更好的发泡能力。

去污能力取决于表面活性剂对污染物的润湿、增溶和防止再稳化有关。因此，具有低CMC值的非离子型表面活性剂一般具有较强的去污能力。

离子型表面活性剂发泡力强但CMC值并不是最低的，因而去污能力不是很强。

3. 举例说明泡沫的应用及消泡的应用。

答：泡沫的应用：在工业生产与日常生活中经常会遇到泡沫问题，其应用十分广泛。如泡沫分离（分离表面活性剂及其吸附的离子型物质、泡沫浮选矿石、泡沫分离去除杂质）、日用泡沫（泡沫修面剃须、泡沫浴）、泡沫食品(冰淇淋、蛋糕、馒头、面包、发酵乳饮料及啤酒、充气糖果等)、泡沫灭火、泡沫驱油等。

消泡的应用：造纸业纸浆在抄造过程中易引起空气在水中分散，形成泡沫，使脱水速率下降，纸张质量也受到影响，需进行消泡；食品加工业在食品生产、煎炸等过程中会产生大量泡沫，需要消除；在涂料生产和使用过程中产生的气泡既影响外观也影响性能，也需要消泡。

4. 乳液稳定的条件是什么？

答：乳液稳定性的因素有以下几点：(1) 界面张力小，有利于降低体系界面自由能。(2) 界面膜机械强度高，并富有弹性。(3) 双电层的排斥作用。离子型乳化剂形成的双电层导致液滴间相互排斥，减少了碰撞的概率，而将离子型乳化剂与非离子型乳化剂混合使用，可以形成更为致密的复合膜。(4) 分散相体积相对要小，使液滴间碰撞接触概率降低。(5) 液滴大小要均一。因为在同一体系中，大液滴会继续增大，而小液滴将会消失，最终将导致乳液被破坏。(6) 高黏度。黏度高可以大大减慢液滴的分层、聚结等过程的速度，使乳液稳定。

5. 乳液的不稳定性有哪几种形式？

答：乳液的不稳定性有三种形式，即分层、转相和破乳。这三种形式间是相关的，可同时发生。

(1) 分层：乳液久置后分层，形成两个组成比例不同的乳液。

(2) 转相：在一定条件下，乳液在 O/W 型和 W/O 型间发生转化，也称之为变型。

(3) 破乳：乳液完全被破坏，一般有两步，第一步是絮凝，即分散相液滴聚集成团，但各个液滴仍独立存在；第二步是聚结，即各个液滴相继合并成大滴，液滴数目逐渐减少直至乳液完全被破坏。

6. 举例说明乳液的应用及破乳的应用。

答：乳液的应用包括以下几点。(1) 乳液聚合：以水作分散介质进行聚合，体系黏度与聚合进行程度无关，利于搅拌、散热，聚合速率快，产物分子量高，也比较均匀，可在较低温度下聚合，价廉、安全、质优。(2) 乳液涂料（乳胶漆）：乳液涂料以水为分散介质，常可取代油性涂料，减少 VOC 污染和节约成本。(3) 化妆品乳液：大多数化妆品都是 O/W 型乳液，可以同时有效地供给皮肤必要的油性成分和水性成分，保持皮肤的柔软性和润湿性，且成本低廉。(4) 农药：使少量农药能均匀地分散在大面积的农作物上，达到经济有效的目的。(5) 食品：奶油、蛋黄酱、麦淇淋等都是食品乳液，改善口感。(6) 医药：许多口服药和注射药也采用乳液，其疗效大大超过单纯使用药剂。(7) 纤维纺纱处理：用 O/W 乳液处理纺纱可减少机械与纤维间的摩擦，防止断裂，减少静电，改善润湿性。(8) 皮革上光：皮革鞣制后，用 O/W 型乳液来“上油”，使油脂和高分子等进入皮革纤维内，提高皮革的牢度和柔软性，改善拉伸性能。(9) 将沥青制成乳液，可以降低黏度，改善与石子的润湿性能，在施工时既快又平，还可在常温下铺路，减少刺激性，改善劳动条件。(10) 高速切削时用 O/W 型乳液作润滑剂传热速度快，冷却效果好，可以迅速洗去切屑，不沾工具。(11) 将危险品制成乳液，则便于运输，减少隐患。

破乳的应用包括：原油破乳、炼油厂油品破乳、冶金机械废液破乳、聚合物乳液破乳、乳制品破乳等。

7. 在直径 2m 的反应器中，使异丁烷在 98%硫酸中分散成平均直径为 200μm 的液滴，搅拌器直径为 0.7m，温度为 20℃，分散相占容器的体积分数为 $\phi=0.40$，已知硫酸/异丁烷的界面张力为 51.4mN/m，密度为 1.83g/cm^3，求搅拌器转速。

答：液滴直径 $d=200\mu m=0.02cm$；搅拌器直径 $D=0.7m=70cm$

$$\frac{d}{D}=0.081(1+4.47\phi)W_e^{-3/5}$$

则 $W_e=\left[\frac{0.081(1+4.47\phi)}{d/D}\right]^{5/3}=\left[\frac{0.081\times(1+4.47\times0.40)}{0.02/70}\right]^{5/3}=67568$

而 $W_e=\frac{\omega^2D^3\rho}{\gamma}$，$\omega=\left(\frac{\gamma W_e}{D^3\rho}\right)^{1/2}=\left(\frac{51.4\times67568}{70^3\times1.83}\right)^{1/2}=2.35(s^{-1})$

8. 什么是 Marangoni 现象？如何使之得以强化？

答：Marangoni 效应是低表面张力物质在高表面张力物质表面迁移时会带动物料迁移的现象。

通过添加一定量的适当的表面活性剂，可以增强 Marangoni 作用。

9. 为什么表面活性剂浓度过高，反而会使液膜的回弹性下降？

答：当液膜受到微扰发生变形而增大表面积时，若表面活性剂浓度过高，则体系中多余的表面活性剂分子就能迅速补充到新鲜表面上，使变形区的表面张力重新变小，变形的液膜便丧失了回复的可能性，膜的回弹性下降。

10. 消泡剂的作用是什么？有哪些类型？

答：消泡剂的作用包括：(1) 消泡剂能在泡沫液膜表面铺展，取代液膜上的发泡剂分子，能形成强度很差的膜，导致泡沫破裂；(2) 当表面变大时，低表面张力的消泡剂能在液膜表面迅速吸附使膜丧失回弹力导致泡沫破裂；(3) 消泡剂能降低泡沫体系的黏度，引起泡沫排液速率的增加，并增大膜对空气的渗透性，加速泡的合并，从而加速泡沫的破裂。

消泡剂的类型有：(1) C_8 以下的低级醇，但并不是很好的消泡剂；(2) 脂肪酸及其酯等油脂类，但消泡能力也并不很强；(3) 聚氧乙烯聚氧丙烯丙二醇等非离子型聚醚类表面活性剂，消泡效果良好；(4) 磷酸三丁酯等磷酸酯；(5) 聚硅氧烷类，其消泡能力与分子量有关，对不同的体系，通过调节化学组成或分子量可以控制体系相容性，达到消泡的目的；(6) 全氟有机硅消泡剂，表面张力极低，消泡作用很强。

11. 什么是乳液？有哪些类型？如何区别这些类型？

答：一种液体以极小的液滴形式均匀分散于另一不相混溶的液体之中所形成的分散体系。

乳液按液体物性分有两种类型：水包油型和油包水型。

区别的方法：稀释法（能被水稀释的是水包油型）、染色法（能被水性染料染色的是水包油型）、电导率法（电导率高的为水包油型）。

12. 简述乳液聚合的三个阶段。

答：乳液聚合分三个阶段。

第一阶段：加速期。该阶段乳胶粒数目不断增加，聚合速率也不断增大。乳胶粒体积不断增大，单体液滴不断缩小，未成核乳化剂胶束不断分散直至消失。

第二阶段：恒速期。该阶段乳胶粒数目不变，单体液滴继续变小而不断补充进乳胶粒中直至单体液滴消失，乳胶粒体积随聚合反应的进行而继续增大，聚合速率恒定。

第三阶段：降速期。单体液滴消失后，乳胶粒内单体浓度开始逐渐降低，聚合速率也随之逐渐下降。最终乳胶粒粒径可达 50～200nm。

13. 简述乳液涂料成膜过程。

答：乳液涂料干燥成膜主要是通过凝聚和融结来完成的，其成膜条件有两个：(1) 水分的蒸发；(2) 施工时环境温度和基层温度必须高于乳液涂料的最低成膜温度 (MFT)。水分不挥发，乳液涂料就不会成膜。水分的挥发速率既不能太快，也不能太慢。如果环境温度低于乳液涂料的 MFT，体系也难以形成良好的涂膜。

根据水分的蒸发速率不同可将其分为三个阶段：

(1) 初期干燥阶段　此阶段从初始干燥起到聚合物乳液体积剩余 60%～70%。在这一个阶段，乳胶粒子和颜填料颗粒在乳化剂的保护下，具有动力学和电学稳定性。随着水分的蒸发，粒子间逐渐靠拢，但它们均可以自由运动。水分的蒸发过程与水在乳化剂溶液中的蒸发相仿，接近恒速蒸发过程。

(2) 胶粒接触聚集阶段　随着水分的进一步蒸发，乳胶粒子和颜填料颗粒间开始相互接触，挤压变形，其表面吸附层被破坏，并趋向于不可逆地聚集在一起。在此阶段，随水-空气界面减少，水的蒸发速率降低，最终为初期速率的 5%～10%，一般认为，涂膜表干即为该阶段结束，此时涂膜的水分含量为 2%～3%，黏度可达 100Pa·s 以上。

(3) 干燥成膜阶段　在此阶段，残留的助剂逐渐挥发，残余的水分通过扩散向表面迁移，并通过表面毛细孔蒸发，聚合物链间相互扩散聚结，膜性质逐渐改善，最后形成均匀而性能良好的膜。由于水分需在膜中扩散，因此，水的蒸发速率受水在膜中的扩散速率控制，随着涂膜的逐渐干燥，水在膜中进行传递的速率、水的蒸发速率也进一步降低。

浙江圣安化工股份有限公司

Zhejiang Shengan Chemical Co., Ltd.

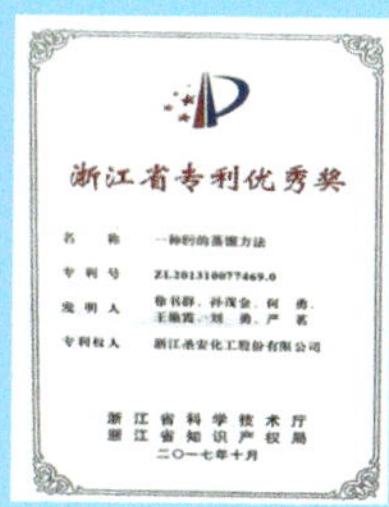

浙江圣安化工股份有限公司成立于2005年，位于衢州市国家高新技术产业园区，是一家集研发、生产、销售为一体的国家高新技术企业。2016年3月公司在“新三板”挂牌上市，股票代码835841。公司通过ISO9001:2000质量管理体系认证和ISO14001:2004环境管理体系标准认证，先后被认定为衢州市创新型企业、浙江省科技型中小企业、国家高新技术企业。2006年完成全球首套氨肟化合成甲乙酮肟装置的生产，年产量2万吨/年，为国内外客户提供高品质的产品。公司还开发生产肟类化合物系列产品、盐酸盐化合物等产品。公司注重环保，坚持走绿色可持续发展之路，多次被主管部门授予环保先进单位。公司坚持以客户为核心，诚信立业为经营理念，与全球客户携手合作，共赢共享，共创美好！

甲乙酮肟

高纯度的丁酮肟可用于合成有机硅交联剂、硅酮固化剂，以及异氰酸酯的封闭剂；在各种醇酸树脂漆、环氧树脂、聚氨酯类贮存过程中起防结皮和稳定粘度的作用。

盐酸羟胺

本品主要用作还原剂和显像剂，有机合成中用于制备肟，也用作合成抗癌药（羟基脲）、磺胺药（新诺明）和农药（烯草酮）的原料。电分析中用作去极剂，在合成橡胶工业中用作不着色的短期中止剂等。

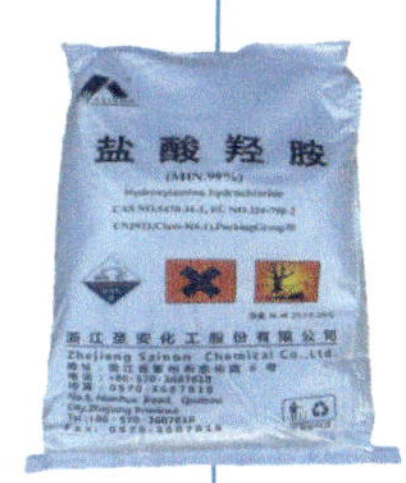

甲基异丁基酮肟

涂料防结皮剂，硅烷交联剂。

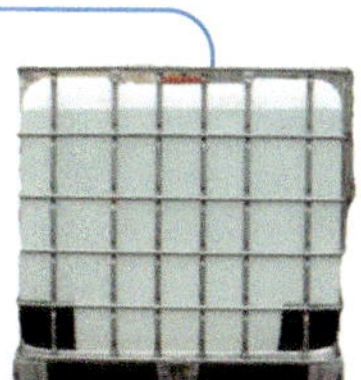

戊酮肟

涂料防结皮剂，硅烷交联剂。

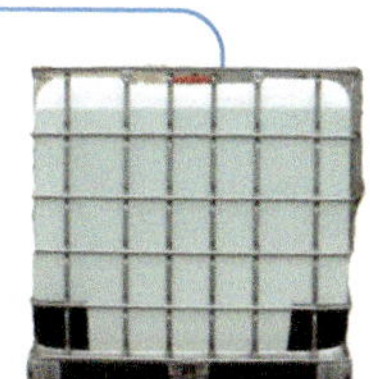

浙江圣安化工股份有限公司　地址：浙江省衢州市念化路6号　电话：0570-3687818

深圳市睿景新材料科技有限公司

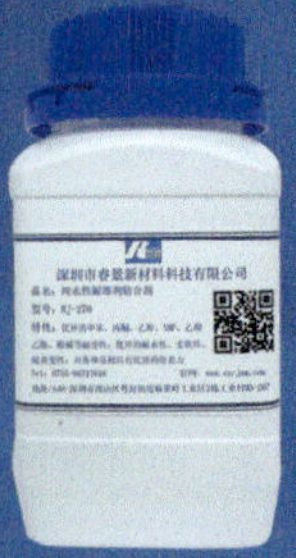

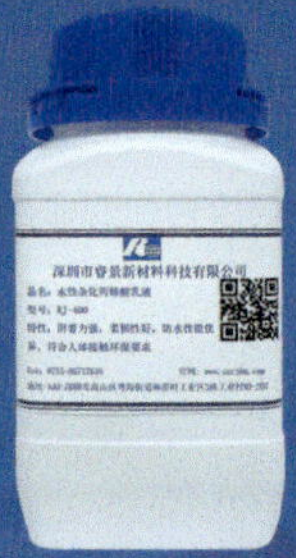

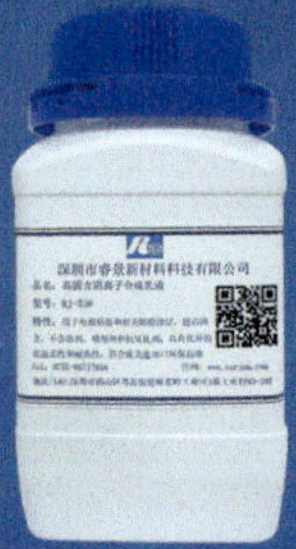

高新技术企业
证书

专精特新中小企业
广州致辉精化股份有限公司
广东省工业和信息化厅
有效期：2023年1月18日-2026年1月17日

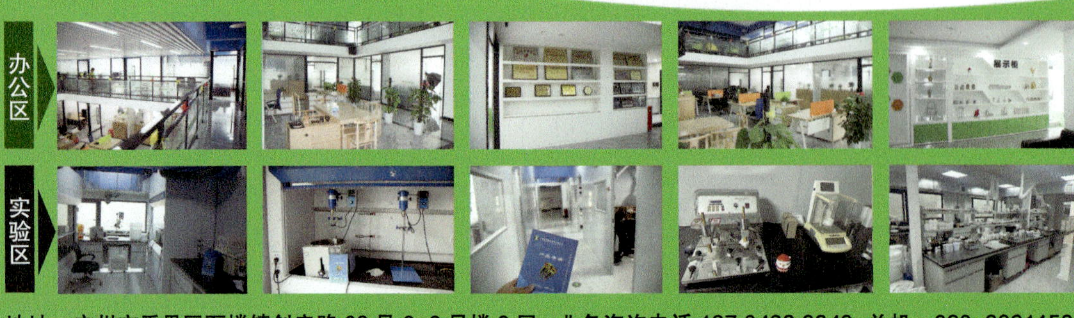

办公区
实验区